城市矿业研究丛书

建筑废弃物资源化
关键技术及发展战略

崔素萍　刘　晓　编著

U0296179

科学出版社

北京

内 容 简 介

　　本书全面论述了我国建筑废弃物随城市化进程加快而大量产生的背景现状以及建筑废弃物资源化在缓解资源消耗、发展循环经济、促进可持续发展等方面的战略意义，通过实地企业调研和典型案例分析，介绍了国内外建筑废弃物的开发应用技术和工艺设备，详细阐述了国内外对建筑废弃物资源化的管理规范、政策法规、关键技术和生命周期评价方法，并通过国内外对比研究，系统总结了我国建筑废弃物开发应用在技术和政策法规方面存在的主要问题，指明了建筑废弃物再生利用的未来发展方向，提出了我国建筑废弃物资源化利用的发展战略建议。

　　本书可供无机非金属材料专业、土木工程专业、环境专业方向的科研教学人员及相关工作者参考，也可作为科研院所和高等院校相关专业的教学参考书籍。

图书在版编目(CIP)数据

建筑废弃物资源化关键技术及发展战略／崔素萍，刘晓编著 . —北京：科学出版社，2017.1

（城市矿业研究丛书）

ISBN 978-7-03-051567-4

Ⅰ. 建… Ⅱ. ①崔… ②刘… Ⅲ. 建筑工业–废物处理–研究 Ⅳ. X799.1

中国版本图书馆 CIP 数据核字（2017）第 010366 号

责任编辑：李　敏　吕彩霞／责任校对：邹慧卿
责任印制：张　倩／封面设计：李姗姗

科学出版社 出版

北京东黄城根北街 16 号
邮政编码：100717
http://www.sciencep.com

文林印务有限公司 印刷
科学出版社发行　各地新华书店经销

*

2017 年 1 月第　一　版　　开本：720×1000　1/16
2017 年 1 月第一次印刷　　印张：30 1/4
字数：610 000

定价：188.00 元
（如有印装质量问题，我社负责调换）

《城市矿业研究丛书》编委会

总　　序

一、城市矿产的内涵及发展历程

城市矿产是对废弃资源循环利用规模化发展的一种形象比喻，是指工业化和城镇化过程中产生和蕴藏于废旧机电设备、电线电缆、通信工具、汽车、家电、电子产品、金属和塑料包装物以及废料中可循环利用的钢铁、有色金属、贵金属、塑料、橡胶等资源。随着全球工业化和城市化的快速发展，大量矿产资源通过开采、生产和制造变为供人们消费的各种产品，源源不断地从"山里"流通到"城里"。随着这些产品不断消费、更新换代和淘汰报废，大量废弃资源必然不断在"城里"产生，城市便成为一座逐渐积聚的"矿山"。城市矿产开发利用将生产、流通、消费、废弃、回收、再利用与再循环等产品全生命周期或多生命周期链接贯通，有助于形成从"摇篮"到"摇篮"的完整物质循环链条，日益成为我国缓解资源环境约束与垃圾围城问题的重要举措。2010 年，国家发展和改革委员会、财政部联合下发的《关于开展城市矿产示范基地建设的通知》中提出要探索形成适合我国国情的城市矿产资源化利用管理模式和政策机制。2011年，"十二五"规划纲要中提出要构建 50 个城市矿产示范基地以推动循环型生产方式、健全资源循环利用回收体系。这些政策的出台和不断深入标志着我国城市矿产开发利用进入了一个全新的发展阶段。

实际上，废弃资源循环利用的理念由来已久，可以追溯到人类发展的早期。例如，我国早在夏朝之前就出现了利用铜废料熔炼的先例，后续各类战争结束后铁质及铜质武器的重熔、混熔和修补成了资源循环的主要领域，新中国成立后对于废钢铁等金属的利用也体现了资源循环的理念。上述实践是在一定时期内对个别领域的废旧产品进行循环利用。然而，以废弃资源为主要原料，发展成为规模化城市矿业的历史并不长，其走向实践始于人类对资源环境问题的关注，源于对人与自然关系的思考。

纵观人类工业文明发展进程，经济高速发展所带来的环境污染以及自然资源短缺甚至耗竭等问题成为了城市矿产开发利用的两条主要脉络。一方面，随着环境污染和垃圾围城等问题的不断显现，人类逐渐意识到工业高度发达在带来物质财富极大满足的同时，也会对自然生态环境造成严重的负面影响，直接关系到人类最基本的生存问题。《寂静的春天》《只有一个地球》《增长的极限》等震惊世界的研究报告，唤起了人们的生态环境意识。环境保护运动逐渐兴起，成为人类拯救自然也是人类拯救自身的一场伟大革命，世界各国共同为人类文明的延续出谋划策，为转变"大量生产、大量消费、大量废弃"的线性经济发展模式提供了思想保障。另一方面，自然资源是一切物质财富的基础，离开了自然资源，人类文明就失去了存在的条件。然而，人类发展对自然资源需求的无限性与自然资源本身存量的有限性，必然会成为一对矛盾制约人类永续发展的进程，工业文明对资源的加速利用催生了上述矛盾的产生，人类不能再重复地走一条由"摇篮"到"坟墓"的资源不归路。综合上述环境与资源的双重问题，可持续发展理念应运而生。循环经济作为其重要抓手，使人类看到了通过走一条生态经济发展之路，实现人类永续发展的可能。由此，减量化、再利用与再循环的"3R"原则成为全世界应对资源环境问题的共性手段。

城市矿产开发利用是助力循环经济的有效途径，它抓住了21世纪唯一增长的资源类型——垃圾，利用了物质不灭性原理，实现了垃圾变废为宝、化害为利的根本性变革，完成了资源由"摇篮"到"摇篮"的可持续发展之路。尤其是发达国家工业化时期较长，各种城市矿产的社会蓄积量大，随着它们陆续完成生命周期都将进入回收再利用环节，年报废量迅速增长并逐渐趋于稳定，为城市矿产开发利用提供了充足的原料供应，并为其能够形成较大的产业规模提供了发展契机。1961年，美国著名城市规划学家简·雅各布斯提出除了从有限的自然资源中提取资源外，还可以从城市垃圾中开采原材料的设想；1971年，美国学者斯潘德洛夫提出了"在城市开矿"的口号，各种金属回收新工艺、新设备开始相继问世；20世纪80年代，以日本东北大学选矿精炼研究所南条道夫教授为首的一批学者们阐明城市矿产开发利用就是要从蓄积在废旧电子电器、机电设备等产品和废料中回收金属。自此，城市矿产开发利用逐渐由理念走向了实践。

二、城市矿产开发利用的战略意义

我国改革开放以来，近 40 年的经济快速增长所积累下的垃圾资源为城市矿业的发展提供了可能，而资源供需缺口以及垃圾围城引发的环境问题则倒逼我国政府更加长远深刻地思考传统线性经济的弊端，推行循环经济的发展模式。城市矿产开发利用顺应了我国资源环境发展的需求，具有重大战略意义和现实价值。

1. 开发利用城市矿产是缓解资源约束的有效途径

目前我国正处于工业化和城市化加速发展阶段，对大宗矿产资源需求逐渐增加的趋势具有必然性，国内自然资源供给不足，导致重要自然资源对外依存度不断提高。我国原生资源蓄积量快速增加并趋于饱和，这使得废弃物资源开发利用的潜力逐渐增大。此外，城市矿产虽是原生矿产资源生产的产品报废后的产物，但相较于原生矿产，其品位反而有了飞跃式提升。例如，每开发 1t 废弃手机可提炼黄金 250g，而用原生矿产提炼，则至少需要 50t 矿石。由此，开发利用城市矿产要比从原生矿产中提取有价元素更具优势，不仅可以替代或弥补原生矿产资源的不足，还可以进一步提高矿产资源的利用效率。

2. 开发利用城市矿产是解决环境污染的重要措施

城市矿产中已载有原生矿产开采过程中的能耗、物耗和设备损耗等，其开发利用避免了原生矿产开发对地表植被破坏最为严重且高能耗、高污染的采矿环节，取而代之的是废弃物回收及运输等低能耗低污染的过程。从资源开发利用的全生命周期视角来看，不仅可以有效降低原生矿石开发及尾矿堆存引发的环境污染问题，还对节能减排具有重要促进作用。据统计，仅 2013 年我国综合利用废钢铁、废有色金属等城市矿产资源，与使用原生资源相比，就可节约 2.5 亿 tce，减少废水排放 170 亿 t，二氧化碳排放 6 亿 t、固体废弃物排放 50 亿 t；废旧纺织品综合利用则相当于节约原油 380 万 t，节约耕地 340 万亩[①]，潜在的环境效益十分显著。

3. 开发利用城市矿产是培育新兴产业的战略选择

2010 年国务院颁布了《关于加快培育和发展战略性新兴产业的决定》，将节能环保等七大领域列为我国未来发展战略性新兴产业的重点，其中城市矿业是其核心内容之一。相比原生矿业，城市矿业的链条更长，涉及多级回收、分拣加工、拆解破碎、再生利用等环节，需要产业链条上各项技术装备的协同发展，有利于与新兴的生产性服务、服务性生产等相互融合，并贯穿至产品全生命周期过程，从而有效推动了生态设计、物联网、城市矿产大数据以及智慧循环等技术系统的构建。其结果将倒逼技术、方法、工具等诸多方面的创新行为，带动上下游和关联产业的创新发展，从而形成新的经济增长点，培育战略性新兴业态。

4. 开发利用城市矿产是科技驱动发展的必然要求

传统科研活动大多以提高资源利用效率和增强材料性能为目标，研究范畴往往仅包含从原生矿产到产品的"正向"过程。然而，针对以废弃资源为源头的"逆向"科研投入相对较少，导致我国城市矿业仍处于国际资源大循环产业链的低端，再生利用规模与水平不高，再生产品附加值低。为促进我国城市矿业的建设和有序发展，实施"逆向"科技创新驱动发展战略，加强"逆向"科研的投入力度，成为转变城市矿业的发展方式，提高发展效益和水平的必然要求。资源循环利用的新思路、新技术、新工艺和新装备的不断涌现，既可带动整个节能环保产业的升级发展，也可激发正向科研的自主创新能力，从而促进全产业链条资源利用效率的提升。

5. 开发利用城市矿产是扩展就业机会的重要渠道

城市矿产拆解过程的精细化水平直接关系到后续再生利用过程的难易程度以

---

① 1 亩 ≈ 666.7 m²。

及最终再生产品的品位和价值。即使在技术先进的发达国家，拆解和分类的工作一般也由熟练工人手工完成，具有劳动密集型产业的特征。据统计，目前我国城市矿业已为超过 1500 万人提供了就业岗位，有效缓解了我国公众的就业压力。与此同时，为推动城市矿业逐渐向高质量和高水平方向发展，面向该行业的科技需求，适时培养高素质创新人才队伍至关重要。国内已有相当一批高校和科研院所成立了以资源循环利用为主题的专业研究机构，从事这一新兴领域的人才培养工作，形成了多层次、交叉性、复合型创新人才培养体系，拓展了城市矿业的人才需求层次，实现了人才就业与产业技术提升的双赢耦合发展。

6. 开发利用城市矿产是建设生态文明的重要载体

生态文明是人类为保护和建设美好生态环境而取得的物质成果、精神成果和制度成果的总和；绿色发展则是将生态文明建设融入经济、政治、文化、社会建设各方面和全过程的一种全新发展举措。城市矿产开发利用兼具资源节约、环境保护与垃圾减量的作用，是将循环经济减量化、再利用、再循环原则应用至实践的重要手段。由此产生的城市矿业正与生态设计和可持续消费等绿色理念相互融合，为我国实现经济持续发展与生态环境保护的双赢绿色发展之路指引了方向。此外，城市矿业的快速发展倒逼我国加快生态文明制度建设的进程，促进了如城市矿产统计方法研究、新型适用性评价指标择取等软科学的发展，从而可更加准确地挖掘城市矿产开发利用各环节的优化潜力，为城市矿业结构及布局调整提供科学的评判标准，有利于促进生态文明制度优化与城市矿业升级发展谐调发展。

三、城市矿业的总体发展趋势

城市矿产开发利用的资源、环境和社会效益得到了企业与政府双重主体的关注，2012 年城市矿产作为节能环保产业的核心内容列为我国战略性新兴产业。然而，城市矿产来源于企业和公众生产生活的报废产品，其分布较为分散，而且多元化消费需求使得城市矿产的种类十分繁杂。与其他新兴产业不同，城市矿业发展需要以有效的废弃物分类渠道和庞大的回收网络体系作为重要前提，且需要将全社会各利益相关者紧密联系才能实现其开发利用的目标。由此可见，城市矿业的发展仅依靠市场作用通过企业自身推动难以为继，需要政府发挥主导作用，根据各利益相关者的责任予以有效部署。

面对如此宽领域、长链条、多主体的新兴产业，处理好政府与市场的关系至关重要，如何按照党的十八届三中全会的要求"使市场在资源配置中起决定性作用，与更好地发挥政府的作用"，充分发挥该产业的资源环境效益引起了国家的广泛关注。为此，党中央从加强法律法规顶层设计与基金制度引导两方面入手，为城市矿业争取了更大的发展空间。2010～2015年，《循环经济发展战略及近期行动计划》《再生资源回收体系建设中长期规划（2015—2020）》《废弃电器电子产品处理基金征收使用管理办法》等数十部法规政策的频繁颁布，体现了国家对于城市矿产开发利用的关注，通过政府强制力逐渐取缔微型低效、污染浪费的非法拆解作坊，有效地促进了该产业的有序发展。

根据上述法律法规指示，国家各部委也加强了对城市矿业的部署。截至2014年，国家发改委确定投入建设第一批国家资源综合利用"双百工程"，首批确定了24个示范基地和26家骨干企业，启动了循环经济示范城市（县）创建工作，首批确定19个市和21个县作为国家循环经济示范城市（县），并会同财政部确定了49个国家"城市矿产"示范基地；商务部开展了再生资源回收体系建设试点工作，分三批确定90个城市试点，并会同财政部利用中央财政服务业发展专项资金支持再生资源回收体系建设，已支持试点新建和改扩建51 550个回收网点、341个分拣中心、63个集散市场、123个再生资源回收加工利用基地建设；工业和信息化部开展了12个工业固体废物综合利用基地建设试点，会同安监总局组织开展尾矿综合利用示范工程。在上述各部委的联合推动之下，目前我国城市矿业的发展水平日渐增强，集聚程度不断提高，仅2014年我国废钢铁回收量就达15 230万t、再生铜产量295万t、再生铝565万t、再生铅160万t、再生锌133万t。习近平总书记在视察城市矿产龙头企业格林美公司时，高度评价了城市矿产开发利用的重要作用，对城市矿业提出了殷切的期盼："变废为宝、循环利用是朝阳产业。垃圾是放错位置的资源，把垃圾资源化，化腐朽为神奇，是一门艺术，你们要再接再厉。"

国家在宏观层面系统布局城市矿产回收利用网络体系为促进我国城市矿业的初期建设提供了必要条件，而如何实现该产业的高值化、精细化、绿色化升级则是其后续长远发展的关键所在，这点得到了国家科技领域的广泛关注。2006年，《国家中长期科学和技术发展规划纲要（2006—2020年）》明确将"综合治污和废弃物循环利用"作为优先主题；2009年，我国成立了资源循环利用产业技术创新战略联盟，先后组织政府、企业和专家参与，为主要再生资源领域制定了"十二五"发展路线图，推动了我国城市矿业技术创新和进步；2012 年，科学技术部牵头发布了国家《废物资源化科技工程"十二五"专项规划》，全面分析了我国"十二五"时期废物资源化科技需求和发展目标，部署了其重点任务；2014 年，国家发展和改革委员会同科学技术部等六部委联合下发了《重要资源循环利用工程（技术推广及装备产业化）实施方案》，要求到 2017 年，基本形成适应资源循环利用产业发展的技术研发、推广和装备产业化能力，掌握一批具有主导地位的关键核心技术，初步形成主要资源循环利用装备的成套化生产能力。

在此引导下，科学技术部启动了一系列国家 863 及科技支撑计划项目，促进该领域高新技术的研发和装备的产业化运行，如启动《废旧稀土及贵重金属产品再生利用技术及示范》国家 863 项目研究。该项目国拨资金 4992 万元，总投资近 1.6 亿元，开展废旧稀土及稀贵金属产品再生利用关键技术及装备研发，重点突破废旧稀土永磁材料、稀土发光材料等回收利用关键技术及装备。教育部则批准北京工业大学等数所高校建设"资源循环科学与工程"战略性新兴产业专业和"资源环境与循环经济"等交叉学科，逐步构建"学士—硕士—博士"多层次交叉性、复合型创新人才培养体系。

放眼全球，发达国家开发利用城市矿产的理念已趋于成熟，涵盖了废旧钢铁及有色金属材料、废旧高分子材料、废旧电子电器产品、报废汽车、包装废弃物、建筑废弃物等诸多领域，且在实践层面也取得了颇丰的成绩。例如，日本通过循环型社会建设和城市矿产开发，其多种稀贵金属储量已列全球首位，由一个世界公认的原生资源贫国成为一个二次资源的富国，在 21 世纪初，其国内黄金和银的可回收量已跃居世界首位。总结发达国家城市矿业取得如此成绩的经验：民众参与是促进城市矿业的重要依托，发达国家大多数公众已自发形成了环境意识，对于任何减少或回收废弃物的措施均积极配合，逐渐成为推动城市矿业发展的中坚力量；法律法规体系是引导城市矿业的先决条件，许多发达国家已处于循环经济的法制化、社会化应用阶段，通过法律规范推动循环经济的发展和循环型社会的建设；政策标准是保障城市矿业的重要条件，发达国家十分注重政策措施的操作性，通过制定相关的行业准入标准，坚决遏制不达标企业进入城市矿业；市场机制是激发城市矿业的内生动力，充分利用市场在资源配置中的决定性地位，通过基金或财税等市场激励政策促进城市矿业形成完备的回收利用网络体系；创新科技是提升城市矿业的核心支撑，通过技术创新促进城市矿产开发利用向高值化、精细化、绿色化方向发展。

由此可见，我国城市矿业的发展虽然已取得了长足的进展，但与国外发达国家相比，仍存在较大差距。例如，公众的生态观念和循环意识仍然薄弱，致使一部分城市矿产以未分类的形式进行填埋或焚烧处理，丧失了其循环利用的价值；法规政策具体细化程度明显不足，缺乏系统性、配套性和可操作性的回收利用细则与各级利益相关者的责任划分，致使执行过程中各级管理部门难以形成政策合力；资源回收利用网络体系建设尚不完善，原城乡供销社系统遗留的回收渠道、回收企业布局的回收站点、小商贩走街串户等多类型、多层级回收方式长期并存，致使正规拆解企业原料成本偏高，原料供应严重匮乏；产业发展规模以及发展质量仍然不足，企业整体资源循环利用效率较低，导致了严重的二次浪费与二次污染，部分再生资源纯度不足，仅能作为次级产品利用，经济效益大打折扣；产业科技水平及研发实力仍需加强，多数城市矿产综合利用企业尚缺乏拥有自主知识产权的核心技术与装备，致使低消耗、低排放、高科技含量、高附加值、高端领域应用的再生产品开发严重不足；统计评价以及标准监管体系仍需健全，缺乏集分类、收运、拆解、处置为一体的整套城市矿业生产技术规范，致使技术装备的通用性不强，无法适应标准化发展的要求。

上述问题的解决是一个复杂系统工程，需要通过各领域的协同科技创新予以支撑。与提高产品性能和生产效率为目标的"正向"科技创新相比，以开发利用城市矿产为主导的"逆向"科技创新属于新兴领域，仍有较大研究空间。第一，城市矿业发展所需的技术装备和管理模式虽与"正向"科研有着千丝万缕的联系，部分工艺和经验也可以借鉴使用，但大部分城市矿产开发利用的"逆向"共性技术绝非简单改变传统技术工艺和管理模式的流程顺序就可以实现，它甚至需要整个科研领域思维模式与研究方式的根本性变革。第二，技术装备归根到底仍是原料与产品的转化器，只有与原料相适配才能充分发挥技术装备的优势以提高生产效率。由于发达国家与发展中国家在城市矿产来源渠道及分类程度存在巨大的差异，我国引进发达国家的技术装备仍需耗费大量资金进行改造以适应我国国情。因此，针对城市矿产开发利用的关键共性技术进行产学研用的联合攻关，研发具有一定柔性、适用性较强、资源利用效率显著的技术、装备、工艺和管理模式成为壮大我国城市矿业的有力抓手。第三，与传统产业需求的单学科创新不同，城市矿业发展涉及多个学科的交叉领域，面向该产业的多维发展需求，亟须从哲学、生态学、经济学、管理学、理工学等相关学科知识交叉融合方面寻求城市矿业创新发展的动力源泉。

为了满足国家综合开发利用城市矿产的发展需求，亟须全面理清国内外重点领域支撑城市矿业发展的技术现状，根据多学科交叉的特点准确规划我国城市矿业的发展目标、发展模式及发展路径。为此，"十二五"期间由李恒德院士和师昌绪院士参与指导，由左铁镛院士全面负责主持了中国工程院重大咨询项目《我国城市矿产综合开发应用战略研究》，着眼于废旧有色金属材料、废旧高分子材料、废旧电子电器产品、报废汽车、包装废弃物、建筑废弃物六类典型的城市矿产资源，从其中的关键共性技术入手分析了我国城市矿产综合开发应用的总体发展战略，并多次组织行业专家等对相关成果进行系统论证，充分吸收了各方意见。现将研究成果整理成系列丛书供各方参阅。丛书的作者均是长期从事城市矿产研究的科研人员和行业专家，既有技术研发和管理模式创新的实力和背景，又有产业化实践的经验，能从理论与实践两个层面较好地阐明我国各类城市矿产开发利用的关键技术装备现状及其存在问题。相信他们的辛勤成果可以为我国城市矿业的发展提供一些经验借鉴和技术探索，最终为构建有中国特色的城市矿产开发利用的理论和技术支撑体系做出贡献！

丛书不足之处，敬请批评指正。

左铁镛　聂祚仁
2016 年 3 月

前　　言

作为最大宗的固体废弃物之一，我国建筑废弃物年产生量达亿吨级，这从环境角度提出了新命题，建筑废弃物的资源化利用已成为建筑业不可回避的一个问题。从另一个角度看，不可再生资源的日益枯竭迫使人们将目光投向固体废弃物中含有的丰富资源，而这一变废为宝的措施必将使我国固体废弃物的综合利用焕发勃勃生机。在资源能源紧缺的背景下，如何处置和使用建筑废弃物，提高其使用的有效性和使用比例等问题已经不仅仅是建筑、环保部门和广大科研单位的重要课题，更是关乎全社会共同努力的宏伟行动。

作者总结了大量的科研成果及我国建筑废弃物资源化发展过程中所遇到的问题，结合作者多年来的工作经验，撰写了这本建筑废弃物资源化方面的专著，并将它献给广大建筑废弃物资源化工作者，包括从事建筑废弃物资源化生产、应用的工作人员和管理人员，希望能够给从事与建筑废弃物资源化有关的设计、生产、应用的技术人员以帮助，共同推动我国建筑废弃物资源化事业的发展，使我国的建筑废弃物资源化水平再上一个新台阶。

衷心感谢北京工业大学左铁镛院士的关心和指导，感谢中国工程院重大咨询项目"我国'城市矿山'综合开发应用战略研究"的资助，感谢中国硅酸盐学会房屋建筑材料分会固体废弃物综合利用专业委员会等相关行业协会、高等院校专家、优秀企业单位的支持与指导，他们对书稿提供了很多有益的资料和建议。

本书在编著过程中，还得到了北京工业大学同事和研究生的大力协助。严建华、唐官保、谢凯、杜鑫、刘启栋、秦魏、苗振伟、吴晨光、田国兰、张程浩、吕秋瑞、刘玲玲、张杨、崔家萍、董诗婕、甘延玲、王雪莉、赵洪强、庞晓凡、李楠、彭晶莹参加了资料收集整理及撰写，并在实地调研中付出了艰辛的努力，在此谨表衷心的感谢！

由于作者工作经历、知识范围及认识水平的局限性，不足之处在所难免，敬请同仁和读者批评指正。

作　者

2016 年 7 月

目　　录

第1章 概　　论

1.1　建筑业的可持续发展

建筑业是以建筑产品生产为对象的物质生产部门，是从事建筑生产经营活动的行业，并没有公认的明确的概念表述，其范围的界定有广义和狭义之分。广义的建筑业是指建筑产品生产的全过程及参与该过程的各个产业和各类活动，包括建设规划、勘察、设计，建筑构配件生产、施工及安装，建成环境的运营、维护及管理等；狭义的建筑业属于第二产业，包括房屋和土木工程业、建筑安装业、建筑装饰业、其他建筑业等行业。狭义的建筑业从行业特性及统计的可操作性出发，目的在于进行统计分析，通常在国民经济核算和统计时采用狭义建筑业的概念，而在行业管理中采用广义建筑业的概念。

1.1.1　建筑业的发展史及现状

1.1.1.1　我国建筑业发展史

在我国，1840 年鸦片战争后，随着帝国主义及其经济势力的侵入，通商口岸出现了外商经营的营造公司，带来了资本主义建筑业的组织形式和经营方式。一些与外商接触较早的包工头逐步变成建筑业的厂商。上海出现最早的建筑承包商是 1880 年前后创办的"杨瑞记"营造厂，它在 1891 年承包了上海的江海关大楼工程。第一次世界大战爆发后，民族工业有所发展，建筑业也渐渐兴盛起来，并有能力承包高层建筑（如上海的 17 层中国银行大楼工程）。但总的说来，中国建筑业还很薄弱，1934 年是抗日战争前中国建筑业发展水平最高的一年，据估算，其净产值在国民收入中也仅占 1.4%。日本帝国主义的侵华战争和国民党发动的内战更使建筑业日趋凋敝。

　　中华人民共和国建立后，为满足经济恢复和建设的需要，逐步组建全民所有制和集体所有制的施工单位。1956 年 5 月国务院通过《关于加强和发展建筑工业的决定》和《关于加强设计工作的决定》后，建筑设计和施工在技术上得到发展，组织上得到加强，建立了各类专业设计与施工机构，工厂化和机械化施工也取得了进展。到 1985 年，全国共有综合性和专业性的勘察设计机构 3000 多个，勘察设计人员达 30 多万人；全民所有制建筑施工企业平均每个职工技术装备达 2494 元，平均每个工人的动力装备为 6.2 kW。繁重的体力劳动大都已为机械所代替，大中城市的大型建筑工程也已采用工业化的施工方法。

　　我国南北朝时期，由于佛教的兴盛，大量地修建石庙、石陵、石窟，如龙门石窟、云冈石窟、敦煌莫高石窟等，其雕琢技术水平已经很高。隋唐时期，石材开采加工水平又有提高，公元 611 年建成的山东历城神通寺四门塔，用青石砌成；河北赵县安济桥、北京广安门外卢沟桥、苏州城南玳玳河上的宝带桥都是我国历史上著名的古石桥。宋代，石材在宫殿、住宅、祠庙、陵墓、寺塔、经幢、桥梁上得到更广泛的应用。明、清时期，石材建筑技术和石材艺术又有了新的发展。

　　砖在我国已有几千年的历史。最初出现于公元前 475 年至公元前 221 年的战国时期，在当时的遗址中，曾发现条砖、方砖、栏杆砖，并使用大量空心砖砌筑墓底和墓壁。秦始皇统一中国后，兴建宫殿、都城，修筑长城、陵墓，都用了大量砖瓦。铺地方砖和空心砖有许多是模印花纹的。在现代，砖瓦业实现机械化生产，品种有了增加，特别是新中国成立后砖的生产得到进一步发展，1984 年全国各种砖的产量已达 2498.9 亿块。

　　新中国成立前的玻璃工业十分落后，除了少数几个用机器生产的窗玻璃和瓶罐玻璃以外，多数工厂均为手工作业，设备简陋，劳动条件差，品种不多，玻璃工业濒于停顿的境地。现代玻璃工业是新中国成立后才发展起来的，如今，我国玻璃工业已发展到一个新的水平。到 1986 年，全国已有 170 家玻璃企业，其中大中型浮法玻璃生产线 5 条，小型浮法生产线 5 条，九机窑 12 家，六机窑 23 家，四机窑 10 家，三机窑 95 家，小平拉 100 多条。1986 年设计能力 6350 万重量箱，实际生产 5000 万重量箱。至 2013 年 5 月，单月生产浮法玻璃 4850 万重量箱。与去年同期相比多生产 622 万重量箱，2013 年 1~5 月累计生产浮法玻璃 23 472 万重量箱，同比增加 10.46%。

　　我国近代胶凝物质的发展，始于 19 世纪末，1889 年（光绪 15 年）创建唐山细棉土厂，它以唐山的石灰石和广东香山县的黏土为原料，采用立窑生产水泥。1906年，创建唐山启新洋灰公司（采用回转窑生产）。采用湿法工艺最早的是上海水泥厂，即1923年创建的上海华商水泥公司。随着现代工业的发展，对胶凝物质提出了更高的要求，而现代科学的发展对研究胶凝物质主要的物理化学特性、过程及其技术原理、生产工艺提供了科学依据。近几十年内，先后出现了许多特殊用途的水硬性胶凝物质，如高强快硬水泥、抗硫酸盐水泥、膨胀水泥、堵塞水泥、低热水泥、白水泥、加气水泥、油井水泥等。

1.1.1.2　我国建筑业现状

改革开放后的三十多年，是中国产业经济飞速发展的三十年，三十年里，中国社会完成了从工业革命到大规模生产，再到大规模营销，直至向后工业时代的过渡，走过了西方资本主义社会上百年的发展历程。

同中国国民经济领域所有其他行业一样，改革开放以来中国建筑业行业经历了一个高速发展的过程，1980年建筑业行业全年产值为286.93亿元，而到2005年行业总产值则扩张到了34 552.10亿元；1980年建筑业全行业就业人数为648万人，2005年达到了2699.9万人；1980年全国建筑业有施工企业6604个，2005年行业中资质以上施工企业达到58 750个。

2001年至今，我国建筑业总产值和增加值持续增长，到2007年，中国建筑企业完成建筑业总产值突破5万亿元，年平均增长率为22%。建筑企业达6万家，从业人员达2878万人，建筑业增加值占GDP的比例稳定在6%左右，成为拉动国民经济快速增长的重要力量。这说明，建筑业是带动国民经济增长的重要产业。从企业数量、人员规模上看，建筑业企业数量一直低速增长，但建筑业从业人数则以7%左右的速度稳定增长。这表明建筑业企业近年来在结构上有所调整，大中型企业发展较快，产业集中度有所上升。

建筑业投资逐年增加："九五"期间为6%，"十五"期间9.5%，"十一五"期间为21.15%。

建筑业总产值增速："九五"期间为15.8%，"十五"期间为22.5%，"十一五"期间的增速与"十五"期间基本持平。

2009年建筑业在全国经济当中所占的比例从1978年的3.8%提高到了6.66%。建造能力已达世界先进水平，国内所有的工程项目都可以依靠自己的力量完成。

2000年对外承包开始增速加快，市场领域、市场规模、工程的层次等都有显著提升。2010 年海外建筑工程市场领域从传统的亚洲、非洲逐步向南美洲、欧洲、北美洲渗透。

近些年，国家密集地出台了一批地区发展规划，如"西部大开发"、"中部崛起"、"珠江三角洲地区改革发展规划"、"海南国际旅游岛建设发展的若干意见"等。主要围绕东、中、西部区域平衡发展，同时也必然带来中西部大规模的基础设施建设。

可再生能源产业发展将重点围绕十大工程展开。轨道交通建设将实现低碳出行，2009 年全国已有 25 座城市获得城市轨道交通项目审批，截止 2015 年年末，我国城市轨道交通累计通车里程达 3286km，全国已拥有 39 个城市建设或规划建设轨道交通，每天投资超过 7.8 亿元。预计到 2020 年，全国拥有轨道交通的城市将达到 50 个，交通规模达到近 6000km，轨道交通投资达 4 万亿元。

1.1.2　建筑业的资源、能源需求

材料生产均来自于自然资源，矿石资源在地壳中的储量是有限的，因此地球的资源状况将直接影响材料及其产业的发展。我国已经探明的矿产种类有 163 种，其资源总量居世界第三位。但由于我国人口基数巨大，人均矿产占有量仅列第 53 位，诸如铁、石油、铝土矿、天然气等关系国计民生的主要矿产均低于世界平均水平，因此从总体上讲我国是一个矿产储量不足的国家，经济的快速发展必将面临更大的资源压力。

建筑材料是人们生活、生产必不可少的材料。近代社会出现的钢铁、水泥、混凝土等主体结构材料，以及塑料、铝合金、不锈钢等新型材料，无论是强度还是耐久性都远优于传统材料。防水材料的使用使房屋的漏雨、漏水现象减少；玻璃作为透明材料，使房间的采光效果改善；在墙体和顶棚中采用保温材料，既提高了房屋的热环境质量、改善了居住性，又节约能源；各种装饰材料的开发和使用，使建筑物具有美观性、健康性和舒适性。

建筑业产值约占世界产值的 10%，为全世界提供了 7% 的就业机会，但消耗了人类所使用自然资源总量的近 50%，能源总量的 40%。在我国，建筑业是我国国民经济的支柱产业，对国民经济的发展做出了重要贡献，同时，因为建筑业是粗放型的，我国为资源的消耗及浪费付出了沉重的代价。在建筑业所用的所有资源中，三大主要建筑材料——水泥、钢材和木材消耗量巨大，据 1995 年统计，

我国建筑业消耗的物资占全国物资消耗总量的15%，其中每年房屋建筑的材料消耗量占全国消耗量的比例为：钢材占25%、木材占40%、水泥占70%。可见建筑业生产消耗水平的高低直接影响着其利润水平及其和谐发展进程。

目前，我国正处于城市化高峰期，近年来建筑产量一直稳居世界第一，专家预测我国当前的建筑规模还将持续20年，这也意味着建筑生产资源消耗总量将持续增长。根据建设部公布的数据，每年竣工的建筑物面积大约在19亿m²。除建筑物外，我国每年还竣工大量的基础设施和工业管线。又据2005年中国发展报告，2004年建筑业企业房屋建筑施工面积为29.19亿m²，比上年增加3.26亿m²，即2003年有25.93亿m²的施工面积。

如此大规模的建设，使得建筑业对资源的消耗占了全国总消耗量的很大比例。虽然我国资源丰富，但按人均算，我国属于贫资源国。我国建筑工程的物耗水平与发达国家相比也有很大差距，例如，每平方米住宅建筑耗费钢材约55 kg，比发达国家高出10%~25%。反过来，我国对建筑垃圾等废弃物的再生利用比例却很低，与发达国家差距很大。据日本建设省统计，早在1995年全日本废弃混凝土再资源化率已达到65%，2000年则已高达96%；欧盟也已经提出建筑可持续发展目标之一就是使建筑垃圾再循环率达到90%以上。因此，我国建筑业资源消耗的现状不容乐观，形势极为严峻。

表1-1所示为1998~2005年我国建筑业的三大主要材料——钢材、木材和水泥的消耗分析表。

表1-1　1998~2005年中国建筑业的总产值及主要材料消耗量

项目	1998 年	1999 年	2000 年	2001 年	2002 年	2003 年	2004 年	2005 年
中国建筑业总产值/万元	100 619 922	111 528 640	124 975 961	153 615 626	185 271 753	230 838 663	277 453 761	345 520 968
固定资产投资价格指数	99.8	99.6	101.1	100.4	100.2	102.2	105.6	101.6
修正后的建筑业总产值/万元	1 008 215.7	1 119 765.5	1 236 161.8	1 530 036.1	1 849 019.5	2 258 695	2 627 403	3 400 796.9
钢材/万 t	4 366.85	5 289.6	6 237.9	7 810.1	10 520	14 300	15 863.9	18 000
木材/万 m³	2 808.15	3 171.6	3 681	4 519.3	6 200	8 280	8 700	—
水泥/万 t	22 836.33	27 603.9	33 311.3	41 399.8	55 764.4	60 345.7	67 900	—

注：数据来源于国家统计局及相关文献、网站。2005年的木材和水泥消耗量不详。

从表 1-1 中可以看出，建筑业 1998～2005 年建筑业总产值快速增加，三大主要材料的消耗量巨大。从目前的产业结构来看，我国建筑业的比重和产值所占比例很大，这是资源消耗量大的原因。

从图 1-1 中可以看出，1998～2005 年，建筑业的主要消耗材料水泥、钢材和木材增长速度很快，2005 年钢材的消耗量是 1998 年的 4 倍多，2004 年水泥、木材的消耗量是 1998 年的 3 倍。申奥成功和加入世界贸易组织（WTO），中国的投资迅速升温，大量的资金活跃在中国的建筑市场，引起建筑及住宅产业的蓬勃发展，导致主要材料的消耗增幅加大，自 2001 年以来几乎每年都高于前期水平。

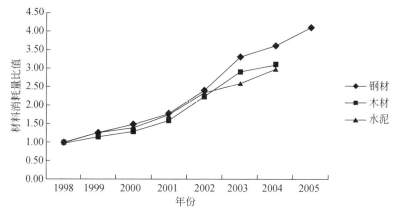

图 1-1　1998～2005 年建筑业三大主要材料的消耗增长

注：2005 年的木材和水泥消耗量不详，这里以 1998 年 = 1.0，即以 1998 年的材料消耗量为基数。

从图 1-2 和图 1-3 中可以看出，对钢材和木材来说，1998～2003 年每万元产值中的消耗量是逐步增加的，表明建筑企业中这两种材料的成本在增加，到 2003 年达到顶峰；从 2003 年开始，每万元产值中的消耗量下降了。1998～2002 年，每万元产值中的水泥消耗量是增加的，但在 2003、2004 年，每万元产值中的水泥消耗量也在下降。这说明从 2003 年开始，建筑业开始关注节材方面的问题。

发达国家的基础建设和基础设施在 20 世纪 50 年代以前就已形成了规模，现在的建设主要是房屋、住宅的建设。而我国现在正处在城市化高峰时期，大规模的基础设施建设和住宅建设方兴未艾。因此，近年来我国建筑业对资源的消耗量非常大，并保持着强劲的增长势头。下面从水泥、钢材入手分析我国建筑业材料消耗方面与发达国家的差距。

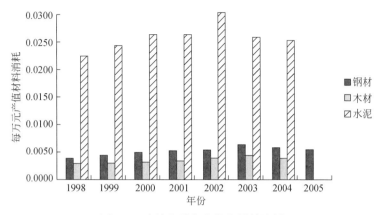

图 1-2　建筑业单位产值的材料消耗

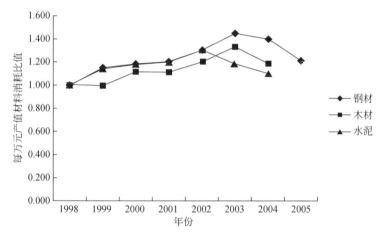

图 1-3　建筑业单位产值的材料消耗变化曲线（1998 年 = 1.0）

1.1.2.1　水泥消耗的比较

我国是世界第一水泥生产和消耗大国，但却是散装水泥使用的小国。2004年，我国水泥产量已达到 9 亿多吨，但散装水泥仅占 3.2 亿 t，占水泥总产量的 33.4%，远低于美国、日本 90% 以上的散装率，甚至还远低于罗马尼亚（散装率 70%）、朝鲜（散装率 50%）。水泥生产和应用的低散装率给我国造成了极大的资源浪费。

1.1.2.2　钢材消耗的比较

我国建筑业钢材的消耗非常大，甚至超过了国内任何一个产业的用钢量，占到了全国总用钢量的20%~25%，其中却只有很少的一部分是用在钢结构建筑物上。我国建筑单位面积耗钢量明显高于发达国家，这说明我国建筑业用钢非常不经济。通过对比可以发现，我国建筑业的节材之路还有很长的一段要走，具有非常大的潜力和空间，需要加强意识、加快速度。

我国与发达国家的建筑业在资源节约方面存在差距的原因很多，主要有管理、观念以及生产方式三个方面。

（1）管理方面

发达国家有着先进的工程管理技术，对材料的采购、保管、使用、回收等各环节都有很成熟的控制方法。虽然我国的建筑工程管理水平近几年来提高很快，但是在材料节约方面还远远达不到国际水平，如材料现场乱堆乱放、材料保管漏洞百出、施工过程不注意节约材料等，浪费了大量宝贵的资源。

（2）观念方面

发达国家建筑业倡导"以人为本、节材节能、生态环保"，在建筑材料的选择上尽量选用可循环使用、可再生的材料，特别重视材料的环保和节约。我国建筑业观念落后，建筑业的可持续发展、绿色环保生态建筑也是近几年才提出的。以前建筑业根本不注重节材节能，只关注完成建筑任务。

（3）生产方式方面

发达国家都利用现代化的生产方式代替传统的、分散的手工业生产方式来建造房屋，建筑工业化水平很高，很多住宅建筑都用预制组件现场组装完成，大大节约了施工的时间，减少了现场材料的浪费，并且一些组件还可以循环使用。例如，丹麦、法国都有专门的预制组件联合目录，设计者可以从中选择组件来进行设计；在瑞典，通用组件对新建筑物的贡献率竟占到了80%；日本也花了20年的时间来推进住宅组件的装配化。

我国建筑业工业化水平比较低，主要体现在建筑组件的预制比例很低，缺乏预制组件的设计标准，低下的技术水平和劳动水平等，这大大增加了建筑业的能源和资源的消耗。

1.1.3　建筑业的环境排放

在国民经济中起着举足轻重作用的建筑业，同时也在解决广大劳动力就业、提高人民生活水平等方面发挥了重要作用。但其在生产活动中产生了大量的污染物，严重影响了广大群众尤其是城市居民的生活质量。

建筑业具有一定的特殊性，故污染物排放种类和特征也有别于其他行业，具有污染面广、难以治理和危害群体广等特点。建筑业排放的污染物主要有施工噪声、建筑粉尘、建筑垃圾、固体废弃物等。

建筑施工噪声是指建筑工地现场产生的环境噪声，主要是由施工机械工作产生的。不同类型的施工机械产生的噪声强度也有区别，如推土机 78 ~ 96 dB（A）①，挖土机 80 ~ 93 dB（A），运土卡车 85 ~ 94 dB（A），汽锤风钻 82 ~ 98 dB（A），打桩机 95 ~ 105 dB（A）。同时据测，建筑场地清理工程噪声为 80 ~ 85 dB（A），地基工程为 75 ~ 85 dB（A），安装工程为 75 ~ 85 dB（A），整修工程为 85 ~ 95 dB（A）。因此，施工场地的噪声一般均超过国家施工场界噪声限值的标准。

由于近年来城市化进程的不断加快，很多工程作业几乎是在居民窗下进行，严重干扰了居民的正常生活和身体健康。恶劣的噪声常使周围居民难以忍受而采取措施阻止施工，使一些建设项目被迫停工，甚至有时会发生流血冲突和法律诉讼。此外，运送建筑材料的重型卡车所产生的交通噪声也是一个不容忽视的因素。

建筑噪声声源常常在露天环境，扩散途径不易被割断。其特点是位置多变，噪声源的性能、强度、种类变化的范围大，常伴有强烈的震动发生，还具有强度大且持续时间集中、噪声控制难度大等特点。除此之外，建筑中使用的大吨位载重汽车的噪声形成流动噪声源同样不可忽视。

现今建筑噪声污染现状有以下三种：

第一，一些建筑施工单位受经济因素制约，使用的施工设备简易陈旧、质量低劣、安装不当。与此同时，建筑施工业主普遍缺乏环保意识，对施工机械缺少必要的降噪手段。卷扬机、电锯、切割机等产生高噪声的设备露天安置，操作时刺耳的噪声随时传播，使施工场界噪声严重超标。

---

① dB 是理论值，dB（A）是含有频率加权特性的实测值。

第二，由于建设单位和施工企业侧重强调建筑质量和工程安排，两者与施工时间发生矛盾时，自然会从经济利益出发，导致出现夜间施工现象，严重影响周围居民正常生活。

第三，现行的《中华人民共和国噪声污染防治法》规定，由具体的施工单位承担污染防治责任，造成了其上游的总包企业和建设单位没有义务来治理污染的认识误区。另外，环境影响评价文件由建设单位递交，该环评文件提出的不进行夜间施工，或者必要时经环保部门批准才进行夜间施工，其内容是建设单位作出的承诺。因此，在实际执行工作中，无法对建设单位实施处罚。他们常利用各种手段来缩短施工工期，导致部分施工企业出现"被动违法"现象。

建筑粉尘是地表扬尘的主要来源，是影响城市环境空气质量的重要因素，且近年来其对环境空气的总悬浮颗粒物（TSP）贡献率有逐年上升的趋势。建筑粉尘污染主要是指水泥、石灰、砂石和回填土等建筑原材料在运输、堆放和使用过程中由于人为原因或某些气象因素造成的部分建筑原材料小颗粒散失到环境空气中，也包括由于建筑施工造成的裸露地表对环境空气质量的影响。

建筑粉尘的来源如下：一是房屋拆除以及拆除产生的建筑垃圾进行清运过程产生的粉尘；二是建筑施工地基础工程、土石方工程、结构工程等过程中产生的粉尘；三是建筑材料（如水泥、白灰、砂子等）在装卸、堆放等过程中因风力作用而产生的粉尘污染，及其在运输过程中由于道路不平整或装载过量等因素造成的抛散，或各种施工车辆往来引起的道路扬尘。

根据性质的不同，粉尘可对人体健康造成不同程度的伤害，会引起心血管疾病、脑血管疾病、急性呼吸道感染、慢性阻塞性肺病等疾病。建筑施工粉尘对人体影响最大的是对人体呼吸系统的损害，虽然少量的吸入可通过排痰和正常呼吸排出体外，但如果长期吸收，达到一定数量时，就会引起肺部组织病变，并逐渐使肺部硬化，失去正常的呼吸功能，有些疾病经治疗后不能完全康复，有的疾病会留下后遗症。例如，尘肺就是由于肺部吸收大量粉尘而引发的影响面最广、危害最重的一类疾病。

建筑垃圾主要指一些废弃的建筑原材料、建筑半成品和建筑原材料的包装物。建筑垃圾排放量大且面广，影响深远，难以降解，长期存在于土壤中会改变土壤特性，影响植物的生长，并影响城市的美观。我国人口的急剧增多和经济的飞速发展，带来了土木建筑业的空前活跃。道路、桥梁、铁路、机场、港湾、城市建筑、通信等基础设施的建设，使得建筑材料在量和质上都达到了历史上的最高水平。建筑材料的大量生产，消耗了大量的原材料。炼铁的铁矿石、生产水泥的石灰石和黏土类原材料，以及生产混凝土的砂石骨料等，严重破坏了自然景观和自然生态。木材的使用使森林面积减少，加剧了土地的沙漠化。材料的生产要消耗大量的能源，并产生废气、废渣、废水，对环境构成污染。据统计，钢铁工业每吨钢综合能耗折合标准煤 1.66 t，耗水 48.6 m^3；烧制 1 t 水泥熟料消耗标准煤 178 kg 时，放出 1 t CO_2 气体。在建筑施工过程中，机械的运转产生噪声、粉尘等现象，也对周围环境造成各种不良影响。

建筑材料的性能和质量直接影响建筑物或结构物的安全性、耐久性、使用功能、舒适性、健康性和美观性。传统的墙体材料多采用实心黏土砖，由于不设保温层，墙体很厚，降低建筑物的面积使用率，浪费了土地资源。传统的门窗材料多采用木材，吸水后容易变形，而且耐火性差。近年来开发使用的钢窗，容易生锈，保温性和密闭性差。铝合金窗虽不生锈，但保温性不良。路面材料主要采用水泥混凝土和沥青混凝土，开裂、不平、破损现象很多。

随着新型装饰材料的大量推广和使用，放射性物质广泛地存在于室内外环境，尤其是氡等放射性物质对人类造成的危害，不能不引起人们的关注。据悉，居室装潢材料对人体健康至少有六个方面的危害。一是新居综合征，现代建筑装饰所用的合成材料中通过排放甲醛和其他可挥发的有机化合物对室内空气造成污染，居住者有眼、鼻、咽喉痛、皮肤刺激、呼吸困难等一系列症状；二是产生典型的神经功能损害，包括记忆力的损伤；三是刺激人的三叉神经感受器；四是引起呼吸道上的炎症反应；五是降低人体的免疫能力；六是具有较明显的致突变性，有可能诱发人体肿瘤。

建筑垃圾对城市环境的影响具有广泛性、模糊性和滞后性的特点。广泛性是客观的，但其模糊性和滞后性就会降低人们对它的重视，造成生态地质环境的污染，严重损害城市环境卫生，恶化居住生活条件，阻碍城市健康发展。因此，建筑垃圾对城市环境的影响不容忽视。

1.1.4 "城市矿产"概念

近年来，随着中国经济快速发展和工业化、城镇化进程加快，矿产资源需求程度不断增加，原生矿产开采程度不断加大，我国有色金属资源的保障程度不断降低，大量矿产资源依赖于进口，导致我国有色金属工业的发展受到压制。同时，国际经济条件变化莫测，导致我国企业的生存条件不断恶化，国内企业开始寻求新的生存途径。

有调查显示，经过工业革命 300 年的掠夺式开采，全球 80% 以上可工业化利用的矿产资源已从地下转移到地上，并以"垃圾"的形态堆积在我们周围，总量高达数千亿吨，并还在以每年 100 亿 t 的数量增加。而靠工业文明发展起来的发达国家，正成为一座座永不枯竭的"城市矿山"。

"城市矿产"作为一个新的名词，逐渐走入人们的视野。它为我国有色金属工业的持续健康发展提供了保障，为提高我国有色金属工业的资源保障程度开辟了新的道路。

白银市和大冶市，它们都曾以拥有丰富的有色金属而闻名于世。甘肃省白银市早在汉代就有采矿业。白银市以产铜、金、银、铝、铅、锌为主，距白银市约 30 km 的凤凰山丰产各种有色金属。当地地方志记载，"凤凰山下，日出斗金"。而素有"百里黄金地，江南聚宝盆"美誉的湖北大冶市更是矿产丰富。但是，随着矿产资源的不断开发利用，这些以资源命名的城市逐渐失去了往日的光彩，矿产资源不断减少，已经接近枯竭。

我国有色金属资源，尤其是铜资源短缺。精炼铜的原料自给率只有 40%，每年均需进口大量铜精矿。而且，我国铜矿品位低、大型铜矿少，可供利用的资源严重不足，难以满足铜工业发展需要。中国有色金属工业协会铜部处长段绍甫表示，我国矿产资源储量保证程度明显不足，2008 年铜矿储量为 1457 万 t，2009 年铜精矿自给率降至 23.4%；原料供应矛盾日益突出，对于中国的铜企业来说，自己手中的矿山资源少，精铜矿原料 60% 以上需要进口，对外依存度很高。

据悉，我国资源型城市共有 118 个，国家确定的资源枯竭型城市 44 个，均享受了中央财政给予的财力性转移支付。目前，中央财政设立了针对资源枯竭城市的财力性转移支付，累积下达财力性转移支付资金 153 亿元。

当前，我国仍处于工业化和城镇化加快发展阶段，对矿产资源的需求巨大，但国内矿产资源不足，难以支撑经济增长，铁矿石等重要矿产资源对外依存度越来越高。与此同时，我国每年产生大量废弃资源，如有效利用，可替代部分原生资源，减轻环境污染。2008 年，我国 10 种主要再生有色金属产量约为 530 万 t，占有色金属总产量的 21%，同时，我国废钢利用量达 7200 万 t，与利用原生铁矿石炼钢相比，相当于减少废水排放 6.9 亿 t，减少固体废物排放 2.3 亿 t，减少二氧化硫排放 160 万 t。

| 第1章 | 概　论

2010 年 5 月，国家发展与改革委员会（以下简称国家发改委）、财政部下发了《关于开展城市矿产示范基地建设的通知》（以下简称《通知》），决定用 5 年时间在全国建成 30 个左右技术先进、环保达标、管理规范、利用规模化、辐射作用强的"城市矿产"示范基地。推动报废机电设备、电线电缆、家电、汽车、手机、铅酸电池、塑料、橡胶等重点"城市矿产"资源的循环利用、规模利用和高值利用。开发、示范、推广一批先进适用技术和国际领先技术，提升"城市矿产"资源开发利用技术水平，探索形成适合我国国情的"城市矿产"资源化利用的管理模式和政策机制。

为高标准建设示范基地，《通知》明确了各地推荐的园区（企业）应具备以下基本条件：已被确立为国家或省级循环经济试点单位；实行园区化管理；符合土地利用总体规划和城市总体规划；有符合标准的各项环保处理设施；年可利用的资源量不低于 30 万 t，有合理产业链，加工利用量占"城市矿产"资源量的 30% 以上，且工艺技术水平国内领先。国家发改委、财政部将会同有关部门组织专家对各地报送的实施方案进行评审，对实施方案经评审并获得批复的园区（企业），可在适当位置标注"国家循环经济——城市矿产示范基地"标志。

目前，国家发改委、财政部根据资源循环利用产业发展现状及循环经济试点成效，首批选择天津子牙循环经济产业区、安徽界首田营循环经济工业区、湖南汨罗循环经济工业园、广东清远华清循环经济园、四川西南再生资源产业园区、宁波金田产业园、青岛新天地静脉产业园 7 家区域性资源循环利用园区开展"城市矿产"示范基地建设。到 2015 年，这 7 家示范基地已形成年加工利用再生铜 190 万 t、再生铝 80 万 t、再生铅 35 万 t、废塑料 180 万 t 的能力。

《通知》指出，中央和地方财政共同支持示范基地建设，中央财政资金将主要发挥引导和鼓励作用，地方财政应立足自身做好示范基地建设的相关资金支持和政策引导工作。同时，有关部门将积极落实支持循环经济发展的金融政策措施，研究完善土地、税收等优惠政策。

"城市矿产"这个名词听起来很响亮，也很动听，但是人们得知它的真实含义后，不禁将其和以往的"收破烂"联系起来，认为城市矿产无非是城市里人们胡乱丢弃的"废铜烂铁"。然而，国家大力推广的"城市矿产"真的如人们所想，只是一些"破烂货"吗？

据介绍，"城市矿产"是对废弃资源再生利用规模化发展的形象比喻，指工业化和城镇化过程中产生和蕴藏于废旧机电设备、电线电缆、通信工具、汽车、家电、电子产品、金属和塑料包装物以及废料中，可循环利用的钢铁、有色金属、贵金属、塑料、橡胶等资源。

虽然"城市矿产"的开发对象是废旧用品，但绝非是传统意义上的"收破烂"，而进入产业的门槛也要求较高。按照相关规定，企业或园区要获得"国家循环经济——城市矿产示范基地"，必须经过国家发改委、财政部会同有关部门组织专家对各地报送的实施方案进行评审，方可实施。

国家发改委巡视员何炳光称，世界上已有不少国家提出开发"城市矿产"。1 t 废塑料再利用相当于少用 3~5 t 石油，这是一个形象说法。"应当说，这个概念的提出，这个政策的提出，这个措施的实施，还是非常有意义的。"他举例说，日本在应对金融危机中就提出来要大力开发"城市矿山"，要变资源小国为资源大国。这是有根据的。他们每年要回收 3 亿部旧手机，要从里面提取大量黄金，这对他们来说是非常重大的资源战略。

加快"城市矿产"开发，扩大战略资源储备，有利于化害为利，解决废弃电器电子产品可能产生的污染环境、损害健康等问题，同时也是发展循环经济、转变经济发展方式、走可持续发展道路的战略选择。大规模、高起点、高水平开发利用"城市矿产"资源，具有十分重要的意义，既能节省大量原生资源，弥补我国原生资源不足，又能"变废为宝、化害为利"，为缓解我国资源环境约束做出积极贡献。

专捡美国废纸的"国际破烂王"张茵，一举超过无数矿业、地产大王，成为 2006 年的中国首富；专捡国内外废铁的"钢铁大王"吴岳明，在股市上出手就是几百个亿；深圳一家专捡国外"电子垃圾"的民企，仅用 4 年时间，生产的监视器就排名世界第五，成为中国电子行业的出口"老大"。人们恍然大悟，原来最好的资源矿产就在城市。再好的铁矿资源产出率也比不过废钢；1 t 废线路板可提取 400 g 黄金，是世界上最富的金矿。而这座"城市矿产"的魅力还在于其与消费同步增长，是永不枯竭的矿产资源。

何炳光表示，目前，资源再生产业已成为全球发展最快的朝阳产业，这项资源战略对我们国家来说也仍然具有非常重大的意义。"我们大家都知道，中国人均资源相对不足，具有战略意义的 45 种矿产资源，很多品种在一定程度上短缺，很多重要战略性资源对外依存度过高，如我们的铁矿石、石油等，对外依存度相当高。开发'城市矿产'，是对我国经济安全具有战略意义的举措，而与此同时，在利用过程中也解决了环境污染问题"。

本书将城市中所有能够进行循环开发利用的固体废弃物都视为"城市矿产"，因此，要实现资源的再利用，"城市矿产"不能只局限于废旧家电及贵金属等，还应该将建筑废弃物纳入"城市矿产"的范畴进行开发利用。建筑垃圾废弃物指人们在从事拆迁、建设、装修、修缮等建筑业的生产活动中产生的渣土、废旧混凝土、废旧砖石及其他废弃物，具体如 1.2 节所述。

随着我国城市化的高速发展，城市建设过程中产生的建筑废弃物也不可避免地随之增多，迅速增多的建筑废弃物，不仅会污染环境，而且还浪费了大量的资源，对环境和社会的可持续发展造成了极大的负面影响。建筑垃圾严重"超载"现象已成为城市"顽疾"，其产量巨大但资源化利用严重不足。国外很多国家将建筑废弃物作为一种"城市矿产"资源加以开发利用，废弃物的循环利用得到了充分发展。据统计，发达国家建筑废弃物的资源化利用率已达 60%～90%。相对而言，包括我国在内的许多发展中国家的建筑废弃物资源化利用率较低，有的国家甚至基本没有进行循环利用。

依据我国国情，需要号召大力开展"城市矿产"的开发利用活动。建筑废弃物作为"城市矿产"的一部分，急需构建一个以"城市矿产"理论为支撑的综合管理平台，通过优化管理手段来提高对建筑废弃物的循环利用。在自然资源存量趋紧的大背景之下，以"城市矿产"理论为指导，将建筑废弃物作为一种城市资源进行循环开发利用，是城市可持续发展的出路与保障。基于"城市矿产"的核心思想，开发利用建筑废弃物，实现废弃资源的再生循环利用，可有效弥补我国原生资源不足的现状，对缓解资源瓶颈对经济发展的束缚具有十分重要的战略意义。虽然建筑废弃物作为资源进行循环利用只在极少数城市出现，但已经引起了政府及相关部门的关注和重视。2010 年 5 月，国家发改委、财政部联合下发了《关于开展城市矿产示范基地建设的通知》，这一重大举措意味着我国政府正式引入了"城市矿产"这一概念，并直接启动了全国"城市矿产"的开发利用，这也是国家资源观念和战略的重大转变。

2015 年，国家环保部重启了"绿色 GDP2.0"核算工作，其中包括环境承载容量、环境成本和环境改善效益的核算。在我国未来的绿色城市规划建设中，借鉴运用绿色基础设施估值工具箱的分析方法来评估城市绿地规划建设的价值效益，有利于充分整合市域生态绿地资源，更好地发挥其综合功能，维护城市人居环境的生态平衡。

1.1.5 城市自身可持续发展构想

城市经济发展与城市环境治理问题本身就是一种矛盾，彼此相互制约。可持续的城市规划就是要营造良好的经济环境和优化经济结构。经济的可持续发展强调三大产业协调发展，产业结构是城市经济结构的主体，影响着城市生态系统的结构和功能。为改善城市生态结构，促进物质良性循环和能量流动，必须改进城市的产业结构。

从解决经济发展与环境问题角度出发，规划发展一批设施农业、示范农业、特色农业、生态农业和创汇农业，把"三高"农业和有机农业结合起来，规划多种生态农业模式，充分利用空间资源和土地资源的农林立体结构生态经济系统，形成良好的水陆交换物质循环生态系统，农、鱼、禽水生生态经济系统，湿地综合利用开发复合生态经济系统，多功能污水自净生态经济系统，以庭院为主的院落生态经济系统，多功能的农、副、工联合生态经济系统。在企业层面上要根据生态效率，通过产品生态设计、清洁生产、产品包装"绿色化"等措施，实现污染物排放的最小化；在区域层面上，按照工业生态学原理，通过企业间的物质集成、能量集成和信息集成，在企业间形成共生关系，建立工业生态园区。

从解决生产与生活之间的矛盾出发，重点规划档次高、辐射面广的专业市场，巩固和发展现有的家具、钢铁、木工机械等专业市场，培育和壮大花卉、汽车、装饰材料、家用电器、塑料、布匹、水产等新兴的专业市场。规划和建设信息网络，形成辐射全国各地、走向世界的信息产业基地，加快以科技服务、社区服务为重点的服务业的发展，形成覆盖范围广、服务水平高、渗透到各行业、千家万户的综合服务体系；合理规划房地产业，坚持"统一规划、合理布局、配套建设、综合开发"的战略，严格控制房地产用地外延扩展，消化闲置商品房，切实提高住宅小区的物业管理水平，改善市民人居环境；积极规划旅游产业，要在特色旅游上下工夫，创立一批区域性特色"旅游品牌"，发展规模旅游，使之成为第三产业的支柱。

城市是一个由社会、经济、自然三个亚系统构成的复合生态系统，通过人的生产与生活活动，将城市中的资源、环境与自然生态系统联系起来，形成人与自然、经济发展与资源环境的相互作用关系与矛盾。生态环境可持续的城市规划就是运用生态学、生态经济学原理及其他相关的科学知识与方法，从城市生态功能的完整性、城市资源环境特点和社会经济条件出发，调控城市社会、经济与自然亚系统及其各组分的生态关系，合理规划城市资源开发与利用途径以及社会经济的发展方式，使之达到资源利用、环境保护与经济增长的良性循环，不断提高城市的可持续发展能力，实现人类社会经济发展与自然过程的协同进化，以确保在规划中明确体现对生态环境的关心，维持城市生态系统的动态平衡，体现人与自然的和谐，由此促进资源与环境的可持续性利用和城市的可持续发展。

生态环境问题伴随着工业发展而加剧。首先要使工业布局规划结合城镇规划，防止境外污染型工业向本市转移，淘汰落后的工业技术，推广节约型资源、能源、原材料，减少污染性的工业技术和方法；其次推行清洁生产，增加和完善污染物排放控制指标，发展环保产业；再次要发展生态型工业体系，建立重点工业园区。同时建立农业环境保护机制，把保护耕地与推进土地适度规模经营相结合，大力发展都市型生态农业、特色农业、创汇农业和"三高农业"。从景观生态角度统筹安排城乡园林绿地的系统规划，在保护优美自然生态环境的同时，创造良性的城镇生态环境系统，建设具有水乡和基础景观特色的园林式现代化城市。

可持续发展的城市所要追求的最终目标就是社会的可持续性。除有效的经济增长外，可持续发展城市谋求的是在不同的利益团体中公平地分配社会资源，满足不同层次人群的需要，追求社会的共同繁荣和进步，促进人的全面发展。社会可持续发展是关键，人的因素至关重要。而城市社会可持续发展也是一个系统工程，是一个复杂的有机体，它是以人口为主体的立体结构，并与城市经济、城市环境等方面有着不可分割的联系，其中包括人口、文化、教育、卫生与健康、艺术、体育、价值观念和社会网络等。其实城市社会可持续发展最终是人的全面发展，为了人的全面发展必须做好社会可持续发展的系统规划。

首先，人口问题已经成为制约经济社会发展的突出问题。积极推行计划生育政策，严格控制人口数量是确保可持续发展的前提和基础。同时还要重视外来人口的管理，在规划中合理安排外来人口及流动人口的服务配套设施建设。其次，从人文生态角度出发，创造和谐、优美的人居环境，完善社区物业管理、社区供给与保障、社区教育、社区服务等多功能社区中心的结构规划。人才是可持续发展的智力基础，大力发展先进的职业教育，开展素质教育，提高大学适龄人口接受教育的比例，引进人才，搞好科学技术的开发、转化与应用。科学、教育、文化事业是科学技术和人类文明的诞生地、推广者和传承者，只有科学、教育得到发展，才能保证可持续发展的共同目的——人的全面发展的实现。

以科学发展观为指导思想，综合考虑资源再利用、社会经济发展、环境保护的关系，通过高起点和适当超前的规划使建筑垃圾有计划、有步骤地处理，建立全市统筹、布局合理、技术先进、资源得到有效利用的建筑垃圾处理体系，进一步促进建筑垃圾处理和再利用产业化的发展，真正让城市可持续发展，减少索取、排放。以下以天津建筑垃圾处理规划为例介绍实现城市自身可持续发展的构想。

以资源化、减量化、无害化为原则，有效控制建筑垃圾收运、处理的全过程，通过科学规划和系统建设，实现建筑垃圾的综合利用。近期目标是：完善现有的建筑垃圾收运系统，充分利用建筑垃圾的循环使用性能，建设符合城市建设发展需要的建筑垃圾消纳网络。远期目标是：建立与城市发展相协调的建筑垃圾处理系统，逐步提高建筑垃圾的资源化利用率，建立处理工艺经济可行、处理设施配置合理、技术可靠、环保达标、国内领先的建筑垃圾收运处理系统，实现建筑垃圾从产生到消纳全过程的科学控制和管理。计划至 2020 年，城市建设开发量增长 36.2%，随着城市建设开发量速度减慢，新建筑物建设量和旧建筑物拆迁量会呈下降趋势，按建筑物拆迁每平方米约产生建筑垃圾 1.5 t（约合 0.75 m³）、新建建筑物每平方米产生建筑垃圾 0.06 t（约合 0.03m³）计算，预测建筑垃圾产生量每年约为 300 万 m³。

根据城市建设规划，天津市从 2009 年开始用 8 年时间围海造地 80 km²，以平均水深 1 m 计，需填土 8000 万 m³，平均每年约填 1000 万 m³，建筑垃圾中的混凝土可用于填海造地，按天津市每年建筑垃圾产生量 226 万 m³、以其中 1/3 为混凝土计算，远不能满足围海造地的需要，其余 2/3 的房渣土可用于填坑、回填，因此目前天津市产生的建筑垃圾供不应求。

天津市城市开发建设根据区域不同发展不同，未来的发展主要在主城区的环城 4 区、滨海新区和近郊区，市内 6 区受地域限制发展用地不会增加，将来建筑垃圾填坑、填海造地以这些区域为主，而中心城区的建筑物拆迁量比其他区域多，大部分建筑垃圾产生在中心城区，考虑对建筑垃圾的规范管理，以及将来建筑垃圾综合利用比简单填坑更具价值，规划建设两座建筑垃圾处理场。目前，建筑垃圾处理场作为建筑垃圾堆放场使用，在场内可将建筑垃圾按不同成分分类，再分别运至不同的使用场所；将来，根据建筑垃圾综合利用工艺在场内设置建筑垃圾综合利用生产线。

建筑垃圾处理场位置的确定要考虑建筑垃圾主要产生区域和需要建筑垃圾回

填区域，以减少运输成本。由于建筑垃圾主要产生在中心城区的市内 6 区，而未来城市规划建设量在主城区的环城 4 区和近郊区，因此规划建设的建筑垃圾处理场选址分别在北辰区和西青区，市内各区产生的建筑垃圾以海河为界分别进入北辰区和西青区的建筑垃圾处理场；滨海新区建筑垃圾填海工程需要量很大，故不设置处理设施；近郊地区的建设开发量较小，产生的建筑垃圾较少，可直接用于回填，运往处理场和建设处理场都不经济。

1.2　建筑废弃物资源化背景和意义

建筑废弃物是指建筑物和市政基础设施在新建、改建、扩建和拆毁活动中产生的废弃物，主要包括淤泥渣土、废旧混凝土、废沥青、废砖瓦、砂浆、废金属、玻璃、塑料、木材等，大部分为固态、半固态的固体废弃物，具有较高的可回收利用价值。按产生源分类，建筑垃圾废弃物可分为工程渣土、装修垃圾、拆迁垃圾、工程泥浆等；按组成成分分类，建筑垃圾废弃物中可分为渣土、混凝土块、碎石块、砖瓦碎块、废砂浆、泥浆、沥青块、废塑料、废金属、废竹木等。

建筑废弃物对环境的影响有以下方面。

（1）占用土地，降低土壤质量

随着城市建筑垃圾量的增加，土地被占用面积也逐渐加大，大多数垃圾以露天堆放为主，经长期日晒雨淋后，垃圾中有害物质通过垃圾渗滤进入土壤中，从而发生了一系列物理、化学、生物反应，或被植物根系吸收或被微生物合成吸收，造成土壤的污染。固体废弃物不加利用就需占地堆放，堆积量越大，占地越多。据估算，每堆积 1 万 t 废弃物约需占地一亩。我国仅煤矸石一项存积量就达 10 亿 t，侵占农田 5 万亩。越来越多的建筑废弃物还在继续增长。这些废弃物侵占了越来越多的土地，从而直接影响了农业生产，妨碍了城市环境卫生，而且埋掉了大批绿色植物，大面积破坏了地球表面的植被，不仅破坏了自然环境的优美景观，更重要的是破坏了大自然的生态平衡。另外，建筑固体废弃物，尤其是有害废弃物，经过风化、雨淋，产生高温、毒水或其他反应，能杀伤土壤中的微生物和动物，降低土壤微生物的活动，并能改变土壤的成分和结构，使土壤被污染。

（2）影响空气质量

建筑垃圾在堆放过程中，在温度、水分等作用下，一些有机物质发生分解，产生有害气体；一些腐败的垃圾发出了恶臭气味，同时垃圾中的细菌、粉尘飘散，造成空气的环境污染；少量可燃建筑垃圾在焚烧过程中又会产生有毒的物质，造成了空气污染。细粒、粉末受到风吹日晒可以加重大气的粉尘污染，如粉煤灰堆遇到四级以上风力，可被剥离 1～1.5 cm，灰尘飞扬高度可高达 20 cm～50 m；一些煤矸石堆积过多会发生自燃，产生大量的二氧化硫，采用焚烧法处理固体废弃物也会使大气污染。

（3）对水域的影响

建筑垃圾在堆放和填埋过程中，因发酵和雨水的冲淋以及用地表水和地下水的浸泡而产生的渗滤液或淋滤液，会造成周围地表水和地下水的严重污染；废弃物随天然降水途径流入河流、湖泊，或因较小颗粒随风飘迁落入河流、湖泊，造成地面水的污染；固体废弃物随渗沥水渗到土壤中，进入地下水，使地下水被污染；废弃物直接排入河流、湖泊或海洋，会造成上述水体的污染。

（4）破坏市容、恶化城市环境卫生

城市建筑垃圾占用空间大、堆放无序，甚至侵占了城市的各个角落，恶化了城市环境卫生，与城市的美化与文明的发展极不协调，影响了城市的形象。目前我国建筑垃圾的综合利用率很低，许多地区建筑垃圾未经任何处理，便被施工单位运往郊外或乡村，采用露天堆放或简易填埋的方式进行处理，而且建筑垃圾运输大多采用非封闭式运输车，不可避免地引起运输过程中的垃圾遗撒、粉尘和灰砂飞扬等问题，严重影响了城市的容貌和景观。

（5）存在安全隐患

大多数城市对建筑垃圾堆放未制定有效、合理的方案，从而产生不同程度的安全隐患，例如，建筑垃圾的崩塌现象时有发生，甚至有的会导致地表排水和泄洪能力的降低。

随着中国化学工业的发展，有毒、有害废弃物也有所增长。有毒、有害固体废弃都未经过严格的无害化和科学的安全处置，成为中国亟待解决并具有严重潜在性危害的环境问题。

我国全国城市垃圾年产量为1.4亿t，建筑废弃物占30%~40%，但能达到无害化处理要求的还不到10%，垃圾围城现象较为普遍。简单堆放的垃圾不仅影响城市景观，同时从垃圾中释放的气体和渗滤液污染着大气、水和土壤，成为中国城市面临的棘手的环境问题。

我国建筑固体废弃物在管理中存在着诸多问题，具体如下。

（1）回收率较低

北京市建筑固体废弃物中占很大比例的工程凿土和拆迁弃土大部分都进行了填埋，只有不到30%的工程凿土用于回填，既是对土地资源的浪费，也浪费了许多有用的材料。

（2）回收技术水平低，回收再生产业规模太小

城市垃圾收购者是回收建筑固体废弃物的主力，客观上对促进城市固体废弃物的循环利用和可持续发展做出了很大贡献。但是这种自发的回收活动由于缺乏政策支持、技术投入和有序管理，处于混乱无序、水平低下的状态。

（3）有毒有害物质一起填埋

建筑物装修过程中产生的各种装修垃圾和工程凿土、拆迁弃土等混杂在一起填埋。装修垃圾的数量虽然很少，但是具有一定的毒性，不经过处理就填埋，会给土壤和地下水带来污染隐患。

第2章 建筑废弃物资源化利用及应用现状

2.1 建筑废弃物的基本情况

2.1.1 建筑废弃物产生的原因

随着中国社会经济的发展，城市化进程有序进行，基础建设速度加快。据中国城市环境卫生协会介绍，我国生活垃圾为 1.6 亿 t，而建筑废弃物已远超过生活垃圾，达 15 亿 t。一方面，旧城改造过程中拆除旧建筑产生大规模固体废弃物；有关统计显示，在每万平方米的建筑施工过程中，仅建筑废弃物就会产生 500 ~ 600 t，每拆除 1 m² 建筑物约产生 1.2 t 建筑废弃物。另外，一些建筑寿命短、建筑规划不合理等原因使得建筑拆除增多，进一步导致了建筑垃圾的增长。目前，建筑拆除过程中产生的建筑废弃物量虽没有相关统计数据，但据专家估计，每年产生量在上亿吨（陈军，2007）。不同专家的估计值相差较大，一般为几亿吨到 20 多亿 t 不等，最多认为产量达 24 亿 t/年。国家发改委 2011 年 12 月印发《大宗固体废物综合利用实施方案》的数据显示，2005 年我国建筑废弃物产量为 4 亿 t，2010 年为 8 亿 t。

另外，伴随着人类需求的不断增长，我国建筑业发展迅猛，年建筑面积在几十亿平方米，新建建筑物在施工过程中产生大量的施工建筑废弃物。以 2009 年为例，建筑面积为 588 593.9 万 m²，由此带来的建筑施工废弃物达 35 315.6 万 t，新建地下建筑产生的建筑废弃物约 216 602.4 万 t。现在全国平均每年新竣工工程的建筑面积已达到 20 亿 m²，接近全球年建筑面积的一半，而且还在逐年递增，到 2020 年，我国还将新增建筑面积约 300 亿 m²，如此巨量的建筑工程产生的建筑废弃物将是令人震惊的。此外，我国建筑商品房的交付以毛坯房形式为主，因此无论新交付的建筑商品房还是已入住的建筑商品房的室内装修施工量都较大，且一般独立于主体建筑施工，因此装修产生的垃圾量也占一定的比例（杨敬帅，2009）。

此外，特大自然灾害也加剧了建筑垃圾的增加，特别是 2008 年四川汶川 8.0 级特大地震，留下了大量的建筑废弃物。据国务院新闻办公布数据显示，此次地震共造成 530 万间房屋倒塌，由此带来越 1.2 亿多吨的建筑废弃物。地震灾害建筑废弃物组成比一般建筑废弃物复杂，资源化难度更大（石建光，2009）。

2.1.2 建筑废弃物的组成和分类

2.1.2.1 建筑废弃物的组成

建筑施工废弃物和旧建筑物拆除废弃物一般是在新建筑物建设过程中或旧建筑物维修、拆除过程中产生的，大多为固体废弃物。建筑施工废弃物与旧建筑物拆除废弃物组成成分相差较大，但主要组成成分都是混凝土、石块和碎石、泥土和灰尘三大类。表 2-1 为香港特别行政区的旧建筑物拆除废弃物和新建筑物建设施工废弃物的组成比较。

表 2-1　香港特别行政区建筑拆除废弃物和建筑施工废弃物组成比较

建筑废弃物成分	废弃物组成比例/%	
	拆除废弃物	施工废弃物
沥青	1.61	0.13
混凝土	19.99	9.27
钢筋混凝土	33.11	8.25
泥土和灰尘	11.91	30.55
岩石	6.83	9.74
碎石	4.95	14.13
木料	7.15	10.53
竹子	0.31	0.30
块状混凝土	1.11	0.90
砖	6.33	5.00
玻璃	0.20	0.56
其他有机物	1.30	3.05
塑料管	0.61	1.13

续表

建筑废弃物成分	废弃物组成比例/%	
	拆除废弃物	施工废弃物
砂	1.44	1.70
树木	0.00	0.12
固定装置	0.04	0.03
缆绳	0.07	0.24
金属	3.41	4.36
总计	100.00	100.00

从表 2-1 可以看出,旧建筑物拆除废弃物中废混凝土成分较多,而新建筑物建设施工废弃物中石块和碎石、泥土和灰尘的成分较多(Poon, 2001)。新建筑物结构类型不同,在施工时废弃物各种成分的含量也有所不同,其基本组成一致,主要由土、渣土、散落的砂浆和混凝土、剔凿产生的砖石和混凝土碎块、打桩截下的钢筋混凝土桩头、废金属料、竹木材、装饰装修产生的废料、各种包装材料和其他废弃物等组成。表 2-2 列出了不同结构形式的建筑工地中建筑施工废弃物的组成比例。旧建筑物拆除废弃物的组成与建筑物的种类有关:废弃的旧民居建筑中,砖块、瓦砾约占 80%,其余为木料、碎玻璃、石灰、钻土渣等;废弃的旧工业、楼宇建筑中,混凝土块占 50%~60%,其余为金属、砖块、砌块、塑料制品等。

表 2-2 不同结构形式的建筑工地中建筑施工废弃物的组成比例

废弃物组成	所占比例/%		
	砖混结构	框架结构	框架–剪力墙结构
碎砖(碎砌砖)	30~50	15~30	10~20
砂浆	8~15	10~20	10~20
混凝土	8~15	15~30	15~35
桩头	—	8~15	8~20
包装材料	5~15	5~20	10~15
屋面材料	2~5	2~5	2~5
钢材	1~5	2~8	2~8
木材	1~5	1~5	1~5
其他	10~20	10~20	10~20
合计	100	100	100

2.1.2.2 建筑废弃物的分类

根据《城市建筑垃圾和工程渣土管理规定》，建筑废弃物（建筑垃圾）是指建设、施工单位或个人对各类建筑物、构筑物等进行建设、拆迁、修缮及居民装饰房屋过程中所产生的余泥、余渣、泥浆及其他废弃物。按照来源分类，建筑废弃物可分为土地开挖、道路开挖、旧建筑物拆除、建筑施工和建材生产五类，主要由渣土、碎石块、废砂浆、砖瓦碎块、混凝土块、沥青块、废塑料、废金属料、废竹木等组成。

（1）土地开挖废弃物

分为表层土和深层土。前者可用于种植，后者主要用于回填、造景等。

（2）道路开挖废弃物

分为混凝土道路开挖和沥青道路开挖。包括废混凝土块、沥青混凝土块。

（3）旧建筑物拆除废弃物

主要分为砖和石头、混凝土、木材、塑料、石膏和灰浆、屋面废料、钢铁和非铁金属等，数量巨大。

（4）建筑施工废弃物

分为剩余混凝土、建筑碎料以及房屋装饰装修产生的废料。剩余混凝土是指工程中没有使用掉而多余出来的混凝土，也包括由于某种原因（如天气变化）暂停施工而未及时使用的混凝土。建筑碎料包括凿除、抹灰等产生的旧混凝土、砂浆等矿物材料，以及木材、纸、金属和其他废料等类型。房屋装饰装修产生的废料主要有：废钢筋、废铁丝和各种非钢配件、金属管线废料，废竹木、木屑、刨花、各种装饰材料的包装箱、包装袋，散落的砂浆和混凝土、碎砖和碎混凝土块，搬运过程中散落的黄沙、石子和块石等，其中，主要成分为碎砖、混凝土、砂浆、桩头、包装材料等，约占建筑施工废弃物总量的80%。

（5）建材生产废弃物

主要是指为生产各种建筑材料所产生的废料、废渣，也包括建材成品在加工和搬运过程中所产生的碎块、碎片等。例如，在生产混凝土过程中难免产生的多余混凝土以及因质量问题不能使用的废弃混凝土，长期以来一直是困扰着商品混凝土厂家的棘手问题。经测算，平均每生产 100 m³ 的混凝土，将产生 1~1.5 m³ 的废弃混凝土。

此外，还可以根据建筑废弃物的主要材料类型或成分对其进行分类，据此可将每一种来源的建筑废弃物分成三类：可直接利用的材料、可作为材料再生或可以用于回收的材料以及没有利用价值的废料。例如，在旧建筑材料中，可直接利用的材料有窗、梁、尺寸较大的木料等，可作为材料再生的主要是矿物材料、未处理过的木材和金属，经过再生后其形态和功能都和原先有所不同。

另外还有其他一些分类方法，如先将建筑废弃物按成分分为金属类（钢铁、铜、铝等）和非金属类（混凝土、砖、竹木材、装饰装修材料等），按能否燃烧分为可燃物和不可燃物，再将剔除金属类和可燃物后的建筑废弃物（混凝土、石块、砖等）按强度分类：标号大于 C10 的混凝土和块石，命名为 I 类建筑废弃物；标号小于 C10 的废砖块和砂浆砌体，命名为 II 类建筑废弃物。为了能更好地利用建筑废弃物，还进一步将 I 类细分为 I A 类和 I B 类，将 II 类细分为 II A 类和 II B 类。各类建筑废弃物的分类标准及用途见表 2-3。

表 2-3　各类建筑废弃物的分类标准及用途

大类	亚类	标号	标志性材料	用途
I	I A	≥C20	4 层以上建筑的梁、板、柱	C20 混凝土骨料
	I B	C10~C20	混凝土垫层	C10 混凝土骨料
II	II A	C5~C10	砂浆或砖	C5 砂浆或再生砖骨料
	II B	<C5	低标号砖	回填土

2.2　建筑废弃物危害

2.2.1　建筑废弃物带来的环境污染

建筑废弃物具有数量大、组成成分种类多、性质复杂、污染环境的途径多、污染形势复杂等特点，可直接或间接的污染环境。同时，建筑废弃物对环境具有持久危害性。建筑废弃物主要为渣土、碎石块、废砂浆、砖瓦碎块、混凝土块、沥青块、废塑料、废金属料、废竹木等的混合物，如不做任何处理直接运往堆放场所堆放，堆放场所的建筑废弃物一般需要经过数十年才可趋于稳定。在此期间，废砂浆和混凝土块中含有的大量水合硅酸钙和氢氧化钙使渗滤水呈强碱性；废石膏中含有的大量硫酸根离子在厌氧条件下会转化为硫化氢；废纸板和废木材在厌氧条件下可溶出木质素和单宁酸并分解生成挥发性有机酸；废金属料可使渗滤水中含有大量的重金属离子，从而污染周边的地下水、地表水、土壤和空气，受污染的地域还可扩大至存放地之外的其他地方。而且，即使建筑废弃物已达到稳定化程度，堆放场所不再有有害气体释放，渗滤水不再污染环境，大量的无机物仍然会停留在堆放处，占用大量土地，并继续导致持久的环境问题。一旦建筑废弃物造成环境污染或潜在的污染变为现实，消除这些污染往往需要比较复杂的技术和大量的资金投入，耗费较大的代价进行治理，并且很难使污染破坏的环境完全复原。建筑废弃物对环境的危害主要表现在以下几个方面：侵占土地，污染水体、大气和土壤，影响市容和环境卫生等。

进入 21 世纪以来，大量的城市建设使建筑垃圾的产量逐年提升。建筑垃圾占城市垃圾总量的 30% ~ 40%。北京市 2005 年建筑垃圾总量达 500 ~ 600 t/万 m^3，2014 年我国原有旧建筑产生的建筑垃圾已超过 15 亿 t，清华大学建筑学院教授江亿预测 2020 年将达到 20 亿 t 的水平。据有关资料介绍，对城市主要建筑结构类型（砖混结构、全现浇结构和框架结构等）建筑的施工材料损耗的粗略统计，在每万平方米建筑的施工过程中，仅建筑废渣就会产生 500 ~ 600 t。若按此测算，我国每年仅施工建设所产生和排出的建筑废渣就有 4000 万 t。现阶段，我国的建筑垃圾绝大部分未经任何处理，便被运往市郊或乡村，采用露天堆放或填埋的方式进行处理。而每堆积 10 000 t 建筑废弃物约需占用 67 m^2 的土地。我国许多城市的近郊常是建筑废弃物的堆放场所，建筑废弃物的堆放占用了大量的生产用地，从而进一步加剧了我国人多地少的矛盾，甚至还出现随意堆放的建筑垃圾侵占耕地、航道等现象。2006 年 7 月，重庆巴南区李家沱码头被倾倒了 1 万余吨建筑垃圾，侵占了约 30 m 长江航道，一旦长江出现大雨或洪水，它将会使过往船舶陷入搁浅危险。

此外，堆放建筑垃圾对土壤的破坏是极其严重的。露天堆放的城市建筑垃圾在外力作用下进入附近的土壤，改变土壤的物质组成，破坏土壤的结构，降低土壤的生产力。建筑垃圾中重金属的含量较高，在多种因素作用下会发生化学反应，使得土壤中重金属含量增加，引起附近农作物中重金属含量提高。随着我国经济的发展，城市建设规模的扩大以及人们居住条件的提高，建筑废弃物的产生量会越来越大，如不及时有效地处理和利用，建筑废弃物侵占土地的问题会变越发严重。

废砂浆和混凝土块中含有的大量水合硅酸钙和氢氧化钙、废石膏中含有的大量硫酸根离子、废金属料中含有的大量金属离子溶出，同时废纸板和废木材自身发生厌氧降解产生木质素和单宁酸并分解生成有机酸，因此，堆放场所建筑废弃物产生的渗滤水一般为强碱性并且还有大量的重金属离子、硫化氢以及一定量的有机物，如不加控制让其流入江河、湖泊或渗入地下，就会导致地表和地下水的污染。水体被污染后会直接影响和危害水生生物的生存和水资源的利用，一旦饮用这种受污染的水，将会对人体健康造成很大的危害。我国贵阳市一露天垃圾场严重污染邻近饮用水，曾引起当地居民痢疾大流行。湖南郴州市邓家塘乡曾因含砷垃圾堆放不善，污染了地下水，引起多人死亡，近千人先后中毒。

可以说城市建筑垃圾已成为损害城市绿地的重要因素，是市容的直接或间接破坏者。

2.2.2　建筑废弃物造成的资源浪费

资源可以分为可再生资源和不可再生资源，再生资源是一种通过一定的技术手段能够循环再生并且被人类反复利用的自然资源。相关调查显示，经过工业革命以来300多年的开采和利用，全球约80%可工业化利用的矿产资源已经从地下转移到地上，以垃圾的形式堆积在我们的周围，总量已达数千亿吨，并以每年100亿t以上的速度增长。为了应对原生资源逐渐枯竭的危机，20世纪中下叶开始，发达国家都十分重视再生资源的回收利用，并形成了规模庞大的再生资源产业。据统计，20世纪末，发达国家这一产业规模已达2500亿美元，这一数字随着再生资源产业提供原材料由目前占总原材料供给的30%上升到80%而超过3万亿美元。自然资源储量的下降和原生资源的枯竭，城市垃圾的不断增长及再生资源产业巨大的商业空间共同促进了人类资源观点的改变，逐渐认识到城市垃圾中蕴含的巨大资源，并由此提出了"城市矿产"概念，建筑废弃物属于城市矿产的重要组成部分。

建筑废弃物没有得到高效利用和处置过程的不当会造成资源的浪费。"建筑垃圾"仅仅相对于当时的科学水平和经济条件而言，随着时间的推移和科学技术的进步，除少量有毒有害成分外，所有的建筑废弃物都有可能转化为有用资源。特别是从空间角度看，某一种建筑废弃物不能作为建筑材料直接利用，但可以作为生产其他建筑材料的原料而被利用。可持续发展的战略就是资源的持续利用，通过合理开发、节约使用自然资源和再生资源，可以防止污染和保护自然环境，使生态系统保持动态平衡，实现人类社会的可持续发展。

建筑废弃物中的许多废弃物经过分拣、剔除或粉碎后，大多可作为再生资源重新利用。综合利用建筑废弃物是节约资源、保护生态的有效途径。在这方面，美国、荷兰等发达国家进行得比较早，给我们提供了许多先进的经验和处理方法。美国政府则制定了《超级基金法》，规定："任何生产有工业废弃物的企业，必须自行妥善处理，不得擅自随意倾卸"。从而在源头上限制了建筑废弃物的产生量，促使各企业自觉地寻求建筑废弃物资源化利用途径。荷兰政府单位对于建筑废弃物的回收再利用，超过 90% 的废弃混凝土块都用于道路底层的填充材料与填海造陆工程。总之，这些国家大多施行的是"建筑废弃物源头削减策略"，即在建筑废弃物形成之前就通过科学管理和有效的控制措施将其减量化。对于产生的建筑废弃物则采用科学手段，使其具有再生资源的功能。

长期以来，我国对建筑废弃物的资源化利用没有很大重视。例如，建筑物拆除时，废弃物中尚完整的砖、门窗、钢材等虽然进行了直接回收利用，但利用方式简单，只是把它们再次作为低档次建筑（如农村民房）或临时建筑的建筑材料。对于不能进行直接利用的木材、大块门窗玻璃、混凝土中的钢筋，在拆除过程中一般被分拣或剔除出来卖到废品收购部门，然后再进行其他处理。但对于其余的以混凝土块、碎砖块、砂浆块为主的绝大部分建筑废弃物却采取了露天堆放或填埋的方式处理。在进行建筑施工废弃物处理时，其中的大部分废钢筋、废铁丝和各种非钢配件、金属管线废料以及各种装饰材料的包装箱、包装袋都加以了回收处理，剩余的诸如废竹木、木屑、刨花，散落的砂浆和混凝土、碎砖和碎混凝土块，搬运过程中散落的黄沙、石子和块石等采取露天堆放的方式进行处理，还有一部分建筑废弃物在收集时混入城市生活垃圾。这些建筑垃圾由于没有高效利用和处置过程的不当造成了资源浪费。

另外，我国施工工艺、施工技术的落后，以及建筑队伍自身环保意识较差，加上政府缺乏对企业产生大量废弃物的有力约束机制，致使我国建筑工地的施工废弃物量也很大，并且大都未加以再生利用，从资源循环的角度来看，很多未加以利用的建筑垃圾都有可能加以回收利用从而实现建筑垃圾的资源化。目前我国大陆建筑废弃物的现状是：①建筑废弃物数量增长迅速，近 10 年来，建筑废弃物产量的增长已远高于城市人口的增长速度，仅城市拆除旧房新建楼宅每年产生的建筑废弃物高达 3 亿 t；②城区土地资源贫乏；③再生资源浪费较大；④未开展系统性研究，缺乏量化信息。从现有的少量资料情况显示，我国建筑废弃物的数量已占到城市垃圾总量的 30% ~40%。处理这些废弃物需耗用大量的征用土地费、废弃物清运费等建设经费，同时，清运和堆放过程中的遗散和粉尘、灰砂飞扬等问题又造成了严重的环境污染。此外，城市垃圾堆填区的建设速度难以跟上垃圾的增长速度，城市正面临垃圾围城的窘境，垃圾污染日益严重，已经成为我国政府高度重视和致力解决的重大社会问题之一。

近年来我国对这些问题开始高度重视。我国政府在《中国 21 世纪议程——中国 21 世纪人口、环境和发展白皮书》中，对世界面临的环境污染、生态破坏等问题也给予了高度的关注。我国政府制定了中长期科教兴国战略和社会可持续发展战略，鼓励废弃物的研究和应用，并先后颁布了《中华人民共和国固体废物污染环境防治法》、《城市固体垃圾处理法》等，对限制废弃物废料大量产生，推动废弃物废料回收利用技术的开发研究起到了积极作用。目前，我国已经开始对废弃混凝土的再生利用进行立项研究。例如，上海已经成立了绿色建材展示中心；北京工业大学材料科学与工程学院已将生态环保建筑材料和建筑材料资源循环列入重点建设发展的学科领域之一，正在系统、深入地开展相关研究。一些大建筑公司还对建筑废弃物的回收利用做了一些有益的尝试。例如，河北工专新兴科技服务公司成功开发一种"用建筑废弃物夯扩超短异型桩施工技术"，在综合利用建筑废弃物方面有了突破性进展。该项技术是采用旧房改造、拆迁过程中产生的碎砖瓦、废钢渣、碎石等建筑废弃物为填料，经重锤夯扩形成扩大的钢筋混凝土短桩，并采用了配套的减隔震技术，具有扩大桩端面积和挤密地基的作用。单桩竖向承载力设计值可达 500 ~ 700 kN。经测算，该项技术较其他常用技术可节约基础投资 20% 左右。

因此，建筑垃圾中很多组分都是有用的资源，只不过还未加以回收利用，对建筑废弃物进行开发和综合利用需要政府部门、环保部门、建筑建材行业等全社会的共同努力和大力支持。政府应采取各项优惠政策，大力扶持建筑废弃物综合利用企业，鼓励他们大力开发新技术和推广再生材料产品，这样才能尽可能地将建筑垃圾变成能被人类利用的再生资源。

2.2.3 建筑废弃物对社会发展的影响

我国目前仍以传统产品为主体，由于生产传统建材产品需要能源、资源的高消耗，需占用大量耕地，并且对环境产生高污染，这种数量扩张性的建材工业模式使我国能源、资源和环境已经不堪重负，不利于社会与经济的可持续发展。然而伴随着中国社会的发展，城市化进程有序进行，基础建设速度加快而产生的大量建筑废弃物如不加以合理利用，会对资源、环境、经济等方面带来整体负面效应。

从资源角度看，中国国土面积较大，矿产资源丰富，但人口众多，除煤炭外，主要矿产资源人均占有量基本上都低于世界平均水平，其中石油为8%、铝为10%、铜为26%、铁为45%。中国目前还处在经济发展的中间阶段，面临着资源、能源的缺乏和环境污染的各种挑战，要通过节约、回收和利用废旧资源，使尚未被充分利用的价值得到开发和使用，产生新的经济和社会效益。而作为资源消耗的大户，建筑业对其产生废弃物的再利用是节约资源、保护环境的重要举措。建筑垃圾大多是以高温窑炉生产为主、对资源和能源依赖度比较高的材料废弃物，但建筑材料本身却又是利用其他各类废弃物最多、潜力最大的。据分析，全世界有50%的能量被消耗于建筑物的建造和使用过程。在2003年的全国钢材消耗总量中，建筑业占总量的55%。在平板玻璃的消耗总量中60%用于建筑业，而水泥则几乎100%用于建筑业。建筑业直接或间接消耗了大量的矿产、能源和土地资源。因此，建筑垃圾循环利用实际上就是有效节约资源。

从环境角度看，正如前面所述，建筑废弃物对环境造成了一定的压力，我国目前已有2/3的城市被垃圾包围（主要是生活垃圾和建筑废弃物）。如果考虑建筑材料的生产，则环境压力极其重要，仅水泥、砖瓦、石灰生产每年就排放8亿多吨CO_2，水泥粉尘排放量达1200万t，各种尾矿更是堆积如山，这些都是我们必须要正视的问题。

从经济角度看，巨量的建筑废弃物除处理费用惊人外，还需要占用大量的空地存放，污染环境，浪费耕地，成为城市的一大公害，由此引发的环境问题十分突出，并且随着建筑业的发展，建筑废弃物的量会越来越大，严重威胁了社会的发展。虽然短期内建筑垃圾的直接填埋节省了大量的费用，但长期看，直接填埋会造成土地占用，进而引发土地资源稀缺，影响人类生存和经济建设，同时建筑垃圾的直接填埋还会导致地下水污染，引发更为严重的问题。因此，如何处理建筑废弃物的问题将更趋严峻，人们必须正确处理建筑废弃物与资源、环境以及社会发展之间的矛盾，坚持走可持续发展的道路。

自从 1992 年 6 月在巴西里约热内卢召开"联合国环境与发展大会"以来，可持续发展已成为世界性的共识。可持续发展的定义为："在满足当代人需要的同时，不能对后代人的生存构成危害"。保护环境、减少废料、以持续的方式使用可再生资源等是可持续发展的重要内容，建筑和建材行业在国民经济建设中既是体量最大的行业之一，也是对环境和生态有敏感影响的行业之一，因此，建筑废弃物再生利用是社会可持续发展的需要。可持续发展理论的核心是发展，强调以自然环境资源为基础，通过资源的高效利用使社会、经济发展保持在资源承载力以内，在以环境相协调的前提下实现较大的发展，而不是以牺牲环境污染、生态环境破坏为代价。它既不是简单的经济增长或社会的发展，也不是单指生态的持续，而是以人为中心的环境-经济-社会复合系统的可持续。在发展的前提下，将经济、社会、资源、环境融合成复合系统，并强调各子系统之间协调平衡发展。另外，衡量可持续发展复合系统的质量不能单纯依靠经济增长来衡量，还要考虑生态环境的发展质量，这也是社会、经济发展的高质量体现。因此，实现社会可持续发展、保证发展的质量，必须通过宏观调控转变现有的社会生产和经济发展模式，以政策和法律体系为保障条件来推动社会经济复合系统的可持续发展。采取"源头削减策略"和科学处理利用手段，使建筑废弃物具有再生资源的功能。

目前，我国正面临着土地、资源等各个方面的巨大压力，建筑废弃物无疑更加剧了土地和资源的紧张局面，社会经济和生态环境的相互协调发展已经受到了严重影响，所以应该尽快地对建筑固体废弃物进行循环再生利用，从而可以解决高污染、高能耗、高排放低效益的问题，更能够节约土地资源，发展循环经济，提高城市的竞争力。基于此，必须把建筑固体废弃物循环再生利用作为一个重大的可持续发展战略来考虑。这是当代科学研究人员要思考、研究和解决的一个重大课题，政府的有关部门也已经认识到问题的重要性，这也是人类社会每一个成员都应认真思考并积极参与的。

2.3 建筑废弃物资源化利用

建筑废弃物的资源化利用是指采取有效管理措施和再生技术从建筑废弃物中回收有用的物质和能源。它包括以下三方面的内容：①物质回收，即从建筑废弃物中回收二次物质。例如，从建筑废弃物中回收废塑料、废金属料、废竹木、废纸板等。②物质转换，即利用建筑废弃物制取新形态的物质。例如，利用废弃混凝土块作生产再生混凝土的骨料，利用废屋面沥青料作沥青道路的铺筑材料等。③能量转换，即从建筑废弃物处理过程中回收能量，生产热能或电能。例如，通过建筑废弃物中的废塑料、废纸板和废竹木的焚烧处理回收热量或进一步发电，利用建筑废弃物中的废竹木作燃料生产热能。

建筑废弃物的资源化利用对生态文明建设意义重大。联合国教科文组织于1971 年发起了"人与生物圈计划"（MAB），该计划提出了采用生态学的有关方法研究生态城市的规划建设。1984 年，为了着手生态城市、生态小区的研究，我国也成立了中国生态学学会城市生态专业委员会，并取得了一些研究成果。基于生态建设的构想，1988 年，第一届国际材料联合会（UMRS）提出了"绿色材料"的概念。人类社会从此进入了绿色时代，其核心是"保护自然、崇尚自然、促进可持续发展"。使用建筑再生产品，既可以满足人们对资源的需求，减少开采砂石等天然资源以及降低建筑废弃物对环境的污染，又能为子孙后代留下宝贵的财富，是解决资源短缺的有效途径。建筑固体废弃物循环再生处理产生的建筑再生产品能够满足世界环境组织提出的"绿色"的三项意义：①节约资源、能源；②不破坏环境，更应有利于环境；③可持续发展，既可满足当代人的需求，又满足不危害后代人发展的能力。因此，建筑再生产品是一种可持续发展的绿色建筑材料，具有生态可行性（高延继，2000）。

建筑固体废弃物资源化利用在技术上具有可行性。建筑固体废弃物资源化利用的核心技术内容是将建筑废弃物中的所有可再生的组成成分，通过相应的处理技术加工成各种材料，大幅度降低不可再生废弃物的排放量，形成良性循环，达到环境保护、节约资源、废弃物再生利用和经济合理等综合效果。技术的支撑是建筑固体废弃物资源化利用成为现实的首要条件。近年来，我国逐渐重视科学研究，不断加大了科研投入，培养了一批高水平科研人员，研发出了一批生产建筑再生产品的设备和技术方法。通过对建筑固体废弃物的构成和其物理特性的分析可以看到，建筑废弃物本身有较高的资源价值。根据国内外的经验，建筑废弃物经分拣、剔除或粉碎后，大多是可以作为再生资源重新利用的，其中有一部分可以经综合处置后生成再生建筑原材料，重新用于城市建设；80%的挖槽土方可用作工程回填、铺设道路、绿地基质等；只有很小一部分的有害有毒弃料和装修垃圾暂时没有再生利用价值。目前，建筑垃圾的处理技术主要包括三部分，即建（构）筑物的拆除、回收与加工。在这三个方面，欧洲、美国、日本等均有成套设备，已投入生产运营多年。这些装备可进行建筑垃圾的初分、破碎、筛分和钢筋分离，按组分及粒度进行分类供使用。仅以德国为例，其土木工程废弃物的再生率早已经达到 60% 以上，其建筑工程废弃物的再生率也已经达到 40% 以上。由此可见，德国建筑废弃物再生利用率已经达到了较高的水平。建筑废弃物是一种比较清洁的垃圾，可资源化程度很高（黄和平等，2010）。目前，国际上和我国有关建筑垃圾的再生处理已经有了很完善的处理方法。关于建筑垃圾的各个组分已经有了很明确的处理方式，在处理方式、设备选用以及工艺流程方面都有技术上的依据。因此，在技术层面，建筑废弃物的再生处理可以完全实现。

2.3.1　建筑废弃物在建材领域的资源化利用

在我国各种产业中，建材工业是能源消耗和资源消耗型行业，物质资源消耗比例占基本原材料产业面的 90% 以上。我国建筑材料产品及技术必须顺应循环经济发展要求，提高建材产品中再生资源的利用量，大量消化吸收各种废弃物，进行"减量化、再利用、资源化"的技术改造，以实现建筑废弃物的资源化利用。建筑废弃物的类型有多种，现以废弃混凝土、废弃砖瓦和废弃沥青为例说明建筑废弃物在建材领域的资源化利用。

2.3.1.1　废弃混凝土

据统计，工业固体废弃物中 40% 是由建筑业排出的，其中废弃混凝土是建筑业排出量最大的废弃物。2004 年，全国建筑垃圾排放总量 60 亿 t，其中废弃混凝土为 18 亿~24 亿 t。目前，废弃混凝土通常采用露天堆放或填埋方式处理，故需要占用大面积的耕地，处理费用与运费较高。废弃混凝土清运和堆放过程中易造成粉尘、灰砂飞扬、严重污染大气，形成二次污染。废弃混凝土循环再生利用可解决其导致的资源、能源、环境及相关社会问题，缓解骨料供求矛盾，具有显著的社会效益、经济效益和环境效益。对于废弃混凝土，目前主要以制成再生混凝土进行开发和应用。这样，一方面可大量利用废弃的混凝土，经处理后作为循环再生骨料来替代天然骨料，从而减少建筑业对天然骨料的消耗；另一方面再生混凝土的开发应用还从根本上解决了天然骨料日益匮乏及大量混凝土废弃物造成生态环境日益恶化等问题。

废弃混凝土再生利用是节约资源、保护生态的有效途径。通常，建筑材料，如石块，其原料价格要比再循环的材料低廉。以日本为例，由于国土面积小，资源相对匮乏，其构造原料价格要比欧洲高。因此，日本人将废弃混凝土等建筑垃圾视为"建筑副产品"，十分重视将其作为可再生资源而重新开发利用。例如，港埠设施以及其他改造工程的基础设施配件可以利用再循环的石料，代替相当量的自然采石场砾石材料。德国将建筑垃圾分成土地开挖、碎旧建筑材料、道路开挖和建筑施工工地垃圾。德国西门子公司开发的干馏燃烧垃圾处理工艺，可将垃圾中的各种可再生材料十分干净地分离出来，再回收利用，对于处理过程中产生的燃气则用于发电，垃圾经干馏燃烧处理后有害重金属物质仅剩下 2~3 kg/t，有效地解决了垃圾占用大片耕地的问题。

我国对再生骨料混凝土的研究尚处于起步阶段，对旧混凝土的回收利用还未引起人们足够的重视，只有极少数机构和单位对再生混凝土骨料（recyled concrete aggregate，RCA）的性质和应用做了初步研究。清华大学的冯乃谦、邢锋等总结了日本再生骨料研究成果，提出了用30%以下再生骨料等量取代普通混凝土中骨料时，混凝土的性能与基准混凝土大体相同的观点。我国的一些专家和学者对再生骨料混凝土拌和物的和易性、表观密度、强度、弹性模量、极限拉伸以及高强高性能化等方面进行的研究结果表明：再生骨料混凝土的黏聚性、保水性比普通混凝土要好，且其脆性降低，韧性增加，比普通混凝土具有更好的抗裂性能；但再生骨料混凝土的强度低、耐磨性差、体积稳定性差、耐久性不高，这极大地限制了再生骨料混凝土的应用。国内比较典型的应用再生骨料混凝土的工程为：合宁（合肥-南京）高速公路采用 RCA 作为新拌混凝土的骨料来浇筑混凝土路面。

废弃混凝土还可用于制备再生胶凝材料。硬化水泥浆体中除水泥水化产物外，还包括一定量的未水化水泥颗粒，水灰比越低，未水化水泥越多。一些研究证明水化硅酸钙的脱水相也具有水化胶凝能力，然而目前国内外利用废弃混凝土中的水泥水化产物脱水相及未水化水泥制备再生胶凝材料方面的研究不是很多，但也有一定的初步成果。我国武汉理工大学的胡曙光等通过低温煅烧处理，可以由废弃混凝土中分离出来的水泥石粉末制备得到具有水化活性的再生胶凝材料，其水化活性与煅烧温度有关，650 ℃煅烧制备得到的再生胶凝材料水化活性最高（胡曙光，2007）。

2.3.1.2 废弃砖瓦

由于废弃砖瓦的强度低、吸水性大，而影响建筑垃圾配制再生混凝土性能的主要因素为再生粗骨料的压碎指标和吸水率，所以目前废弃砖石代替粗骨料方面还处在研究阶段。沈阳建筑大学的刘军等采用对废弃的砖块进行涂浆表面预处理的方法，发现其改善再生粗骨料的方法是可行的（刘军，2009）。Debieb 和 Kenai 等采用25%、50%、75%和100%四个比例的压碎的砖来代替天然砂和粗骨料，并对其孔隙率、吸水性、渗透性、收缩性进行了测定，最后得出结论：用废弃的碎石分别取代25%～50%比例的粗骨料及细骨料，有可能得到与天然骨料混凝土相同性能的再生混凝土（Debieb and Kenai，2008）。Hendriks 等用破碎砖石作粗骨料生产含有聚苯乙烯的保温混凝土，同时也开创了另一个应用，用废砖石来做硅酸钠砖，其附着的水泥必须进行机械或热处理。

2.3.1.3 废旧沥青

我国高速公路建设发展很快，高速公路总里程已接近 3.5×10^4 km，其中80%以上是沥青路面，一些早期修建的公路已进入维修养护期，将有大量的废旧沥青混合料产生，而在拆迁建筑物的过程中也会产生大量的废旧屋面材料，有资料表示，屋面废料中有36%的沥青，为保护环境和节约资源，废旧沥青的开发研究应用越来越受到世界各国的高度重视（刘富玲，2002）。

荷兰在 20 年前就有50%的废弃沥青被用来制作再生沥青，其中再生沥青当中包含10%～15%的废弃沥青。其余破碎沥青用水泥胶结起来代替砂子或水泥路基，旧的沥青材料被粉碎后也可以用作沥青混合料的骨料，与砂子、胶凝材料混合起来循环使用。胶凝材料可以是水泥，也可以是沥青乳液及水泥和沥青乳液的混合物。此外，沥青骨料也可以用高炉矿渣或细矿渣来稳定。美国目前采取回收废旧沥青屋面瓦来制作道路垫层的方法，私人车道、乡村公路、农场小路或者其他交通负担较轻的路面，由再生沥青屋面瓦片制作，这种路面的基层是碎石骨料，基层上面的中间层是沥青屋面瓦废料的碎片。通过加一些石油蒸馏物来增强沥青屋面瓦废料的胶凝性能，如沥青、石蜡、焦油等。该路面材料解决了尘土和铺路石的问题，也减少了被弃在堆填区的沥青屋面瓦废弃物。

概括起来，目前在我国，一些大学和研究机构一直在开展建筑废弃物在建筑材料中的应用技术研究和推广工作，已经取得了很大进步。但是，还存在很多亟待解决的不足之处，主要表现在：①这方面的工作多数属于低水平重复性研究，研究和应用工作缺乏统一协调和系统性。②由于缺乏充足的资金投入，我国对于废弃物在建筑材料中的应用技术方面的研发工作不够深入，已经取得的成果技术水平或经济水平不高，导致我国在建筑材料循环利用技术方面进展缓慢，与发达国家存在着相当大的差距。③我国现有的利用废弃物生产的建筑材料，其产品的生态性能还存在很多不足，虽然利用了废弃物，但是有些产品本身还会对环境或人身造成二次危害，这些都是不容忽视的问题。

2.3.2　建筑废弃物在其他领域的资源化利用

建筑废弃物不仅能在建材行业内进行资源化利用，建筑废弃物中的废弃塑料、废弃木材、废弃金属等在其他领域内也有广阔的资源化利用空间。

2.3.2.1　废弃塑料

在我国，2000 年建筑塑料生产总量已超过 630 万 t，当年产生的废建筑塑料约为 250 万 t，其中填埋占 93%，焚烧占 2%，回收率仅占 5%，与发达国家比较，建筑塑料废弃物的资源化率极低。随着节能的推广和应用，各种行业对保温材料的消耗也逐年上升。尤其是聚苯乙烯泡沫塑料，最主要的应用是在包装中作防护减震材料和建筑中作保温隔热材料。按照其生产方法有模塑成型聚苯乙烯泡沫塑料（EPS）和挤出成型聚苯乙烯泡沫塑料（XPS）两类。我国 EPS 发展很快，根据中国塑料加工工业协会 EPS 专业委员会资料，2003 年总量已经达到 115 万 t，其中包装 45 万 t，建材 59 万 t，其他 11 万 t。我国每年废弃的 EPS 泡沫塑料量在 50 万 t 以上。按照平均比重 20 kg/m^3（50 m^3/t）计算，体积高达 2500 万 m^3［相当于 17 500 万 t 钢铁（0.14 m^3/t）的体积］（王健，2003）。

美国一直是世界塑料生产第一大国，每年产生的塑料废弃物也居世界首位，2000 年塑料废弃物回收利用率就已达到 45%。美国在将废旧塑料进行热分解提取化工原料等方面进行了大量工作并取得了一些成果。日本是世界塑料生产的第

二大国，1997 年产量已达到 950 万 t，其中塑料废弃物排放量相当于生产量的
46%，一度成为该国严重的环境问题。近年来，日本在废弃塑料回收利用方面已
经取得了显著的进步。相较于美国和日本，我国对于废弃塑料的回收应用在近几
年也取得了很大的发展（Hansen，1994）。例如，对废弃聚苯乙烯泡沫塑料制品
的回收利用已达到实用化程度。主要途径如下：①机械回收利用。这种方法可以
分为简单再生和复合再生两种。②制作轻质保温建材。常将保温材料和承重材料
在功能上分开，在建筑构件上进行适当的复合。③EPS 破碎料还可制成轻质砌
块、内外墙的保温砂浆和轻质砂浆等。④化学回收利用。化学回收作为调和 EPS
与环境的可行性方法而受到各国的重视。

2.3.2.2　废弃木材

我国是世界上木材资源相对短缺的国家，森林覆盖率只相当于世界平均水平
的 3/5，人均森林面积不到世界平均水平的 1/4。我国又是一个木材消费大国，
目前每年国内木材需求量约为 3 亿 m³，木材供应缺口为 0.7 亿~1 亿 m³。我国
木材综合利用率仅约为 60%，而发达国家已经达到 80% 以上。随着木材消费量
的不断增加，供需矛盾日益突出。废弃木材作为建筑废弃物的组成部分，加快发
展废弃木材回收循环利用技术是缓解木材供需矛盾，实现木材资源可持续利用的
重要途径，也是发展循环经济建设节约型社会的必然要求。建筑工地上废弃的建
筑木方，实木托盘，实木包装箱，房屋的檩条、梁、柱等占废弃木质材料总量的
2/3 以上，其数量也相当可观，由于这些木材在力学强度和功能上仍然保留着实
体木材的性能，若对其合理有效利用，加工出的产品附加值会更高。

（1）利用废弃木材加工成细木工板芯板

由于回收后的废弃实体类木材的规格不统一，其加工用途也不同，对于规格
较小的废弃实体类木材主要用来制造细木工板芯板，之后再贴上单板加工成细木
工板。细木工板芯条的加工主要在小的手工作坊中进行，将加工好的芯条打包捆
扎后再由细木工板生产企业加工细木工板。芯条的尺寸主要按细木工板生产的要
求制作，芯条厚度一般为 15 mm，宽度为 50 mm，长度一般在 1 m 以下。因为收
购的废弃实体木材基材为气干材，所以在生产过程中不要进行干燥处理，废弃木
材经过多年的使用，其尺寸稳定性较好，可以直接加工成细木工板芯条。

（2）利用废弃木材加工成集成材

对于长度较长（一般大于 300 mm）的废弃木方，可用来加工成集成材，一般集成材板材的宽度为 600 mm，可用于制造木质门的边梃、冒头和门套等。废弃木材对集成材的加工目前主要是在手工小作坊中进行，加工设备较为简单，主要有圆锯机、压刨床、开榫机、指接机、拼板机和砂光机等。

（3）利用废弃木材制作人造板

废弃实体木材通过一定的处理可以用来生产刨花板（包括普通刨花板、水泥刨花板等无机刨花板）和纤维板等人造板。目前，这些加工工艺技术虽已经成熟，但是也还存在一些问题。例如，来自建筑方面的废弃实体木材常带有金属夹杂物、织物、砂石颗粒、化学防腐剂和涂料等物质，这些物质会对现有的人造板生产工艺产生不同程度的影响。

（4）利用废弃木材制作实木制品

收购的大尺寸废旧木材如梁柱、门框架，除去木材外周的腐朽或涂饰层后，可以直接加工成实木板材、实木制品（如门板、床板）。收购的废旧实木地板，可以再加工成地板或门板、台面板（桌椅台面板）。由于加工户的设备较简单，以及对一些木制品生产工艺不十分了解，大多将废旧地板加工成农家用的门板或简单台板。收购的木质托盘，由于木材品质相对较好，且大小料、厚薄料均有，可以用作生产木质家具、木质门板等，也可以拆解后再次制造木质托盘。部分品质较好的包装箱材料也可用来制作家具。收购来的废旧实木家具材料可以再加工用来制作家具。

（5）利用废弃木材作燃料

对于小规格的废旧实体木材可以直接作燃料使用，在农村中主要还是采用炉灶、火坑等直接燃烧方式，燃烧效率低，一般不超过 15%，浪费严重，而且其产生的挥发分很高（一般在 70% 以上）。当不完全燃烧时，产生的大量烟气会一起排入室内外环境，危害人体健康，污染大气环境。为提高其燃烧效率和保护环境，这类小规格的废旧实体木材可通过气化、液化和压缩成型等技术，将其转化成清洁、优质燃料。

（6）利用废弃木材制造包装箱和托盘

废弃实体木材中的木质托盘、木质包装箱和实木门窗料，可用来生产木质包装箱和木质托盘，但由于木质包装箱和木质托盘市场需求有限，一般都是采用先订购后加工的方式进生产。

废弃木材资源化利用中也存在一些问题，例如，回收利用企业普遍经营规模小，产品附加值低；回收利用率低，技术设备落后；回收利用的收集、分拣体系不健全；回收利用标准需完善等。当今，低碳经济已成为热潮，发展集科研开发、原料回收、产业化生产等为一体的木材循环综合利用的企业体系成为趋势，在解决破碎、除杂设备等技术难题的同时，还需在财税、土地、投资和信贷等方面建立相互配套、切实可行的政策支持。

2.3.2.3　废弃金属

随着科学技术的发展和生活水平的提高，人类对金属的消费量日趋增加，而原生金属资源的不可再生性，使人类将要面临严重的资源危机。废旧金属资源的再生作为资源综合利用的重要组成部分，对于保证资源永续、减少环境污染、节省能源、提高经济效益具有重要的意义。鉴于此种情况，近年来建筑废弃物中的金属材料的回收利用便得到了广泛的重视，并且以投资少、消耗低、成本低等特点在国内得到了迅速发展。

（1）废钢回收与利用

建筑废弃物中的钢筋可以提供大量废钢。废钢是钢铁企业可持续发展的重要资源之一，特别是电炉炼钢重要的、必不可少的原料，以废钢为原料的电炉炼钢流程，其投资仅为长流程的50%。目前全球年产废钢量达7亿t以上，其中可回收利用的占55%左右。据权威资料综合分析，用废钢代替铁矿石炼钢可减少大气污染86%，减少水污染76%，减少耗水量40%，同时减少采矿废弃物97%。

（2）废铜回收与利用

建筑废弃物中还含有铜、铝等有色金属。我国废杂铜回收和再生铜的生产起步较早，生产技术也比较成熟，目前已成为世界再生铜的主要生产国之一，我国废杂铜的回收利用率已达到63.6%，超过世界平均水平，每年再生铜产量已达

80 万 ~ 90 万 t。传统的再生铜生产方法主要有两类：第一类是将废杂铜直接熔炼成不同牌号的铜合金或紫精铜，这类方法又称直接利用。第二类是先将废杂铜火法处理后再进行电解，即传统中采用的一段法、二段法、三段法。随着科技的进步，三种不同的技术针对不同的原料取得了很大的成功，但令人遗憾的是，最近10 多年来，在利益的驱使下，二段法和三段法基本被取消了。我国现已成为世界第二大铜消费国，虽再生铜工业起步早，但由于铜资源较贫乏，无法满足需要，每年还需要大量进口。此外，传统的再生铜生产需要阳极炉熔炼，由于燃料的燃烧而存在严重的环境污染。我国应吸取发达国家的经验，在统一管理下，提高废杂铜的回收率，在技术上应推广直接电解技术，使再生铜工业成为真正的"无烟工业"。

（3）废铝回收与利用

伴随建筑拆迁过程中产生的铝合金门窗可以提供大量的废铝。然而，我国的再生铝厂生产规模小，预处理技术落后，能耗高，熔炼工艺没有大的改进，环保技术和设备落后，这些都制约了我国再生铝的迅速发展。我国回收的废旧铝主要有三条利用途径：熔炼成再生铝合金锭，熔炼成加工铝材用的锭坯和直接熔炼与铸造铸件。但从整体来看，我国废旧铝的熔炼技术水平还相当低，到目前为止，大部分生产企业仍采用单室反射炉，个别的采用感应炉，热效率只有25%。相比而言，西方国家广泛采用外敞口熔炼室反射炉，金属回收率可达93% 以上，热效率可达70%。目前我国在再生铝生产方面也取得了一些新进展，但还不能从整体上提高我国再生铝工业技术水平。我们应当加强预处理技术和设备的研究，特别是除油污和脱漆技术，提高热效率，加强余热利用，降低成本，研究开发适合我国国情的再生铝熔炼炉。同时要注重再生有色金属工业环保技术和设备的研究开发，只有这样才能提高我国的再生铝产量，使我国再生铝的工业技术上水平，提高经济效益。

总之，不论是建材领域还是其他领域对建筑废弃物更多更好地利用，必将促进资源节约，加快各行各业绿色化进程。绿色环保政策的引导也将推动建筑废弃物再利用技术、市场的发展。随着科技的进步、政策法规的出台、企业和有识之士的自觉参与，我国的工业，特别是建材工业将逐步降低对自然资源和能源的依赖，增加对建筑废弃物的利用以减小环境负荷，建筑材料产业逐步成为节材、利废、环保的绿色产业（张建龙，2009）。

2.3.3 建筑废弃物资源化利用的收益

建筑固体废弃物的资源化利用单有技术的支撑是远远不够的，要使这些技术转化为现实生产力必须有大量资金的投入。为了了解建筑废弃物资源化利用的收益情况，需要首先对建筑废弃物资源化利用的成本和效益进行分析。

2.3.3.1 建筑废弃物资源化成本分析

目前，我国建筑废弃物资源化的成本主要包括建筑废弃物的回收、再生利用和最终处理等各项费用。不同的建筑废弃物资源化利用方法会有不同的成本要求，如废旧木料、木屑的再生成本与废弃混凝土的循环利用成本会有差异。一般来说，随着建筑废弃物资源化利用程度的加深，成本会相应地有所增加（陈宏峰，2008）。另外，建筑废弃物资源化利用的成本也与企业的规模、管理模式有关。

（1）建筑废弃物的收集费用

建筑废弃物的收集费用主要指将建筑废弃物从施工现场运送到再生企业的运输费用。这部分费用与建筑废弃物再生处理企业的选址有一定的关系。

（2）再生处理企业固定资产投资

这部分费用主要指建筑废弃物再生企业的分选、压碎等设备的购置费用，以及厂房的建设费用、土地使用费等。

（3）再生处理企业所需的生产性支出

这些支出包括所需的人工、水电、其他能源以及维持企业正常运作所必须支出的费用。这一部分的支出在很大程度上取决于再生工艺的好坏和相关设备的先进程度。

（4）建筑再生产品的销售成本

在市场经济条件下，销售是企业能否生存的重要环节，在缺少社会认可度的前提下，建筑固体废弃物循环再生利用的宣传和推广活动显得异常重要，宣传和推广活动的费用支出是主要的销售成本。

（5）生产过程中的环境保护费

建筑废弃物资源化利用的一个重要目标是减少其对环境的污染破坏。因此，建筑废弃物再生过程本身不能对环境产生污染，否则建筑废弃物再生利用就失去其应有的意义。在循环利用过程中，要采取一定的环境保护措施，生产过程中的环境保护费用主要指如控制废水、废气的排放等这一部分的支出。

2.3.3.2　建筑废弃物资源化效益分析

建筑废弃物资源化利用总的经济效益主要包括直接产生的经济收益、减少建筑固体废弃物产生的社会收益和环境收益三部分，其中直接产生的经济收益是主要组成部分。直接经济收益是指在一定条件下，建筑垃圾循环再生利用直接带来的经济收益，包括以下几个方面。

（1）建筑废弃物处置收费

《城市建筑垃圾和工程渣土管理规定》第六条规定，建筑废弃物、工程渣土处置实行"谁产生、谁负责处置"和"统一管理、资源利用"的原则。产生建筑废弃物、工程渣土的单位和个人，必须按照本规定承担处理的责任。根据这条规定，可以由建筑废弃物的产生单位和个人向建筑废弃物处理企业缴纳委托建筑废弃物托运费和建筑废弃物消纳场管理费等建筑废弃物处置费，而之前的这些费用是由政府相关部门来征收的。为了减轻政府部门的工作压力，同时提高建筑废弃物的处理效率，可以由建筑废弃物企业直接与废弃物的排放单位沟通，制定有关的收费制度。但由于建筑废弃物的处理费用属于经营服务性的收费，其收费的标准应当由政府相关部门制定。因为我国还没有采取这样的形式，从国外的经验来看，建筑废弃物直接交给建筑废弃物处置企业管理，还是极具经济吸引力的。

（2）政府财政补贴

由于建筑废弃物循环再生利用可以有效地减少废弃物对自然的污染破坏，建筑废弃物再生利用不单是一种企业行为，也是一种公益行为。要解决其带来的问题，需要政府的财政支持。政府可以通过税收或贴现的形式，激励建筑废弃物再生企业的生存与发展。

(3) 再生产品的销售收入

作为企业要长期生存下去，单靠政府的财政支持是远远不够的，必须有自己正常的资金循环链。建筑废弃物再生产品就是一个很好的支撑，再生骨料、空心砖等都能到达相应的标准，能够满足建筑的要求，在社会上是有一定市场的，这些产品的销售都能给建筑废弃物再生生产企业带来收入。建筑废弃物再生生产企业是否可以盈利，再生产品是否有市场，也是其循环利用是否能够成立的重要指标。据统计，为实现规模经济，再生工厂每小时至少要处理 110~275 t 的建筑垃圾。为回收投资，再生工厂每年至少要处理和销售 20 万 t 再生骨料。这就意味着如果再生工厂能正常运行，城市人口至少要达到 100 万。有关研究表明，在不考虑拆除废弃物堆放费用时，再生建筑废弃物骨料与天然砾石相比是没有竞争力的。此外，人们对再生建筑材料存在一定的成见，再生建筑材料生产中的附加费用等原因，实际上处理建筑废弃物目前还不是一个有利可图的商业。那么，像德国现在有 200 家企业的 450 个循环再生建筑废弃物的工厂，年营业额折合人民币80 多亿元，为实现盈利与环保双赢，采取了两条途径，一条是税收手段，如丹麦的废弃物存留税、德国的建筑废弃物存放费，通过征税来补贴企业或者直接对相关企业免税；另外一条就是法律途径，即通过废弃物处理阶段强制性法规，要求垃圾的生产者必须分类回收、循环处理，将再利用的部分成本转嫁到垃圾生产者身上，以降低再生企业的生产成本。如果能够得到法律与税收的保障，建筑废弃物循环再生利用产业在经济上还是可行的。

建筑废弃物再生利用产生的社会效益，包括减少或避免对废弃物进行无污染化处理的投入，包括：减少填埋场的土地资源占用量，节省处理处置厂建设、封场和封场后长期管理所需费用，以及节约地球上宝贵的有限资源。为便于量化，只考虑减少或避免对废弃物进行无污染化填埋处理的投入，则可认为社会收益等于节省的废弃物填埋处置占用的土地费用、填埋场建设投资、填埋场的运行费用、填埋场的封场费用以及封场后的维修检测费用之和。

建筑废弃物资源化的环境效益，是减少或避免原需处理处置的建筑废弃物所产生的对生态环境和人体健康带来的危害。这种危害的大小可以用建筑废弃物在处理处置（包括填埋、焚烧等）过程中污染物质释放进入环境所产生的环境风险来描述，通常用处理处置场周围居民的健康风险（发病率或死亡率）来表示。

因此，建筑废弃物资源化的环境价值，可以用因避免或减少建筑废弃物处置后所减少的健康风险相应所减少的经济损失来表示，即环境收益应等于再生利用所减少的废弃物处理所产生的环境健康风险、产生健康风险引起的经济损失（元/个）、建筑废弃物处理受影响的人口数（个）三者的乘积。

通过对建筑废弃物资源化的成本效益分析可知，建筑废弃物资源化具有很好的社会效益和环境效益，在一定的系统模式下，建筑废弃物资源化有相应的生存空间。尽管目前从纯经济指标的角度来讲，建筑再生产品的生产可能是微利、无利甚至是亏损的，但随着科学技术的进步和生产水平的发展，以及人类对环保的日益重视，经济性的概念也会随之改变。因此，建筑废弃物资源化利用的收益不能单从生产成本和效益来衡量，因为它所增加的费用很容易被其他方面的效益补偿。

2.4　国内外建筑废弃物开发应用现状

2.4.1　国外建筑废弃物资源化现状

建筑废弃物的再生利用是苏联学者 Glushge 于 1946 年首先提出的。早在第二次世界大战以后，许多发达国家就开始对建筑废弃物进行开发研究和回收利用，尤其是近年来，在能源资源短缺、环境污染严重的背景下，建筑行业面临着严峻的挑战，在此情况下，建筑废弃物资源化利用已经成为各国研究的热点。而日本、韩国、欧美一些发达国家和地区在建筑废弃物资源化利用领域起步较早，在法规政策、循环利用技术和设备、产业化发展等方面均比较成熟（冷发光等，2009）。目前，世界上规模最大的建筑废弃物处理厂具备 1200 t/h 的建筑废弃物处理能力。

2.4.1.1　国外建筑废弃物资源化概况

发达国家对建筑废弃物的资源化研究较早，对建筑废弃物的利用率也达到了很高的水平。经过几十年的发展，发达国家建筑废弃物资源化技术较为成熟，有很多经验和处理方法值得我们学习借鉴。由于国外建筑废弃物多为废旧混凝土，且其资源化利用价值较高，因此目前国外发达国家对于建筑废弃物的利用大多是针对废弃混凝土。

（1）日本

日本是对环境保护、资源再生利用立法最为完备的国家。由于日本国土面积狭小，资源十分匮乏，因此十分重视资源的再生利用。在日本，各产业所使用的总资源中，建筑产业约占 50%，在建筑过程中要排放大量的建筑废弃物，其总量占各产业排出废弃物总量的 20%。另外，在各产业废弃物非法抛弃量中，建筑废弃物约占 90%。由于经济发展与资源和土地的矛盾日益突出，日本政府从 20 世纪 60 年代末就着手建筑废弃物的管理，制定相应的法律和法规，以促进建筑废弃物的转化和利用（蓝建中，2011）。在日本，人们一方面大力推广建造寿命在 100 年以上的建筑，减少大拆大建；另一方面利用法制手段推动建筑废弃物的资源再利用。在日本的专门立法中，企业、政府、资源再利用企业各方责任都规定得很清楚。严格的法律约束保证了"谁产生、谁负责"原则的严格执行。

建筑废弃物体量巨大，分类困难且处理成本较高，从企业经营的角度来说不合算，所以日本以前同样有不少建筑公司随意丢弃建筑废弃物。后来，日本随意丢弃建筑废弃物的现象大大减少，这主要得益于传票制度。

根据日本《废弃物处理法》的规定，产业废弃物处理必须由排放者负责。排放者可以按照规则，交由拥有处理产业废弃物资质的处理者进行处理。为保证处理质量，日本政府制定了传票制度，严格监督产业废弃物的流向。传票制度规定产业废弃物排放者有义务发行、回收和核对传票，同时明确规定了排放者确认处理完毕的具体方法。传票制度使日本在很大程度上遏制了非法处理建筑废弃物等产业废弃物的现象，也有利于政府部门掌握产业废弃物的数量、种类、处理途径等信息。

日本对于建筑废弃物循环利用的基本原则：一是尽可能不从施工现场排出建筑废弃物，即原位再生与利用；二是建筑废弃物要尽可能重新利用；三是对于重新利用有困难的则应适当予以处理，降低建筑废弃物填埋对于环境产生的负面影响。

1977 年，日本制定了《再生骨料和再生混凝土使用规范》，此后相继在全国各地建立了以处理拆除混凝土为主的再生工厂，生产再生水泥与再生骨料，一些工厂的规模达到 100 t/h。1994 年，日本建设省制定了《建设资源再利用推进计划》和《建设工程材料再生资源化法案》，提出了建筑废弃物再生利用率的具体目标，要求将来建设工程实现废弃物零排放（zero emission）。1996 年 10 月制定了旨在推动建筑副产品再利用的《再生资源法》，为废旧混凝土等建筑副产品的再生利用提供法律和制度保障。它们规定建筑施工过程中的渣土、混凝土块、沥青混凝土块、木材与金属等建筑废弃物，必须送往"再生资源化设施"进行处理。东京在 1988 年对于建筑废弃物的重新利用率就已达到了 56%。

为了进一步提高再利用率，日本在 1997 年 10 月又制定了《建筑废弃物再利用的推进计划》及《2000 年数值目标》。该计划的基本思路和具体措施要点是：任何一项建筑工程都要编写《再生资源利用计划书》，以推动公共和民间建筑工程进行废弃物的再利用；为促进再生利用的顺利进行，要求建筑废弃物分类堆放，并向行政管理部门进行申报；在资源化设施生产出的再利用产品要在工程中加以利用；对于工程渣土，由于土方的生产者和利用者之间在土的质量、数量和时间上难以一致，为实现联合利用，1999 年建设省联合农林水产省和运输省建立了信息实时交换系统；为了其他领域能合理、安全地使用建筑废弃物，还制定了对其他产业利用再生产品的适用条件和安全技术标准。该推进计划中还提出了建筑废弃物再生利用率及 2000 年目标值，如表 2-4 所示。

表 2-4　建筑废弃物再生利用率及 2000 年目标值

副产物类别	1990 年再生利用率/%	1995 年再生利用率/%	2000 年再生利用率目标/%
建筑废弃物	42	58	80
沥青混凝土块	50	81	90
混凝土块	18	65	90
建筑污泥	21	14	60
建筑混合废弃物	21	11	50
建筑废木材	56	40	90
建筑工程排土	36	32	80

据统计，2005 年日本全国建筑废弃物资源总利用率达到 85%，其中废混凝土的排放量约为 3200 万 t，废混凝土再生利用 3100 多万 t，日本对再生混凝土的吸水性、强度、配合比、收缩、耐冻性等进行了系统性的研究，再资源化率高达98%，但其中大部分用于公路路基材料中，作为再生骨料使用的比例不足 20%。目前，日本很多地区建筑废弃物利用率已达 100%，而且实现了永久循环、优先使用的目标。

　　日本建筑废弃物回收处理技术比较成熟，处于世界先进水平。日本建筑废弃物的成分与我国建筑废弃物的成分是有区别的，主要以钢筋混凝土废件、石膏废品及木材为主。从建筑工地运来的垃圾经过磅后，采用机械和人工方法，按木材、纸片、混凝土、塑料、金属等进行分类，分为粗选和细选两个过程，如图2-1和图2-2所示。残渣将进行焚烧，可用的废纸、金属及成块木材，可直接出售给有关企业作为原料进行再利用。建筑混合废弃物是从建筑工程排出的，由砖瓦、纸屑、木屑、废塑料、石膏板、玻璃、金属等多种物质混杂在一起组成的废弃物。建筑混合废弃物一旦分离开来就可成为有用的资源，因此，首先要进行的是分选工作。

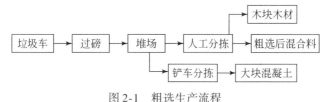

图 2-1　粗选生产流程

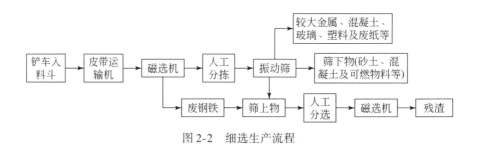

图 2-2　细选生产流程

　　在日本，沥青混凝土块作为再生沥青骨料使用和作为再生碎石路基材料使用。在处理工厂中，首先去除混在沥青混凝土块中的砂土颗粒等，再进行破碎或热破碎，筛分粒径大小，即可作为再生骨料或再生碎石使用。再生沥青骨料加上新鲜沥青骨料和再生添加剂，按比例混合就可制成再生沥青。

　　日本一般将混凝土块作为再生碎石路基材料使用和作为混凝土骨料使用。在处理工厂中，首先将混凝土块中的泥土除去，然后经破碎、筛分就能作为再生碎石使用。日本还开发了自行式破碎机械，在施工现场可直接破碎。但由于只有灰浆成分可作为混凝土骨料使用，所以处理成本仍高。

　　在日本，建筑工程产生的废木料除用作模板和建筑用材再利用外，还可通过破碎成碎屑作为造纸原料，水泥木屑板、刨花板和密度板原料，牲畜垫栏原料及燃料原料等供应有关企业。另外采伐、剪断下来的木料经碎屑化后，还常用作芳草地面的覆盖材料和堆肥。

建筑污泥中含有大量水分，通过泥浆池沉淀等浓缩化后，再进行脱水处理。另外，有时也在其中添加一定量的水泥和石灰等固化材料，进行稳定化处理，使其符合一定的品质标准，作为回填的土质材料再使用。

日本很多民间企业都在积极开发建筑废弃物的利用方法。日本有 100 多家生物质发电站，全部由民间企业运营。这些民企大量利用了建筑废弃物中的废弃木材，将其粉碎后制成燃料粒发电。每 10 万 t 木屑每年能发电 1 万 kW。根据日本政府推测，在地震灾区，单是倒塌住宅产生的垃圾就有 2500 万 t，其中 80% 左右是木材。

日本的几家单位（大阪城市大学和粟本钢有限公司等）联合研制了高性能再生骨料的生产设备和工艺。这种处理流程包括三个阶段：预处理阶段、碾磨阶段、筛分阶段。偏心旋转碾磨设备是该处理过程的核心技术，这种处理技术生产的高性能再生骨料满足日本工业标准 JIS（Japanese Industrial Standard）和日本建筑标准规范 JASS（Japanese Architec-tural Standard Specification）规定的原生骨料和碎石的标准，同时满足建设中心提出的所有技术认证标准。这项技术在日本的大阪已得到实际的应用。

日本水泥协会还开发出废弃混凝土再生使用的新技术，其再生混凝土的寿命与普通混凝土大体相同。使用这种用废弃混凝土制成再生混凝土时，不需要用碎石做骨架，仅采用组成水泥的成分作材料，再生时可全部用来制造水泥或混凝土（陈永刚和曹贝贝，2004）。这不仅能有效地解决混凝土的废弃问题，而且能减少因采石给自然环境造成的破坏。

日本清水建设公司和东京电力公司研究开发了废旧混凝土砂浆和石子的分离技术，使这些废弃材料得到合理有效的利用。该技术首先将混凝土废料破碎成小于 40 mm 的颗粒，再在 300 ℃ 温度下进行热处理。然后，在特殊机械作用下使这些废料相互碰撞、摩擦，实现水泥砂浆与石子的分离。石子分离后又恢复到天然骨料的状态，可生产新混凝土；分离出的砂浆则可用于路基的稳定化处理。

（2）韩国

韩国是继日本之后，较早开始研究废混凝土处理与再生利用的亚洲国家之一。在 1992 年，韩国便意识到减少建筑废弃物和建筑废弃物的再利用对经济发展的重大意义（刘永民，2008）。于是韩国首先立法制定了《废弃物预付金制度》，后改为《废弃物再利用责任制》。2003 年，韩国政府制定的《建筑废弃物再生促进法》，明确规定了国家、政府、订购者、排放者及建筑废弃物处理商的义务，规定了建设废弃物处理企业的设施、设备、技术能力、资本、占地面积及规模等许可标准，制定循环骨料的品质标准及设计、施工指南等。韩国从 2007 年开始每 5 年建立一次再生计划，确定了提高再生骨料建设现场实际再生率、建设废弃物源头减量化、建设废弃物妥善处理三大推进政策。据相关文献报道，韩国建筑废弃物再生利用率由 1996 年的 58.4% 上升至 2006 年的 97%，目前已有 500 家建筑废弃物再生产品制造企业，并基本实现了建筑废弃物再生利用的目标。

（3）美国

美国是最早进行建筑废弃物综合处理的发达国家之一，也是较早提出环境标志的国家之一，早在 1915 年就对筑路中产生的废旧沥青进行了研究利用，在长达一个世纪的实践中，美国在建筑废弃物处理方面，形成了一系列完整、全面、有效的管理措施和政策法规。

美国的建筑废弃物综合利用大致可以分为 3 个等级：① "低级利用"，即现场分拣利用，一般性回填等，占建筑废弃物总量的 50%～60%；② "中级利用"，即用作建筑物或道路的基础材料，经处理厂加工成骨料，再制成各种建筑用砖等，约占建筑废弃物总量的 40%，美国的大中城市均有建筑废弃物处理厂，负责本市区建筑废弃物的处理；③ "高级利用"，所占比重较小，如将建筑垃圾加工成水泥、沥青等再利用。

在建筑垃圾管理政策方面，已经演变了 "三代"。第一代是基于政府主导的命令与控制方法，通过行政手段实现污染控制；第二代是基于市场的经济刺激手段，强调企业在建筑垃圾产生方面的源头削减作用；第三代是在进一步完善政策的基础上实现政府倡导和企业自律的结合，提高广大公众的参与意识和参与能力。

美国对建筑废弃物实施 "四化"，"四化" 为 "减量化"、"资源化"、"无害化" 和综合利用 "产业化"。美国对减量化特别重视，从标准、规范政策、法规，从政府的控制措施到企业的行业自律，从建筑设计到现场施工，从优胜劣汰建材到现场使用规程，无一不是限制建筑垃圾的产生，鼓励建筑垃圾"零"排放。这种源头控制方式可减少资源开采，减少制造和运输成本，减少对环境的破坏，比各种末端治理更为有效。美国还把处理建筑垃圾作为一个新兴产业来培育，深入探讨如何使建筑垃圾处理形成新的产业。据统计，20 世纪末发达国家再生资源产业规模为 2500 亿美元，到 21 世纪初已增至 6000 亿美元，2014 年已超过 18 000 亿美元。

美国政府制定的《超级基金法》规定："任何生产有工业废弃物的企业，必须自行妥善处理，不得擅自随意倾卸"，从而在源头上限制了建筑废弃物的产生量，促使企业自觉地寻求建筑废弃物资源化利用途径。美国住宅营造商协会正在推广一种"资源保护屋"，其墙壁是用回收的轮胎和铝合金废料建成的，屋架所用的大部分钢料是从建筑工地回收来的，所用板材是锯末和碎木料加上 20% 的聚乙烯制成，屋面的主要原料是旧报纸和纸板箱。这种住宅不仅积极利用了废弃的金属、木料、纸板，而且比较好地解决了住房紧张和环境保护之间的矛盾。

据有关资料显示，美国每年产生城市废弃物 8 亿 t，其中建筑废弃物 3.25 亿 t，占城市废弃物总量的 40%，经过分拣、加工进行转化，再生利用的约占 70%，其余 30% 的建筑废弃物"填埋"（利用）在需要的地方。从广义上说，美国的建筑废弃物 100% 得到综合利用（李湘洲，2012）。

美国伊利诺伊州建筑材料回收委员会的 William Turley 报告指出，美国每年有 1 亿 t 废弃混凝土被加工成骨料用于工程建设，再生骨料占美国建筑骨料使用总量的 5%（美国每年骨料总用量超过 20 亿 t）。再生骨料中约 68% 用于道路基层和基础，6% 用于拌制新混凝土，9% 用于拌制沥青混凝土，3% 用于边坡防护，7% 用于一般回填，其他应用为 7%。有资料显示，美国现在已有超过 20 个州在公路建设中采用再生混凝土，26 个州允许将再生混凝土作为基层材料，4 个州允许将再生混凝土作为地基层材料，有 15 个州制定了再生混凝土的规范，很多州都在不同的高速公路路段上应用了再生混凝土。

此外，据相关报道，在美国已有 CYCLEAN 公司采用的微波技术，可以 100% 地回收利用再生旧沥青路面料，其质量与新拌沥青路面料相同，而成本可降低 1/3，同时节约了垃圾清运和处理等费用，大大减轻了城市的环境污染；对已经过预处理的建筑垃圾，则运往"再资源化处理中心"，采用焚烧法进行集中处理。

（4）德国

德国是世界首个大规模利用建筑废弃物的国家。在第二次世界大战后的重建期间，对建筑废弃物进行循环利用，不仅降低了垃圾清运费用，而且大大缓解了建材供需矛盾。1978 年，德国首先实施了环境标志，它是世界上最早推行环境标志的国家。环境标志是一种印刷或粘贴在产品或其包装上的图形标志，它表明该产品不但质量符合标准，而且在生产、使用、消费及处理过程中符合环保要求，对环境无害或危害极少，同时有利于资源的再生和回收利用。环境标志以其独特的经济手段，使广大公众行动起来，将购买力作为一种保护环境的工具，促使企业在从产品到处置的每个阶段都注意环境影响，引导企业自觉调整产业结构，采用清洁工艺，生产对环境有益的产品。

在环境标志的影响下，德国建筑废弃物的再生利用进行得如火如荼。德国每个地区都有大型的建筑废弃物再生利用工厂，至 2002 年，在德国国内已经分布了 2290 座再生骨料加工厂，仅在柏林就有 20 多个。在利用建筑废弃物制备再生骨料领域处于世界领先水平，经过长期实践，已经形成一套完善的制作工艺，并合理地配套了相应的装备。

德国对于建筑废弃物利用的特点是按照建筑废弃物的类别分别加以利用。首先将建筑废弃物分成碎旧建筑材料、道路开挖和建筑施工工地垃圾，按照组分特性有针对性地加以利用。对于碎旧建筑废弃物，在确定骨料的成分和混凝土中可使用回收骨料的最高含量的基础上，使用干馏燃烧等处理工艺，使废弃物中各种再生材料干净地分离出来，再回收利用，提高附加值，有效地解决了垃圾占用土地的问题。对于建筑施工工地垃圾，必须送往"再资源化设施"进行处理。一般是先用机械和人工将金属、木材、塑料、玻璃、砖瓦等分选、破碎，其中木材做胶合板，金属、塑料、玻璃用于销售，渣土用于建材，剩余物用于填坑。对于道路开挖垃圾主要用作道路路基、造垃圾填埋场、人造风景和种植等。

2008 年，德国建筑废弃物（除去木头、玻璃、塑料和金属）共产生 1.92 亿 t，除产生的渣土外，建筑废弃物主要来源于拆除的旧建筑。若不包含渣土，2008 年德国的建筑废弃物共产生 8470 万 t，各类型产生情况与利用情况如表 2-5 所示，回收利用率高达 95%，再生利用率也能达到 70% 左右。2008 年德国骨料生产总量为 5.752 亿 t，其中再生骨料占总产量的 10.6%，不仅节约了大量天然资源，同时也避免了不必要的资源浪费。

表 2-5 2008 年德国建筑废弃物（不含渣土）产生与利用数据

总产生量/万 t	废弃物类型	产生量/万 t	产生比例/%	再生利用总量/万 t	再生利用率/%	利用方式	利用量/万 t	利用比例/%
8470	拆除废弃物	5820	68.7	5771	68.1	再生利用	4441	76.3
						其他回收利用	1001	17.2
						不能回收利用	378	6.5
	道路废弃物	1360	16.1			再生利用	1300	95.6
						其他回收利用	39	2.9
						不能回收利用	21	1.5
	新建废弃物	1240	14.6			再生利用	30	2.4
						其他回收利用	1180	95.2
						不能回收利用	30	2.4
	废弃石膏	50	0.6			其他回收利用	38.5	77
						不能回收利用	11.5	23

（5）英国

英国国土面积相对狭小，因此新建建筑废弃物掩埋场地比较困难。英国政府于 1996 年设置了建筑废弃物掩埋税，并对建筑废弃物加工企业进行了政策及资金方面的援助，同时大力支持对再生骨料的研究以及再生骨料标准的制定工作等。

英国全国拆除商联合会（NFDC）在 2006 年年底对会员进行了一个回收利用的调查。该协会要求会员企业对 2005～2006 年度产生的 2100 万 t 建筑废弃物负责，事实上，在此期间这些产生的垃圾的 90% 得到了回收或者再利用。联合会的统计资料表明，英国的建筑废弃物中，16% 用于填埋，25% 运出工地用于其他地方，35% 在现场破碎后使用，18% 破碎后销售到其他地方，1% 作为有害垃圾处理。

（6）荷兰

荷兰由于国土面积狭小，人口密度大，再加上天然资源相对匮乏的原因，因此对建筑废弃物的再生利用十分重视，是最早开展再生骨料混凝土研究和应用的国家之一，其建筑废弃物资源利用率位居欧洲第 1 位。在荷兰，每年施工与拆除的建筑废弃物数量为 1500 万 t，约占全国固体废弃物总量的 26%，且每年废弃物的增加量为 1100 万 t。荷兰政府重视对建筑废弃物的回收再利用，超过 90% 的废弃混凝土块都用于道路底层的填充材料与填海造路工程。荷兰自 1997 年起，规定禁止对建筑废弃物进行掩埋处理，建筑废弃物的再利用率几乎达到了 100%。

荷兰是最早开展再生混凝土研究和应用的国家之一。在 20 世纪 80 年代，荷兰就制定了有关利用再生混凝土骨料制备素混凝土、钢筋混凝土和预应力钢筋混凝土的规范。该规范规定了利用再生骨料生产上述混凝土的明确技术要求，并指出，如果再生骨料在骨料中的含量（质量分数）不超过 20%，则混凝土的生产就完全按照普通天然骨料混凝土的设计和制备方法进行。

（7）丹麦

丹麦是建筑废弃物有效利用技术比较成熟的国家，最近 10~15 年间，其建筑废弃物再利用率达到 75% 以上，超过了丹麦环境能源部门于 1997 年制定的 60% 的目标。1997 年，丹麦建筑废弃物排放量约为 340 万 t，约占各种垃圾总量的 25%。丹麦政府的政策目标从单纯的废弃物再利用开始向建筑材料的全生命周期管理模式的方向发展。丹麦 1997 年全国建筑废弃物资源利用率为 75%，其中废混凝土的排放量约为 180 万 t，再生利用 175 万 t，再资源化率高达 97%。

丹麦建筑废弃物循环再生率很高，主要激励措施是对填埋和焚烧建筑废弃物的征税。环保署进行的一项分析表明，税收在建筑废弃物再循环方面起着主要的作用。从 1987 年 1 月 1 日起，分配到焚烧或填埋场的每吨垃圾的税收约为 5 欧元。至 1999 年，也就是说在 12 年后，填埋税增加了 900%。自采用废弃物税收以来，建筑废弃物循环利用的比例明显增加，如今约有 90% 的建筑废弃物得到了重新利用。在短短的几年里，丹麦建立了一个以技术方法、科学和组织结构以及管理工具密切结合的联合系统，确保了对主要废弃物流动的控制和对大部分建筑废弃物的循环利用。

（8）俄罗斯

俄罗斯是较早进行建筑废弃物分选系统工艺研究的国家，其设计流程比较典型，考虑到建筑废弃物中混有大量钢筋、玻璃和轻质的木料、塑料等，在工艺流程中设置了磁选和风选分离工序，以除去铁质材料和轻质材料。该处理过程需要配置两台颚式破碎机，进行混凝土块的粗碎和二次破碎；比较特别是该流程使用了双层筛网筛分机，效率较高，初次筛分采用 5 mm 和 40 mm 筛网，将骨料分为 0~5 mm、5~40 mm、40 mm 以上三种粒径，其中 40 mm 以上骨料进入二次破碎、一次筛分循环；5~40 mm 粒径骨料进入二次筛分，二次筛分使用 10 mm 和 20 mm 两种筛网，将骨料分为 5~10 mm、10~20 mm、20~40 mm 三种粒径。该工艺流程分选效果良好，各级别颗粒分离细致，缺点是使用设备较多，投资规模较大，不利于中小企业推广。

（9）瑞士

瑞士在 1986 年发布了《瑞士垃圾经济发展的指导意见》，对建立符合生态和经济原则的循环经济提出建议和规划。为了使将来做到能及时实现与环境相容的垃圾处置和利用，正确发展垃圾经济，提出了以下应遵循的原则：

1）预防性原则：建筑废弃物除应按环保要求进行处置和堆放外，还应致力于避免建筑废弃物的产生、减少和利用。

2）产生者原则：建筑废弃物的处置费用及为此进行符合环保要求处置的费用，一般情况下应由产生者承担。

3）整体性原则：垃圾经济是国民经济的一部分。建筑产品的生产、消费使用和建筑废弃物处置之间存在着因果关系。在整体性原则的要求下，不仅要考虑建筑废弃物在利用或处置时对环境的影响，而且要考虑产品的生产和运输，甚至最终在堆场中堆放时对环境的影响。

4）合作性原则：解决建筑废弃物的问题，一方面要求联邦政府、州政府及地方县市的合作，另一方面同样要求公共社会和私人的合作。

5）辅助性原则：垃圾问题应尽可能在最基层处解决，即首先是由单个公民、私营组织和经济行业来解决，其次是通过乡或地方性协会解决，最终才是由州或联邦政府解决。

根据以上原则，确定了建筑废弃物处理的基本要求和具体措施，见表 2-6。

表 2-6　建筑废弃物处理的基本要求和具体措施

次序	基本要求	具体措施
第一	要避免建筑废弃物的产生	应用与环境相容的材料 减少材料的使用量 材料使用时就考虑到今后的处置

次序	基本要求	具体措施
第二	减少建筑废弃物的产生	在源头上分拣 单一品质和干净地收集 （各有关单位）应共同思考，小心工作
第三	尽可能利用建筑废弃物	尽可能地进行预处理 （利用建筑废弃物）生产新产品 （推广应用）使用次生建材
第四	焚烧处理建筑废弃物	只针对不可再利用的建筑废弃物，经焚烧减少其体积
第五	在堆场堆放	不可焚烧的建筑废弃物方可堆放，堆放时应符合环保要求

其中最重要的是区分特种废弃物（指有毒有害废弃物，如受化工或油污污染的混凝土或地坪）和问题垃圾（指复合材料，如水泥木屑板、与泡沫塑料复合的石膏板或水泥板等）。

据统计，瑞士 2009 年产生约 1110 万 t 建筑废弃物。建筑废弃物中的最大部分（特别是道路废弃物）是在工地上直接使用的，这部分占 43%（约 470 万 t），约 430 万 t 废弃物处理后可以再次使用，主要的处理方式是废混凝土制成的骨料（170 万 t）、混合碎料制成的骨料（130 万 t）、沥青制成的骨料（50 万 t）以及砂石料制成的骨料（50 万 t），其余的 30 万 t 是由可燃材料、金属、玻璃、陶瓷和石膏等组成，约 170 万 t 的建筑废弃物是在堆场中填埋的，大约其中的一半（80 万 t）是有矿物类的剩余料（玻璃、陶瓷、石膏等），焚烧处理的建筑废弃物不到 40 万 t，其中的 2/3 是建筑木材。

（10）法国

CSTB 公司是欧洲首屈一指的"废物及建筑业"集团，专门统筹欧洲的"废物及建筑业"业务。该公司提出的废弃物管理整体方案有两大目标：一是通过对新设计建筑产品的环保特性进行研究，从源头控制工地废弃物的产量；二是在施工及清拆工程中，通过对工地废弃物的生产及收集作出预测评估，以确定有关的回收应用程序，从而提升废弃物管理的层次。该公司以强大的数据库为基础，使用软件工具对建筑垃圾进行从生产到处理的全过程分析控制，以便在建筑物使用寿命期内的不同阶段作出决策。例如，可评估建筑产品的整体环保性能；可依据有关执行过程、维修类别，以及不同的建筑物清拆类型，对减少某种产品所产生的废弃物量进行评估；可以对废弃物管理所需的程序及物料作出预测；可根据废弃物的最终用途或质量制定运输方案；就"再造"原料的新工艺，在技术、经济及环境方面的可行性作出评价，而且估计产品的性能。

（11）新加坡

新加坡于 2002 年 8 月开始推行"绿色宏图 2012 废物减量行动计划"，将垃圾减量作为重要发展目标。在建筑领域，建筑工程广泛采用绿色设计、绿色施工理念，优化建筑流程，大量采用预制构件，减少现场施工量，延长建筑设计使用寿命并预留改造空间和接口，以减少建筑废弃物产生。同时，对建筑废弃物收取每吨 77 新元的堆填处置费，增加建筑废弃物排放成本，以减少建筑废弃物排放。

为减少建筑废弃物处理费用，承包商一般在工地内就将可利用的废金属、废砖石分离，自行出售或用于回填和平整地面，其余则付费委托给建筑废弃物处理公司。在建筑废弃物综合利用场所内，对建筑废弃物实施二次分类：已拆卸的建筑施工防护网、废纸等将被回收打包，用于再生利用；木材用于制作简易家具或肥料；混凝土块被粉碎后加工用于制作沟渠构件；粉碎的砂石出售用于工程施工。未进入综合利用厂的其他建筑废弃物被用于铺设道路或运送至实马高岛堆填区填埋。

新加坡对建筑废弃物处理实行特许经营制度。新加坡有 5 家政府发放牌照的建筑废弃物处理公司，专责承担全国建筑废弃物的收集、清运、处理及综合利用工作。建筑废弃物处置公司必须遵守有关环境法规。未达到服务标准的，国家环境局可处以罚金，严重的吊销牌照。如非法丢弃建筑废弃物的，最高将被罚款50 000 新元或监禁不超过 12 个月，或两者兼施，建筑废弃物运输车辆也将没收。

在综合利用与处理过程中，新加坡建设局等部门也介入管理。例如，建设管理部门在工程竣工验收时，将建筑废弃物处置情况纳入验收指标体系范围，建筑垃圾处理未达标的，则不予发放建筑使用许可证；在绿色建筑标志认证中，也将建筑废弃物循环利用纳入考核范围。

新加坡 2006 年建筑废弃物产生量约为 60 万 t，日均产生量约为 1600t，98%的建筑废弃物都得到了处理，其中 50% ~60% 的建筑废弃物实现了循环利用。

（12）其他欧洲国家

此外，法国 1990 ~1992 年全国建筑废弃物资源利用率为 15%，其中废混凝土的年排放量约为 1560 万 t，其中大部分用在公路路基材上，并且再生利用限制在道路工程和掩埋工程。比利时 1990~1994 年全国建筑废弃物资源利用率为 94%，其中废混凝土的排放量约为 640 万 t，再生利用 620 万 t，再资源化率为 97%。瑞典 1996 年全国建筑废弃物资源利用率为 20%，其中废混凝土的排放量约为 112 万 t，再生利用 22 万 t，再资源化率为 20%。表 2-7 给出部分国家建筑废弃物利用情况，图 2-3 为部分国家建筑废弃物再生利用比例。

表 2-7　部分国家建筑废弃物利用情况

国家	产量/t	利用率/%	主要利用方式
日本*	3200 万	98	
韩国	—	97	
美国	3.25 亿	70	大部分再生骨料用作路基材料，少量用于混凝土类材料
德国	8470 万	95	
英国	2100 万	90	
荷兰	1500 万	90	
丹麦*	180 万	97	
比利时	—	94	

*专指废弃混凝土，图 2-3 中同。数据来源：文献收集。

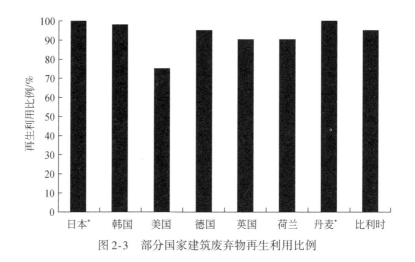

图 2-3　部分国家建筑废弃物再生利用比例

2.4.1.2 国外建筑废弃物资源化技术

发达国家的建筑废弃物处理大致经过了以下几个阶段：从建筑废弃物混沌无序到简单的排放管理，即将建筑废弃物无序排放到通过相关法规统筹管理、集中排放；从排放管理到终端处理再利用，即把建筑废弃物从有序的排放管理提高到发展循环经济的高度；从建筑废弃物循环利用再到强化源头消减。自 20 世纪 40 年代以后，世界上许多国家，特别是发达国家已把城市建筑废弃物资源化处理作为环境保护和可持续发展战略目标之一，已经将废弃物变为一种新资源，发展成一个新兴的大产业。

国外建筑废弃物的主要成分（占 70% 以上）是废旧混凝土，再生产品主要是不同规格品质的骨料，分低、中、高级 3 种处理方式：①低级利用，如一般性回填；②中级利用，破碎分级处理后替代部分天然骨料用于道路垫层与基层材料；③高级利用，将骨料表面的水泥浆体完全剥离，可完全替代天然骨料的呈现天然骨料的外形和品质的再生骨料（石子）与砂浆，石子作为粗骨料配制混凝土用于建筑结构构件，分离出的砂浆制成干混砂浆或者用于制造水泥等。下面主要介绍中高级利用技术。

（1）再生骨料技术

国外科研机构进行了废旧混凝土分离高品质再生骨料技术的研究，国外有热摩擦法、声波分离法和冻融循环法，其中以日本的热摩擦法为代表。

日本对废弃混凝土的处理技术进行了大量的研究与开发，形成了比较成熟的分离废弃混凝土骨料的技术。日本的几家单位（大阪城市大学和粟本钢有限公司等）联合研制了高性能再生骨料的生产设备和工艺。这种处理流程包括三个阶段：①预处理阶段，除去废弃混凝土中的其他杂质，用颚式破碎机将混凝土块破碎成 40 mm 直径的颗粒；②碾磨阶段。混凝土块在偏心转筒内旋转，使其相互碰撞、摩擦、碾磨，除去附着于骨料表面的水泥浆和砂浆；③筛分阶段，最终的材料经过过筛，除去水泥和砂浆等细小颗粒，最后得到的即为高性能再生骨料。偏心旋转碾磨设备是该处理过程的核心技术，在电机的带动下，混凝土废料在偏心转筒内旋转并相互摩擦，将破碎混凝土中的粗骨料与黏着的砂浆分离。

这种处理技术生产的高性能再生骨料满足日本工业标准 JIS（Japanese Industrial Standard）和日本建筑标准规范 JASS（Japanese Architectural Standard Specification）规定的原生骨料和碎石的标准，同时满足建设中心提出的所有技术认证标准。这项技术在日本的大阪已得到实际的应用。

2007 年，混凝土用再生骨料按其性能分为 H、M、L 3 种，并列为规范当中。但是，它的对象设定为大体积混凝土，其利用被严格限制。例如，再生骨料 H 因具有和普通骨料相同的性质，其耗能以及制造费用较大，其次，水泥砂浆附着率较高的杆件以及桩等构件被剔除在原生混凝土行列当中。并且，经过高度处理后的再生粗骨料只有总量的30%～40%，剩余的就成为微粉末，其处理也成为一个课题。再生骨料 M，期待着较高的普及率，但只限定在干燥收缩以及冻融循环的影响较小的地下结构。再生骨料 L，适用于设计强度在 12 MPa 以下的构造物，且不考虑耐久性的结构为对象，其利用范围较小。

以德国为例，建筑废弃混凝土的干处理技术分为两个阶段（图 2-4）：一是预处理阶段，原材料过筛后先使用挑选设备去除废料中的杂质，然后送入冲击破碎机将粒径大于 45 mm 的材料破碎成较小颗粒；再经过磁性分离机分离出铁质。二是粒组分化阶段，首先将预处理废料进行二次筛分，再经过空气分离机将各粒级的细小杂质分离，由此就可得到不同粒径的再生骨料。

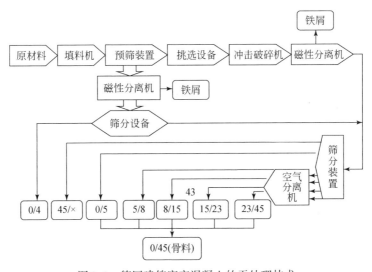

图 2-4　德国建筑废弃混凝土的干处理技术

（2）再生混凝土技术

对于开发再生混凝土的研究，始于第二次世界大战后的苏联、德国和日本。

日本政府在 1977 年就制定了《再生骨料和再生混凝土使用规范》，并相继在各地建立了旧混凝土的加工工厂。根据日本建设省的统计，1995 年的混凝土再生利用率为 65%，要求在 2000 年达到 90%，日本对再生混凝土的吸水性、强度、配合比、收缩、冻胀性等进行了系统的研究。德国将再生混凝土主要用于公路路面工程，德国钢筋委员会在 1998 年 8 月提出了《在混凝土中采用再生骨料的应用指南》，要求采用再生骨料配制的混凝土必须完全符合天然骨料混凝土的国家标准。

近 30 年来，国外对再生混凝土技术进行了系统的研究，已有成功应用于刚性路面和建筑结构物的例子。研究主要集中在对再生骨料和再生混凝土基本性能的研究，包括物理性能、化学性能、力学性能、结构性能、工作性能和耐久性能等。

哥伦比亚大学的 Nemkumar Bathia 和 Cesar Chan 教授对 28 d 龄期的废弃混凝土骨料（waste concrete aggregate，WCA）骨料混凝土和天然骨料混凝土的压应力-应变曲线做了研究，发现天然骨料混凝土的应力峰值明显高于 WCA 混凝土，但在曲线峰值后，天然骨料混凝土的荷载会大幅度下降，而 WCA 混凝土则是缓慢平稳的下降。说明与天然骨料混凝土相比，WCA 混凝土在压应力-应变曲线的后峰值部分体现出较强的变形能力和延性。

（3）再生水泥技术

韩国装修公司"利福姆系统"成功开发从废弃混凝土中分离出水泥，并且分离的水泥具有可再生利用的功能。首先，把废弃混凝土中的石子、水泥、钢筋等分开，然后，在 700 ℃下对水泥进行处理，并且在此过程中添加某种特殊物质，进而生产出再生水泥。这种水泥的强度几乎和普通水泥的强度一样，符合韩国规定的施工标准。该公司称，成功分离 100 t 废弃混凝土，就可获得再生水泥 30 t 左右。生产这种再生水泥的成本仅为普通水泥生产成本的 1/2，而且在生产的过程中产生更少的 CO_2，对环保更加有利。目前在韩国，这项技术已经申请专利。因此，韩国通过对建筑废弃物的再生利用即再生骨料的应用，有效地保护了环境和国土资源。

（4）再生沥青混凝土

国外对沥青路面材料再生的研究从 1915 年在美国开始，到 20 世纪 80 年代末，美国再生沥青混合料的用量几乎为全部路用沥青的一半，并且在再生剂研发、再生混合料的设计、机械设备方面的研究也日趋深入，沥青路面材料的再生利用在美国已经非常常见，重复利用率高达80%。美国采用微波技术处理回收的沥青路面，利用率达100%，成本降低且质量相同，既节约了清运和处理费用，又大大减轻了环境污染。美国的沥青路面现场热再生技术已经相当成熟，在美国的路建设中，50%采用沥青混凝土再生料，平均直接建设成本下降20%以上，对能源和环保等产生的间接社会效益巨大。

2.4.2　我国建筑废弃物资源化现状

1985年，我国已将资源综合利用作为一项重大经济技术政策和长远战略方针，并且在1996年《国务院批准国家经贸委、财政部、国家税务总局关于进一步开展资源综合利用的意见》（国发〔1996〕36号）发布后，明确了对社会生产和消费过程中产生的各种废旧物资重点进行回收和再生利用，各项工作稳步推进。在"十一五"期间，面对日益严峻的资源环境约束，国家发改委会同有关部门，紧紧围绕实现"十一五"节能减排目标，以循环经济理念为指导，不断加大推进力度，使得资源综合利用规模日益扩大，技术装备水平不断提升，政策措施也逐步完善。

总的来看，我国建筑废弃物资源化起步较晚，加上资源化工作缺乏有效的管理和监督，建筑废弃物的资源化利用率不足10%，以露天堆放和简易填埋为主，大量占用土地、污染环境，同时也是资源的巨大浪费。我国建筑废弃物资源化利用尚处在探索阶段，资源化情况同发达国家相比，还存在很大差距，发展不平衡、企业竞争力不强、产品技术水平不高等问题仍较为突出，利用效率和利用水平均有待提高。

2.4.2.1　我国建筑废弃物资源化概况

随着我国的城镇化建设迅速发展，到目前为止，我国已成为世界上每年新建建筑最多的国家，新建面积达20亿m²，相当于消耗了全世界40%的水泥和钢材。与此同时，有相关统计数据表明，目前我国的建筑废弃物排放也成了全世界最多的国家，全国每年产生建筑废弃物总量高达15.5亿t，而建筑废弃物的排放量仍处于逐年上升趋势（李颖和许少华，2007）。预计到2020年我国新增排放建筑废弃物将超过 10 亿 t。并且，我国城市建筑废弃物的排放量已达到城市废弃物总量的 40%。以北京为例，每年产生的建筑废弃物多达 400 万 t，如果按 5 m 的高度堆放，1 万 t 建筑废弃物会占地 2 亩①，则 400 万 t 建筑废弃物每年要占地 800 亩。据报道，经对砖混结构、全现浇混凝土结构等建筑类型的施工材料统计分析，每 1 万 m² 的建筑施工中，会产生 500 ~ 600 t 建筑废弃物。

而如此庞大数目的废弃物绝大部分是未经过任何处理便被运往郊外或乡村露天堆放或填埋。露天堆放或掩埋有着许多危害。

（1）占用了有限的土地资源

仅以北京为例，据相关资料显示，奥运工程建设前对原有建筑的拆除，以及新工地的建设，北京每年都要设置二三十个建筑废弃物消纳场，造成不小的土地压力。

（2）破坏土壤结构、造成地表沉降

现今的填埋方法是：废弃物填埋 8 m 后加埋 2 m 土层，但土层之上基本难以重长植被，而填埋区域的地表会产生沉降和下陷，要经过相当长的时间才能达到稳定状态。

（3）造成严重的环境污染

建筑废弃物中的建筑用胶、涂料、油漆不仅是难以生物降解的高分子聚合物材料，还含有有害的重金属元素。这些废弃物被埋在地下，会造成周围的土壤和地下水的污染，直接危害到周边居民的生活。

（4）影响空气质量

建筑废弃物在清运和堆放过程中的遗撒和扬尘也会严重影响空气质量，建筑废弃物中含有的部分有机物在特定条件下会产生有害气体扩散在空气中，并结合废弃物中的粉尘霉菌，造成污染影响空气质量。

---

① 1 亩 = 666.7 m²。

（5）影响城乡环境卫生

城市建筑废弃物占用空间大、堆放无序，甚至侵占了城市的各个角落，恶化了城市环境卫生。建筑废弃物的私拉乱放，形成废弃物围村、围城的现状，严重影响城乡形象。

（6）存在安全隐患

大多数城市对建筑废弃物堆放未制定有效合理的方案，从而产生不同程度的安全隐患，例如，建筑废弃物的崩塌现象时有发生，甚至有的会导致地表排水和泄洪能力的降低。

（7）大量冗余经费支出

建筑废弃物在堆放时需要征用大量的土地，清运时需要大量的人力和物力，这就造成了建筑工程的额外支出经费。

由此可见，建筑废弃物排放已成为目前我国城市化进程及经济发展面临的重大问题。

解决这一难题，就需要我们在建筑废弃物回收重复利用上下工夫。目前我国在建筑废弃物回收再利用方面已具有一定的技术，有一定量的建筑废弃物已得到了有效的利用。许多建筑废弃物经分拣、剔除或粉碎后，大多可以作为再生资源重新利用，如废钢筋、废铁丝、废电线和各种废钢配件等金属，经分拣、集中、重新回炉后，可以再加工制造成各种规格的钢材；废竹木材则可以用于制造人造木材；砖、石、混凝土等废料经粉碎后，可以代替砂，用于砌筑砂浆、抹灰砂浆、打混凝土垫层等，还可以用于制作砌块、铺道砖、花格砖等建材制品。

21 世纪以来，建筑废弃物的回收利用已有较大改善。部分大、中城市根据管理的实际需要，相继颁布了建筑废弃物或工程渣土管理规定；初步建立了建筑废弃物申报及审批制度，收运车辆也得以初步规范化。少数城市还建设了建筑废弃物资源化处理厂和建筑废弃物填埋场等消纳设施。近些年来，随着建筑废弃物资源化利用的重要性被越来越多的人所关注，北京、上海、河南、河北、天津、四川、深圳、昆明等多地建成了规模化的建筑废弃物资源化处置企业，建筑废弃物资源化产业已经起步，也有了较多的建筑资源化技术的工程实践。

（1）北京市建筑废弃物资源化现状

北京市垃圾渣土管理处负责全市渣土日常管理工作，受理跨区、县工程以及国家和市级重点工程渣土的消纳（回填）申请等；区、县渣土管理部门主要负责管辖区内渣土消纳申报管理、渣土消纳场管理等。2006 年 12 月起，北京市规定渣土砂石运输车辆必须持有绿色环保标志，并安装符合《流散物体运输车辆全密闭装置通用技术条件》规定的机械式全密闭装置，施工单位要优先选用有绿色环保标志的车辆承担渣土、砂石等的运输工作。

北京市每年设置 20~30 个建筑废弃物消纳场。这些消纳场大部分设在五环以外，主要是将现有大坑、窑地等经过整理，设置照明等设施，消纳场由企业经营，并按照市场化的物价标准向运输单位收取费用。

北京建筑工程学院实验 6 号楼是国内第一座应用建筑废弃物再生粗、细骨料配制的 C30 混凝土现浇框架剪力墙结构工程，工程已应用 4 年，效果良好；北京市崇文区草厂 5 条 20 号院是由建筑废弃物再生古建砖和普通砖建造的，仿古效果良好；北京市昌平亭子庄污水处理池为再生混凝土剪力墙结构。此外，昌平十三陵新农村建设示范工程、东方陶瓷博物馆等工程成功应用了建筑废弃物再生混凝土、再生砂浆和再生砖，使用效果良好。

北京城建集团一公司先后在 9 万 m² 不同结构类型的多层和高层建筑的施工过程中，回收利用各种建筑废渣 800 t 以上，用于砌筑砂浆、内墙和顶棚抹灰、细石混凝土楼地面和混凝土垫层。

北京建筑工程学院 2007 年年底完成了全国首座 1000 m² 全级配再生骨料现浇混凝土试验建筑的建设，2008 年利用再生古建砖在北京前门大街完成了一个示范院的建设，完善了两条年产 100 万 t 建筑垃圾再生利用生产线和制品生产。

（2）天津市建筑废弃物资源化现状

据不完全统计，天津市建筑废弃物的产生量逐年增加，从 2004 年的 100 万 t 增加到 2007 年 300 多万 t，其中市内 6 区增加 1 倍以上，郊县增长 50% 左右。从 20 世纪 90 年代开始，天津市的建筑废弃物主要用于堆山造景工程，目前建筑废弃物主要用于建筑回填、填坑和填海造地，基本消纳天津市产出的建筑废弃物。天津市最大规模的人造山，占地约 40 万 m²，利用建筑废弃物 500 万 m²。"山水相绕、移步换景"的特色景观，如今已成为天津市民游览休闲的大型公共绿地。

目前天津市没有固定的建筑废弃物堆放场，所产生的建筑废弃物临时堆放在建设工地，由建设单位管理，除工程中需要的填埋量外，多余渣土集中运至其他填埋地点；居民区装修改造产生的建筑废弃物，临时堆放在居民区内，由街道保洁队或物业管理部门集中运至填埋地点。由于不能及时运输，又无专门的建筑废弃物堆放场，临时露天堆放的建筑废弃物没有专人管理，一些单位和居民将生活废弃物就近堆放在建筑废弃物堆内，造成蚊蝇孳生，污染环境。

目前由于建筑废弃物基本能消纳，而且没有成熟的建筑废弃物综合利用技术，因此天津市还没有建筑废弃物处理场。

天津市塘沽区裕川建筑材料制品有限公司完成了建筑废弃物综合处理及其生产新型墙材的技术开发项目，适用于 1～6 层民用及工业建筑的承重砌体，可以应用大、中、小各级城市的基础设施改造加速、城镇化建设和新农村建设（王翔，2009）。

（3）上海市建筑废弃物资源化现状

1992 年，上海市人民政府第 10 号令发布了《上海市建筑垃圾和工程渣土处置管理规定》，并于 1997 年以市人民政府第 53 号令进行了修正。2005 年开始，建筑废弃物的日常管理和监管由区（县）负责，市渣土管理部门主要负责全市建筑废弃物的规划、协调、政策研究、检查考核等宏观管理。

上海市建筑废弃物运输以车辆运输为主、车辆运输加船舶转运为辅，车、船均采用了 GPS 定位、IC 智能卡监控技术，有效实施建筑废弃物运输车船作业状态监控管理。建筑废弃物末端处理通常采取固填标高、围海造田、堆山造景等方式。2003～2005 年，以标高回填、工程回填、绿化用土等方式处理的建筑废弃物约占年产量的 60%；以围海造田方式处理的建筑废弃物占年产量的 30%；其余 10% 以临时堆放、弃置等方式处理，还有一座利用废弃混凝土块制作砌块和骨料的资源化处理厂，年处理能力 20 万 t。

上海第二建筑工程公司于 1990 年 7 月在上海市中心的霍兰和华亭两项工程的几栋高层的建筑施工中，将在结构施工阶段产生的道渣、碎砖、混凝土碎块等建筑废弃物，经过现场分拣后把有用的废渣粉碎后，充当细粉料，和标准砂按照 1∶1 的比例拌匀后，用于砌筑砂浆和抹灰砂浆，砂浆强度可达 5 MPa 以上。此次工程一共节省砂子材料费 1.44 万元，回收利用的废渣约 480 t。

上海筑路机械设备有限公司研制出了具有国际先进水平的城市建筑垃圾处理

再利用成套设备。它能将建筑垃圾中坚硬的混凝土和钢筋"咬碎",并进行分类、筛选。

由上海嘉博水泥制品有限公司出资建立的大型成套先进破碎设备年加工废旧混凝土板块达到 30 万 t 左右。由上海德滨环保科技有限公司在产学联合体的参与和支持下开发的封闭模块组合式建筑垃圾处理再生骨料回收系统,解决了大型化、环保化、纯净化的三大技术瓶颈,年处理能力达到 100 万 t,建筑垃圾处置无粉尘、无噪声,建筑再生骨料品质高,在市场上供不应求。

上海世博绿地建设注重建筑废弃物资源化利用,施行建筑废弃物源头削减策略。通过对园区建筑废弃物进行充分调查与分析,根据调查结果采用物流平衡方法,使产生的建筑废弃物能较好地满足建设施工对建筑垃圾的需求,减少暂存和运输。最后遵循建筑废弃物的"减量化、无害化、资源化"的原则,借鉴发达国家经验,通过运用新技术、新模式对世博园区产生的建筑垃圾进行一定的加工处理,生产符合园区内基础设施建设需求的再生产品,与基建项目的土建材料需求进行匹配,确保了世博会园区内产生的建筑垃圾得到最大化的利用,有效节约了项目成本(唐家富和张志强,2006)。

(4)深圳市建筑废弃物资源化现状

深圳市环境卫生管理部门主要负责制定建筑废弃物管理的具体实施办法,并指导、协调、监督检查各区建筑废弃物的管理等工作;区环境卫生管理部门主要负责清理辖区内市政道路及小区范围内的无主建筑垃圾。深圳市在强化渣土运输规范管理方面,率先对近 5000 辆泥头车实施了密闭加盖;在防止道路污染方面,深圳对全市施工工地实行地毯式、24 h 监督管理,规定运输车辆运行线路和运输时间,实行全过程管理。

深圳市建筑废弃物的处理方式大体分为两类:一是未经任何处理直接填埋,约占 98%;二是轻度分拣出废金属、废混凝土,约占 2%。现有三个建筑垃圾填埋场都已即将填满封场,其余建筑废弃物由各街道自行消纳。深圳市拟在塘朗山填埋场内建设一座建筑废弃物处理能力为 1600 t/d 的制砖厂,预计每年可处理建筑废弃物约 40 万 t(卢星明等,2006)。

(5)邯郸市建筑废弃物资源化现状

近几年,邯郸市相继出台了一系列对建筑废弃物的综合管理政策和措施,创出一套"五化"建筑废弃物综合管理体制,包括管理源头化、措施制度化、市场准入化、车辆密闭化和处置资源化。邯郸市政府一方面严把建筑废弃物管理源头,规范运输市场,健全管理制度,构建长效综合管理机制;另一方面利用市场化运作手段,扶持筹建了全有建筑废弃物制砖有限公司,年处理建筑废弃物 40 余万 t,设计年产量 1.5 亿块标准砖,主要原料为拆迁建筑物形成的废旧混凝土、砖瓦、灰渣、陶瓷等,并配比一定数量的粉煤灰和水泥。该市在建筑废弃物资源利用方面对全国城市管理行业起到了很好的示范作用。

2006 年,邯郸 32 层金世纪商务中心所用的砖全部采用邯郸市全有建筑废弃物制砖有限公司(全有生态建材有限公司)利用建筑废弃物制造的环保砖。该工程不仅是邯郸市的标志性建筑,也是我国建筑废弃物综合利用的里程碑(宁培淋和孙世永,2009)。

(6)其他建筑废弃物资源化应用现状

1)南京都市废弃物综合利用开发有限公司与河海大学、南京市废弃物管理处合作,成功开发了"利用废弃混凝土加工成二灰结石,作为市政道路基层材料"技术。该技术是将运来的废弃混凝土进行破碎,并与不同粒级的混凝土按比例混配,再加上石灰、粉煤灰和特种添加剂,生成"二灰结石"。将这种材料用作道路基层,完全可以满足道路承载能力的需求。

2)太原市某公司也将各种建筑垃圾进行破碎、添加有效成分搅拌和成型 3 道工序,制成各种标准砖、道路砖和建筑砌块,而且这些产品的保温性、隔热性能都良好,并具有强度随时间逐渐增长、干缩率较小、无毒无污染、耐久性好等特点。这项技术工艺流程短、免烧、投资省、见效快、无二次污染,具有良好的社会效益和经济效益,开创了一个新的建筑用砖的生产渠道,这对促进建材行业的绿色环保起到了一定的促进作用。

3)中国建筑材料科学研究总院、青建集团股份公司在青岛市海逸景园实体工程和青岛市宜昌馨园实体工程中成功应用了 C40 建筑废弃物再生混凝土,获得了良好的经济效益和社会效益。

4)河北省某公司成功开发了一种"用建筑垃圾夯扩超短异型桩施工技术",在综合利用建筑垃圾方面有了突破性的进展。该技术采用旧房改造、拆迁过程中产生的碎瓦砖、废钢渣、碎石等建筑垃圾为填料,经重锤夯扩形成扩大头的钢筋混凝土短桩,并采用配套的减隔振技术,具有扩大端桩面积和挤密地基的作用。

单桩竖向承载力设计值可达 500 ~ 700 kN。经测算，该项技术较其他常用技术可节约基础投资 20% 左右。

5）合宁高速公路采用再生水泥混凝土骨料作为新拌混凝土的骨料来浇注混凝土路面。再生水泥混凝土的利用率为 80%，每年的维修工程量为 9 万 ~ 10 万 m²，节约骨料的运输费用为 117 ~ 130 万元；同时，节省了废料占用的土地费用 67 ~ 75 万元。

6）河北沧州市市政工程股份有限公司，研究以废砖和废混凝土块为主要成分的建筑废弃物破碎生成再生集料，代替黏性土或碎石应用于道路基层。经过三年的精心试验和潜心研究，在试验和实际工程应用上取得了一定的成果，结合建筑废弃物再生集料弹性模量小、压碎值大、吸水率高、渗透系数大的特点，分别推荐再生骨料在城市道路中应用的典型路面结构，提出混合料配合比组成设计方法及相应的施工控制要点，编制了工程施工指南。目前已累计处理利用建筑废弃物 40 余万 t。上海市政工程设计研究总院采用高强、高耐水土体固结剂固结建筑废弃物渣土，应用于世博园道路路基加固处理和半刚性基层的设计和施工，取得了良好的效果。

7）中国建筑材料科学研究总院等在中国和缅甸共同开发的达贡山镍业矿的厂房建设中采用建筑废弃物载体桩技术，共施工载体桩 8000 根，为国家节约投资成本 4000 万元。此外，在京沪高铁徐州段还进行了扩顶载体桩复合地基的研究。

8）其他。深圳绿发、邯郸全有、河南许昌金科、深圳华威、中国建筑材料科学研究总院、上海德滨等企业、科研单位对建筑废弃物再生产品、工程应用等进行了大量的实践。

但是由于我国在建筑废弃物回收利用方面起步较晚，目前仍然存在不少的问题：

1）建筑废弃物分类收集的程度不高，绝大部分依然是混合收集，增大了废弃物资源化、无害化处理的难度。

2）建筑废弃物回收利用率低，全国大多数城市对每年产生的大量建筑废弃物至今没有专业的回收机构；全国每年产生的 4000 多万 t 建筑废弃物，需几万人去分拣，由于劳动强度大，工作条件差，工人待遇低，专业分拣的人员又很少，所以大多数可以回收的资源被白白浪费掉。

3）我国建筑废弃物处理及资源化利用技术水平落后；缺乏新技术、新工艺，而且设备落后。废弃物处理多采用简单填埋和焚烧，既污染环境又危害人们健康，然而一些城市仍然不做任何处理，导致环境问题更为严峻。

4）建筑废弃物处理投资少，法规不健全，建设工作者的环境意识不高。

5）施工技术落后、大量的手工操作是产生建筑废弃物的主要原因。

6）城市建筑废弃物相关处理设施建设不到位；建筑废弃物再生材料技术的宣传与推广不足而导致公众对建筑废弃物处理后的合格再生材料认知度低。

2.4.2.2 我国建筑废弃物资源化技术

借鉴国外建筑废弃物资源化经验，结合我国国情，我国一些地方政府、科研院所、高等院校的科研人员和一些有远见的企业相继开始对建筑废弃物的综合利用技术进行了大量的研究和一些有益的实践，并取得了多方面成果。

我国目前建筑废弃物主要成分是碎砖瓦和土，碎砖瓦主要用作再生混凝土制品，是建筑市场需求量最大的墙体材料之一；土用作回填材料，渣土制成渣土块，可用于绿化、回填还耕和造景用土；对少量的混凝土建筑废弃物一般是经过破碎、筛分加工为再生骨料而被重新利用；旧沥青混凝土碎块经过破碎、筛分，再和添加剂、新骨料、沥青按适当比例拌和，可形成再生沥青混凝土，用来铺筑新的沥青路面；至于建筑施工留下的废木材，除可用作建筑模板和搭建材料外，利用木材破碎机将其加工成碎屑，还可作为燃料或造纸原料使用；各种废钢筋、铁丝、废电线、钢配件等旧金属，经过分拣、集中和重新回炉后再加工可生成各种规格的型钢和板材（杜木伟等，2013）。建筑废弃物的再生利用方法大致如表 2-8 所示。

表 2-8　建筑废弃物的再生利用方法

废弃物成分	再生利用方法
开挖泥土	堆山造景、回填、绿化用
碎砖瓦	砌块、墙体材料、路基垫层
混凝土块	再生骨料、路基垫层、碎石桩、行道砖、砌块
砂浆	砌块、填料
钢材	再次使用、回炉
木材、纸板	复合钢材、燃烧发电
塑料	粉碎、热分解、填埋
沥青	再生沥青混凝土
玻璃	高温熔化、路基垫层
其他	填埋

由于废金属、废木材等在建筑废弃物中所占比例很小，再生利用方法比较成熟，目前其再生利用率较高。以往的建筑废弃物处置主要采用露天堆放或直接填埋的方式，但由于这种处置方法破坏环境、浪费资源、占用耕地而逐渐受到限制。具有生态环保、资源节约特点的新型处置方法如制作景观、制备再生骨料、制备再生混凝土制品、制备再生混凝土或制备水泥混合材等建筑废弃物的资源化利用技术，近年来得到了较快发展（杨娜等，2010）。

（1）景观制作

城市建筑垃圾可以用于景观制作，取得一定的艺术效果。例如，设计师王澍的作品"对话瓦园"，以浙江地域的竹扎结构为支撑，上覆 6 万片取自旧城拆迁回收的旧青瓦，体现了中国本土建造艺术与当代可持续建筑概念的结合。但是制作景观对建筑废弃物的利用量有限。

（2）制备再生骨料

再生骨料是指将建（构）筑物拆除、混凝土生产、工程施工或其他状况下产生的废混凝土块或废砖经过破碎、清洗和分级等一系列加工后，按一定的比例相互配合所得到的骨料。根据 JGJ 52—2006《普通混凝土用砂、石质量及检验方法》规定，粒径在 0.08 ~ 5 mm 范围内的为再生细骨料，粒径大于 5 mm 的为再生粗骨料。

目前再生骨料的加工方法大同小异，即将不同的切割破碎设备、传送机械、筛分设备和清除杂质的设备有机地组合在一起，共同完成破碎、筛分和除杂等工序，最后得到符合质量要求的再生骨料。

再生骨料与天然骨料相比，其基本性能有较大差异。再生骨料表面包裹着一层砂浆，因而表面更粗糙、棱角更多；且母体混凝土块在解体、破碎过程中的损伤累积，使再生骨料表面砂浆内部存在大量微裂纹。所以，再生骨料的表观密度和堆积密度较低，吸水率高，压碎指标值高，即再生骨料的强度较低（张玉秀，2010）。

为了提高骨料的性能，需要对再生骨料进行强化处理，即改善骨料粒形并除去再生骨料表面所附着的硬化水泥石（陈建良和倪竹萍，2011）。目前主要有三种强化方法，分别是物理强化、化学强化和物理化学结合强化。

物理强化也称机械强化，其实质是在外荷载作用下，再生骨料与外界或自身之间发生相互摩擦，弱的再生碎石颗粒被破坏，而黏附于再生碎石颗粒表面的水泥砂浆将被磨掉。目前物理强化的方法主要有立式偏心轮高速研磨法、卧式强制研磨法、加热研磨法以及磨内研磨法等。李秋义等提出一种颗粒整形的新技术，即利用高速运动的颗粒间的相互冲击与摩擦作用，有效地打掉颗粒上较为突出的棱角和除去颗粒表面所附着的砂浆或水泥石的一种新技术。该技术具有工艺简单、生产成本低、产量高、骨料性能好等诸多优点（李秋义等，2005）。化学强化是用化学浆液对再生骨料进行浸渍、淋洗、干燥等处理，处理后再生骨料的孔隙将被填充，或再生粗骨料本身微细裂纹被黏合。物理化学结合强化是指同时使用物理强化和化学强化。陈建良等利用机械研磨及化学浸泡处理再生骨料，获得了性能良好的再生骨料。

再生骨料与天然骨料相比，性能方面有一定差距。但是经过合理的强化处理后，再生骨料的性能会有所提升，完全可以满足生产需要。将建筑废弃物制成再生骨料，用以制备再生砖或再生混凝土，充分发挥了建筑废弃物的潜在价值，实现了材料的循环利用，是很有前途的利用方式（许岳周和石建光，2006）。

（3）生产再生混凝土制品

利用以上生产的建筑废弃物作为再生骨料配制如下三类产品：①再生混凝土块材，主要包括空心砌块、多孔砖、地砖、护坡石等；②再生混凝土板材，主要包括外墙挂板、复合屋面保温板、外墙挂板、组装式大板等板材等；③再生混凝土构件，主要包括混凝土挂柱、结构柱、梁等建筑制品（池漪，2010）。

将再生骨料用于再生混凝土制品的生产，再生混凝土制品包括普通砖、多孔砖、路面砖、透水砖、空心砌块、轻质墙板等，这一技术在国内已经成熟，且在全国多地都已规模化地工业化生产，影响力较大的公司包括邯郸全有生态建材有限公司、江苏黄埔再生资源利用有限公司、成都德滨环保材料有限公司等。目前已经形成了年处理建筑废弃物超过1000万t、生产各类再生砖近10亿块、砌块及墙板300万方的生产规模。

建筑废弃物生产再生混凝土制品主要利用的是废砖瓦和废弃混凝土。虽然再生混凝土制品的种类很多，但是其生产原理相同，生产工艺流程相似。即首先将建筑废弃物破碎、筛分，制成粒径大小符合要求的再生骨料，然后将再生骨料、胶凝材料、水等混合，搅拌均匀后成型，最后养护成合格的再生混凝土制品，如图2-5所示。

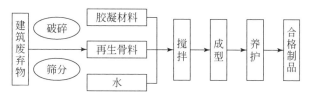

图 2-5 建筑废弃物生产再生混凝土制品的一般工艺流程

张义利等（2006）利用全组分建筑废弃物制备免烧免蒸标准砖，曹素改等（2006）利用建筑废弃物生产高性能抗冻型标准砖，左富云（2006）使用废旧混凝土制备透水砖均获得了成功。周理安（2010）通过研究发现：再生细骨料最大粒径越小、灰骨比越大、水灰比越大、成型压力越大、加压速率较慢、养护龄期越长，再生砖强度越高；使用早强水泥或高强度等级水泥，对再生砖强度及强度发展有利。

在建筑废弃物资源化与再生骨料混凝土制品研究的基础上，最终应用再生建筑制品在地震灾区（都江堰）建造四种不同体系的抗震节能示范房屋：①再生砌块砌体"芯柱+圈梁+现浇板"结构体系房屋；②再生混凝土板–柱–轻钢结构体系房屋；③再生混凝土异型柱框架+再生砌块填充墙结构体系房屋；④再生混凝土大板装配体系房屋。该项目的研究与实施为我国地震灾区建筑废弃物的资源化再利用提供了技术支持和示范效果。

（4）制备再生混凝土

再生混凝土即在配制过程中掺用了再生骨料或全部取代天然骨料配制而成的混凝土，又称再生骨料混凝土。混凝土用再生骨料要求有较高的品质，包括级配、粒形、强度、需水、有害杂质等方面，其制备一般经过三级破碎，经过颗粒整形和多种分选。国内从再生骨料品质、掺和料对再生混凝土性能的影响，到再生混凝土的配合比设计，乃至外加剂与再生混凝土的适用性等多方面、深层次开展系统研究，甚至开展了高性能再生混凝土的研究，理论研究成果较多。

再生混凝土的制备过程与普通混凝土的制备过程相同。但是再生混凝土的性能与普通混凝土有较大差别。再生混凝土拌和物的坍落度较小，流动性较差，强度较低，收缩性、抗冻性、抗渗性、抗碳化能力、耐腐蚀性及耐磨性均较差。这些性能差异主要是由再生骨料与天然骨料的差异造成的。再生骨料表面黏附有大量的水泥砂浆颗粒，并且经机械、人工破碎后，骨料自身表面会形成大量微裂缝，这就导致再生骨料的堆积密度低，孔隙率及孔隙径大，吸水率高。当用再生骨料替代天然骨料时，混凝土的性能就会受到影响。

再生混凝土的性能较差，影响了对再生混凝土的推广利用，所以必须对再生混凝土的性能进行改善处理，使再生混凝土的性能等于甚至高于普通混凝土。影响再生混凝土性能的主要因素包括再生骨料的性能与掺量、矿物掺和料的种类与掺量、外加剂的种类与掺量等。国内众多学者在这方面做了大量富有成效的研究。

王武祥（2009）研究了再生骨料的组成与含量对再生混凝土性能的影响。研究结果表明，随着废弃混凝土再生骨料含量的提高，再生混凝土的密度略有下降，吸水率明显增加，而强度略有波动；随着废弃烧结砖再生骨料含量的提高，再生混凝土的吸水率明显增加，密度明显下降，强度也明显下降。肖斌等（2010）研究认为，废砖再生骨料的粒径配合对再生混凝土的强度也有明显的影响，砖骨料的最佳粒径范围为 9.5 ~ 19 mm。对再生骨料进行强化处理，能明显提高再生混凝土的性能。在再生混凝土中加入粉煤灰或矿渣等活性矿物掺和料，可以发挥其火山灰效应和微集料填充效应，减小了再生混凝土的孔隙率，改善了界面过渡区的性能，提高了再生混凝土的强度和耐久性。孙清如和尹健（2006）在再生混凝土中掺入质量分数为 15% ~ 35% 的复合超细粉煤灰（CUFA），发现再生混凝土的工作性能得到改善，同时其力学性能相同或稍有改善，而且具有良好的路面耐磨性，干缩显著减小。崔素萍等（2011）在研究不同矿物掺和料对再生细骨料混凝土耐久性的影响时发现，不同掺和料对再生细骨料混凝土耐久性的影响是不同的，两种掺和料复合相比单一掺和料效果更好。

在再生混凝土中加入适量的外加剂，可以有效地改善混凝土的工作性能，并提高再生混凝土的强度、耐久性等，是制备高性能混凝土的重要手段之一。减水剂是一种常见的混凝土外加剂。在再生混凝土中添加减水剂，不仅能减少水泥用量，提高流动性，而且对再生混凝土的强度也有明显的增大效果。在再生混凝土中加入防冻剂，可以改善混凝土的耐久性。

再生混凝土中使用了一定量的建筑废弃物材料，因此要使再生混凝土具有良好的工作性能，对水、水泥和外加剂等的要求可能会较高，所以从这个方面看，再生混凝土的生产成本可能要高于普通混凝土。但是，实际上再生混凝土中使用了天然骨料和再生骨料的混合骨料，混合比大约为 3∶7。综合混凝土材料分析，再生混凝土价格比普通混凝土价格低 10% ~ 15%（曹奇，2005）。

（5）制备再生砂浆

用再生砂适量替代天然砂可以改善骨料的级配，其细粉可以作为较细的级配起到填充作用；高的吸水能力可以将水分更久地保持在砂浆内部，利于砂浆内部水泥的水化和强度的持续发展；较多孔隙不仅可以降低砂浆的自重，对砂浆的保温隔热能力也能有所提高。因此，用再生砂替代天然砂配制再生砂浆可成为再生细骨料资源化利用的主要途径之一。目前针对不同来源种类的再生细骨料砂浆的研究较全面。

程海丽等（2011）对旧建筑拆除时产生的废砖破碎后制成的砖粉在建筑砂浆中的应用进行了系统的研究。研究表明废砖粉取代天然砂用于制备再生砂浆从强度角度看是可行的，但取代率不宜过大，否则再生砂浆的和易性将不能满足施工要求，但可采取添加减水剂的措施增加取代。

（6）生产道路用再生无机混合料

建筑废弃物的主要成分为废砖石、废混凝土等，具备道路建筑材料的基本特性。利用再生骨料，用水泥、石灰或粉煤灰等作稳定材料制备道路用再生无机混合料，用于道路的基层和底基层，可以获得较好的路用性能，不但可以废物利用、节约资源，还可降低工程造价。再生无机混合料技术在国内基本成熟，在部分地区获得了推广应用。

祖加辉（2010）、张铁志和张彤（2009）均对水泥稳定建筑废弃物混合料的路用性能进行了系统研究。他们对建筑废弃物进行破碎、除杂、筛分、调整级配，然后将其与水泥按比例混合、制件、养护，最后测定各项路用技术性能。他们的研究结果均表明：当水泥含量为 4% ~ 6% 时，试件的各项路用性能指标均符合要求，而且可以有效降低道路材料成本。

肖田等（2010）研究了石灰粉煤灰稳定建筑废弃物的路用性能，研究结果表明石灰粉煤灰稳定建筑废弃物可以作为公路的底、基层材料。此外，秦健和赵建新（2009）研究了用高强高耐水土体固结剂（high strength and water stability earth consolidator，HEC）作胶凝材料固结建筑废弃物渣土，并在世博园区道路工程中得到了很好的应用。

（7）用于水泥生产

建筑废弃物主要成分为 SiO_2、Al_2O_3、CaO 和 Fe_2O_3，有一定的活性，其用于水泥之一是利用再生粉体作为水泥混合材；之二是作为原料替代部分黏土质原料用于水泥的生产。

在再生骨料的生产过程中往往将粒径小于 2 mm 的富水泥浆颗粒废弃，这既使建筑废弃物再利用效率大大降低，又对环境造成二次污染。作为水泥混合材，既有利于废弃物利用，又有利于水泥企业降低生产成本提高效益。

赵鸣和吴广芬（2008）研究认为：当建筑废弃物的掺量在 15% 以下时，可以生产合格的 42.5R 或 42.5 普通硅酸盐水泥，在加入适量激发剂的情况下，还可以进一步提高掺量。张长森和祁非（2004）的研究表明：对水泥进行细磨处理，可以进一步提高水泥中建筑废弃物的掺量。周秀苞和李昌勇（2009）对建筑废弃物作水泥替代原料的易磨性和易烧性做了研究，建筑废弃物的加入，对水泥生料的易磨性和易烧性起到了一定的改善作用，有利于降低熟料中的 f-CaO 含量，还有利于降低熟料烧成热耗。

将建筑废弃物作为水泥混合材加以利用，由于受其活性影响而掺量有限。而将建筑废弃物作为煅烧水泥熟料的原料则是一条较新的利用途径。

建筑废弃物的主要化学成分与黏土类似，因此利用建筑废弃物取代部分黏土质原料，可以降低对天然资源的需求。利用建筑废弃物、石灰石、页岩、砂岩和硫酸渣等按照一定比例混合，粉磨至全部通过 80 μm 筛，制成生料粉。然后将生料粉按照传统工艺煅烧即可制备出再生硅酸盐水泥熟料。封培然等（2011）对建筑废弃物再生生料粉和熟料进行了仔细研究。研究发现：生料粉中水分以无定形物质的形式（如 C—S—H 凝胶）存在，且石灰石无定形物含量较高，活性较高，因而煅烧时的能量消耗有所降低；熟料液相量多，易烧性较好，A 矿和 B 矿发育良好，且 A 矿含量较高，物料脆性好，易于粉磨。

将建筑废弃物作为生产水泥熟料的原材料，不但解决了建筑废弃物的处理难题，而且解决了水泥原材料日益短缺的难题，实现了水泥生产的闭路循环，因此具有良好的发展前景。建筑废弃物用于水泥是其高附加值利用的主要途径之一。

（8）其他利用技术

除以上介绍的常见再生利用技术外，一些学者还对建筑废弃物再生利用的其他技术进行了有益的探索。

土壤聚合物水泥简称土聚水泥,最早是由法国的 Joseph Davidovits 教授发明的。它是一种性能优越的碱激活水泥,其主要原料是含高岭石的黏土,经 500 ~ 900 ℃ 煅烧,在一定细度的情况下与碱盐等均匀混合而成。土聚水泥是以硅铝四面体为单元的三维网络状结构,兼有陶瓷、水泥和高分子材料的特点,具有高强、高韧、耐腐蚀、耐火及可固封重金属等优异性能,可应用于建筑材料、固封核废料、废弃物处理和航空航天材料等领域。

程海丽等(2011)将加工成微米级别(0.5 ~ 12.0 μm)的建筑废弃物(废旧混凝土或废黏土砖)进行有机改性,以改性废旧混凝土(或废黏土砖)为填料代替轻质碳酸钙应用于橡胶制品中,不仅减少了建筑废弃物排放带来的环境问题,而且节约了不可再生资源。

2.4.3   我国建筑废弃物资源化面临的主要问题

与发达国家相比,我国建筑废弃物资源化表现出许多不同。因此我们可以借鉴其技术,但是要根据我国建筑废弃物产生的情况和特点进行改进,发展适合我国国情的资源化技术。我国对建筑废弃物资源化技术的研究起步较晚,虽经多年努力,仍存在诸多问题,主要有以下几个问题(张秋月和车东进,2010)。

2.4.3.1   法律法规方面

关于建筑垃圾资源化,先进国家一般其法律法规健全,对固体废弃物或建筑垃圾有专门的立法,且内容全面,涉及产生、收集、再生、应用的全部活动过程,如韩国的《建设废弃物再生促进法》、美国的《固体废弃物处理法》、日本的《资源重新利用促进法》等。我国在政策方面的研究起步较晚,虽然也有《中华人民共和国固体废弃物污染环境防治法》等法规,但其主要从环境保护出发,对资源再生等未有涉及。

2.4.3.2   管理方面

发达国家对建筑垃圾的管理与法律法规相适应,体现在"减量化"、"无害化"、"资源化"和"产业化"方面。美国、日本、新加坡等国家对"减量化"特别重视,从标准、规范到政策、法规,从政府的行政控制到企业的自律,从建筑设计到现场施工，无一不限制建筑垃圾的产生，鼓励建设工程实现废弃物"零"排放；"无害化"即保证在建筑垃圾处理过程中不会对环境带来不利的影响；"资源化"就是对建筑垃圾尽可能回收、再生利用，使其成为一种资源，是建筑垃圾资源化的核心所在；"产业化"即把建筑垃圾综合利用作为一个产业去培育发展。据统计，20世纪末发达国家再生资源产业规模为2500亿美元，到21世纪初已增至6000亿美元（闫文周等，2009），目前已超过2万亿美元。我国目前在建筑垃圾管理方面强调"无害化"，对"资源化"缺乏详细的要求和规定，并且对建筑垃圾产生的源头缺乏有力的控制；建筑垃圾综合利用尚未成产业，更谈不上产业化管理和发展。

2.4.3.3 标准方面

发达国家在建筑垃圾资源化方面研究较早，已形成较完整的标准化体系，包括再生骨料、再生混凝土及相应的设计、施工规范。如韩国的《不同用途的再生骨料品质标准及设计施工指南》、日本的《再生骨料和再生混凝土使用规范》、德国的《在混凝土中采用再生骨料的应用指南》等。我国在建筑垃圾再生方面的标准规范很不完善，没有健全的国家或行业技术标准，对建筑垃圾资源化无法提供系统完善的技术支持。

2.4.3.4 再生产品及用途

国外建筑垃圾再生产品主要是不同规格品质的骨料，主要用于建筑物地基回填、道路垫层、混凝土结构工程等。在国外一般仅对再生粗骨料有利用，对细骨料应用很少，而且在建筑垃圾再生过程中，追求将骨料表面的水泥浆体完全剥离，呈现天然骨料的外形和品质，因此经过一系列破碎、筛选之后，其再生细骨料的粒形、级配等品质都有很大程度降低，基本无法在混凝土中使用。国内建筑垃圾再生产品主要是再生砖、砌块用骨料，而对再生粗细骨料应用于混凝土工程尚处于研究和试验阶段，并没有真正意义上的推广使用。

（1）产业化基础技术、工艺和设备的研究不完善

建筑废弃物资源化再利用科研投入多置于资源化处置后端，缺少建筑废弃物处置工艺与装备的适用性研究、研发与设计。目前国内没有专业的工艺研究和设计单位，企业没有相对成熟完善的示范工艺线。建筑废弃物分离技术与设备的研

发与生产尚为空白；移动式处置设备多为国外技术，其价格非常高且适用性不强。而且企业和研究单位各自为战，研究重复、水平低，限制了资源化进程（唐沛，2007）。

同时，我国建筑废弃物分类收集水平很低，绝大部分依然是混合收集，增大了建筑废弃物资源化利用、无害化处理的难度。而且，之前基于我国劳动力低廉的优势，建筑废弃物一般通过人工分拣，分离效率低，随着人力成本的提高，设备分离技术势在必行。建筑废弃物的分离不到位，就很难保证后期产品的性能稳定性。

（2）集成优化工艺设施有待进一步提高

建筑废弃物资源化过程中，单个工序，如破碎、筛分等，可以直接应用或者参考机制砂石领域的处理设备、工序或经验。由于建筑废弃物来源的不确定性，建筑废弃物的成分是复杂多变的，这也决定了建筑废弃物再生处理工艺不同于建设用普通机制砂石的生产工艺，其分选、筛分等工艺需针对建筑废弃物特点进行设计和选择，必将更加复杂。建筑废弃物的处理需要根据其自身的特点，把多个工段有序、合理、高效地结合，在保证再生产品质量的同时提高资源化再利用率，是建筑废弃物资源化集成优化工艺设施必然要面对的问题。现有的建筑废弃物再生处理工艺落后，且缺少高效的国产处理装备，产品性能与质量也难以保证，使得建筑废弃物难以实现有效的资源化应用。

（3）实际生产处于粗放型居多

虽然近年来，我国一些地方政府、科研院所、高等院校的科研人员和一些企业，相继对建筑废弃物的再生利用进行了探索性研究，并取得了一定的成效。但是，实际处理过程中，由于巨大的建筑废弃物量亟待解决，为了能大量、快速地消除建筑废弃物，很多地区还是选择了粗放的处理方式，如填埋、堆存、回填等。即使是建筑废弃物处置企业，生产工艺与设备大都照搬机制砂石的工艺与设备，技术力量缺少或薄弱，生产多数处于粗放型，对环保投入较少，产品的多样性、稳定性不足，缺乏高附加值产品的生产，制约了建筑废弃物再生产品的推广应用。

（4）缺乏资源化技术的评价体系

目前对建筑废弃物资源化技术的评价体系尚未构建。为推广建筑废弃物资源化技术，有必要对各种技术进行评价。选出合适的评价指标，建立合理的评价体系，给社会公众展示不同建筑废弃物资源化技术的综合环境经济效益，才能为资源化技术的发展和推广奠定基础。同时可以避免在减量化思想指导下，造成二次污染或者有潜在二次污染技术的开发和应用。

（5）资源化、产业化、法规化尚未形成

由于政策不具体、法规不完善、技术不完善、保障体系不健全、行业监管不到位、投资少、建筑业者整体环境意识不高等多种原因，行业发展处于无序状态，且生产方式简单粗放，生产成本高、环保性能差、生产效率和智能化水平低，限制了资源化和产业化的进一步发展；反过来，资源化和产业化的发展迟滞，也阻滞了生产优质、高效的进行。

第 3 章　建筑废弃物资源化的技术与工艺

3.1　建筑废弃物的再生处理技术

3.1.1　建筑废弃物前期处理

建筑废弃物主要包括渣土、废砖、废瓦、废混凝土、散落的砂浆和混凝土等，此外还有少量的钢材、木材、玻璃、塑料、各种包装材料等。面对如此复杂的资源，通过几年的大量调研发现我国建筑废弃物的成分相对比较简单，进场的建筑废弃物特大体积的并不多，比较纯净，主要以碎砖、混凝土碎块、砂浆块、土为主，这是我国建筑废弃物处理的一大特色。建筑废弃物的预处理工作是在建筑废弃物收集并运送到处理厂后进行的，对建筑废弃物进行预处理主要是为了：增加运输效率，减少占地面积；回收一些有价值的材料和可再利用资源。前期处理的技术主要包括分类堆放、杂物挑选、破碎、分选等。

3.1.1.1　分类堆放

进场的建筑垃圾应根据原材料的来源及对产品性能的影响分为两类：废弃砖类和废弃混凝土类。其中废弃砖类主要包括废弃的砖块以及难以与废弃砖块进行分离的废弃砂浆和混凝土，如拆除砌体结构中的构造柱、暗柱等部位时产生的废弃混凝土。而废弃混凝土类主要指比较单一的废弃混凝土块，如拆除的地基基础、搅拌站的回收混凝土、拆除的混凝土路面等。这两类的原料中均含有一定量的渣土，这是无法在原料堆放时分离的。

3.1.1.2　杂物挑选

目前，在建筑废弃物的前期处理中，对其中的杂物进行挑选主要通过人工肉眼分辨和挑选，挑选分为两个阶段：一个是在料堆挑选；另一个是在处理过程各环节中人工挑选，挑出设备不能分离的杂物。

3.1.1.3 破碎处理

破碎是通过人力或机械等外力作用，使物体内部的凝聚力和分子间作用力破坏从而使物体破裂变碎的操作过程。对建筑废弃物进行破碎主要是为了减小废弃物的颗粒尺寸，增大其形状的均匀度，以便后续处理工序的进行。经过破碎后的建筑废弃物粒度变小、变均匀，在废物物料间的空隙减小，使其不但能够节省储存空间、提高运输质量，而且由于破碎后粒度均匀，流动性增加，对其进行筛选、风选、磁选处理时，分选效率和质量得以大大提高，此外破碎后的建筑废弃物还有利于进行高密度的填埋处理。建筑废弃物处理中常用的破碎方法有以下几种，如图 3-1 所示。

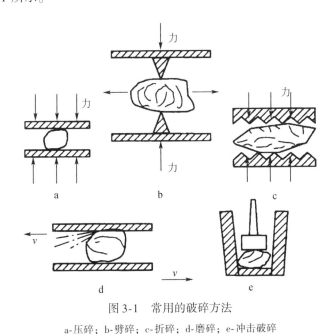

图 3-1　常用的破碎方法

a-压碎；b-劈碎；c-折碎；d-磨碎；e-冲击破碎

1）压碎：物料在两个平面之间受到缓慢增长的压力，当被破碎的物料达到了它的压碎强度限制时，物料被破碎。对于大块的物料多采用此种方法。

2）劈碎：物料由于楔状物体的作用而使物料的拉应力达到物料拉伸强度限时，物料裂开而破碎。

3）折碎：物料在两个带有互相错开的凸棱金属表面之间挤压，物料产生弯曲，当它的应力达到弯曲强度极限时则被破碎，主要用于破碎硬脆性物料。

4）磨碎：物料在两金属表面或各种形状研磨体之间受到摩擦作用被磨碎成细粒。这种现象只有在物料的剪应力达到剪切强度限时才会产生。此法多用于小块物料的细磨。

5）击碎：物料在瞬间受到外来的冲击力而被破碎。这种方法可有多种方式来完成。例如，高速回转的锤子击打料块，高速运动的料块冲击到固定钢板上等。对于脆性物料用此种方法进行破碎是比较合适的。

3.1.1.4 分选处理

分选的目的在于选出可利用的资源和无用的废物。通过分选为接下来的处理工艺提供对路的原料，提高接下来处理工序的效率。区分有毒、有害垃圾和无毒、无害垃圾，并对有毒害的垃圾进行适当处置，以减少二次公害的发生。

一般来讲，建筑废弃物的分选主要包括以下内容。

（1）筛选分选

筛选是利用筛子上的网孔将建筑废弃物分离的机械设备，小于筛网孔的垃圾通过筛面落下，大于筛网孔的垃圾留在筛面上，等待再次加工，如筛网为二层，则可将垃圾分为三个细度。

筛选效率是指筛下物料与筛面上物料的质量比，但影响筛选的效率的因素较多，如垃圾的性质、含水量、含泥量、网晒类型、倾斜角及筛选机型号、质量等。

（2）重力分选

重力分选是利用垃圾中各组分的密度差而达到分选的一种方法。重力分选主要是根据垃圾的组成中各种不同物质颗粒的密度差异，在运动介质中受到重力、介质动力和机械力的共同作用下，颗粒群产生松散分层和迁移分离，从而得到不同密度的产品。一般来讲，重力分选可分为重介质分选、跳汰分选、摇床分选和风力分选等类型。

（3）磁力分选

磁力分选是利用物料中各成分的磁性差异在不均匀磁场中进行分选的一种方法，利用磁选法能达到筛选出物料中的黑色金属的作用。

（4）电力分选

电力分选简称电选，通过电选可以分离导体和绝缘体，也可对不同介电常数的绝缘体进行分离。

除以上介绍的常用的分选方法外，在实际中还有以下其他几种分选方法：摩擦分选、弹力分选、光电分选和涡电流分选等，这些方法各有其使用价值，很多是专门针对某种要分离物料颗粒的性质发明的（吴贤国等，2004）。

3.1.2 建筑废弃物的再生骨料处理工艺

3.1.2.1 对再生骨料生产工艺的原则要求

1）对原材料进行初选，分类堆放，能够去除较大钢筋，人工选取可回收的砖、钢筋等。

2）能多次分选，去除土、轻物质、钢筋、有机质等。

3）骨料具有较为完好的粒形结构，杂质含量低。

4）骨料级配能按照应用要求进行控制。

5）防噪防尘，防止二次污染。

3.1.2.2 再生骨料生产线主要工艺

（1）工艺布置

再生骨料的生产工艺流程见图 3-2。由图 3-2 可知，再生骨料的生产工艺非常简单，一般的建筑企业都能生产。若经过相关职能部门的协调与扶持，完全有可能在一些大中城市或大型工地建立集中生产的再生骨料工厂。

（2）关键过程

Ⅰ.除土

由于建筑垃圾原料中含有大量的渣土，而渣土是影响建筑垃圾再生产品质量的关键因素，因此除土是建筑垃圾处理的首要和必需的生产环节。除土和给料可以同时结合进行。一般多使用振动式给料机，给料辊的间隙可根据含土量的多少

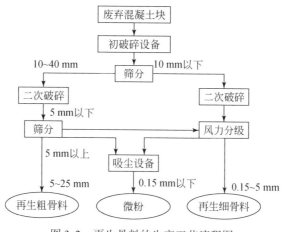

图 3-2 再生骨料的生产工艺流程图

控制，以清洁干净为原则。

Ⅱ. 破碎

一般建筑废弃物拆除的垃圾多为大小不一的块体，要把其加工成规格一致的骨料，破碎是生产的主要环节。一般采用颚式破碎机进行初步破碎（粗破），该设备具有较高的生产效率，可以接受大块混凝土（包含有钢筋的混凝土）和砌体直接破碎，但颚式破碎机破碎形成的颗粒片状含量较高，所以还要进行第二次破碎（中破）。由于建筑垃圾原料硬度不高，中破过程可选用锤式破碎机或反击式破碎机，生产的骨料粒形可以满足使用要求。如要生产较多的细骨料，或需要较好的骨料粒度时，可采用第三级破碎（细破），一般多选用立式冲击式破碎机，这种破碎机生产出的骨料粒形好。在每段破碎过程中，可通过闭路流程使大粒径的物料返回破碎机再次破碎。

Ⅲ. 筛分

筛分的目的是控制建筑废弃物骨料的规格。生产线采用筛框振动式电动筛和钢丝编制的筛面，通过初步筛分控制破碎后物料的最大粒径，经过二次分筛后分获得满足粒径要求的粗、细骨料产品（陈家珑，2010）。

3.1.2.3 再生骨料的简单破碎工艺

目前，国内外再生骨料的简单破碎工艺基本相同，大都是经不同的破碎装备、传送机械、筛分设备和清除杂质的设备有机地组合在一起，共同完成破碎、筛分和去除杂质等工序。

(1) 国外破碎工艺

Ⅰ. 俄罗斯

鉴于废弃混凝土中通常混有金属、玻璃及木材等杂质，因此在俄罗斯的再生骨料生产工艺流程图中，特别设置了磁铁分离器与分离台等装置以便于去除废弃物中的铁质成分，如图 3-3 所示。

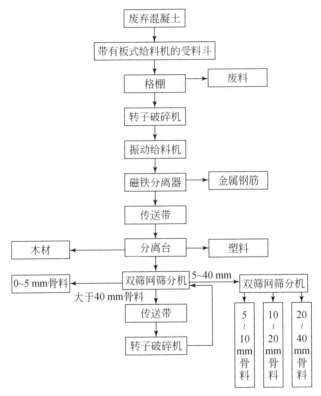

图 3-3　俄罗斯的再生骨料生产工艺流程图

该处理过程装备了两台转子破碎机，分别对混凝土颗粒进行预破碎与二次破碎。预破碎完成后的骨料经第一台双筛网筛分机处理，被分为 0 ~ 5 mm、5 ~ 40 mm 及 40 mm 以上的三种粒径。在普通配合比的结构混凝土中，骨料粒径一般不大于 40 mm，因此为了充分利用废弃混凝土资源，该工艺将 40 mm 以上的碎石再次破碎，使粒径控制为 0 ~ 40 mm。

Ⅱ. 德国

德国的再生骨料生产工艺流程图如图3-4所示。通过颚式破碎机的加工，再生骨料被分为0~4 mm、4~16 mm、16~45 mm及45 mm以上等颗粒级配。

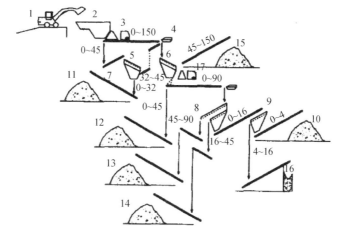

图3-4　德国典型的再生骨料生产工艺

1-载荷车；2-料斗；3-主破碎机；4-铁件收料台；5-初筛分机；6-筛分机Ⅰ；7-输送带；

8-筛分机Ⅱ；9-筛分机Ⅲ；10-0~4 mm粒径骨料；11-0~32 mm粒径骨料；12-0~45 mm粒径骨料；

13-45~90 mm粒径骨料；14-16~45 mm粒径骨料；15-45~150 mm粒径骨料；

16-4~16 mm粒径骨料；17-破碎机

Ⅲ. 日本

日本的再生骨料破碎生产工艺流程主要分为以下三个阶段。

预处理破碎阶段：先除去废弃混凝土中的杂质，然后用颚式破碎机将废弃的混凝土块破碎成粒径约为40 mm的颗粒。

二次处理破碎阶段：预处理破碎后的混凝土块，经过冲击破碎装置、滚筒装置进行二次处理。

筛分阶段：经过二次破碎设备处理后的材料经过筛分，除去水泥和砂浆等细小颗粒，最后得到再生骨料。

（2）国内破碎工艺

国内对再生骨料的研究起步比较晚，制备工艺主要是由破碎和筛选两部分组成。和国外的制备工艺相比，缺少强化处理阶段，得到的再生骨料性能明显劣于天然骨料。

史巍等设计的带有风力分级设备的再生骨料生产工艺，该工艺构思新颖，使用了风力分级装置及吸尘设备将粒径为 0.15～5mm 的骨料筛分出来（史巍，2001）。

3.1.2.4 简单破碎再生骨料的特点及强化的必要性

（1）简单破碎再生骨料的特点

简单破碎再生骨料的棱角多，表面粗糙，通常含有硬化水泥砂浆，再加上混凝土块在破碎过程中因为应力损伤累计在内部形成大量的微细裂纹，导致再生骨料自身的孔隙率大、吸水率大、堆积空隙大、压碎指标高，性能明显劣于天然骨料。

不同强度等级的混凝土通过简单破碎与筛分制备出的再生骨料性能具有很大的差异，一般认为混凝土的强度越高制得的再生骨料的性能也就越好，反之骨料的性能越差。不同建筑物，或同一建筑物的不同部位所用的混凝土强度等级不同，因此将建筑垃圾中的混凝土块直接破碎、筛分制备出的再生骨料的应用性能远差于天然骨料，而且其产品质量的离散性也比较大，不利于再生骨料产品的推广使用，只能用于低强度的混凝土产品及其制品。

（2）再生骨料强化的必要性

简单破碎再生骨料相对于天然骨料来说，因其较差的品质严重影响所配制混凝土的使用性能，限制了再生混凝土的应用。但是，在自然资源日见枯竭的当今社会，为了充分利用建筑废弃物资源，使建筑行业走上可持续发展的道路，必须对骨料进行强化以提高再生骨料的性能。一般来讲，再生骨料的强化方法可分为化学强化法和物理强化法。

3.1.2.5 强化法简介

（1）化学强化法简介

目前，国内外利用化学方法对再生骨料的强化研究主要是采用不同性质的材料（如聚合物、有机硅防水剂、纯水泥浆、水泥外掺 Kim 粉、水泥外掺一级粉煤灰等）对再生骨料进行浸渍、淋洗、干燥等处理，从而使再生骨料的强度得以增强。

Ⅰ. 聚合物（PVA）和有机硅防水剂处理法

将 1% PVA 溶液用水稀释 2～3 倍，并搅拌均匀，然后把再生骨料倒入以上溶液中，浸泡 48 h。与此同时，用铁棒加以搅拌或用力来回颠簸，尽量除去骨料表面的气泡，最后用带筛孔的器皿将再生骨料捞出，在 50～60 ℃的温度下烘干。

将有机硅防水剂用水稀释 5～6 倍，搅拌均匀后，把再生骨料倒入稀释的有机硅溶液中，浸泡 24 h，工艺过程同聚合物处理法。

经过 PVA 和有机硅防水剂浸泡后的骨料其表面状况得到明显的改善，从而使再生骨料的吸水率得到明显的降低，其吸水率见表 3-1。

表 3-1 表面处理后的再生粗骨料吸水率

项目	未经处理		聚合物处理		有机硅防水剂处理	
浸泡时间/h	1	24	1	24	1	24
吸水率/%	2.5	4.85	0.98	2.05	0.76	1.28

由表 3-1 可以看出，经聚合物和有机硅防水剂处理过的再生骨料其吸水率有了较大的降低。其中经过有机硅防水剂处理过的再生骨料 24 h 吸水率很小，表明有机硅防水剂对再生骨料具有很好的强化效果。

Ⅱ. 水泥浆液处理法

该方法主要是用事先调制好的高强度水泥浆对再生骨料进行浸泡、干燥等强化处理，以改善再生骨料的孔结构来提高再生骨料的性能。为了改善水泥浆的性能，还可以掺入适量的其他物质，如粉煤灰、硅粉、Kim 粉等。

国内研究人员通过试验研究了四种不同性质的高活性超细矿物质掺和料的浆液对再生骨料进行强化实验，经过处理后的再生骨料的表观密度和压碎指标达到了改善，但是其吸水率并没有得到有效的改善，见表 3-2。在相同的水灰比下配制再生混凝土，其工作性和强度见表 3-3。

表 3-2 再生骨料化学强化后的性能

骨料品种	吸水率/%	表观密度/（kg/m³）	压碎指标/%
未强化	6.68	2424	20.6
纯水泥浆强化	9.65	2530	17.6
水泥外掺 Kim 粉浆液强化	8.18	2511	12.4
水泥外掺硅粉浆液强化	10.06	2453	11.6
水泥外掺粉煤灰浆液强化	7.94	2509	12.8

表 3-3　再生混凝土的工作性和强度

骨料品种	坍落度/mm	28 d 抗压强度/MPa	56 d 抗压强度/MPa
未强化	45	32.5	36.6
纯水泥浆强化	43	30.1	37.7
水泥外掺 Kim 粉浆液强化	48	38.6	40.7
水泥外掺硅粉浆液强化	45	33.2	40.2
水泥外掺粉煤灰浆液强化	42	28.6	38.0

由以上研究结果可知，化学强化法对再生骨料本身的强度有一定程度的提高，但是对混凝土的性能并没有明显的改善，且成本费用过高，不适于推广应用。

（2）物理强化法简介

物理强化法是指通过机械设备对经过简单破碎后的骨料进行进一步的处理，通过使骨料之间相互撞击、磨损等机械作用除去表面黏附的水泥砂浆和颗粒棱角。物理强化的方法一般有立式偏心装置研磨法、卧式回转研磨法、加热研磨法和颗粒整形法等。

Ⅰ. 立式偏心装置研磨法

立式偏心装置研磨法所用设备主要由外部筒壁、内部高速旋转的偏心轮和驱动装置组成。设备构造类似于锥式破碎机，不同点是转动部分为柱状结构，而且转速快。当预破碎的物料进入内外装置间的空腔后，受到高速旋转的偏心轮的研磨作用，使得黏附在骨料表面的水泥浆体被磨掉。由于颗粒间的相互作用，骨料上较为突出的棱角也会被磨掉，从而使再生骨料的性能得以提高。立式偏心装置的外筒内直径为 72 cm，内部高速旋转的偏心轮直径为 66 cm。

Ⅱ. 卧式回转研磨法

由日本水泥株式会社研制开发的卧式强制研磨设备构造类似于倾斜布置的螺旋输送机，只是将螺旋叶片改造成带有研磨块的螺旋带，并且在机壳内壁上也布置着大量的耐磨衬板。此外，为了增加物料之间的研磨作用，在螺旋带的顶端还装有一个与螺旋带相反转向的锥形体。进入设备内部的预破碎物料，由于受到研磨块、衬板以及物料之间的相互作用，骨料上较为突出的棱角和黏附在骨料表面的水泥浆体被磨掉，从而达到强化的目的。

Ⅲ. 加热研磨法

日本三菱公司研制开发的加热研磨法将初步破碎后的混凝土块经过 300~400 ℃
加热处理，使水泥石脱水、脆化，而后在磨机内对其进行冲击和研磨处理，实现
有效除去再生骨料中水泥石残余物的目的。加热研磨处理工艺，不但可以回收高
品质的再生粗骨料，还可以回收高品质再生细骨料和粉料。加热温度越高，研磨
处理越容易；但是当加热温度超过 500 ℃时，不仅使骨料性能产生劣化，而且加
热与研磨的总能量消耗会显著提高。该方法不仅消费大量的能源，而且还需要大
型的设备，大多利用水泥厂的余热废气建成生产线。

Ⅳ. 颗粒整形法

目前，在国内该方法是再生骨料强化最主要的方法。一般来说，颗粒整形
强化方法就是通过使再生骨料自身相互撞击与摩擦，从而去掉再生骨料表面附
着的砂浆或水泥石，并磨掉再生骨料颗粒表面较为突出的棱角，使颗粒的形状
都趋向于球形，从而使再生骨料的强度得到较大的提高。目前国内普遍使用的
颗粒整形设备主要由主机系统、除尘系统、电控系统、润滑系统和压力密封系统
组成。

3.1.3 再生骨料

3.1.3.1 概述

再生混凝土骨料是由建筑废弃物中的混凝土、砂浆、石块、砖瓦等加工而
成，用于配制混凝土的颗粒简称再生骨料。其中，粒径不大于 4.75 mm 的骨料为
再生细骨料，粒径大于 4.75 mm 的骨料为再生粗骨料。再生骨料混凝土是指再生
骨料部分或全部代替天然骨料配制而成的混凝土，简称再生混凝土。

3.1.3.2 再生骨料的分类

（1）按来源分类

在现实生活中，再生骨料多来源于建筑垃圾。表 3-4 是香港某地建筑垃圾的
组成一览表（Poon, 2001）。

表 3-4　建筑废料的组成

废料成分		废料组成比例/%	
		拆除废料	施工废料
无机物	钢筋混凝土	33.11	8.25
	混凝土	19.99	9.27
	泥土	11.91	30.55
	岩石	6.83	9.74
	砖	6.33	5.00
	碎石	4.95	14.13
	砂	1.44	1.70
	块状混凝土	1.11	0.90
有机物	沥青	1.61	0.13
	木料	7.15	10.53
	塑料管	0.61	1.13
	竹子	0.31	0.30
	树木	0.00	0.12
	缆绳	0.07	0.24
	其他有机物	1.30	3.05
其他	金属	3.41	4.36
	玻璃	0.20	0.56
	固定装置	0.04	0.03
合计		100.0	100.0

由表 3-4 可见，废弃混凝土和废砖石块是建筑垃圾的主要组分，共约占建筑垃圾的 80%（以质量计）以上。因此，可按来源把再生骨料分为三大类：废弃混凝土骨料、碎砖骨料和其他骨料（主要指轻质再生骨料）。

1）废弃混凝土骨料。废弃混凝土骨料是废弃的混凝土块经破碎、分级并按一定的比例混合后形成的骨料。废弃混凝土骨料是目前研究和应用最多的再生骨料，主要用于再生混凝土制备。

2）碎砖骨料。过烧砖、坏砖和建筑物建造或拆除中产生的碎砖块，可以作为地基处理、地坪垫层等的材料，也可制备粗骨料用以拌制混凝土。试验表明，当用人工破碎、质量良好的碎砖块作为粗骨料，砖的平均抗压强度为 36.7 MPa。水灰比 W/C=0.54~0.88 时，碎砖混凝土的抗压强度达 22~42 MPa；与相同强度等级的普通混凝土相比，其抗拉强度约大于 11%，密度约小于 17%，弹性模量约小于 30%。再生碎砖骨料（recycled brick aggregate）配制强度较低的再生碎砖骨料混凝土（recycled brick aggregate concrete）已经用于承重和非承重结构中。

3）其他再生骨料。竹木材、塑料、橡胶等物质经处理后，可以在混凝土构件中部分代替细骨料使用。人们已用废弃的塑料、玻璃、玻璃纤维等颗粒状材料替代部分砂用于混凝土构件。有人把由木材等轻质再生骨料生产的混凝土骨料称为轻质再生骨料（light recycled aggregate），用这种骨料配制的混凝土称为轻质再生骨料混凝土（light recycled aggregate concrete）。

（2）按粒度分类

利用建筑垃圾制备再生骨料的关键在于再生骨料的粒度特征。粒度不同的再生骨料有着不同的性质，也有着不同的用途。参照普通混凝土骨料的分类方法，根据 JGJ 52—2006《普通混凝土用砂、石质量及检验方法标准》规定，可以把再生骨料分为再生粗骨料、再生细骨料和再生微粉。

1）再生粗骨料。粒径大于 5 mm 的颗粒为再生粗骨料，一般为表面包裹着部分水泥砂浆的石子，小部分是与砂浆完全脱离的石子，还有极少一部分为水泥石颗粒。

2）再生细骨料。再生细骨料的粒径尺寸范围为 0.08~5 mm，主要包括砂浆体破碎后形成的表面附着水泥浆的砂粒、表面无水泥浆的砂粒、水泥石颗粒及少量破碎石块。

3）再生微粉。即粒度小于 0.08 mm 的再生微细颗粒（也有人认为小于 0.15 mm 的微细颗粒为微粉），主要是在破碎过程中，由水泥浆等易粉碎物料产生。

（3）按用途分类

按照再生骨料的用途可分为制备混凝土再生骨料、制备砖和砌块等墙材再生骨料、制备水泥再生骨料。

1）制备混凝土再生骨料。这是目前再生骨料应用研究最深入的方面。美国、日本和欧洲等发达国家和地区在利用废弃混凝土制备再生骨料和再生混凝土研究方面走在世界的前列，并取得一些成功的应用。并且，还对再生混凝土的性能做了系统性的研究和试验。

2）制备砖和砌块等墙材再生骨料。目前，我国已研究出了利用再生骨料制备的新型高利废墙体砖，其合理配合比为：建筑垃圾粉料 20%~30%、再生骨料 45%~55%、电石渣 10%~15%、石灰 5%、改性剂 5%。其中，建筑垃圾粉料、再生骨料总用量可达到 70%~80%，具有较好的实际效益。

3）制备水泥再生骨料。韩国已成功开发出从废弃混凝土中分离水泥，并使这种水泥能再生利用的技术。据称，每 100 t 废弃混凝土就能够获得 30 t 左右的再生水泥，这种再生水泥的强度与普通水泥几乎一样，有些甚至更好，符合施工标准。

3.1.3.3 再生骨料的性能

（1）再生骨料的主要性能

Ⅰ. 再生骨料的堆积密度和表观密度

同天然砂石骨料相比，再生骨料表面还包裹着相当数量的水泥砂浆，表面粗糙、棱角较多，由于水泥砂浆孔隙率大、吸水率高，再加上混凝土块在解体、破碎过程中的损伤积累使再生骨料内部存在大量微裂纹，从而导致再生骨料的密度和表观密度比普通骨料低，吸水率高和吸水速率块。再生骨料密度、表观密度、吸水率等物理特性，与母体混凝土（废弃混凝土）的强度等级、配比、使用时间、使用环境及地域等因素有关。从目前的文献看，其数值的离散性较大。再生细骨料的堆积密度为天然骨料的 75%~80%，再生粗骨料的堆积密度为天然骨料的 85% 以上；再生细骨料的表观密度为天然细骨料的 80%~85%，再生粗骨料表观密度为天然粗骨料的 90% 以上。采用天然粗骨料与再生粗骨料（某机场废弃混凝土）的级配组成和再生粗骨料与天然粗骨料的堆积密度与表观密度试验结果见表 3-5 和表 3-6。由表 3-6 可见，再生粗骨料（Ⅰ）的堆积密度与表观密度分别为天然粗骨料的 86.7% 和 88%。

表 3-5　天然粗骨料与再生粗骨料的级配组成

粗骨料类型	粒径范围/mm		
	5~10	10~20	20~31.5
天然	14.36%	46.68%	38.96%
再生Ⅰ	12.56%	50.76%	36.68%
再生Ⅱ	（5~15）:（15~31.5）=3:2		

表 3-6　天然粗骨料与再生粗骨料的堆积密度与表观密度

骨料类型	天然	再生Ⅰ	再生Ⅱ
堆积密度/（kg/m³）	1453	1260	1290
表观密度/（kg/m³）	2820	2482	2520

Ⅱ. 再生骨料的压碎指标

压碎指标是表示骨料强度的一个参数。由于再生粗骨料表面包裹着水泥浆或砂浆，所以再生骨料的压碎指标比天然骨料的压碎指标高。同时，再生骨料的压碎指标还与母体混凝土的强度和加工破碎方法有关。母体混凝土的强度越高，再生骨料的压碎指标也越高。加工过程中水泥浆体和砂浆脱落越多，压碎指标越小。通常所采用的骨料的压碎指标是：再生粗骨料 Ⅰ 为 17.11%，再生粗骨料 Ⅱ 为 15.12%，也有文献给出的再生骨料的压碎指标为 16.16%。

Ⅲ. 再生骨料的吸水率

再生骨料的吸水率高是不争的事实，主要原因是再生骨料中水泥砂浆含量较高，再加上机械破碎中造成损伤积累使再生骨料内部存在大量微裂纹，使再生骨料孔隙率高，吸水性大。因为再生骨料的吸水率受到母体材料的强度、组成及气候条件等因素的影响，吸水率离散性较大。再生细骨料的吸水率要大于再生粗骨料的吸水率。从目前国内的文献看，再生细骨料的吸水率为 10%～12%，粗骨料的吸水率为 2.5%～12%；国外报道的细骨料的吸水率达到 15%，粗骨料的吸水率在 5% 左右。日本工业协会制定的再生细骨料的吸水率在 13% 以下，粗骨料的吸水率在 7% 以下。有研究者测试了各级配在 10 min、30 min、24 h 的吸水率，结果见表 3-7。不同粒径再生粗骨料的吸水率结果见表 3-8。

表 3-7 天然粗骨料与再生粗骨料的吸水率

骨料类型	天然	再生骨料 Ⅰ	再生骨料 Ⅱ
10 min	0.33%	5.68%	8.34%
30 min	0.38%	5.96%	8.82%
24 h	0.40%	6.25%	9.25%

表 3-8 不同粒径再生粗骨料的吸水率

粒径	5～10 mm	10～20 mm	20～31.5 mm
10 min	11.5%	3.9%	2.6%
30 min	13.6%	4.5%	3.1%
24 h	13.9%	4.6%	3.2%

再生骨料较大的吸水率和特殊的表面性质，导致再生混凝土随着时间的推移水分不断减少，这将难以保证混凝土正常的凝结硬化，影响混凝土的内部质量。因此在试验和应用工程中要妥善处理再生骨料吸水率高的问题。国内试验中常用

的两种方法是增加附加水和添加高效塑化剂或高效减水剂。采用增加附加水的方法拌制再生混凝土，其用水量要比按天然骨料混凝土的配合比设计的理论用水量多大约5%。国外文献中，减小再生骨料吸水率的方法有：改善再生骨料自身的质量，尽量减少再生骨料中水泥浆的含量，减少其吸水率；使用高效减水剂或塑化剂。也有学者提出了基于自由水灰比之上的配合比设计方法为解决再生骨料吸水率较大而引起再生混凝土强度波动的问题。如果将这种基于自由水灰比之上的配合比设计方法应用在普通混凝土和其他混凝土中，可以不考虑骨料的吸水率和表面性质的不同，自由水灰比均由混凝土的和易性和强度确定，若采用不同品质的再生骨料时，应分别加入各自所需的吸附水，这样不但可以简化混凝土的配合比设计方法，而且可以在所有混凝土配合比设计中制定一个统一的标准，从而方便再生骨料混凝土的实际应用。

Ⅳ. 再生骨料的杂质含量

再生骨料中的杂质主要是指骨料中的一些软弱物质，如泥沙、矿物碎屑、木屑、塑料等。这些杂质的存在，对再生骨料和再生骨料混凝土的质量都有影响，使再生骨料混凝土的强度降低、干缩率增大、抗冻融能力差、耐久性低。再生骨料杂质的含量和它的加工处理方法有关。例如，生产工序中有水洗工艺生产的再生骨料要比仅采用筛分工艺生产的再生骨料的杂质含量低。因此，在设计再生骨料的生产工艺时，要尽最大限度地减少各种有害杂质的含量。德国再生骨料生产中的重要的步骤是使用架空磁性分离机对铁片进行分离；采用空气分离技术，从含有不同回收材料的初始混合物中分出 $0 \sim 4$ mm 的回收砂、轻质材料（包括纸板、纸片、木屑和泡沫混凝土）；采用湿处理技术，该处理技术除能防尘土外，还能分离出密度小于 2 g/cm^3 的材料，获得的再生骨料完全符合 DIN4226 规范对骨料的质量要求。由德国钢筋混凝土委员会颁布的《在混凝土中使用再生骨料的应用指南》中第二部分给出了再生骨料的质量要求，再生骨料混凝土必须符合规范 DIN4226 中与天然骨料相同的技术要求，附加要求取决于下列特性：混合物、干密度、吸水率和使用环境条件。目前对室外构件的应用有一定限制，当再生骨料无碱硅反应时，才能使用。再生骨料混凝土必须满足天然骨料混凝土的相同要求。这一规定使再生混凝土变得更加方便应用，这是因为，在工程设计阶段，设计人员一般不清楚所使用的混凝土是否含有再生骨料。

Ⅴ. 混凝土再生骨料的强化

由于再生骨料在破碎中存在微裂缝，颗粒中包含砂浆和水泥浆，与天然骨料相比，其孔隙率高、吸水性大、强度等级低。要想获得良好质量的再生骨料，可以用物理或化学方法对其进行强化。通过在水泥、火山灰溶液或其他化学浆体中浸泡。通过这种技术处理，即使单独使用破碎的混凝土颗粒，再生骨料混凝土也可获得足够的强度来建筑普通混凝土结构。杜婷等分别用纯水泥浆、水泥外掺Kim 粉混合浆液、水泥外掺硅粉浆液和水泥外掺Ⅰ级粉煤灰浆液对再生骨料进行增强。试验表明该方法对再生骨料本身的强度有一定程度的提高，但其对再生骨料混凝土的强度提高效果并不明显。对再生骨料进行强化处理是提高再生骨料的一条途径，但从经济和应用推广的角度考虑，有其局限性（杜婷和李惠强，2003）。

（2）再生粗骨料的性能

一般来说，不同强度等级、不同用途的混凝土采用相同的生产工艺制备再生混凝土粗骨料的性能是不同的，甚至相同等级的相同用途的混凝土当采用不同的生产工艺生产的再生混凝土粗骨料时的性能也是不一样的，该部分内容主要介绍颗粒整形强化处理前后再生粗骨料主要性能的变化。

Ⅰ. 再生粗骨料的外观

经过简单破碎后的再生粗骨料如图 3-5 所示，骨料不仅粒形不好、棱角多，而且表面大多含有比较多的水泥砂浆。经过整形后的再生粗骨料颗粒如图 3-6 所示，骨料的表面比较干净，而且棱角也比较少。

图 3-5　简单破碎后的再生粗骨料

Ⅱ. 再生粗骨料的颗粒级配

经过简单破碎处理后的再生粗骨料和经过整形处理后的再生粗骨料的级配情况如表 3-9 所示，根据《普通混凝土用砂、石质量及检验方法标准》（JGJ 52—2006）的要求，这两种再生骨料的级配均能满足要求。

图 3-6　整形后的再生粗骨料颗粒

表 3-9　粗骨料颗粒级配　　　　　　　　　　　　　（单位:%）

粒径范围/mm	简单破碎再生骨料		破碎整形再生骨料	
	分计筛余	累计筛余	分计筛余	累计筛余
25～31.5	5.0	5.0	3.6	3.6
20～25	13.4	18.4	18.0	21.6
16～20	24.0	42.4	17.9	39.5
10～16	32.8	75.2	32.8	72.3
5～10	24.8	100	27.6	100

Ⅲ. 再生粗骨料的堆积密度

为了有效地反映不同粒级再生骨料的粒形变化，分别对不同粒级的简单破碎再生骨料和颗粒整形再生骨料的堆积密度进行了测试，测试结果如表 3-10 所示。

表 3-10　粗骨料颗粒级配

粒径范围 /mm	简单破碎再生骨料 /(kg/m³)	颗粒整形再生骨料 /(kg/m³)	堆积密度提高 /%
5～10	1057	1210	14.47
10～16	1132	1270	12.19
16～20	1197	1244	3.93
20～25	1182	1291	9.22
25～31.5	1170	1248	6.67
连续级配	1195	1335	11.7

根据以上结果可知,经过整形处理后的再生粗骨料的堆积密度提高了4%~14.5%,整形效果十分显著。

Ⅳ. 再生粗骨料的表观密度和孔隙率

同天然碎石骨料相比,简单破碎再生粗骨料的表面粗糙、砂浆含量高、棱角多,内部存在大量的微裂纹,从而导致再生骨料的堆积密度和表观密度均比天然骨料要低很多。由于界面是混凝土中的最薄弱环节,通过整形处理,不仅可以改变再生骨料的粒形,而且还能将黏附在骨料表面的水泥砂浆从界面处剥离,从而提高再生粗骨料的表观密度,降低吸水率。再生粗骨料的堆积密度见表3-11,整形处理使比表观密度略有提高。再生粗骨料的堆积孔隙率见表3-12,可以看到整形处理后的再生粗骨料的堆积孔隙率明显下降,整形效果显著。

表 3-11　再生粗骨料的堆积密度

粒径范围 /mm	简单破碎再生骨料 /(kg/m³)	颗粒整形再生骨料 /(kg/m³)	堆积密度提高 /%
25 ~ 31.5	2451	2590	4.86
20 ~ 25	2394	2600	8.60
16 ~ 20	2461	2630	6.89
10 ~ 16	2451	2600	6.08
5 ~ 10	2413	2570	6.51
5 ~ 31.5	2432	2590	6.50

表 3-12　再生粗骨料的堆积孔隙率

粒径范围 /mm	简单破碎再生骨料 /(kg/m³)	颗粒整形再生骨料 /(kg/m³)	孔隙率降低 /%
25 ~ 31.5	56.9	52.9	6.96
20 ~ 25	52.7	51.2	2.96
16 ~ 20	51.4	52.7	-2.63
10 ~ 16	51.8	50.3	2.76
5 ~ 10	51.5	51.4	0.14
5 ~ 31.5	50.9	48.5	4.73

Ⅴ. 再生粗骨料的吸水率

经过整形处理后的骨料表面的水泥砂浆从界面处被剥离,从而降低了再生粗骨料的吸水率,其吸水率情况如表3-13所示。

表 3-13 再生粗骨料吸水率

粒径范围/mm	简单破碎再生骨料/%	破碎整形再生骨料/%	吸水率降低/%
25~31.5	2.41	1.21	0.50
20~25	3.08	1.34	0.56
16~20	3.15	2.14	0.32
10~16	4.86	3.50	0.28
5~10	7.52	4.26	0.43
5~31.5	4.70	2.90	0.38

通过以上实验结果可知，经过整形处理后的再生粗骨料的吸水率平均降低约 0.4%。

Ⅵ. 压碎指标

再生粗骨料由于表面包裹着水泥石或者水泥砂浆，再生粗骨料的压碎指标要远低于天然再生粗骨料。再生粗骨料的压碎指标值的大小与原混凝土的强度和骨料制备方法等因素有关。一般来讲，原混凝土的强度越高，再生粗骨料的压碎指标越低；再生粗骨料的表面水泥砂浆附着率越小，压碎指标值越低。实验测得的天然粗骨料、简单破碎再生粗骨料和颗粒整形再生粗骨料的压碎指标值见表 3-14。实验结果表明，经过整形处理后的再生骨料其压碎指标值明显降低。

表 3-14 粗骨料的压碎指标 （单位:%）

序号	简单破碎骨料	破碎整形骨料	压碎指标降低
1	16.2	9.8	0.40
2	16.8	9.6	0.43
3	14.4	8.8	0.39
平均值	15.8	9.4	0.41

Ⅶ. 针片状骨料含量

针片状骨料含量是粗骨料的重要指标，经过简单破碎处理后的再生骨料中存在着较多的针片状骨料，颗粒整形前后针片状骨料的含量由 5.1% 降低至 1.5%，表明整形效果显著。

（3）再生细骨料的性能

同再生粗骨料一样，再生混凝土细骨料的性能受到原混凝土和生产工艺的影响，该部分主要介绍颗粒整形强化处理前后再生细骨料主要性能的变化。

Ⅰ. 再生细骨料的外观

简单破碎的再生细骨料如图 3-7 所示，颗粒整形后的再生细骨料如图 3-8 所示。简单破碎再生细骨料颗粒棱角较多，用手抓、捧时有明显的刺痛感，整形后颗粒棱角明显减少。

图 3-7　简单破碎的再生细骨料　　　　　图 3-8　颗粒整形后的再生细骨料

Ⅱ. 颗粒级配

简单破碎再生细骨料和颗粒整形再生细骨料的级配情况如表 3-15 所示，表明简单破碎再生细骨料的细度模数偏大，级配接近 2 区砂；颗粒整形再生细骨料为中砂，级配完全满足 JGJ 52—2006 规定的 2 区级配要求。

表 3-15　再生细骨料累计筛余量

粒径范围/mm	简单破碎再生细骨料/%	颗粒整形细骨料/%
2.5 ~ 5.0	30.2	22.8
1.25 ~ 2.5	44.4	36.4
0.63 ~ 1.25	66.9	58.6
0.315 ~ 0.63	82.6	78.4
0.16 ~ 0.315	89.0	90.3
0.16 以下	100	100
细度模数	3.1	2.8

Ⅲ. 颗粒堆积密度

为了有效地反映不同粒级再生细骨料的粒形变化，分别测试不同粒级的简单破碎再生细骨料和颗粒整形再生细骨料的堆积密度，实验结果如表3-16所示。

表3-16   再生细骨料的颗粒堆积密度

粒径范围 /mm	简单破碎再生细骨料 /（kg/m³）	颗粒整形再生细骨料 /（kg/m³）	颗粒堆积密度提高 /%
2.5~5.0	1102	1190	8.0
1.25~2.5	1077	1161	7.8
0.63~1.25	1078	1169	8.4
0.315~0.63	1040	1152	10.8
0.16~0.315	953	1110	16.5
细度模数	1225	1425	16.3

结果表明，经过整形处理后的再生细骨料的堆积密度提高了7.8%~16.5%，说明整形效果十分显著。

Ⅳ. 表观密度

再生细骨料表面粗糙、棱角较多，内部存在大量的微裂纹，还含有水泥石颗粒，因此表观密度较小。实验测得的再生细骨料表观密度如表3-17所示，颗粒整形处理使再生细骨料的表观密度明显提高。

表3-17   再生细骨料的表观密度

粒径范围 /mm	简单破碎再生细骨料 /（kg/m³）	颗粒整形再生细骨料 /（kg/m³）	表观密度提高 /%
2.5~5.0	2530	2580	1.98
1.25~2.5	2500	2550	2.00
0.63~1.25	2440	2530	3.69
0.315~0.63	2390	2460	2.93
0.16~0.315	2340	2430	3.85

Ⅴ. 吸水率

再生细骨料的水泥石含量越高，吸水率越大；细骨料中的微细裂纹越多，吸水率越大。通过整形处理，不仅可以显著改善再生细骨料的粒形，而且还能减少细骨料中的微裂缝，将黏附在骨料表面的水泥石从界面处剥离，使再生细骨料吸水率降低（表3-18），从而使骨料的品质大大提高。

表 3-18　再生细骨料的吸水率

粒径范围 /mm	简单破碎再生细骨料 /%	颗粒整形再生细骨料 /%	吸水率降低 /%
2.5～5.0	6.7	5.3	20.90
1.25～2.5	7.7	6.2	19.48
0.63～1.25	7.1	6.7	5.63
0.315～0.63	9.1	8.1	10.99
0.16～0.315	11.1	10.1	9.01

3.1.3.4　再生骨料标准简介

(1) 国外相关标准简介

第二次世界大战之后，日本、苏联、美国、德国、英国、丹麦、荷兰等国家为了实现有限资源的循环利用，纷纷开始对建筑垃圾的主体——废混凝土和废砖石的资源化进行大量研究工作。经过近三十年的研究积累与实践检验，形成了以建筑垃圾再生骨料为核心产品的建筑垃圾资源化产业链，实现了高达 80% 以上，甚至接近 100% 的建筑垃圾处理利用率。深入调研发现，适合国情且技术水平先进的建筑垃圾再生骨料标准是各国实现高水平建筑垃圾资源化的基本前提之一。

Ⅰ. 国际材料与结构研究实验联合会（RILEM）再生骨料标准

欧洲国家由于自身国土面积相对狭小，自然资源有限，十分注重资源的再生循环利用。在现行的欧盟标准 EN 12620：2002《混凝土集料》中将回收再生作为骨料的来源之一，并明确规定了"再生骨料"的定义为"通过加工处理已在建设施工中使用过的无机材料获得的骨料"。该标准对再生骨料与其他骨料的相关技术指标进行了统一规定。据悉，欧盟标准化委员会（CEN）已经计划制定针对再生骨料的欧盟（EN）标准。

特别值得一提的是，总部位于法国的 RILEM 从 20 世纪 80 年代起先后提出了三项专项工作：TC 37-DRC"混凝土的拆除与回收利用"、TC 121-DRG"混凝土和灰浆的拆除和再利用指南"和 TC 198-URM"再生材料的使用"。在国际同仁的共同努力下，最终完成了在欧洲，乃至国际范围内都极具影响力的专题研究报告。其中 TC 121-DRG 在 1993 年 10 月召开的 RILEM 第三届混凝土与灰浆拆除与再利用研讨会上提出了《使用再生骨料的混凝土标准》的草案，并进行讨论。会后依据征集的意见，对标准进行了相关修订，并于 1994 年发布为 RILEM 的推荐性标准。该标准至今仍为欧洲乃至世界在该领域最有影响力的标准之一，也是欧洲各国制定相关标准的主要参考依据。

在 RILEM 标准中，明确规定标准规范的对象为粒径不小于 4 mm 的混凝土用再生粗骨料，并将其分为I类、Ⅱ类和Ⅲ类。其中，I类主要来源于碎砖石；Ⅱ类主要来源于废混凝土块；Ⅲ类为再生骨料与天然骨料的混合物，且天然骨料需占骨料总质量的80%以上，同时，I类再生骨料占骨料总质量百分比不得超过10%。并且，标准中进一步提出混凝土用再生粗骨料等级分类具体要求（表3-19）。

表 3-19　RILEM 标准中关于混凝土用再生粗骨料等级分类具体要求

规定要求	I 类	Ⅱ 类	Ⅲ 类	试验方法
最小干燥颗粒密度/（kg/m³）	1500	2000	2400	ISO 6783 与 7033
最大吸水量（质量比）/%	20	10	3	ISO 6783 与 7033
饱和面干密度小于 2200 kg/m³ 物质最大含量（质量比）/%	—	10	10	ASTM C123
饱和面干密度小于 1800 kg/m³ 物质最大含量（质量比）/%	10	1	1	ASTM C123
饱和面干密度小于 1000 kg/m³ 物质最大含量（质量比与体积比）/%	1	0.5	0.5	ASTM C123
杂质（金属、玻璃、软物质、沥青）最大含量（质量比）/%	5	1	1	目测
金属最大含量（质量比）/%	1	1	1	目测
有机物最大含量（质量比）/%	1	0.5	0.5	NEN 5933
填料（<0.063 mm）最大含量（质量比）/%	3	2	2	prEN 933-1
砂（<4 mm）最大含量（质量比）/%	5	5	5	prEN 933-1
硫酸盐最大含量（质量比）/%	1	1	1	BS 812，118 部分

在满足表 3-19 要求的基础上，再生粗骨料满足级配、静强度、耐磨系数、氯离子含量等相关性能要求与环境条件要求的前提下，3 类再生粗骨料可用于制备相应强度等级的素混凝土和钢筋混凝土，具体应用要求见表 3-20。

表 3-20　再生骨料配制混凝土强度等级规定

再生粗骨料类型	I 类	Ⅱ 类	Ⅲ 类
配制混凝土允许最大强度等级	C20	C60	无限制

Ⅱ. 英国再生骨料技术标准

早在1985年，英国就制定颁布了英国标准 BS 6543：1985《工业副产品及建筑与民用工程废弃物的利用》。该标准涵盖了在道路和建筑施工中产生的拆除废弃物和其他废弃物的使用，并建议将破碎后的混凝土大量用于道路基层的建设，甚至在原则上允许素混凝土和碎砖在满足最小强度要求的前提下，作为混凝土骨料使用，这堪称英国建筑垃圾再生利用史上的一个里程碑。之后，英国建筑科学研究院（BRE）通过数年研究，研制出一系列建筑垃圾分级评估、再利用质量控制等技术规范标准，并已成功地付诸实践。其中最具代表性的是 Digest 433《再生骨料》，该标准将通过在混凝土生产过程中未凝结的残余新拌混凝土净化处理后获得的骨料视为天然骨料，不纳入标准涉及的对象。再生骨料按照来源以及砖块质量含量，分为Ⅰ级、Ⅱ级和Ⅲ级，并进行相应的规定。对再生骨料的使用条件、性能指标、应用范围、质量要求、试验方法等进行了全面而详尽的规定。

在英国 BRE 标准 Digest 433《再生骨料》中，依据再生骨料的来源将其分为3类，并对各类进行了明确的规定，见表3-21。

表3-21 Digest 433标准中关于混凝土用再生骨料等级分类的要求

等级	来源（通常情况）	砖质量分数/%	说明
RCA（Ⅰ）	砖	0～100	品质最低
RCA（Ⅱ）	混凝土	0～10	杂物含量相对较低，品质相对较高
RCA（Ⅲ）	混凝土和砖	0～50	以4∶1的质量比混合的 RCA（Ⅲ）可作为粗骨料用于所有等级的混凝土

标准中关于再生骨料用于制备混凝土规定，这3类再生骨料的质量与级配符合 BS 882《混凝土用天然骨料规范》，同时制备的混凝土应符合 BS 5328《混凝土》时，可以采用。同样地，在该标准中也不推荐在混凝土中使用再生细骨料。作为制备混凝土的再生粗骨料，标准中对骨料中所含杂质也作了相应的规定。在此基础上，针对使用再生骨料所制备混凝土的强度等级作出相应规定，见表3-22。

表3-22 推荐再生骨料混凝土的最大强度等级

RCA（Ⅰ）：干密度<2000 kg/m³	C20
RCA（Ⅰ）：干密度>2000 kg/m³	C35
RCA（Ⅱ）	C50
20% RCA（Ⅱ）+80%天然骨料	无限制

Ⅲ. 德国再生骨料技术标准

第二次世界大战之后，德国已经有了将废砖经破碎后作为混凝土材料使用的经验，是较早开始对废混凝土进行再生利用研究的国家之一。但在20世纪80年代中期以前，在德国是不允许使用再生骨料制备普通混凝土的。但随着相关研究的不断深入和技术的进步，更重要的是相关标准规范的出台，这一屏障已被突破。直接针对建筑垃圾资源化的关键标准包括：德国钢筋委员会1998年8月提出的《在混凝土中采用再生骨料的应用指南》和德国国家标准 DIN 4226-100：2002-02《砂浆和混凝土用骨料 第100部分：再生骨料》。特别值得一提的是，后者作为专门针对再生骨料的技术标准，其科学性和先进性在世界范围内获得一致认可，并成为欧盟标准化委员会（CEN）拟制定再生骨料相关欧盟标准的主要参考。

在德国标准 DIN 4226-100：2002-02《砂浆和混凝土用骨料 第100部分：再生骨料》中，针对颗粒密度不低于 1500 kg/m³ 的用于混凝土和砂浆的再生骨料提出了一系列专门规定。首先，按照来源形式将再生骨料分为4类：1类来源于废混凝土块；2类来源于拆除物块体；3类来源于废砖石；4类来源于废瓦砾。分别对这4类骨料的组成、密度、酸溶氯盐含量、抗干缩性能等相关性能进行了全面详尽的规定，其中关于组成的部分性能见表3-23。

表3-23 再生骨料组成、密度与吸水率的具体要求

规定要求项目	1类再生骨料	2类再生骨料	3类再生骨料	4类再生骨料
混凝土和骨料含量（质量比）/%	≥90 以上	≥70	≤20	≥80
砖、非多孔砌块含量（质量比）/%	≤10	≤30	≥80	≥80
石灰石含量（质量比）/%			≤5	
矿物成分（质量比）/%	≤2	≤3	≤5	≤20
沥青含量（质量比）/%	≤1	≤1	≤1	
杂质含量（质量比）/%	≤0.2	≤0.5	≤0.5	≤1
颗粒密度最小值/（kg/m³）	2000		1800	1500
饱和面干表观密度的变动范围/（kg/m³）	±150			无规定
（10 min 后）最大吸水率（质量比）/%	10	15	20	无规定

Ⅳ. 日本再生骨料技术标准

日本很早就开始着手关于建筑垃圾再生骨料标准的制定工作。早在1977年就由日本建筑业协会（BCSJ）提出建议标准《再生骨料和再生混凝土使用规

范》，并在第 4 章中定义了部分重要术语，包括原混凝土、再生骨料和再生骨料混凝土。尽管本标准中的大部分内容与其他国家的混凝土标准规范差异不大，但其中有一定数量专门针对再生骨料的详细规定。例如，规定了再生骨料的物理性能要求与分类，并对采用再生骨料制备的混凝土的水灰比和水泥用量有所限制。

之后随着技术的不断革新和实际需求的变化，针对混凝土用再生骨料专门制定了一系列的标准。现行的针对再生骨料的技术标准有 JIS A5021：2005《混凝土用再生骨料（高品质）》、JIS A5022：2007《使用再生骨料的再生混凝土（中等品质）》、JIS A5023：2006《使用再生骨料的再生混凝土（低品质）》。这三部全面涵盖了再生骨料的具体技术要求，成为支持日本实现接近 100% 的建筑垃圾处理利用率的最强有力保证。

在日本 JIS A5021～JIS A5023 系列标准中，针对高品质再生骨料（再生骨料 H）、中等品质再生骨料（再生骨料 M）与低品质再生骨料（再生骨料 L）分别制定独立标准，提出具体要求。这 3 种品质的再生骨料同样来源于建（构）筑物拆除、施工、改造等过程，根据最终再生骨料的具体用途，配合不同技术水平的处理生产工艺设备制成。在标准中，明确说明高品质再生骨料可用于制备普通混凝土；中等品质再生骨料用于生产桩、耐压板、基础梁、钢管混凝土等；低品质再生骨料用于生产垫层混凝土和对强度、耐久性不作要求的制品。与此同时，在日本标准 JIS A 5308—2009《商品混凝土》中规定仅有高品质再生骨料可用于制备商品混凝土，作为普通混凝土和道路铺装混凝土使用，而高强混凝土等则不能采用高品质再生骨料。

另外特别值得一提的是，日本标准中明确将再生粗骨料与再生细骨料区分开来，并针对性提出具体的品质、性能等相关要求。表 3-24 中归纳了这 3 种不同品质再生骨料的绝干密度、吸水率与杂质含量的具体规定。

表 3-24 各种品质再生骨料绝干密度、吸水率与杂质含量的具体规定

项目	高品质再生骨料 (再生骨料 H)		中等品质再生骨料 (再生骨料 M)		低品质再生骨料 (再生骨料 L)	
	再生粗骨料	再生细骨料	再生粗骨料	再生细骨料	再生粗骨料	再生细骨料
绝干密度/(kg/m³)	2500 以上	2500 以上	2300 以上	2200 以上	—	—
吸水率/%	3.0 以下	3.5 以下	5.0 以下	7.0 以下	7.0 以下	13.0 以下
杂质含量/%	合计 3.0 以下	—	合计 3.0 以下	—	—	—

注：表中的杂质含量是废砖、废玻璃、废木片、废塑料片等各类杂质总和。

（2）我国的再生骨料标准制定情况

我国在 20 世纪 90 年代初期就已开展进行建筑垃圾处理和利用的相关研究，在建筑垃圾资源化领域，特别是在再生骨料的生产与应用方面取得了一定的成果，但由于诸多客观原因的限制，我国的建筑垃圾处理利用水平长年维持在较低的水平。纵观其中原因，建筑垃圾处理利用相关技术标准匮乏就是一个亟待解决的重要影响因素。

令人可喜的是，经过中国建筑科学研究院等国内相关科研技术力量的不懈努力，从 2010 年起，国家产品标准《混凝土用再生粗骨料》（GB/T 25177—2010）和《混凝土和砂浆用再生细骨料》（GB/T 25176—2010），以及行业工程标准《再生骨料应用技术规程》（JGJ/T 240—2011）陆续发布，这三部标准均为首次制定，填补了我国长期以来的技术标准空白，从根本上为再生粗骨料和再生细骨料的生产、应用提供了合法可行的技术支撑，从而保证了再生粗骨料和再生细骨料的产品质量与实际应用，为我国建筑垃圾资源化事业的开展进行奠定了技术基础。

《混凝土用再生粗骨料》（GB/T 25177—2010）是参考《建筑用卵石、碎石》（GB/T 14685—2001）相关内容而制定的，标准中将再生粗骨料按性能要求分为Ⅰ类、Ⅱ类和Ⅲ类。与 GB/T 14685—2001 相比，标准除了对粗骨料的颗粒级配、泥块含量、针片状颗粒含量、有害物质、坚固性、压碎指标、表观密度、堆积密度、空隙率、碱骨料反应性能等提出技术指标要求外，还根据再生粗骨料的特点增加了再生粗骨料的吸水率、氯离子含量和杂物含量等指标要求。在该标准中以微粉含量代替 GB/T 14685—2001 中的含泥量。相关主要性能指标见表 3-25。

表 3-25　再生粗骨料主要性能指标

项目	Ⅰ类	Ⅱ类	Ⅲ类
表观密度/（kg/m³）	>2450	>2350	>2250
空隙率/%	<47	<50	<53
微粉含量（按质量计）/%	<1.0	<2.0	<3.0
泥块含量（按质量计）/%	<0.5	<0.7	<1.0
针片状颗粒（按质量计）/%	<10		
吸水率（按质量计）/%	<3.0	<5.0	<7.0
压碎指标/%	<12	<20	<30

项目	Ⅰ类	Ⅱ类	Ⅲ类
有机物	合格		
硫化物及硫酸盐 （折算成 SO_3，按质量计）/%	<2.0		
氯化物（以氯离子质量计）/%	<0.06		
杂物（按质量计）/%	<1.0		
硫酸盐试验，5 次循环，质量损失/%	<5.0	<9.0	<15.0

《混凝土和砂浆用再生细骨料》（GB/T 25176—2010）是参考《建筑用砂》（GB/T 14684—2001）相关内容而制定的。该标准中将再生细骨料按性能要求分为Ⅰ类、Ⅱ类和Ⅲ类。按细度模数分为粗、中、细三种规格。再生细骨料的级配一般较差，容易形成单一粒级，所以，如经检验，再生细骨料的颗粒级配不合格，可以采用人工掺配的方法进行处理，处理后的再生细骨料经检验合格后，可以使用。

与 GB/T 14684—2001 相比，该标准除了对细骨料的颗粒级配、泥块含量、有害物质、坚固性、表观密度、堆积密度、空隙率、碱骨料反应性能等提出技术指标要求外，还根据再生细骨料的特点增加了再生细骨料的再生胶砂需水量比、再生胶砂强度比两项新技术指标要求。该标准中以微粉含量来代替 GB/T 14684—2001 中的含泥量和石粉含量，相关主要性能指标见表 3-26。

表 3-26 再生细骨料主要性能指标

项目		Ⅰ类	Ⅱ类	Ⅲ类
表观密度/（kg/m³）		>2450	>2350	>2250
堆积密度/（kg/m³）		>1350	>1300	>1200
空隙率/%		<46	<48	<52
微粉含量（按质量计）/%	MB 值<1.40 或合格	<5.0	<6.0	<9.0
	MB 值≥1.40 或不合格	<1.0	<3.0	<5.0
泥块含量（按质量计）/%		<1.0	<2.0	<3.0
云母含量（按质量计）/%		<2.0		
轻物质含量（按质量计）/%		<1.0		
有机物含量（比色法）		合格		
硫化物及硫酸盐含量（按 SO_3 质量计）/%		<2.0		

项目	Ⅰ类	Ⅱ类	Ⅲ类
氯化物含量（以氯离子质量计）/%	\<0.06		
饱和硫酸钠溶液中质量损失/%	\<7.0	\<9.0	\<12.0
单级最大压碎指标值/%	\<20	\<25	\<30

通过上述两部国家标准将再生粗骨料与再生细骨料进行等级分类，随后依据《再生骨料应用技术规程》（JGJ/T 240—2011）分别针对不同的应用领域提出具体的技术要求，以利用再生骨料制备再生骨料混凝土为例，与国外先进标准相似，在满足相关性能指标具体要求的前提下，不同等级的再生骨料适用于制备不同强度等级的混凝土，具体标准要求见表3-27。

表3-27　JGJ/T 240—2011中关于再生骨料配制混凝土强度等级规定

再生粗骨料类型	Ⅰ类	Ⅱ类	Ⅲ类
配制混凝土允许最大强度等级	无限制	C40	C25 （混凝土无抗冻性要求）
再生细骨料类型	Ⅰ类	Ⅱ类	Ⅲ类
配制混凝土允许最大强度等级	C40	C25	不宜用

通过上述这三部标准的发布实施，形成从建筑垃圾制备再生骨料，到利用再生骨料制备混凝土等相关建筑材料的整个建筑垃圾资源化过程的技术标准支撑。

Ⅰ. 我国再生粗骨料标准简介

该标准规定了混凝土用再生粗骨料的术语和定义、分类与规格、要求、试验方法、检验规则、标志、储存和运输等。

该标准适用于利用混凝土、石等建筑废料制备的、用于配制混凝土的粗骨料。

新增术语与《建筑用卵石、碎石》（GB/T 14685—2001）相比，该标准增加了以下新术语。

混凝土用再生粗骨料：混凝土、石等建筑废料经除土、破碎和筛分等工艺制成的用于混凝土的粒径大于4.75 mm的颗粒，简称再生粗骨料。

再生粗骨料主要由黏附有水泥石和水泥砂浆的天然卵石、碎石构成，并含有少量的砂浆块体。考虑到我国砌体结构在现有建筑中占有很大的比例，在拆除的建筑物过程中不可避免地含有一些碎砖等废弃物，这在该标准中对砖瓦的含量没有要求，当砖瓦的含量较多时，将会降低再生骨料的品质，并从《混凝土用再生粗骨料》（GB/T 25177—2010）所要求的各项指标中得到体现。该标准通过对技术指标的要求，间接控制再生骨料中的砖瓦含量。当无法满足Ⅲ类再生骨料要求时，将不再适合用于混凝土的配制。

微粉含量：再生粗骨料中粒径小于 75 μm 颗粒的含量。考虑到再生混凝土中粒径小于 75 μm 的颗粒不同于天然卵石、碎石中的泥土，为准确对再生粗骨料进行描述，故引入微粉含量的概念。

杂物：混凝土用再生粗骨料中除混凝土、砂浆和石块外的其他物质。一般来讲，杂物主要包括草根、树叶、树枝、塑料煤块和炉渣等物质。

Ⅱ. 技术要求的变动

根据试验数据，结合国内外相关标准，在《建筑用卵石、碎石》（GB/T 14685—2001）的基础上对原有的技术指标中提出了新的技术要求，将混凝土用再生粗骨料按技术要求分为Ⅰ类、Ⅱ类和Ⅲ类。《混凝土用再生粗骨料》（GB/T 25177—2010）中并未对再生骨料的应用情况进行限定，因此该标准宜结合中华人民共和国建筑工程行业标准《再生骨料应用技术规程》使用。

1）颗粒级配。再生粗骨料的粒径较大时，混凝土破碎不够彻底，粗骨料中混有较多的砂浆块体，影响粗骨料的性能，因此再生粗骨料的最大公称粒径限制在 31.5 mm 以内。再生粗骨料的颗粒级配应符合《建筑用卵石、碎石》（GB/T 14685—2001）中连续级配和单粒粒级的颗粒级配要求。当颗粒级配不能满足要求时，允许对再生粗骨料进行掺配。经掺配后，颗粒级配合格的，可以用于配制混凝土。

再生粗骨料的颗粒级配应符合表 3-28 的规定。

表 3-28　再生粗骨料累计筛余　　　　　　　　（单位:%）

公称粒径 /mm		方筛孔/mm							
		2.36	4.75	9.50	16.0	19.0	26.5	31.5	37.5
连续粒级	5 ~ 10	95 ~ 100	80 ~ 100	0 ~ 15	0				
	5 ~ 16	95 ~ 100	85 ~ 100	30 ~ 60	0 ~ 10	0			
	5 ~ 20	95 ~ 100	90 ~ 100	40 ~ 80	—	0 ~ 10	0		
	5 ~ 25	95 ~ 100	90 ~ 100	—	30 ~ 70		0 ~ 5	0	
	5 ~ 31.5	95 ~ 100	90 ~ 100	70 ~ 90	—	15 ~ 45	—	0 ~ 5	0
单粒粒级	10 ~ 20		95 ~ 100	85 ~ 100		0 ~ 15	0		
	16 ~ 31.5		95 ~ 100		85 ~ 100			0 ~ 10	0

2）微粉含量和泥块含量。微粉含量不同于《建筑用卵石、碎石》（GB/T 14685—2001）中的含泥量，主要由石粉、水泥石粉和泥土组成，为非黏性物质，对混凝土的需水量和强度要求不大，但是对混凝土的耐久性却有相当大的影响。天然卵石、碎石中的泥块多为黏土聚集物，属于气硬性材料，在混凝土搅拌过程中容易破碎成为泥土，对混凝土的需水量和强度以及耐久性有不利的影响。再生粗骨料中检测出的泥块多为黏结强度较弱的水泥砂浆块体，对混凝土的需水量和强度影响较小。结合编制组的实验数据，并参照日本现执行标准制定了该标准。与《建筑用卵石、碎石》（GB/T 14685—2001）相比，该标准对微粉含量的要求有所放宽。

再生粗骨料的微粉含量和泥块含量应符合表 3-29 的规定。

表 3-29　微粉含量和泥块含量

项目	Ⅰ类	Ⅱ类	Ⅲ类
微粉含量（按质量计)/%	<1.0	<2.0	<3.0
泥块含量（按质量计)/%	<0.5	<0.7	<1.0

3）针片状颗粒含量。混凝土用再生粗骨料多为从原混凝土中剥离出来的天然卵石、碎石。在剥离过程中原天然碎石中的部分针片状颗粒被破碎，再生粗骨料中针片状颗粒的含量降低。此外，再生粗骨料经过整形强化处理后，针片状颗粒的含量大大降低，性能要大大优于天然粗骨料。因此，一般来讲，再生粗骨料针片状颗粒含量较少，不必分类，仅将其含量控制在一定范围内即可。

再生粗骨料的针片状颗粒含量应符合表 3-30 的规定。

表 3-30　针片状颗粒含量

项目	Ⅰ类	Ⅱ类	Ⅲ类
针片状颗粒含量（按质量计)/%	<5	<10	<20

4）表观密度和孔隙率。简单破碎再生粗骨料表面包裹着大量的水泥砂浆，棱角多，内部存在着大量的微裂纹，从而导致再生骨料的表观密度、堆积密度均比天然骨料要低，孔隙率要高。整形后的高品质再生粗骨料水泥砂浆含量低，粒形较好，表观密度和堆积密度也得到了较大的提高，孔隙率显著降低。由于粗骨料的表观密度和孔隙率在计算混凝土配合比时具有实际用途，而堆积密度仅是用来计算孔隙率的，其本身一般没有直接用途，国外相关标准中也没有要求堆积密

度的指标，因此该标准取消了堆积密度指标，但实际检测操作时，为了计算孔隙率，堆积密度也应进行测定。与《建筑用卵石、碎石》（GB/T 14685—2001）相比，该标准对表观密度和孔隙率的要求有所降低。

再生粗骨料的表观密度、堆积密度和松散堆积空隙率应符合表 3-31 的规定。

表 3-31 表观密度、堆积密度、松散堆积空隙率

项目	Ⅰ类	Ⅱ类	Ⅲ类
表观密度/（kg/m³）	>2450	>2350	>2300
堆积密度/（kg/m³）	>1350	>1300	>1200
松散堆积空隙率/%	<47	<50	<53

5）坚固性和压碎指标。再生粗骨料中的岩石部分和黏附的砂浆均会受到硫酸钠晶体的破坏。砂浆与天然骨料相比，吸水率大、强度低，更容易被硫酸盐晶体破坏，多方资料研究表明，再生骨料的坚固性与所配制混凝土的强度并无明显的关系。但为了保证所配制混凝土的耐久性，再生粗骨料的坚固性仍然要控制在一定的范围之内。与《建筑用卵石、碎石》（GB/T 14685—2001）相比，再生粗骨料对坚固性指标的要求有所降低。

压碎指标是反映粗骨料母岩强度和颗粒形状的综合指标。研究表明，再生骨料压碎指标的大小对混凝土的强度有显著的影响，为了确保再生混凝土的质量，Ⅱ类、Ⅲ类天然碎石的技术要求相同；再生粗骨料的压碎指标难以达到《建筑用卵石、碎石》（GB/T 14685—2001）中Ⅰ类碎石的要求，故对Ⅰ类再生粗骨料的要求有所降低。

再生粗骨料的压碎指标值应符合表 3-32 的规定。

表 3-32 压碎指标

项目	Ⅰ类	Ⅱ类	Ⅲ类
压碎指标/%	<12	<20	<30

6）硫化物及硫酸盐含量。由于原混凝土所用水泥中含有石膏等硫酸盐，且原混凝土可能受到硫酸盐的污染，故再生粗骨料的硫酸盐含量要高于天然骨料。实验结果表明，再生骨料中的硫酸盐含量并没有对再生混凝土造成太大的影响。因此与 GB/T 14685—2001 相比，再生粗骨料的硫酸盐含量限制较为

宽松。

再生粗骨料中有害物质含量应符合表 3-33 的规定。

表 3-33   有害物质含量

项目	Ⅰ类	Ⅱ类	Ⅲ类
有机物含量	合格	合格	合格
硫化物及硫酸盐含量（折算成 SO_3，按质量计）/%	<1.0	<1.5	<2.0
氯离子含量/%	<0.04	<0.04	<0.06

Ⅲ. 技术指标的变动

《混凝土用再生粗骨料》（GB/T 25177—2010）与《建筑用卵石、碎石》（GB/T 14685—2001）相比，提出了一些新的技术指标。

1）吸水率。因硬化水泥浆的孔隙率高（为 11% ~ 22%），加上破碎过程中产生的大量裂纹，导致再生粗骨料的吸水率（平均 5.8%）比天然卵石碎石要大。水泥石附着率是反映再生骨料基本性能的重要指标，吸水率与水泥石附着率呈线性关系，吸水率能够反映再生粗骨料表面的清洁程度，适合作为再生骨料的分类指标。

再生粗骨料的吸水率应符合表 3-34 的规定。

表 3-34   吸水率

项目	Ⅰ类	Ⅱ类	Ⅲ类
吸水率（按质量计)/%	<3.0	<5.0	<7.0

2）氯离子含量。按照原标准《建筑用卵石、碎石》（GB/T 14685—1993）和《天然轻集料》（JC/T 788—81，96）中，对氯离子含量有明确的要求，现行标准《建筑用卵石、碎石》（GB/T 14685—2001）和《轻集料及其试验方法第 1 部分：轻集料》（GB/T 17431—2010）都删去了对氯离子含量的要求。考虑到原混凝土生产时可能加入氯盐，原混凝土在使用过程中也可能受到氯盐的污染，这些都会导致再生粗骨料中氯离子含量的提高。为了保证再生混凝土的耐久性，需要对再生骨料的氯离子含量作出明确的界定。

根据测得的实验数据，并参考表 3-35，对再生骨料的氯离子含量作出了限定。

表 3-35 《混凝土结构耐久性设计规范》（GB/T 50476—2008）对氯离子含量的要求

钢筋混凝土		环境作用程度	占胶凝材料量/%	约占混凝土质量分数/%
环境类别	一般环境	Ⅰ-A 轻微	0.30	0.050
		Ⅰ-B 轻度	0.20	0.033
		Ⅰ-C 中度	0.15	0.025
	海洋氯化物环境	中度，轻度、非常严重	0.10	0.017
有无氯盐环境		无氯盐环境	0.20	0.033
		有氯盐环境	0.10	0.017

3）杂物含量。混凝土再生粗骨料在生产过程中混有除混凝土、砂浆、石材之外的物质，如草根、树叶、树枝、塑料、煤块和炉渣等杂物。为了保证混凝土再生粗骨料的品质，必须对杂物的含量作出界定。审查委员会专家一致认为，再生粗骨料杂物含量没有必要再次进行分类。

杂物含量的实验方法为：按照标准的规定取样，并将试样缩分至不小于表3-36中规定的数量，称量后用人工分选的方法选出金属、塑料、沥青、木头、玻璃、草根、树叶、树枝、纸张、石灰、石膏、毛皮、煤块和炉渣等杂物，然后称量各种杂物的总质量，计算其占再生粗骨料试样质量的分数。杂物含量取三次实验结果的最大值，精确至0.1%。

表 3-36 杂物试验含量所需试样数量

再生粗骨料最大粒径/mm	9.5	16.0	19.0	26.5	31.5
最少试样量/kg	4.0	4.0	8.0	8.0	15.0

Ⅳ. 再生骨料的技术要求

《混凝土用再生粗骨料》（GB/T 25177—2010）中再生细骨料的分类与质量要求如表3-37所示。其中，出厂检验项目包括颗粒级配、微粉含量、泥块含量、吸水率、压碎指标、表观密度、孔隙率。

表 3-37 再生粗骨料的分类与技术要求

项目	Ⅰ类	Ⅱ类	Ⅲ类
微粉含量（按质量计）/%	<1.0	<2.0	<3.0
泥块含量（按质量计）/%	<0.5	<0.7	<1.0
吸水率（按质量计）/%	<3.0	<5.0	<7.0
针片状颗粒（按质量计）/%	<10		

项目	Ⅰ类	Ⅱ类	Ⅲ类
有机物	合格		
硫化物及硫酸盐（折算成 SO_3，按质量计）/%	<2.0		
氯化物（以氯离子质量计）/%	<0.06		
杂物（按质量计）/%	<1.0		
坚固性（以质量损失计）/%	<5.0	<9.0	<15.0
压碎指标/%	<12	<20	<30
表观密度/（kg/m^3）	>2450	>2350	>2250

3.2　再生混凝土技术

再生粗骨料混凝土是指以再生粗骨料部分或全部取代天然粗骨料的混凝土。再生骨料经过处理，各方面性能均有提高，但仍然低于天然骨料。另外全部采用再生骨料会对混凝土性能有较大影响，一般对于粗骨料采用不同的取代率，细骨料则全部采用普通砂来配制混凝土。但是再生粗骨料混凝土的影响因素多，质量波动大。大量试验表明，影响再生粗骨料混凝土性能的主要因素为：①再生粗骨料种类；②再生粗骨料取代率；③粉煤灰掺量；④胶凝材料用量。因此，本节重点探讨以下几方面的内容：

1）再生粗骨料混凝土用水量：再生粗骨料对再生混凝土用水量的影响；粉煤灰掺量对再生混凝土用水量的影响。

2）再生混凝土力学性能：再生粗骨料对再生混凝土力学性能的影响；粉煤灰掺量对再生混凝土力学性能的影响。

3）再生混凝土收缩性能：再生粗骨料对再生混凝土收缩的影响；粉煤灰掺量对再生混凝土收缩的影响。

4）再生混凝土耐久性能：再生粗骨料对再生混凝土耐久性能的影响；粉煤灰掺量对再生混凝土耐久性能的影响。

3.2.1　再生粗骨料混凝土的综合性能研究

3.2.1.1　试验原料

水泥：42.5 普通硅酸盐水泥。

粉煤灰：Ⅱ级灰。

粗骨料：符合《普通混凝土用砂、石质量及检验方法标准》（JGJ 52—2006）要求的天然碎石，5～31.5 mm 连续级配包括天然粗骨料和再生粗骨料。性能见表 3-38。

细骨料：符合《普通混凝土用砂、石质量及检验方法标准》（JGJ 52—2006）要求的河砂，细度模数为 2.8。

减水剂：掺量为 1.2% 的减水率为 32%。

水：自来水。

表 3-38　再生粗骨料性能

粗骨料种类	再生粗骨料	天然碎石
颗粒级配	满足要求	满足要求
针片状颗粒含量/%	1.5	6.5
含泥量（微粉含量)/%	0.4	0.6
泥块含量/%	0.5	0.7
压碎指标/%	8.3	8.2
坚固性/%	4.2	5.2
有害物质含量	满足要求	满足要求
表观密度/(kg/m³)	2534	2597
空隙率/%	48	48
吸水率/%	2.9	2.5

3.2.1.2　试验方案

实验设计主要考虑以下条件：

1）再生粗骨料取代率分别为 0、40%、60%、80% 和 100%。

2）胶凝材料用量分别为 300 kg/m³、400 kg/m³ 和 500 kg/m³。

3）粉煤灰掺量分别为 0 和 30%。

4）混凝土砂率为 35%，减水剂掺量为 1.2%，通过调整用水量控制坍落度为 160～200 mm。具体方案见表 3-39。

表 3-39　再生粗骨料混凝土配合比设计

编号	水泥/（kg/m³）	粉煤灰/（kg/m³）	细骨料/（kg/m³）	粗骨料/（kg/m³）	再生粗骨料取代率/%	减水剂/（kg/m³）
A0	300	0	658	1222	0	3.6
A1	300	0	658	1222	40	3.6
A2	300	0	658	1222	60	3.6
A3	300	0	658	1222	80	3.6
A4	300	0	658	1222	100	3.6
B0	210	90	658	1222	0	3.6
B1	210	90	658	1222	40	3.6
B2	210	90	658	1222	60	3.6
B3	210	90	658	1222	80	3.6
B4	210	90	658	1222	100	3.6
C0	400	0	640	1190	0	4.8
C1	400	0	640	1190	40	4.8
C2	400	0	640	1190	60	4.8
C3	400	0	640	1190	80	4.8
C4	400	0	640	1190	100	4.8
D0	280	120	640	1190	0	4.8
D1	280	120	640	1190	40	4.8
D2	280	120	640	1190	60	4.8
D3	280	120	640	1190	80	4.8
D4	280	120	640	1190	100	4.8
E0	500	0	623	1157	0	6.0
E1	500	0	623	1157	40	6.0
E2	500	0	623	1157	60	6.0
E3	500	0	623	1157	80	6.0
E4	500	0	623	1157	100	6.0
F0	350	150	623	1157	0	6.0
F1	350	150	623	1157	40	6.0
F2	350	150	623	1157	60	6.0
F3	350	150	623	1157	80	6.0
F4	350	150	623	1157	100	6.0

3.2.1.3 再生粗骨料混凝土的用水量

混凝土的工作性通常用和易性表示。和易性是指混凝土施工操作时便于振捣密实，不产生分层、离析和泌水等现象，它包括流动性、黏聚性、保水性三个指标。和易性是一项综合性能，通常是测试新拌混凝土的流动性，作为和易性的一个评价指标，辅以经验观察黏聚性和保水性。

试验通过调整用水量控制混凝土坍落度在 160～200 mm 范围内，研究在不同胶凝材料用量的情况下再生粗骨料取代率和 30% 掺量的粉煤灰对再生骨料混凝土用水量的影响，实验数据如表 3-40 所示。

表 3-40　再生粗骨料混凝土的用水量

编号	水泥/（kg/m³）	粉煤灰/（kg/m³）	再生粗骨料取代率/%	用水量/（kg/m³）	减水剂/（kg/m³）
A0	300	0	0	159	3.6
A1	300	0	40	157	3.6
A2	300	0	60	163	3.6
A3	300	0	80	170	3.6
A4	300	0	100	180	3.6
B0	210	90	0	150	3.6
B1	210	90	40	155	3.6
B2	210	90	60	164	3.6
B3	210	90	80	169	3.6
B4	210	90	100	172	3.6
C0	400	0	0	163	4.8
C1	400	0	40	165	4.8
C2	400	0	60	168	4.8
C3	400	0	80	172	4.8
C4	400	0	100	175	4.8
D0	280	120	0	156	4.8
D1	280	120	40	159	4.8
D2	280	120	60	163	4.8
D3	280	120	80	168	4.8
D4	280	120	100	175	4.8

编号	水泥 /（kg/m³）	粉煤灰 /（kg/m³）	再生粗骨料取代率 /%	用水量 /（kg/m³）	减水剂 /（kg/m³）
E0	500	0	0	163	6.0
E1	500	0	40	165	6.0
E2	500	0	60	167	6.0
E3	500	0	80	169	6.0
E4	500	0	100	170	6.0
F0	350	150	0	165	6.0
F1	350	150	40	167	6.0
F2	350	150	60	172	6.0
F3	350	150	80	177	6.0
F4	350	150	100	180	6.0

从图 3-9 ~ 图 3-11 可以看出，粉煤灰对再生混凝土用水量的影响取决于粉煤灰的自身性质（需水量比和密度等）及混凝土中胶凝材料的用量。试验所用的粉煤灰为Ⅱ级粉煤灰，需水量比大于100%，不利于降低混凝土的用水量。由于粉煤灰的密度一般只有 2.2 g/cm³，远小于水泥的密度（约 3.1 g/cm³），因此在胶凝材料相同的情况下，掺有粉煤灰混凝土的浆体的体积有所增加。胶凝材料用量为 300 kg/m³ 时，胶凝材料量较少，粉煤灰的掺加增大了混凝土的浆体体积，有利于降低混凝土的用水量，此时无论是简单破碎再生粗骨料还是再生粗骨料，掺有粉煤灰混凝土的用水量均明显小于不掺粉煤灰的混凝土；当胶凝材料用量为 400 kg/m³ 时，混凝土中的浆体体积较为适宜，粉煤灰的掺加对用水量降低幅度有所减小；当胶凝材料用量为 500 kg/m³ 时，胶凝材料量较多，浆体体积不再是影响混凝土用水量的主要原因，相反由于粉煤灰的需水量比较大，水胶比相同时，浆体变得干稠，在坍落度相同时，无论是简单破碎再生粗骨料还是再生粗骨料，掺有粉煤灰混凝土的用水量均明显大于不掺粉煤灰相应配比混凝土。此外，添加粉煤灰之后混凝土的和易性大为改善，使之更易于泵送，有利于现场施工，降低施工的劳动强度，有利于再生混凝土的推广应用。

3.2.1.4 再生粗骨料混凝土的力学性能

试验通过调整用水量控制混凝土坍落度在 160 ~ 200 mm 范围内，研究在不同

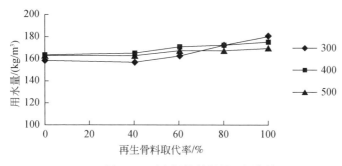

图 3-9　再生粗骨料混凝土用水量

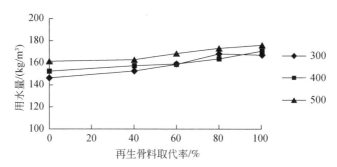

图 3-10　粉煤灰再生粗骨料混凝土用水量

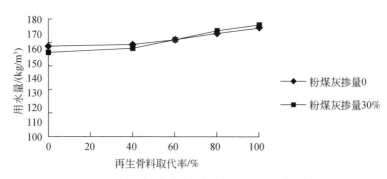

图 3-11　粉煤灰对再生骨料混凝土用水量的影响

胶凝材料用量的情况下再生粗骨料取代率和 30% 掺量的粉煤灰对再生骨料混凝土力学性能的影响。

混凝土的力学性能试验方法均按《普通混凝土力学性能试验方法标准》（GB/T 50081—2002）进行，分别测试 3 d、28 d、56 d 的抗压强度与 28 d、56 d

的劈裂抗拉强度。试验所用材料与上述相同，试验结果见表 3-41 和表 3-42。

表 3-41 再生粗骨料混凝土抗压强度

编号	水泥 /（kg/m³）	粉煤灰 /（kg/m³）	再生粗骨料取代率/%	抗压强度/MPa		
				3 d	28 d	56 d
A0	300	0	0	24.4	41.5	50.4
A1	300	0	40	26.5	45.7	52.2
A2	300	0	60	25.4	46.6	52.1
A3	300	0	80	24.5	45.7	51.4
A4	300	0	100	23.7	43.2	50.3
B0	210	90	0	13.2	31.6	36.5
B1	210	90	40	18.4	39.2	45.1
B2	210	90	60	17.3	36.3	42.6
B3	210	90	80	16.9	35.3	42.2
B4	210	90	100	17.2	36.4	44.1
C0	400	0	0	35.0	59.1	64.8
C1	400	0	40	36.1	60.9	63.6
C2	400	0	60	34.6	59.6	64.0
C3	400	0	80	35.1	59.7	63.4
C4	400	0	100	37.6	61.0	61.8
D0	280	120	0	23.2	47.1	54.4
D1	280	120	40	24.8	48.7	62.1
D2	280	120	60	25.3	45.3	59.5
D3	280	120	80	24.8	44.1	57.0
D4	280	120	100	23.1	45.1	54.6
E0	500	0	0	38.4	66.6	75.4
E1	500	0	40	42.4	65.0	76.7
E2	500	0	60	43.1	66.4	76.5
E3	500	0	80	43.8	66.0	74.7
E4	500	0	100	44.7	63.8	71.2
F0	350	150	0	25.5	49.9	61.1
F1	350	150	40	28.0	56.7	66.5
F2	350	150	60	30.5	57.6	65.3
F3	350	150	80	31.0	56.2	62.4
F4	350	150	100	29.7	52.7	57.9

表 3-42 再生粗骨料混凝土劈裂抗拉强度

编号	水泥 /（kg/m³）	粉煤灰 /（kg/m³）	再生粗骨料 取代率/%	劈裂抗拉强度/MPa	
				28 d	56 d
A0	300	0	0	3.20	5.11
A1	300	0	40	3.01	5.03
A2	300	0	60	2.96	4.96
A3	300	0	80	2.89	4.90
A4	300	0	100	2.82	4.85
B0	210	90	0	3.17	4.83
B1	210	90	40	3.41	4.81
B2	210	90	60	3.32	4.62
B3	210	90	80	3.18	4.39
B4	210	90	100	2.98	4.13
C0	400	0	0	4.47	5.69
C1	400	0	40	3.95	5.48
C2	400	0	60	3.75	5.39
C3	400	0	80	3.57	5.30
C4	400	0	100	3.40	5.20
D0	280	120	0	3.57	5.51
D1	280	120	40	3.40	5.41
D2	280	120	60	3.31	5.41
D3	280	120	80	3.20	5.41
D4	280	120	100	3.09	5.40
E0	500	0	0	4.54	6.77
E1	500	0	40	4.37	6.35
E2	500	0	60	4.31	6.24
E3	500	0	80	4.27	6.11
E4	500	0	100	4.24	5.94
F0	350	150	0	4.40	5.88
F1	350	150	40	4.30	5.73
F2	350	150	60	4.20	5.66
F3	350	150	80	4.08	5.59
F4	350	150	100	3.95	5.51

（1）混凝土的抗压强度

不同水泥用量、不同取代率的再生粗骨料混凝土与天然粗骨料混凝土的抗压强度对比结果见图 3-12 ~ 图 3-14。

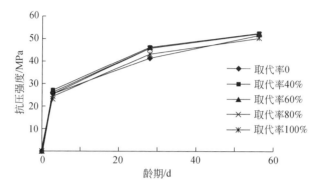

图 3-12　水泥用量为 300 kg/m³时再生粗骨料混凝土抗压强度

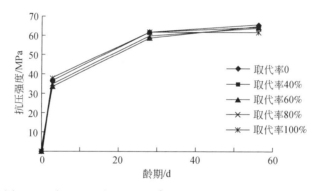

图 3-13　水泥用量为 400 kg/m³时再生粗骨料混凝土抗压强度

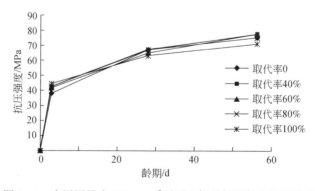

图 3-14　水泥用量为 500 kg/m³时再生粗骨料混凝土抗压强度

由图 3-12 ~ 图 3-14 中可以看出,再生粗骨料混凝土的强度与天然骨料混凝土的强度相当。

从图 3-15 ~ 图 3-17 混凝土的强度变化可知,在粉煤灰掺量为 30% 的情况下,再生混凝土的 3 d 强度均高于同龄期的天然碎石混凝土。与不掺粉煤灰的混凝土相比,掺入粉煤灰后使再生混凝土的抗压强度略有降低,但是粉煤灰对混凝土的后期强度的提高有很大的帮助。与同样掺量的天然碎石混凝土强度相比,粉煤灰能显著提高再生混凝土的抗压强度。

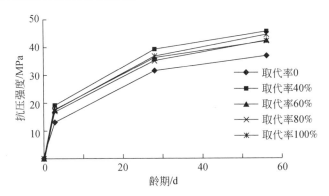

图 3-15　胶凝材料为 300 kg/m³(粉煤灰 30% 取代)时再生粗骨料混凝土抗压强度

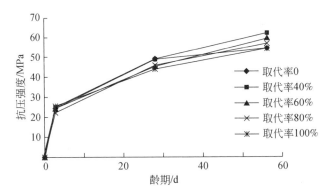

图 3-16　胶凝材料为 400 kg/m³(粉煤灰 30% 取代)时再生粗骨料混凝土抗压强度

(2) 再生混凝土的劈裂抗拉强度

目前,工程上通常用劈裂抗拉试验代替轴拉试验。把符合要求的新拌混凝土成型,在标准养护室进行养护至 28 d、56 d 进行劈裂抗拉强度试验。

不同水泥用量、不同再生粗骨料取代率的再生粗骨料混凝土与天然碎石混凝

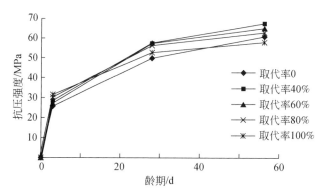

图 3-17　胶凝材料为 500 kg/m³（粉煤灰 30% 取代）时再生粗骨料混凝土抗压强度

土的劈裂抗拉强度对比见图 3-18 ~ 图 3-20。

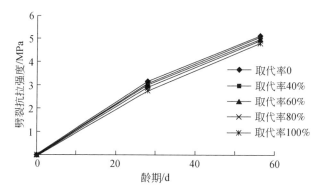

图 3-18　水泥用量为 300 kg/m³时再生粗骨料混凝土劈裂抗拉强度

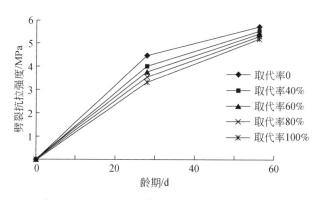

图 3-19　水泥用量为 400 kg/m³时再生粗骨料混凝土劈裂抗拉强度

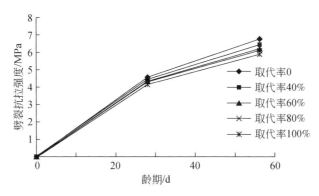

图 3-20　水泥用量为 500 kg/m³时再生粗骨料混凝土劈裂抗拉强度

从图 3-18 ~ 图 3-20 可以看出，再生粗骨料混凝土的劈裂抗拉强度与天然碎石混凝土相比，有一定幅度的降低，随着胶凝材料用量的增加，降低趋势趋于明显。随着水泥用量的增多，同样取代率的再生粗骨料混凝土的劈裂抗拉强度有所提高。

不同胶凝材料用量、不同再生粗骨料取代率的再生粗骨料粉煤灰混凝土（粉煤灰等量取代 30% 水泥）的劈裂抗拉强度见图 3-21 ~ 图 3-23。

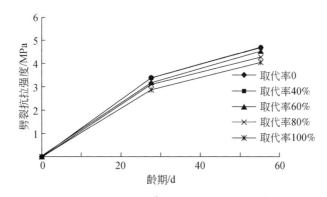

图 3-21　胶凝材料为 300 kg/m³时再生粗骨料混凝土劈裂抗拉强度

由图 3-21 ~ 图 3-23 可知，30% 粉煤灰等量代换水泥之后再生混凝土与同样胶凝材料的天然碎石混凝土相比，其劈裂抗拉强度下降幅度较不掺粉煤灰的小，但是仍小于天然碎石混凝土。

综上所述，建议再生混凝土采用再生粗骨料部分取代，最佳取代率为 40% -70%；与同样掺量的天然碎石混凝土强度相比，粉煤灰能显著提高再生混凝土的

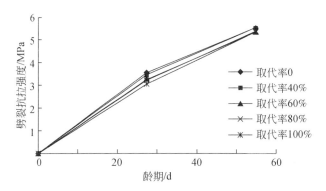

图 3-22　胶凝材料为 400 kg/m³时再生粗骨料混凝土劈裂抗拉强度

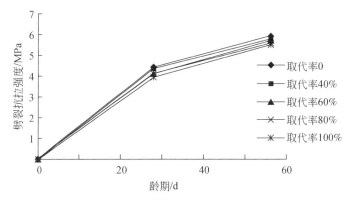

图 3-23　胶凝材料为 500 kg/m³时再生粗骨料混凝土劈裂抗拉强度

抗压强度；混凝土中粗骨料性质对劈裂抗拉强度的影响较大，再生粗骨料受自身的条件限制，不可能达到与天然碎石同样的劈裂抗拉强度。

3.2.1.5　再生混凝土的抗碳化性能

碳化试验按《普通混凝土长期性能和耐久性能试验方法标准》（GB/T 50082—2009）中碳化试验的试验方法进行，在碳化箱中调整 CO_2 的浓度在 17%～23% 范围内，湿度在 65%～75% 范围内，温度控制在 15～25 ℃范围内。试验通过调整用水量控制混凝土坍落度在 160～200 mm 范围内，研究了胶凝材料用量、再生粗骨料取代率以及粉煤灰掺量对再生骨料混凝土碳化性能的影响。试验所用材料与配合比如上所述，试验结果见表 3-43。

表 3-43 再生粗骨料混凝土碳化深度

编号	水泥 /(kg/m³)	粉煤灰 /(kg/m³)	再生粗骨料 取代率/%	碳化深度/mm			
				3 d	7 d	14 d	28 d
A0	300	0	0	2.0	3.0	5.0	6.0
A1	300	0	40	2.5	3.5	5.0	6.0
A2	300	0	60	2.7	3.8	5.5	6.3
A3	300	0	80	2.8	4.0	5.9	6.6
A4	300	0	100	2.9	4.0	6.0	6.8
B0	210	90	0	3.5	4.5	6.0	7.0
B1	210	90	40	3.3	4.8	7.0	8.0
B2	210	90	60	3.4	4.4	6.0	6.7
B3	210	90	80	3.2	4.2	5.7	6.5
B4	210	90	100	2.5	4.2	6.0	7.5
C0	400	0	0	0.5	1.0	2.0	3.0
C1	400	0	40	0.5	0.5	1.0	1.5
C2	400	0	60	0.8	1.2	1.7	2.2
C3	400	0	80	1.1	1.5	2.1	2.6
C4	400	0	100	1.2	1.6	2.0	2.7
D0	280	120	0	2.0	3.0	3.5	4.1
D1	280	120	40	1.5	2.5	3.0	3.8
D2	280	120	60	2.2	2.8	3.4	3.9
D3	280	120	80	2.5	3.0	3.6	4.2
D4	280	120	100	2.6	3.0	3.5	4.6
E0	500	0	0	0.5	1.0	1.5	1.9
E1	500	0	40	0.5	1.0	1.3	1.5
E2	500	0	60	0.5	1.0	1.4	1.6
E3	500	0	80	0.5	1.1	1.5	1.7
E4	500	0	100	0.5	1.2	1.6	1.9
F0	350	150	0	2.0	3.0	4.0	4.3
F1	350	150	40	2.5	2.8	3.1	3.5
F2	350	150	60	2.6	2.9	3.3	3.6
F3	350	150	80	2.6	3.1	3.5	3.8
F4	350	150	100	2.6	3.2	3.7	3.9

再生粗骨料在不同取代率、不同水泥用量配制的混凝土分别与天然粗骨料混凝土的碳化对比结果见图 3-24 ~ 图 3-26。

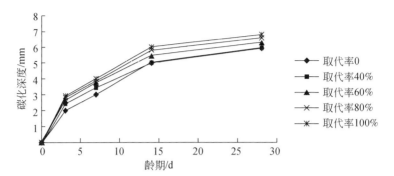

图 3-24　水泥用量为 300 kg/m³ 时再生粗骨料混凝土的碳化深度

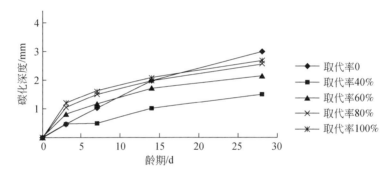

图 3-25　水泥用量为 400 kg/m³ 时再生粗骨料混凝土的碳化深度

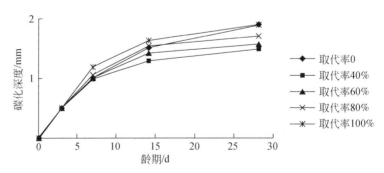

图 3-26　水泥用量为 500 kg/m³ 时再生粗骨料混凝土的碳化深度

由图 3-24 ~ 图 3-26 可知，当水泥用量为 300 kg/m³ 时，随着再生粗骨料取代率的增加，其碳化深度也随之增加，再生粗骨料完全取代时的碳化深度仅比天然碎石混凝土增加 0.8mm。当水泥用量大于 300 kg/m³时，再生粗骨料全取代时（28 d）的碳化深度小于天然碎石混凝土的碳化深度，这说明颗粒整形能显著改善再生混凝土的抗碳化能力，提高再生混凝土的耐久性。

再生粗骨料不同取代率、不同胶凝材料（粉煤灰取代率为 30%）用量配制的混凝土的碳化性能见图 3-27 ~ 图 3-29。

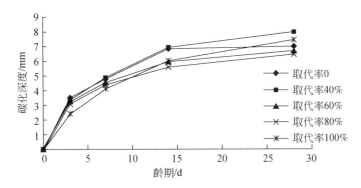

图 3-27　胶凝材料用量为 300 kg/m³时再生粗骨料混凝土的碳化深度

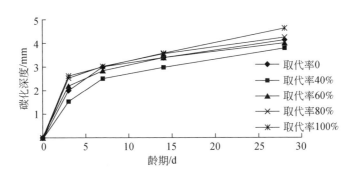

图 3-28　胶凝材料用量为 400 kg/m³时再生粗骨料混凝土的碳化深度

由图 3-27 ~ 图 3-29 可知，当粉煤灰掺量为 30% 时，再生粗骨料混凝土的碳化深度随取代率的增加而增加。在胶凝材料用量为 500 kg/m³时，颗粒整体全取代时的再生混凝土的碳化深度小于天然碎石混凝土 0.4 mm，这表明再生粗骨料混凝土在低水灰比时，抗碳化能力与天然碎石混凝土相近。

掺加 30% 粉煤灰后，混凝土的碳化深度增大。这是因为粉煤灰掺入量的增加，降低了混凝土中的碱含量。同时，粉煤灰的活性发挥较慢，其火山灰效应在早期内不能有效地发挥，故早期不能提高混凝土的抗碳化能力。在实际工程中，

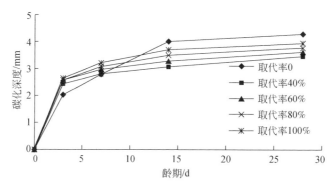

图 3-29 胶凝材料用量为 500 kg/m³ 时再生粗骨料混凝土的碳化深度

由于大气中二氧化碳浓度极低，碳化进程十分缓慢，掺粉煤灰混凝土的抗碳化能力会随着火山灰反应程度的不断提高而得到改善。

3.2.1.6 再生粗骨料混凝土的抗冻性能

混凝土是由硬化的水泥浆体和骨料组成的含毛细孔的复合材料，为了获得浇筑混凝土所必须的和易性，其拌和水量多于水泥水化所需的水量。多余的水滞留在混凝土中，形成占有一定体积的连通毛细孔。常温下硬化混凝土是由未水化的水泥、水泥水化产物、骨料、水、空气共同组成的气–液–固三相平衡体系，当混凝土处于负温时，其内部孔隙中的水分将发生从液相到固相的转变。连通的毛细孔是导致混凝土遭受冻害的主要因素。

抗冻试验按《普通混凝土长期性能和耐久性能试验方法标准》（GB/T 50082—2009）中抗冻性能试验中的快冻法进行，制作 100 mm×100 mm×400 mm 的长方体试块，养护 28 d，在放入冻融试验箱之前先放入水中养护 4 d，水养过后，擦干试块测试块质量和横向基频的初始值。以后前 200 个循环，每 25 个循环测一次试块质量和横向基频，后 100 个循环，每 50 个循环测一次试块质量和横向基频。

冻融试验过程中遵循规范规定的三点要求：

1）试验已进行到 300 个冻融循环就停止试验。

2）试块的相对动弹模量下降到 60% 以下就停止试验。

3）试块质量损失率达 5% 以上就停止试验。

试验研究了再生粗骨料混凝土冻融过程中的重量损失率和相对动弹模量，结果如表 3-44 和表 3-45 所示。

表 3-44　再生粗骨料混凝土质量损失率

编号	再生混凝土质量损失率/%									
	25	50	75	100	125	150	175	200	250	300
A0	0.20	0.25	0.28	0.30	0.42	4.80	—	—	—	—
A1	0.60	0.90	1.10	2.30	6.20	—	—	—	—	—
A2	0.73	1.30	1.90	6.70	—	—	—	—	—	—
A3	0.83	1.60	2.50	8.20	—	—	—	—	—	—
A4	0.90	1.80	2.90	6.80	—	—	—	—	—	—
C0	0.12	0.40	0.60	0.80	1.20	1.50	1.70	2.00	5.90	—
C1	0.20	0.30	0.50	0.80	0.85	0.90	1.10	1.30	5.10	—
C2	0.20	0.31	0.45	0.67	0.70	0.83	0.98	1.17	5.90	—
C3	0.23	0.34	0.47	0.63	0.70	0.90	1.88	3.23	6.50	—
C4	0.30	0.40	0.56	0.70	0.85	1.10	3.80	7.50	—	—
E0	0.10	0.30	0.36	0.40	0.51	0.80	0.93	1.10	1.70	2.10
E1	0.05	0.10	0.12	0.10	0.38	0.60	0.64	0.70	1.80	2.10
E2	0.09	0.13	0.30	0.37	0.58	0.87	0.95	1.10	1.77	2.43
E3	0.13	0.19	0.43	0.57	0.74	1.03	1.12	1.30	1.87	2.93
E4	0.16	0.28	0.52	0.70	0.86	1.10	1.15	1.30	2.10	3.60

表 3-45　再生粗骨料混凝土相对动弹模量

编号	相对动弹模量/%									
	25	50	75	100	125	150	175	200	250	300
A0	97.30	97.22	97.50	96.85	96.34	81.55				
A1	95.90	94.95	94.63	89.87	76.19					
A2	95.44	93.55	91.82	74.52						
A3	95.09	92.50	89.71	69.28						
A4	94.85	91.80	88.31	74.17						
C0	97.58	96.70	96.38	95.11	93.62	93.13	92.06	91.01	77.54	
C1	97.30	97.05	96.73	95.11	94.84	95.23	94.16	93.46	80.34	
C2	97.30	97.02	96.92	95.57	95.35	95.47	94.57	93.92	77.54	
C3	97.18	96.91	96.85	95.69	95.35	95.23	91.43	86.70	75.44	
C4	96.95	96.70	96.52	95.46	94.84	94.53	84.72	71.80	68.45	
E0	97.65	97.05	97.22	96.50	96.02	95.58	94.75	94.16	92.24	90.75

编号	相对动弹模量/%									
	25	50	75	100	125	150	175	200	250	300
E1	97.82	97.75	98.07	97.55	96.48	96.29	95.76	95.55	91.89	90.75
E2	97.68	97.63	97.43	96.62	95.78	95.35	94.69	94.16	92.01	89.59
E3	97.56	97.42	96.97	95.92	95.22	94.77	94.10	93.46	91.66	87.84
E4	97.44	97.12	96.66	95.46	94.80	94.53	93.98	93.46	90.84	85.51

不同粗骨料取代率、不同水泥用量的再生粗骨料混凝土与天然骨料混凝土的抗冻性结果见图 3-30 ~ 图 3-32。

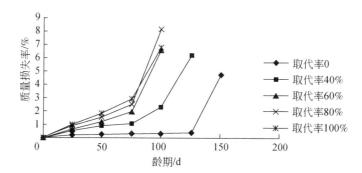

图 3-30　水泥用量为 300 kg/m³ 时再生粗骨料混凝土质量损失率

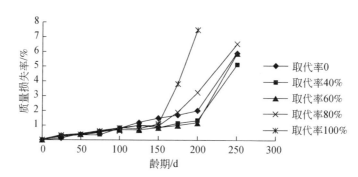

图 3-31　水泥用量为 400 kg/m³ 时再生粗骨料混凝土质量损失率

由图 3-30 ~ 图 3-32 可知,再生粗骨料全取代时,混凝土的质量损失率比天然粗骨料混凝土大,但取代率为 40%、60% 时的质量损失率已与天然粗骨料接近。

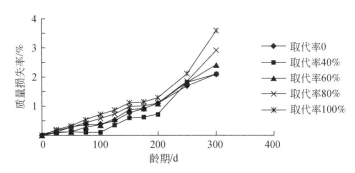

图 3-32　水泥用量为 500 kg/m³ 时再生粗骨料混凝土质量损失率

由图 3-33 ~ 图 3-35 可知，随着胶凝材料用量的增加，再生骨料混凝土的水胶比减小，再生粗骨料混凝土的相对动弹模量与天然骨料混凝土越来越接近。当胶凝材料用量为 500 kg/m³ 时，再生粗骨料混凝土的相对动弹模量与天然骨料混凝土相当。

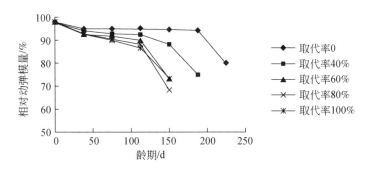

图 3-33　水泥用量为 300 kg/m³ 时再生粗骨料混凝土相对动弹模量

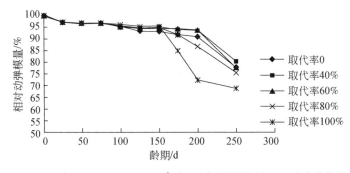

图 3-34　水泥用量为 400 kg/m³ 时再生粗骨料混凝土相对动弹模量

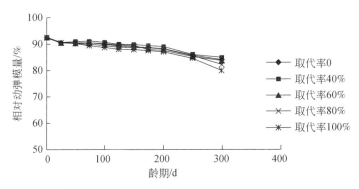

图 3-35　水泥用量为 500 kg/m³ 时再生粗骨料混凝土相对动弹模量

3.2.1.7　再生粗骨料混凝土的收缩性能

干燥收缩是指混凝土停止正常标准养护后，在不饱和的空气中失去内部毛细孔和胶凝孔的吸附水而发生的不可逆收缩，它不同于干湿交替引起的可逆收缩，简称干缩。干缩是混凝土的一个重要的性能指标，它关系到混凝土的强度、体积稳定性、耐久性等性能。

混凝土干燥收缩本质上是水化相的收缩，骨料及未水化胶凝材料则起到约束收缩的作用。水化相的干燥收缩由毛细管张力、劈张力、凝胶体表面能的变化和层间水的丧失四个因素引起。对于一般工程环境（相对湿度大于40%），水化相孔隙失水导致的毛细管张力、劈张力变化是收缩的主要原因，因此，一定龄期下，水化相的数量及其微观孔隙结构决定了混凝土收缩的大小。由于再生粗骨料较高的吸水率特征，再生粗骨料混凝土的干缩变形较为显著，已经引起有关方面的重视。所以，几乎所有研究再生粗骨料混凝土的国内外专家学者都无一例外的提及再生混凝土的干缩变形。

收缩性能试验按《普通混凝土长期性能和耐久性能试验方法标准》（GB/T 50082—2009）进行，制作两端预埋测头的 100 mm×100 mm×515 mm 长方体试块，在标准养护室养护 3 d 后，从标准养护室取出并立即移入温度保持在（20±2）℃、相对湿度保持在（60±5）%的恒温恒湿室，测定其初始长度，并依次测定 1 d、3 d、7 d、14 d、28 d、45 d、60 d 的收缩变化量。

试验通过调整用水量控制混凝土坍落度在 160～200 mm 范围内，研究不同再生粗骨料取代率及不同水泥用量对再生粗骨料混凝土收缩性能的影响。试验所用材料与配合比同上所述，试验结果见表 3-46。

表 3-46　再生粗骨料混凝土的收缩量

编号	混凝土收缩量（×10⁻⁵）						
	1 d	3 d	7 d	14 d	28 d	45 d	60 d
A0	6.47	20.27	21.33	28.67	31.67	33.33	37.60
A1	6.20	21.00	24.87	30.87	33.20	35.27	38.60
A2	9.00	20.33	24.96	30.16	34.31	36.29	39.07
A3	9.98	20.03	25.35	30.33	34.69	37.69	40.87
A4	9.13	20.10	26.06	31.40	34.33	39.47	44.00
C0	11.60	12.40	19.00	25.20	29.20	34.40	37.00
C1	7.80	10.00	17.40	20.00	24.00	27.00	28.20
C2	12.07	14.00	21.53	27.47	31.73	34.20	36.07
C3	14.47	16.73	23.83	31.87	35.87	38.03	40.37
C4	15.00	18.20	24.30	33.20	36.40	38.50	41.10
E0	11.40	17.40	19.47	24.67	26.40	32.80	34.60
E1	9.27	11.80	21.07	24.00	25.20	27.00	30.60
E2	8.38	15.62	23.69	27.73	29.60	32.73	39.53
E3	8.29	17.58	25.27	30.07	32.40	35.93	44.60
E4	9.00	17.67	25.80	31.00	33.60	36.60	45.80

　　再生粗骨料在不同取代率、不同水泥用量配制的混凝土分别与天然粗骨料混凝土的收缩对比结果见图 3-36 ~ 图 3-38。

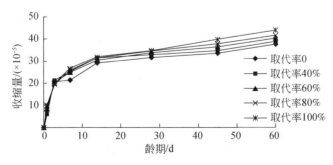

图 3-36　水泥用量为 300 kg/m³ 时混凝土收缩量

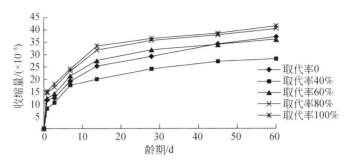

图 3-37　水泥用量为 400 kg/m³ 时混凝土收缩量

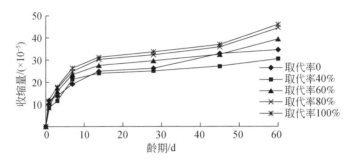

图 3-38　水泥用量为 500 kg/m³ 时混凝土收缩量

从图 3-36 ～ 图 3-38 可以看出，随着再生粗骨料的取代率的增加，再生粗骨料混凝土的收缩也随之加大。当再生粗骨料取代率为 40% 时，其收缩量反而比天然碎石混凝土减少 9%，当再生粗骨料取代率为 80% 和 100% 时，其配制的混凝土收缩平均值分别比天然碎石混凝土大 15% 和 19%。

综上可知，由于再生粗骨料的吸水率较大，在拌制混凝土时需加入较多的拌和水，使再生粗骨料混凝土的早期收缩应变较小，后期增长较快；另外，由于再生粗骨料的弹性模量低于天然碎石，因此再生粗骨料混凝土的收缩量高于天然碎石混凝土。再生粗骨料的取代率对再生混凝土的收缩也有较大影响，当再生粗骨料的相对量比较少时，对收缩起主要控制作用的还是天然碎石，当取代率增加，对收缩起主要控制的是再生粗骨料。

3.2.1.8　再生粗骨料混凝土的抗氯离子渗透性能

氯离子侵蚀引起钢筋锈蚀是导致混凝土结构耐久性降低甚至结构破坏的重要原因。为此，从 20 世纪 80 年代开始，各国不断地开发各种表征混凝土渗透性能的新方法以评价混凝土的密实性能，其中发展较快的是电通量法（ASTM C1202）和氯离子扩散系数快速测定的 RCM 法。试验定量评价了混凝土抵抗氯离子扩散的能力，结果如表 3-47 所示。

表 3-47　再生粗骨料混凝土的氯离子扩散系数

编号	水泥 /（kg/m³）	粉煤灰 /（kg/m³）	细骨料 /（kg/m³）	粗骨料 /（kg/m³）	再生粗骨料 取代率/%	扩散系数 /（×10⁻¹² m²/s）
A0	300	0	658	1222	0	4.3
A1	300	0	658	1222	40	4.4
A2	300	0	658	1222	60	4.5
A3	300	0	658	1222	80	4.6
A4	300	0	658	1222	100	4.7
B0	210	90	658	1222	0	4.1
B1	210	90	658	1222	40	3.9
B2	210	90	658	1222	60	4.0
B3	210	90	658	1222	80	4.2
B4	210	90	658	1222	100	4.4
C0	400	0	640	1190	0	3.7
C1	400	0	640	1190	40	3.7
C2	400	0	640	1190	60	3.8
C3	400	0	640	1190	80	3.9
C4	400	0	640	1190	100	4.0
D0	280	120	640	1190	0	3.4
D1	280	120	640	1190	40	3.5
D2	280	120	640	1190	60	3.6
D3	280	120	640	1190	80	3.6
D4	280	120	640	1190	100	3.7
E0	500	0	623	1157	0	2.4
E1	500	0	623	1157	40	2.5
E2	500	0	623	1157	60	2.6
E3	500	0	623	1157	80	2.8
E4	500	0	623	1157	100	3.0
F0	350	150	623	1157	0	2.2
F1	350	150	623	1157	40	2.2
F2	350	150	623	1157	60	2.3
F3	350	150	623	1157	80	2.4
F4	350	150	623	1157	100	2.5

由图 3-39 可知，随着再生骨料取代率的增加，再生混凝土的抗渗性能有所降低，随着胶凝材料用量的增加，再生骨料混凝土的抗渗性提高显著。

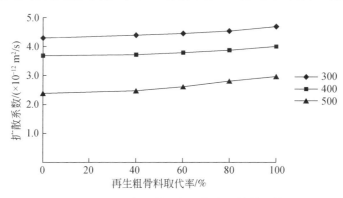

图 3-39　再生粗骨料混凝土氯离子扩散系数

由图 3-40 可知，掺入粉煤灰后，再生混凝土的抗渗性能仍然随着再生骨料取代率的增加有所降低。

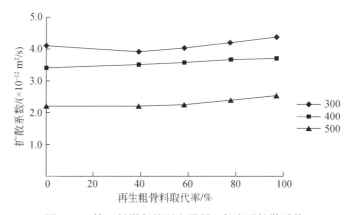

图 3-40　掺入粉煤灰的再生混凝土氯离子扩散系数

从图 3-41 可以看出，混凝土中掺加 30% 的粉煤灰之后，混凝土的氯离子扩散系数有一定程度的降低，没有改变再生骨料取代率对再生混凝土抗渗性能的影响趋势。

粉煤灰的加入能够填补再生骨料中的裂纹和骨料与骨料之间的间隙；另外，粉煤灰的火山灰活性效应使混凝土骨料和水泥砂浆之间的界面更加致密，降低了氯离子在混凝土中的渗透速率，从而使混凝土的抗渗性变强；再者，粉煤灰的一次水化反应生成的水化硅酸钙凝胶的吸附和反应生成了钙铝水滑石（简称 FS），

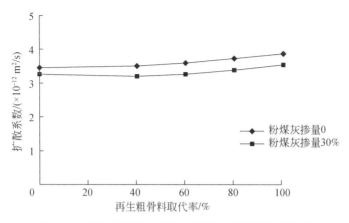

图 3-41 粉煤灰对再生混凝土氯离子扩散系数的影响

可以减少自由 Cl^- 的含量，造成混凝土内部离子浓度降低，从而增强了混凝土抗氯离子侵蚀能力。

3.2.2 再生细骨料混凝土的综合性能研究

再生细骨料混凝土是指以再生细骨料部分或全部取代天然细骨料的混凝土。再生骨料经过处理，各方面性能均有提高，但仍低于天然骨料。另外，全部采用再生骨料会对混凝土性能有较大影响，一般对于细骨料采用不同的取代率，粗骨料则全部采用天然碎石来配制混凝土。但是，再生细骨料混凝土的影响因素多，质量波动大，作者将影响再生细骨料混凝土的主要因素归纳为以下几方面：①再生细骨料种类；②再生细骨料取代率；③粉煤灰掺量；④胶凝材料用量。因此，本章重点探讨以下几方面的内容：

1）再生细骨料混凝土用水量。

2）再生细骨料混凝土力学性能。

3）再生细骨料混凝土收缩性能。

4）再生细骨料混凝土耐久性能。

3.2.2.1 试验材料及方案

（1）材料选择

水泥：P. O42.5 普通硅酸盐水泥。

粉煤灰：Ⅱ级灰。

天然砂：符合《普通混凝土用砂、石质量及检验方法标准》JGJ 52—2006 要求的细度模数为2.8的中砂。

细骨料：再生细骨料。

粗骨料：符合《普通混凝土用砂、石质量及检验方法标准》JGJ 52—2006 要求的天然碎石，其中 5~25 mm 连续级配。

外加剂：掺量为1.2%，减水率为32%。

水：自来水。

（2）试验方案

研究者们采用砂率为35%，减水剂掺量为胶凝材料用量的1.2%，通过调整用水量控制坍落度为160~200 mm。实验中考虑了以下因素对再生细骨料混凝土性能的影响：

1）再生细骨料取代率分别为0%、40%、60%、80%和100%。

2）胶凝材料用量分别为300kg/m³、400 kg/m³和500 kg/m³。

3）粉煤灰掺量分别为0%和30%。具体方案见表3-48。

表 3-48　实验方案

编号	水泥/(kg/m³)	粉煤灰/(kg/m³)	碎石/(kg/m³)	细骨料/(kg/m³)	减水剂/(kg/m³)	再生细骨料取代率/%
A0	300	0	1222	658	3.6	0
A1	300	0	1222	658	3.6	40
A2	300	0	1222	658	3.6	60
A3	300	0	1222	658	3.6	80
A4	300	0	1222	658	3.6	100
B0	210	90	1222	658	3.6	0
B1	210	90	1222	658	3.6	40
B2	210	90	1222	658	3.6	60
B3	210	90	1222	658	3.6	80
B4	210	90	1222	658	3.6	100
C0	400	0	1190	640	4.8	0
C1	400	0	1190	640	4.8	40

编号	水 泥 /(kg/m³)	粉煤灰 /(kg/m³)	碎 石 /(kg/m³)	细骨料 /(kg/m³)	减水剂 /(kg/m³)	再生细骨料 取代率/%
C2	400	0	1190	640	4.8	60
C3	400	0	1190	640	4.8	80
C4	400	0	1190	640	4.8	100
D0	280	120	1190	640	4.8	0
D1	280	120	1190	640	4.8	40
D2	280	120	1190	640	4.8	60
D3	280	120	1190	640	4.8	80
D4	280	120	1190	640	4.8	100
E0	500	0	1157	623	6	0
E1	500	0	1157	623	6	40
E2	500	0	1157	623	6	60
E3	500	0	1157	623	6	80
E4	500	0	1157	623	6	100
F0	350	150	1157	623	6	0
F1	350	150	1157	623	6	40
F2	350	150	1157	623	6	60
F3	350	150	1157	623	6	80
F4	350	150	1157	623	6	100

3.2.2.2　再生细骨料混凝土的工作性

试验通过调整用水量控制坍落度为 160～200 mm，考虑再生细骨料取代率、粉煤灰掺量和胶凝材料用量对再生细骨料混凝土用水量的影响，试验结果见表 3-49。

表 3-49　再生细骨料混凝土的用水量

编号	水胶比	用水量/(kg/m³)	坍落度/mm
A0	0.56	169	170
A1	0.55	165	165
A2	0.54	160	165
A3	0.52	156	170
A4	0.51	154	170

编号	水胶比	用水量/(kg/m³)	坍落度/mm
B0	0.50	150	160
B1	0.55	155	160
B2	0.51	150	160
B3	0.49	147	160
B4	0.48	145	160
C0	0.41	163	165
C1	0.39	154	160
C2	0.38	153	160
C3	0.38	151	190
C4	0.38	151	190
D0	0.39	156	200
D1	0.40	160	185
D2	0.39	158	185
D3	0.39	157	180
D4	0.39	157	180
E0	0.33	163	200
E1	0.30	152	170
E2	0.30	152	170
E3	0.30	151	185
E4	0.30	151	185
F0	0.33	165	200
F1	0.34	168	185
F2	0.33	165	185
F3	0.33	163	190
F4	0.33	161	190

图 3-42 为不同取代率的再生细骨料混凝土的用水量。由图 3-42 可知，再生细骨料混凝土的用水量随再生细骨料取代率的增加而减少，这是因为再生细骨料在制备过程中打磨掉了部分水泥石，吸水率小，而且其棱角圆滑，粒形较好，级配较为合理，使得再生细骨料混凝土的用水量小，工作性良好。

从图 3-43 和图 3-44 可以看出，粉煤灰对再生混凝土用水量的影响取决于粉煤灰的自身性质（需水量比和密度等）及混凝土中胶凝材料的用量。试验所用

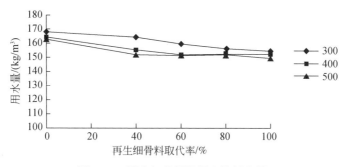

图 3-42 再生细骨料混凝土的用水量

的粉煤灰为Ⅱ级灰，需水量比大于 100%，不利于降低混凝土的用水量。由于粉煤灰的密度只有约 2.2 g/cm³，远小于水泥的密度（约 3.1 g/cm³），因此在胶凝材料相同的情况下，掺有粉煤灰混凝土的浆体的体积有所增加。胶凝材料用量为 300 kg/m³ 时，胶凝材料量较少，粉煤灰的掺加增大了混凝土的浆体体积，有利于降低混凝土的用水量，此时掺有粉煤灰混凝土的用水量均明显小于不掺粉煤灰相应配比的混凝土；当胶凝材料用量为 400 kg/m³ 时，混凝土中的浆体体积较为适宜，粉煤灰的掺加对用水量降低幅度有所减小；当胶凝材料用量为 500 kg/m³ 时，胶凝材料量较多，浆体体积不再是影响混凝土用水量的主要原因，相反由于粉煤灰的需水量比较大，水胶比相同时，浆体变得干稠，在坍落度相同时，无论是简单破碎再生细骨料还是再生细骨料，掺有粉煤灰混凝土的用水量均明显大于不掺粉煤灰相应配比混凝土。此外，添加粉煤灰之后，混凝土的和易性大为改善，更易于泵送，有利于降低施工的劳动强度，促进再生混凝土的推广应用。

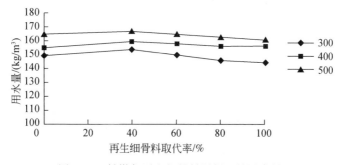

图 3-43 粉煤灰再生细骨料混凝土的用水量

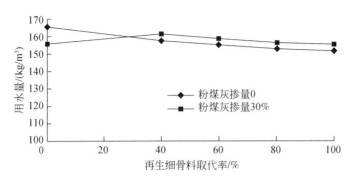

图 3-44 粉煤灰对再生细骨料混凝土的用水量的影响

再生细骨料混凝土的用水量比简单破碎再生细骨料混凝土用水量有较大幅度的降低，并且能明显地提高混凝土的保水性、黏聚性。粉煤灰对再生混凝土用水量的影响与胶凝材料的用量密切相关，随着胶凝材料用量的增加，粉煤灰的减水效果逐渐降低，当胶凝材料增加到一定程度时，反而增加用水量。

3.2.2.3 再生细骨料混凝土的力学性能

（1）再生混凝土的抗压强度

由表 3-50 和图 3-45～图 3-47 可以看出再生细骨料混凝土的抗压强度随着细骨料取代率的增加而增加，这与再生细骨料在整形过程中去除了较为突出的棱角和黏附在表面的硬化水泥砂浆，使颗粒趋于球形，用水量减少有关；此外，再生细骨料的界面结合能力高于天然河砂。

表 3-50 再生细骨料混凝土的抗压强度

编号	抗压强度/MPa		
	3 d	28 d	56 d
A0	24.3	41.5	50.4
A1	25.9	41.7	48.6
A2	26.4	44.5	48.7
A3	27.0	45.8	49.1
A4	27.8	45.5	49.6
B0	13.3	31.6	36.5

续表

编号	抗压强度/MPa		
	3 d	28 d	56 d
B1	21.0	40.0	46.5
B2	21.1	40.1	47.2
B3	22.0	40.6	48.0
B4	23.6	41.5	49.1
C0	35.2	59.1	64.8
C1	37.3	56.9	64.4
C2	38.6	57.1	64.7
C3	39.6	57.7	66.0
C4	40.3	58.6	68.5
D0	23.2	47.6	54.4
D1	25.0	48.1	54.5
D2	26.7	49.2	54.8
D3	27.4	50.0	55.1
D4	27.2	50.4	55.3
E0	40.2	66.6	69.4
E1	52.5	70.9	70.6
E2	52.5	72.2	71.9
E3	53.1	72.9	73.0
E4	54.2	73.1	73.9
F0	25.5	49.9	61.1
F1	26.5	55.8	62.8
F2	29.7	58.2	62.9
F3	31.5	59.8	63.3
F4	31.9	60.6	64.0

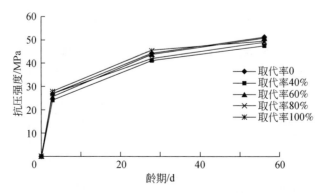

图 3-45 水泥用量为 300 kg/m³ 时再生细骨料混凝土的抗压强度

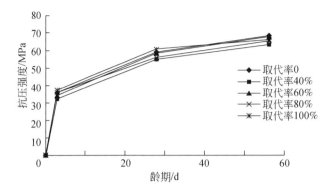

图 3-46　水泥用量为 400 kg/m³ 时再生细骨料混凝土的抗压强度

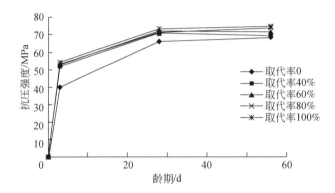

图 3-47　水泥用量为 500 kg/m³ 时再生细骨料混凝土的抗压强度

　　从表 3-51 和图 3-48～图 3-50 可以看出，粉煤灰掺量为 30% 时，混凝土的抗压强度降低较为明显。掺入 30% 的粉煤灰后再生细骨料混凝土的 3 d 强度平均约降低 43%，56 d 强度平均约降低 14%，可见掺入粉煤灰有利于混凝土后期强度的增长。此外，掺入粉煤灰后，再生混凝土与天然混凝土强度的比值有所提高。

表 3-51　再生细骨料混凝土的劈裂抗拉强度

编号	水泥 /（kg/m³）	粉煤灰/（kg/m³）	再生细骨料 取代率/%	劈裂抗拉 强度/MPa
A0	300	0	0	3.19
A1	300	0	40	3.09
A2	300	0	60	3.13
A3	300	0	80	3.17

续表

编号	水泥/（kg/m³）	粉煤灰/（kg/m³）	再生细骨料取代率/%	劈裂抗拉强度/MPa
A4	300	0	100	3.21
B0	210	90	0	2.98
B1	210	90	40	3.08
B2	210	90	60	3.11
B3	210	90	80	3.15
B4	210	90	100	3.19
C0	400	0	0	4.20
C1	400	0	40	3.45
C2	400	0	60	3.78
C3	400	0	80	4.08
C4	400	0	100	4.35
D0	280	120	0	3.37
D1	280	120	40	3.26
D2	280	120	60	3.61
D3	280	120	80	3.95
D4	280	120	100	4.26
E0	500	0	0	4.77
E1	500	0	40	4.70
E2	500	0	60	4.91
E3	500	0	80	5.08
E4	500	0	100	5.23
F0	350	150	0	3.70
F1	350	150	40	4.80
F2	350	150	60	4.87
F3	350	150	80	5.05
F4	350	150	100	5.34

（2）再生混凝土的劈裂抗拉强度

通过制作 100 mm×100 mm×100 mm 的立方体试块，测试 28 d 的劈裂抗拉强度，劈裂抗拉强度测定值乘以系数 0.85 换算成标准的劈裂抗拉强度。

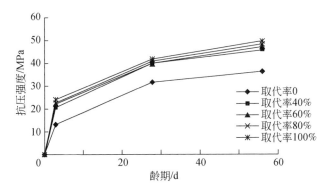

图 3-48　胶凝材料为 300 kg/m³时再生细骨料混凝土的抗压强度

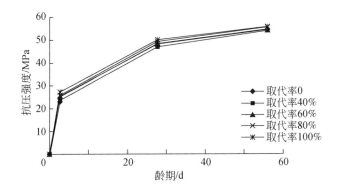

图 3-49　胶凝材料为 400 kg/m³时再生细骨料混凝土的抗压强度

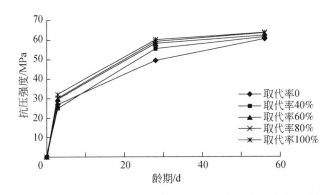

图 3-50　胶凝材料为 500 kg/m³时再生细骨料混凝土的抗压强度

由图 3-51 和图 3-52 可知，再生细骨料混凝土和粉煤灰再生细骨料混凝土的劈裂抗拉强度均随着细骨料取代率的增加而略有增加，取代率为 100% 时约比天然骨料混凝土提高 5% ~15%。

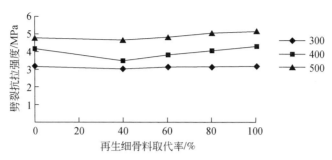

图 3-51 再生细骨料混凝土的劈裂抗拉强度

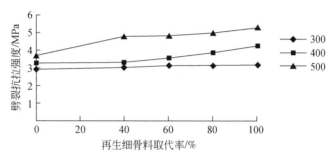

图 3-52 粉煤灰再生细骨料混凝土的劈裂抗拉强度

由图 3-53 可知，粉煤灰掺量为 30% 的再生细骨料混凝土的劈裂抗拉强度比不掺粉煤灰的略有降低。尤其在早期，其下降趋势更加明显。由于粉煤灰的活性较低，其参与水化反应的时间较晚，因此其早期强度较低，但后期强度的下降趋于平缓。

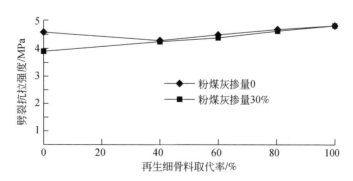

图 3-53 粉煤灰对再生细骨料混凝土的劈裂抗拉强度的影响

3.2.2.4 再生细骨料混凝土的抗碳化性能

碳化试验按照《普通混凝土长期性能和耐久性能试验方法标准》(GB/T 50082—2009)进行,在碳化箱中调整 CO_2 的浓度在 17% ~ 23% 范围内,湿度在 65% ~ 75% 范围内,温度控制在 15 ~ 25 ℃范围内。

试验中采用砂率为 35%,减水剂掺量为胶凝材料用量的 1.2%,通过调整用水量控制坍落度为 160 ~ 200 mm。

由表 3-52 和图 3-54 ~ 图 3-56 可知,再生细骨料在整形过程中改善了粒形,去除了较为突出的棱角和黏附在表面的硬化水泥砂浆,粒形更为优化,级配更为合理,用水量有较大程度地降低,使得混凝土的密实度提高,碳化深度降低,抗碳化性能提高。

表 3-52 再生细骨料混凝土的碳化深度

编号	碳化深度/mm			
	3 d	7 d	14 d	28 d
A0	2.0	3.0	5.0	6.0
A1	2.0	2.4	3.1	3.5
A2	2.0	2.6	3.4	3.9
A3	1.7	2.9	3.6	4.2
A4	1.5	3.0	3.7	4.3
B0	3.5	4.5	6.0	7.0
B1	4.0	4.9	5.6	6.2
B2	4.2	5.0	5.5	6.3
B3	4.1	4.7	5.5	6.4
B4	4.0	4.5	5.6	6.5
C0	0.5	1.0	2.0	3.0
C1	0.5	1.0	1.8	2.5
C2	0.5	1.1	2.0	2.6
C3	0.5	1.0	2.0	2.8
C4	0.5	1.0	1.9	2.8
D0	2.0	3.0	3.5	4.1
D1	2.0	2.5	3.1	4.0
D2	2.3	2.7	3.3	4.7
D3	2.8	3.5	4.5	5.1

续表

编号	碳化深度/mm			
	3 d	7 d	14 d	28 d
D4	3.0	3.8	4.5	5.1
E0	0.5	1.0	1.5	1.9
E1	0.5	0.8	1.2	1.5
E2	0.8	1.3	1.7	2.1
E3	0.7	1.5	2.2	2.8
E4	0.5	1.5	2.3	3.0
F0	2.0	3.0	4.0	4.3
F1	2.0	3.0	4.0	4.5
F2	2.3	3.2	4.2	4.7
F3	2.7	3.6	4.5	5.1
F4	2.8	3.7	4.6	5.2

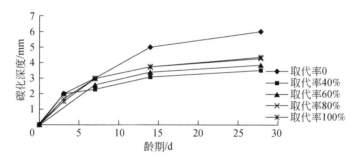

图 3-54　水泥用量为 300 kg/m³ 时再生细骨料混凝土的碳化深度

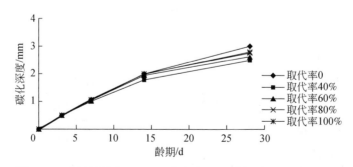

图 3-55　水泥用量为 400 kg/m³ 时再生细骨料混凝土的碳化深度

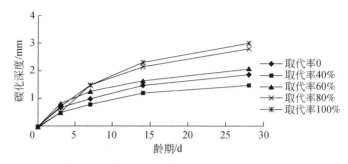

图 3-56　水泥用量为 500 kg/m³ 时再生细骨料混凝土的碳化深度

　　由表 3-52 和图 3-57 ~ 图 3-59 可知,粉煤灰掺量为 30% 的再生细骨料混凝土的碳化深度大于不掺粉煤灰的再生细骨料混凝土的碳化深度,平均约高出 62%。这是因为粉煤灰掺入量的增加,降低了混凝土中的碱含量。同时,粉煤灰的活性发挥较慢,其火山灰效应早期内不能有效地发挥,故早期不能提高混凝土的抗碳化能力。在实际工程中,由于大气中二氧化碳浓度极低,碳化进程十分缓慢,掺粉煤灰混凝土的抗碳化能力会随着火山灰反应程度的不断提高而得到改善。

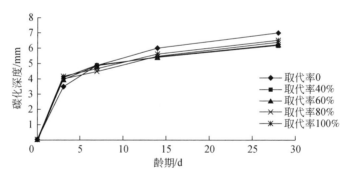

图 3-57　胶凝材料为 300 kg/m³ 时再生细骨料混凝土的碳化深度

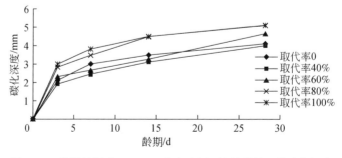

图 3-58　胶凝材料为 400 kg/m³ 时再生细骨料混凝土的碳化深度

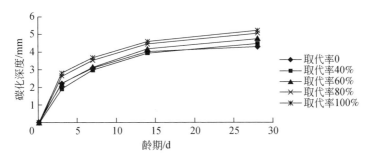

图 3-59 胶凝材料为 500 kg/m³ 时再生细骨料混凝土的碳化深度

3.2.2.5 再生细骨料混凝土的抗冻性

抗冻试验按照《普通混凝土长期性能和耐久性能试验方法标准》(GB/T 50082—2009)中的快冻法进行,制作 100 mm×100 mm×400 mm 的长方体试块,养护 28 d,在放入冻融试验箱之前先放入水中养护 4 d,水养过后,擦干测试块质量和横向基频的初始值。以后前 200 个循环,每 25 个循环测一次试块质量和横向基频,后 100 个循环,每 50 个循环测一次试块质量和横向基频。

试验中采用砂率为 35%,减水剂掺量为胶凝材料用量的 1.2%,通过调整用水量控制坍落度为 160~200 mm。

冻融试验过程中遵循规范规定的三点要求:

1)试验已进行到 300 个冻融循环就停止试验。

2)试块的相对动弹模量下降到 60% 以下就停止试验。

3)试块质量损失率达 5% 以上就停止试验。

试验研究了再生细骨料混凝土冻融过程中的质量损失率和相对动弹模量,结果如表 3-53 和表 3-54 所示。

表 3-53 再生细骨料混凝土的质量损失率

编号	质量损失/%								
	50	75	100	125	150	175	200	250	300
A1	0.30	0.50	0.90	1.60	2.30	2.90			
A2	0.30	0.57	1.03	1.67	2.43	2.97			
A3	0.30	0.47	0.97	1.43	2.10	2.80	3.40	4.47	
A4	0.30	0.40	0.90	1.30	1.90	2.70	3.30	4.60	5.10

编号	质量损失率/%								
	50	75	100	125	150	175	200	250	300
C1	0.20	0.50	0.90	1.20	1.80	2.50	3.10	3.70	4.10
C2	0.20	0.57	0.83	1.27	1.93	2.63	3.17	3.90	4.03
C3	0.20	0.40	0.67	0.97	1.33	1.83	2.33	3.07	3.60
C4	0.20	0.30	0.60	0.80	1.00	1.40	1.90	2.60	3.40
E1	0.10	0.60	1.30	2.10	2.90	3.60	4.10	4.70	5.20
E2	0.17	0.53	1.03	1.63	2.23	2.73	3.30	3.70	4.33
E3	0.13	0.37	0.63	1.07	1.43	1.77	2.23	2.60	3.10
E4	0.10	0.30	0.50	0.90	1.20	1.50	1.90	2.30	2.70

表 3-54   再生细骨料混凝土的相对动弹模量

编号	再生细骨料混凝土的相对动弹模量/%								
	50	75	100	125	150	175	200	250	300
A1	98.9	97.6	96.3	95.1	93.2	89.4			
A2	98.7	97.5	96.4	95.3	93.2	90.7			
A3	98.9	98.0	96.8	95.3	93.1	91.8	88.7	86.2	
A4	99.1	98.3	96.9	95.2	93.1	92.0	88.6	85.7	80.1
C1	98.7	96.9	95.3	93.6	91.7	88.3	85.1	83.5	80.1
C2	98.3	96.5	94.6	92.9	91.0	88.9	86.1	83.8	81.0
C3	98.3	96.2	94.4	92.7	90.6	88.6	85.9	84.0	82.0
C4	98.4	96.2	94.5	92.8	90.6	88.3	85.6	84.1	82.3
E1	99.0	98.1	96.5	94.8	92.6	90.3	87.3	85.2	84.6
E2	98.5	97.4	95.9	93.7	91.4	89.4	86.9	85.5	84.6
E3	98.5	97.2	96.4	94.3	92.9	90.5	88.4	86.7	85.0
E4	98.6	97.3	96.8	94.9	93.6	91.3	89.2	87.3	85.2

由图 3-60 ~ 图 3-65 可知,再生细骨料中水泥石和粉体的大量吸水,降低了再生混凝土的实际水胶比;粉体的存在起到了填充作用,提高了再生混凝土的密实度。在试验过程中发现,再生细骨料混凝土和天然骨料混凝土变化趋势相同,冻融循环次数较少时外观变化不明显,随着冻融次数的增加,试件表面混凝土开始剥落,有微小孔洞出现,并逐渐连通至整个表层水泥浆脱落,混凝土表面呈麻

状，掉渣较多。

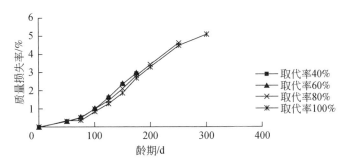

图 3-60　水泥用量为 300 kg/m³ 时再生细骨料混凝土的质量损失率

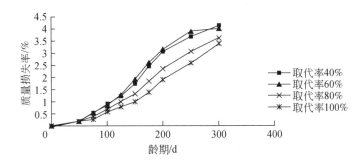

图 3-61　水泥用量为 400 kg/m³ 时再生细骨料混凝土的质量损失率

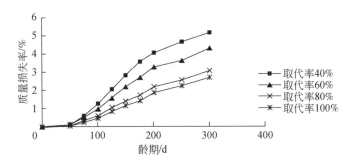

图 3-62　水泥用量为 500 kg/m³ 时再生细骨料混凝土的质量损失率

当水泥用量较多时，再生细骨料混凝土的质量损失率随着再生细骨料取代率的提高而降低，其动弹模量变化不明显，这与再生细骨料吸水率高有关。对于再生细骨料混凝土，采用相对动弹模量衡量其抗冻性更为准确。可见，再生细骨料混凝土的抗冻性与天然骨料混凝土相当。

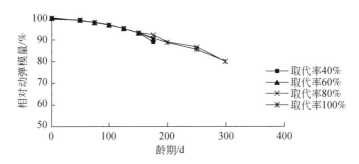

图 3-63 水泥用量为 300 kg/m³ 时再生细骨料混凝土的相对动弹模量

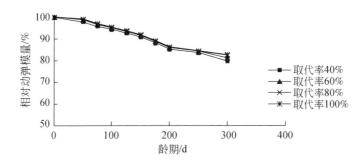

图 3-64 水泥用量为 400 kg/m³ 时再生细骨料混凝土的相对动弹模量

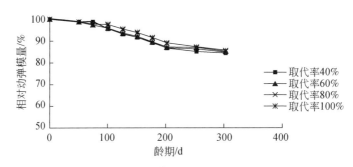

图 3-65 水泥用量为 500 kg/m³ 时再生细骨料混凝土的相对动弹模量

3.2.2.6 再生细骨料混凝土的收缩性能

收缩性能试验按照《普通混凝土长期性能和耐久性能试验方法标准》（GB/T 50082—2009）进行，制作两端预埋测头的 100 mm×100 mm×515 mm 长方体试块，在标准养护室养护 3 d 后，从标准养护室取出并立即移入温度保持在（20±2）℃，相对湿度保持在（60±5）％的恒温恒湿室，测定其初始长度，并依次测定 1 d、3 d、7 d、14 d、28 d、45 d、60 d、90 d、120 d 的收缩变化量。

试验中通过调整用水量控制坍落度为 160～200 mm，考虑再生细骨料取代率、粉煤灰掺量和胶凝材料用量对再生细骨料混凝土收缩性能的影响。

由表 3-55 和图 3-66～图 3-68 可知，再生细骨料混凝土的收缩量大于天然细骨料混凝土的收缩量。随着细骨料取代率的增加，再生混凝土的收缩有所增加。天然混凝土早期的收缩大于再生混凝土，但其后期收缩明显小于再生混凝土。这是因为再生细骨料的吸水率大，能在混凝土水化初期起到保水作用；但随着水化和水分蒸发的进一步进行，会产生较大的干燥收缩。

表 3-55　再生细骨料混凝土收缩性能

编号	收缩实验结果/（10^{-5}）							
	1 d	3 d	7 d	14 d	28 d	45 d	60 d	120 d
A0	6.47	20.27	21.33	28.67	31.67	33.33	37.60	46.34
A1	2.01	8.57	15.65	21.20	32.65	43.58	54.10	59.54
A2	2.02	8.16	14.81	20.85	31.07	43.13	53.85	58.73
A3	2.00	7.63	13.42	19.46	29.59	42.22	52.99	58.59
A4	1.98	7.46	12.93	18.85	29.24	41.87	52.63	58.73
C0	11.60	12.40	19.00	25.20	29.20	34.40	37.00	49.20
C1	2.98	8.76	16.95	25.53	36.06	48.18	55.31	60.19
C2	2.88	8.45	14.77	24.55	33.57	46.27	55.09	59.64
C3	2.65	8.11	12.20	22.85	30.54	43.56	54.46	59.58
C4	2.56	8.01	11.46	22.25	29.65	42.69	54.20	59.69
E0	11.40	20.40	19.47	24.67	26.40	32.80	34.60	53.26
E1	3.68	9.56	19.90	28.34	39.20	52.68	59.36	75.30
E2	3.89	10.23	19.53	26.19	35.92	48.47	58.62	67.62
E3	4.17	14.09	19.18	23.94	32.85	44.10	56.30	61.19
E4	4.26	15.86	19.10	23.35	32.14	42.97	55.33	59.90

再生细骨料混凝土的收缩随着胶凝材料用量的增加而增加，胶凝材料每增加 100 kg/m^3，再生混凝土的收缩量约增加 5％。

3.2.2.7　再生细骨料混凝土的抗渗性能

从表 3-56 和图 3-69～图 3-71 可以看出，再生细骨料混凝土的抗渗性均随着

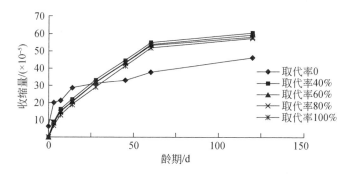

图 3-66   水泥用量为 300 kg/m³时混凝土的收缩

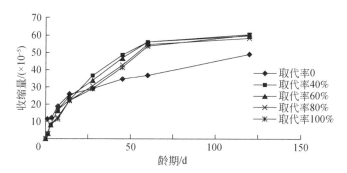

图 3-67   水泥用量为 400 kg/m³时混凝土的收缩

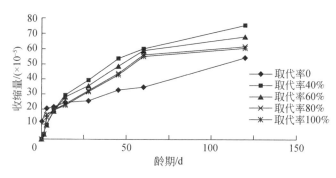

图 3-68   水泥用量为 500 kg/m³时混凝土的收缩

取代率的增大而降低，但降低幅度较小，再生细骨料混凝土的抗氯离子渗透性良好。由图表还可看出，粉煤灰具有的微集料填充效应和火山灰活性可降低再生细骨料混凝土的渗透性。

表 3-56 再生细骨料混凝土的氯离子扩散系数

编号	水泥 /(kg/m³)	粉煤灰 /(kg/m³)	再生细骨料 取代率/%	扩散系数 /(×10⁻¹² m²/s)
A0	300	0	0	3.88
A1	300	0	40	5.80
A2	300	0	60	4.05
A3	300	0	80	3.37
A4	300	0	100	3.36
B0	210	90	0	3.31
B1	210	90	40	2.11
B2	210	90	60	2.10
B3	210	90	80	2.09
B4	210	90	100	2.09
C0	400	0	0	2.97
C1	400	0	40	2.25
C2	400	0	60	2.16
C3	400	0	80	2.18
C4	400	0	100	2.22
D0	280	120	0	2.10
D1	280	120	40	2.20
D2	280	120	60	2.21
D3	280	120	80	2.26
D4	280	120	100	2.29
E0	500	0	0	2.09
E1	500	0	40	2.94
E2	500	0	60	2.74
E3	500	0	80	2.41
E4	500	0	100	2.32
F0	350	150	0	2.09
F1	350	150	40	2.60
F2	350	150	60	2.74
F3	350	150	80	2.82
F4	350	150	100	2.83

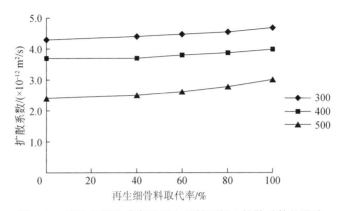

图 3-69　再生骨料取代率对再生骨料混凝土扩散系数的影响

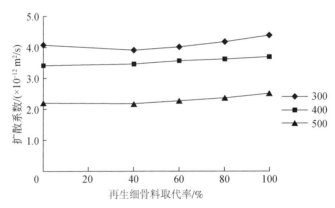

图 3-70　再生细骨料取代率对粉煤灰混凝土扩散系数的影响

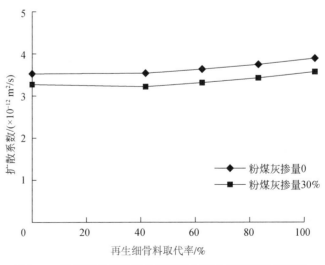

图 3-71　粉煤灰掺量对再生细骨料混凝土扩散系数的影响

3.2.3 再生骨料混凝土的高性能化和耐久性研究

3.2.3.1 试验原材料

水泥：P Ⅱ 52.5 硅酸盐水泥。

普通矿粉：S95 级矿粉。

粉煤灰：Ⅱ级灰。

硅灰：SiO_2 >95%。

粗骨料：5~25 mm 连续级配的花岗岩碎石，符合《普通混凝土用砂、石质量及检验方法标准》JGJ 52—2006 的要求。高品质再生粗骨料是将废弃混凝土破碎、颗粒整形、筛分后得到的再生粗骨料。

细骨料：天然细骨料是符合《普通混凝土用砂、石质量及检验方法标准》JGJ 52—2006 要求的细度模数为 3.1 的中粗河砂；高品质再生细骨料是将废弃混凝土破碎、颗粒整形、筛分后得到的再生细骨料。

外加剂：高效聚羧酸减水剂。

水：自来水。

3.2.3.2 试验方案

1）拆除建筑垃圾时产生的废弃混凝土，首先经过破碎机简单破碎，然后再利用颗粒整形设备机械强化处理，通过筛分得到高品质再生粗、细骨料。

2）利用高品质再生粗、细骨料分别按照不同比例取代（0、40%、60%、80%和100%）天然骨料制备高性能混凝土，系统研究对混凝土的工作性、力学性能和耐久性的影响。

3）基准混凝土的确定：根据前期大量的实验数据和研究结果，采用 P Ⅱ 52.5 水泥、普通矿粉、粉煤灰和硅灰分别按不同的比例组合成 4 种不同的胶凝材料体系（A 为水泥+普通矿粉；C 为水泥+普通矿粉+硅灰；D 为水泥+粉煤灰；F 为水泥+粉煤灰+硅灰），其具体的组合方式及掺量见表 3-39。混凝土的胶凝材料用量均为 480 kg/m³，砂率均采用 40%，粗骨料用量为 1095 kg/m³，细骨料用量为 730 kg/m³，掺入 1.2% 的聚羧酸高效减水剂，通过调整用水量使混凝土的坍落度控制为 180~220 mm，基准混凝土配合比见表 3-57。

表 3-57　基准混凝土配合比

组别	水泥 /（kg/m³）	矿粉 /（kg/m³）	粉煤灰 /（kg/m³）	超细矿粉 /（kg/m³）	硅灰 /（kg/m³）	砂 /（kg/m³）	石 /（kg/m³）	坍落度 /mm	外加剂 /（kg/m³）
A	240	240	0	0	0	730	1095	180～220	5.8
B	240	201.6	0	38.4	0	730	1095	180～220	5.8
C	240	201.6	0	0	38.4	730	1095	180～220	7.2
D	240	0	240	0	0	730	1095	180～220	5.8
E	240	0	201.6	38.4	0	730	1095	180～220	5.8
F	240	0	201.6	0	38.4	730	1095	180－220	7.2

注：B 表示水泥+普通矿粉+超细矿粉；E 表示水泥+粉煤灰+超细矿粉。

4）再生粗骨料取代量分别为 0%、40%、60%、80% 和 100%，再生细骨料取代量分别为 0%、40%、60%、80% 和 100%，形成 8 个不同的再生骨料混凝土配比。4 组不同胶凝材料体系，共形成 32 个混凝土的配合比，具体配合比见表 3-58。

表 3-58　再生粗、细骨料取代量

编号	再生细骨料取代率/%	编号	再生粗骨料取代率/%	胶凝体系
A0	0	A0	0	
A11	40	A21	40	C = 240 kg/m³
A12	60	A22	60	
A13	80	A23	80	S95 = 240 kg/m³
A14	100	A24	100	
B0	0	B0	0	
B11	40	B21	40	C = 240 kg/m³
B12	60	B22	60	S95 = 201.6 kg/m³
B13	80	B23	80	P800 = 38.4 kg/m³
B14	100	B24	100	
C0	0	C0	0	
C11	40	C21	40	C = 240 kg/m³
C12	60	C22	60	S95 = 201.6 kg/m³
C13	80	C23	80	SF = 38.4 kg/m³
C14	100	C24	100	

编号	再生细骨料取代率/%	编号	再生粗骨料取代率/%	胶凝体系
D0	0	D0	0	C = 240 kg/m³ FA = 240 kg/m³
D11	40	D21	40	
D12	60	D22	60	
D13	80	D23	80	
D14	100	D24	100	
E0	0	E0	0	C = 240 kg/m³ FA = 201.6 kg/m³ P800 = 38.4 kg/m³
E11	40	E21	40	
E12	60	E22	60	
E13	80	E23	80	
E14	100	E24	100	
F0	0	F0	0	C = 240 kg/m³ FA = 201.6 kg/m³ SF = 38.4 kg/m³
F11	40	F21	40	
F12	60	F22	60	
F13	80	F23	80	
F14	100	F24	100	

注：S95 表示 S95 级矿粉；P800 表示 P800 型微米级超活性矿粉；SF 表示硅灰；FA 表示粉煤灰。

3.2.3.3 研究的主要性能

(1) 再生骨料混凝土的工作性

从表 3-59 的数据及图 3-72 中可以看出，不同胶凝材料种类时，在再生细骨料取代率较低时（40%），再生细骨料混凝土的需水量相差不大，而在再生细骨料取代率为 80% 时，不同胶凝材料种类时需水量相差较大；从各种取代率下的需水量来看，"水泥+普通矿粉+硅灰"胶凝体系的需水量最低，这说明不同矿物外加剂相互掺加时具有外加剂协同或排斥作用。

表 3-59　再生细骨料混凝土的工作性

编号	再生细骨料取代率/%	硅灰/(kg/m³)	超细矿粉/(kg/m³)	粉煤灰/(kg/m³)	普通矿粉/(kg/m³)	水泥/(kg/m³)	扩展度/cm	坍落度/cm	用水量/(kg/m³)
A0	0	0	0	0	240	240	45	22	139
A11	40	0	0	0	240	240	44	21	139
A12	60	0	0	0	240	240	42	21	139

编号	再生细骨料取代率/%	硅灰/(kg/m³)	超细矿粉/(kg/m³)	粉煤灰/(kg/m³)	普通矿粉/(kg/m³)	水泥/(kg/m³)	扩展度/cm	坍落度/cm	用水量/(kg/m³)
A13	80	0	0	0	240	240	42	21	141
A14	100	0	0	0	240	240	43	23	143
B0	0	0	38.4	0	201.6	240	38	21	128
B11	40	0	38.4	0	201.6	240	35	18	134
B12	60	0	38.4	0	201.6	240	36	19	137
B13	80	0	38.4	0	201.6	240	37	20	141
B14	100	0	38.4	0	201.6	240	38	20	146
C0	0	38.4	0	0	201.6	240	41	22	129
C11	40	38.4	0	0	201.6	240	38	20	134
C12	60	38.4	0	0	201.6	240	39	20	132
C13	80	38.4	0	0	201.6	240	38	20	133
C14	100	38.4	0	0	201.6	240	37	19	137
D0	0	0	0	240	0	240	42	22	126
D11	40	0	0	240	0	240	39	20	136
D12	60	0	0	240	0	240	38	21	149
D13	80	0	0	240	0	240	40	21	156
D14	100	0	0	240	0	240	43	21	158
E0	0	0	38.4	201.6	0	240	38	20	129
E11	40	0	38.4	201.6	0	240	34	19	136
E12	60	0	38.4	201.6	0	240	36	20	141
E13	80	0	38.4	201.6	0	240	37	21	145
E14	100	0	38.4	201.6	0	240	38	21	148
F0	0	38.4	0	201.6	0	240	36	20	134
F11	40	38.4	0	201.6	0	240	40	21	141
F12	60	38.4	0	201.6	0	240	40	21	143
F13	80	38.4	0	201.6	0	240	40	21	146
F14	100	38.4	0	201.6	0	240	40	22	150

从表3-60的数据和图3-73中可以看出，再生粗骨料在相同取代率下，不同胶凝材料使用时，再生粗骨料混凝土的需水量差别较大，这可能是因为粗骨料颗粒较大，在粗骨料周围不同胶凝材料填充性不同；在使用同种胶凝材料时，再生粗骨料混凝土中的再生粗骨料取代率不同时，其需水量相差不大。

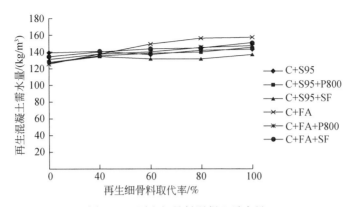

图 3-72 再生细骨料混凝土需水量

表 3-60 再生粗骨料混凝土的工作性

编号	再生粗骨料取代率/%	硅灰/(kg/m³)	超细矿粉/(kg/m³)	粉煤灰/(kg/m³)	普通矿粉/(kg/m³)	水泥/(kg/m³)	扩展度/cm	坍落度/cm	用水量/(kg/m³)
A0	0	0	0	0	240	240	45	22	139
A21	40	0	0	0	240	240	45	22	138
A22	60	0	0	0	240	240	42	21	137
A23	80	0	0	0	240	240	38	20	137
A24	100	0	0	0	240	240	33	19	137
B0	0	0	38.4	0	201.6	240	38	21	128
B21	40	0	38.4	0	201.6	240	37	21	142
B22	60	0	38.4	0	201.6	240	36	20	142
B23	80	0	38.4	0	201.6	240	35	20	141
B24	100	0	38.4	0	201.6	240	34	20	139
C0	0	38.4	0	0	201.6	240	41	22	129
C21	40	38.4	0	0	201.6	240	40	20	129
C22	60	38.4	0	0	201.6	240	40	20	137
C23	80	38.4	0	0	201.6	240	40	20	139
C24	100	38.4	0	0	201.6	240	39	20	136
D0	0	0	0	240	0	240	42	22	126
D21	40	0	0	240	0	240	40	21	127
D22	60	0	0	240	0	240	43	21	127
D23	80	0	0	240	0	240	42	21	128

续表

编号	再生粗骨料取代率/%	硅灰/(kg/m³)	超细矿粉/(kg/m³)	粉煤灰/(kg/m³)	普通矿粉/(kg/m³)	水泥/(kg/m³)	扩展度/cm	坍落度/cm	用水量/(kg/m³)
D24	100	0	0	240	0	240	38	20	129
E0	0	0	38.4	201.6	0	240	38	20	129
E21	40	0	38.4	201.6	0	240	35	19	136
E22	60	0	38.4	201.6	0	240	37	20	138
E23	80	0	38.4	201.6	0	240	38	20	139
E24	100	0	38.4	201.6	0	240	38	21	139
F0	0	38.4	0	201.6	0	240	36	20	134
F21	40	38.4	0	201.6	0	240	38	21	132
F22	60	38.4	0	201.6	0	240	37	20	134
F23	80	38.4	0	201.6	0	240	37	20	138
F24	100	38.4	0	201.6	0	240	36	19	142

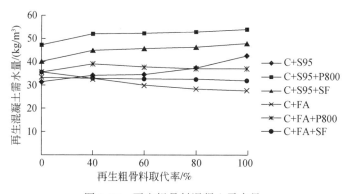

图 3-73　再生粗骨料混凝土需水量

（2）再生骨料混凝土的力学性能

Ⅰ. 再生细骨料混凝土的力学性能

从表 3-61 和图 3-74～图 3-76 中可以看出，在"水泥+普通矿粉+超细矿粉"体系下，再生细骨料混凝土的抗压强度最大；在"水泥+粉煤灰"体系下，再生细骨料混凝土的抗压强度最小，而且在再生细骨料取代率为 100% 时，再生细骨料混凝土的抗压强度和其他取代率时无太大差别，甚至在"水泥+普通矿粉+硅灰"体系下，随着取代率的增大，抗压强度逐步提高。

表 3-61 再生细骨料混凝土的力学性能

编号	再生细骨料取代率/%	抗压强度/MPa			抗折强度/MPa	劈拉强度/MPa
		3d	28d	56d	28d	28d
A0	0	31.3	55.3	62.3	4.63	4.24
A11	40	34.0	65.5	70.3	4.44	4.30
A12	60	34.6	65.0	70.2	3.77	4.40
A13	80	37.5	63.9	69.0	3.70	4.54
A14	100	42.6	62.2	66.6	4.22	4.71
B0	0	46.7	75.8	78.2	5.04	4.03
B11	40	51.7	80.9	81.9	4.87	5.11
B12	60	51.9	80.8	81.8	4.93	5.11
B13	80	52.6	81.4	82.3	4.89	5.06
B14	100	53.7	82.5	83.4	4.76	4.96
C0	0	40.3	72.2	74.3	5.07	5.61
C11	40	44.5	66.7	70.2	4.79	5.79
C12	60	45.0	65.0	71.4	5.60	5.61
C13	80	46.0	68.3	74.1	5.69	5.46
C14	100	47.6	76.6	78.2	5.06	5.34
D0	0	33.2	55.0	60.8	4.06	3.76
D11	40	32.3	57.6	62.2	3.53	3.76
D12	60	29.8	54.7	61.3	3.43	4.07
D13	80	28.3	52.4	58.6	3.40	4.15
D14	100	27.9	50.6	54.2	3.44	4.00
E0	0	35.5	66.8	67.7	5.00	4.82
E11	40	39.0	66.8	68.4	4.76	4.08
E12	60	37.5	62.9	66.4	4.57	4.81
E13	80	36.9	60.8	65.6	4.53	5.14
E14	100	37.1	60.5	66.0	4.65	5.06
F0	0	35.2	62.5	74.7	3.73	3.99
F11	40	32.8	68.2	69.7	3.91	4.89
F12	60	32.7	65.8	67.8	3.77	4.58
F13	80	32.5	63.4	65.6	3.91	4.62
F14	100	32.0	60.9	63.1	4.32	5.00

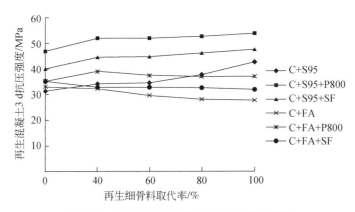

图 3-74　再生细骨料混凝土的 3 d 抗压强度

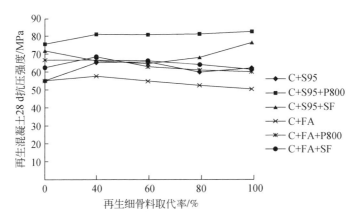

图 3-75　再生细骨料混凝土的 28 d 抗压强度

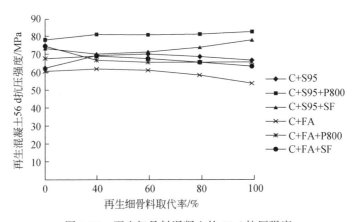

图 3-76　再生细骨料混凝土的 56 d 抗压强度

从图 3-77 中可以看出，在不同胶凝材料体系时，再生细骨料混凝土的抗折强度不同，而且与抗压强度不同的是在"水泥+普通矿粉+硅灰"的体系时，再生细骨料混凝土的抗折强度最大，说明抗压强度并不是与抗折强度完全成正比的。

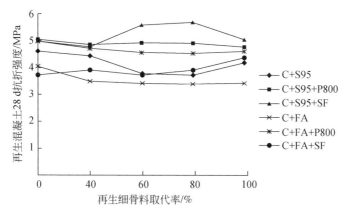

图 3-77　再生细骨料混凝土的 28 d 抗折强度

从图 3-78 中可以看出，再生细骨料混凝土的劈拉强度，在总体上与抗折强度出现了相同的趋势，都是"水泥+普通矿粉+硅灰"体系强度最大，"水泥+粉煤灰"体系强度最低。与抗折不同的是，在"水泥+普通矿粉+硅灰"体系再生细骨料取代率 40% 时，劈拉强度出现了少量的增加。

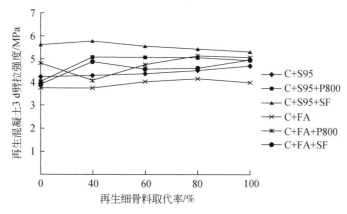

图 3-78　再生细骨料混凝土的 28 d 劈拉强度

Ⅱ. 再生粗骨料混凝土的力学性能

从表 3-62 和图 3-79 ~ 图 3-81 再生粗骨料混凝土 3 d、28 d 和 56 d 抗压强度中可以看出，不同胶凝材料体系时，再生粗骨料混凝土的抗压强度随着再生粗骨料取代率的增加出现了不同的发展趋势,有的增加而有的降低。但是从不同取代率条件下的抗压强度看,在"水泥+普通矿粉+超细矿粉"体系时,再生粗骨料混凝土的抗压强度最大,"水泥+粉煤灰"体系强度最低,这可看出不同矿物外加剂复合的协同叠加效应。

表 3-62 再生粗骨料混凝土的力学性能

编号	再生细骨料取代率/%	抗压强度/MPa			抗折强度/MPa	劈拉强度/MPa
		3d	28d	56d	28d	28d
A0	0	31.3	55.3	62.3	4.63	4.24
A21	40	29.6	53.8	68.2	4.17	4.33
A22	60	33.6	59.1	68.0	4.04	4.20
A23	80	36.2	61.1	68.2	3.98	4.27
A24	100	37.4	60.0	68.9	4.01	4.56
B0	0	46.7	75.8	78.7	5.04	4.03
B21	40	41.7	71.4	75.9	5.31	5.56
B22	60	43.7	72.5	75.4	4.94	5.39
B23	80	45.0	73.0	75.1	4.93	5.42
B24	100	45.6	73.0	75.0	5.27	5.64
C0	0	40.3	72.2	74.3	5.07	5.61
C21	40	42.6	68.6	69.9	5.60	4.97
C22	60	33.3	58.1	63.0	4.92	4.96
C23	80	31.5	55.8	62.3	4.56	5.02
C24	100	37.0	61.7	67.8	4.53	5.16
D0	0	33.2	55.0	60.8	4.06	3.76
D21	40	32.1	53.1	60.2	3.77	4.20
D22	60	31.3	54.0	61.0	4.03	4.02
D23	80	32.6	55.5	62.3	4.36	4.09
D24	100	36.0	57.8	64.0	4.76	4.41
E0	0	35.5	66.8	67.7	5.00	4.82
E21	40	40.4	65.4	67.2	4.50	5.02
E22	60	38.5	64.0	65.9	4.07	4.50
E23	80	37.7	63.9	65.9	3.93	4.20
E24	100	37.9	65.0	67.2	4.06	4.13
F0	0	35.2	62.5	74.7	3.73	3.99
F21	40	35.6	71.6	73.6	3.93	4.12
F22	60	32.4	68.3	71.1	4.02	3.97
F23	80	31.9	64.2	68.1	3.85	3.82
F24	100	34.0	59.5	66.6	3.40	3.66

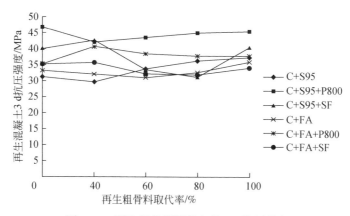

图 3-79　再生粗骨料混凝土的 3 d 抗压强度

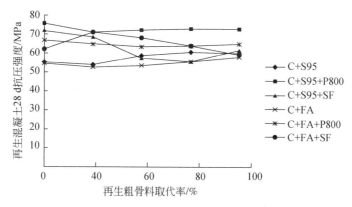

图 3-80　再生粗骨料混凝土的 28 d 抗压强度

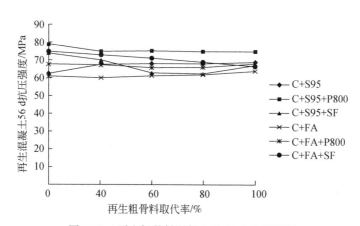

图 3-81　再生粗骨料混凝土的 56 d 抗压强度

从图3-82中可以看出，在不同胶凝材料、不同再生粗骨料取代率时，再生粗骨料混凝土的抗折强度发展趋势不同。

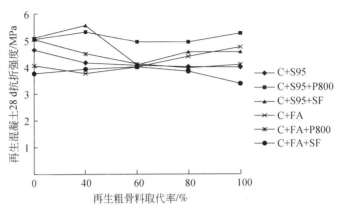

图3-82　再生粗骨料混凝土的28 d抗折强度

从图3-83中可以看出，在使用不同胶凝材料时，再生粗骨料混凝土的抗劈拉强度有明显的差别，其中在"水泥+普通矿粉+超细矿粉"体系中，抗劈拉强度最大。与抗压强度不同的是劈拉强度中"水泥+粉煤灰+硅灰"体系的抗劈拉强度最低。

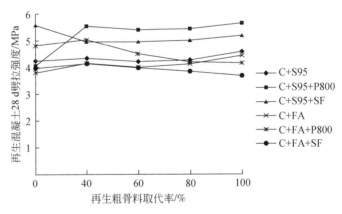

图3-83　再生粗骨料混凝土的28 d劈拉强度

（3）再生骨料混凝土的耐久性

Ⅰ. 碳化

在通常情况下，混凝土空隙中充满了由于水泥水化产生的氢氧化钙饱和溶液，其碱度很高，pH 在 12 以上。这种碱性介质对钢筋有良好的保护作用，使钢筋表面沉积一层致密、难溶的 Fe_2O_3、Fe_3O_4 和氢氧化铁薄膜，称为钝化膜，使钢筋不易锈蚀。但当胶凝材料中掺入矿物掺和料时，混凝土的液相碱度降低，从而使得钢筋的钝化状态转化为活性状态，钢筋易于锈蚀。但是矿物掺和料能改善混凝土的孔隙结构，参与胶凝材料的水化，改善混凝土的界面结构，提高混凝土的密实性，外界的 CO_2 和水很难渗入，提高了混凝土的抗渗性。

试验按照《普通混凝土长期性能和耐久性能试验方法标准》（GB/T 50082—2009）进行，测试六种不同胶凝材料体系和八种不同种类的骨料对再生混凝土抗碳化性能的影响，胶凝材料体系和骨料的具体配比见表 3-57。在碳化箱中调整 CO_2 的浓度在 17% ~ 23% 范围内，湿度在 65% ~ 75% 范围内，温度控制在 15 ~ 25 ℃ 范围内，碳化试验过程如图 3-84 所示。

如图 3-85 所示，试验结果表明，六种不同胶凝材料的再生混凝土 28 d 碳化深度均小于 1 mm；120 d 碳化深度最大不超过 2 mm。说明矿物掺和料虽然在一定程度上降低了再生混凝土的碱含量，但复合材料的超叠效应改善了混凝土的孔隙结构，同时矿物掺和料参与胶凝材料的水化，改善混凝土的界面结构，提高混凝土的密实性，从而很好地提高了混凝土的抗碳化能力。

图 3-84　碳化试验过程

图 3-85　120 d 碳化试验结果

Ⅱ. 抗冻性

根据表 3-63 和图 3-86 可以看出，再生细骨料混凝土 300 次冻融循环质量损失率都低于 1.5%，且在同种胶凝材料下不同再生细骨料取代率时，再生混凝土的冻融循环质量损失率波动很大，说明再生细骨料在混凝土中的胶结状态与天然骨料不同，这可能会与再生细骨料表面砂浆层或一些水化硬化颗粒有关。

表 3-63　再生细骨料混凝土的冻融循环质量损失率

编号	再生细骨料混凝土质量损失率/%					
	50	100	150	200	250	300
A0	−0.01	−0.05	0.02	−0.02	0.09	0.16
A11	0.11	0.21	0.48	0.52	0.50	0.83
A12	0.06	0.20	0.49	0.57	0.66	0.80
A13	−0.01	0.09	0.32	0.43	0.55	0.62
A14	−0.11	−0.11	−0.03	0.08	0.18	0.28
B0	−0.33	−0.15	−0.08	−0.06	0.16	0.08
B11	−0.57	−0.15	−0.05	0.12	0.36	0.40
B12	−0.24	−0.09	−0.03	0.07	0.41	0.50
B13	−0.09	−0.11	−0.07	−0.04	0.25	0.28
B14	−0.12	−0.21	−0.18	−0.19	−0.14	−0.27
C0	0.07	0.08	0.07	0.00	0.08	0.41
C11	0.03	0.02	0.11	0.00	−0.12	0.21
C12	0.04	0.23	0.35	0.43	0.42	1.04
C13	0.04	0.22	0.29	0.43	0.38	0.93
C14	0.03	−0.01	−0.07	0.02	−0.25	−0.12
D0	−0.03	−0.04	−0.12	−0.12	−0.14	−0.19
D11	0.00	0.02	−0.26	0.08	0.10	0.21
D12	0.01	0.03	−0.10	0.55	0.68	0.86
D13	0.02	0.02	−0.06	0.44	0.53	0.69
D14	0.04	−0.01	−0.14	−0.24	−0.34	−0.30
E0	−0.10	−0.05	−0.14	−0.05	−0.04	−0.02
E11	0.22	0.16	0.24	0.37	0.48	0.59
E12	−0.07	−0.18	−0.14	−0.02	0.07	0.15
E13	−0.05	−0.14	−0.11	−0.02	0.17	0.33
E14	0.28	0.28	0.33	0.39	0.76	1.14
F0	0.02	0.07	0.06	0.05	0.80	0.11
F11	0.21	0.44	0.53	0.58	0.73	0.85

续表

编号	再生细骨料混凝土质量损失率/%					
	50	100	150	200	250	300
F12	0.32	0.47	0.64	0.66	0.87	1.02
F13	0.24	0.26	0.19	0.19	0.34	0.45
F14	−0.01	−0.17	−0.81	−0.83	−0.87	−0.87

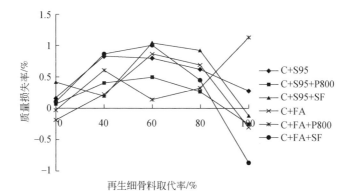

图 3-86　再生细骨料混凝土的 300 次冻融循环质量损失率

从表 3-64 和图 3-87 中可以看出，再生粗骨料混凝土在 300 次冻融循环时，随着再生粗骨料取代率的增加，再生粗骨料混凝土的质量损失率逐渐减少，且在"水泥+粉煤灰+硅灰"体系中，随着再生粗骨料取代率的增加，再生粗骨料混凝土的质量出现负值，且数值逐步增加，这可能是与粉煤灰和硅灰后期水化有关。

表 3-64　再生粗骨料混凝土冻融循环质量损失率

编号	再生粗骨料混凝土质量损失率/%					
	50	100	150	200	250	300
A0	0.06	0.40	0.47	0.53	0.65	0.70
A21	0.12	0.10	0.21	0.39	0.56	0.64
A22	0.03	0.01	0.01	0.15	0.29	0.43
A23	−0.04	−0.06	−0.07	0.05	0.16	0.31
A24	−0.11	−0.11	−0.03	0.08	0.18	0.28
B0	0.12	0.11	0.08	0.07	0.16	0.28
B21	−0.03	0.11	0.23	0.38	0.41	0.50
B22	−0.04	0.08	0.15	0.23	0.14	0.21

续表

编号	再生粗骨料混凝土质量损失率/%					
	50	100	150	200	250	300
B23	−0.07	−0.02	0.01	0.04	−0.04	−0.05
B24	−0.12	−0.21	−0.18	−0.19	−0.14	−0.27
C0	0.11	0.17	−0.09	0.14	0.26	0.39
C21	0.16	0.31	0.44	0.54	0.61	0.86
C22	0.15	0.44	0.59	0.63	0.72	0.85
C23	0.10	0.33	0.42	0.46	0.43	0.52
C24	0.03	−0.01	−0.07	0.02	−0.25	−0.12
D0	0.14	0.28	0.40	0.64	0.92	1.23
D21	0.04	0.17	0.31	0.47	0.44	0.82
D22	0.02	0.04	0.01	0.06	0.09	0.26
D23	0.02	−0.02	−0.14	−0.18	−0.17	−0.11
D24	0.04	−0.01	−0.14	−0.24	−0.34	−0.30
E0	0.14	1.38	1.53	1.70	2.02	2.43
E21	0.24	0.24	0.26	0.56	0.67	0.78
E22	0.00	0.00	0.09	0.50	0.68	1.01
E23	0.01	0.01	0.11	0.44	0.71	1.13
E24	0.28	0.28	0.33	0.39	0.76	1.14
F0	0.26	0.53	0.61	0.65	0.54	0.69
F21	−0.05	−0.12	−0.25	−0.25	−0.44	−0.16
F22	−0.66	−0.69	−1.23	−1.16	−1.15	−0.24
F23	−0.64	−0.71	−1.42	−1.36	−1.29	−0.48
F24	−0.01	−0.17	−0.81	−0.83	−0.87	−0.87

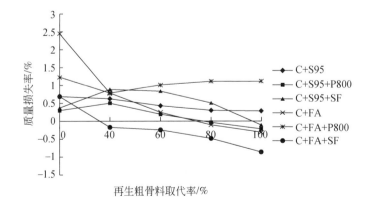

图 3-87　再生粗骨料混凝土的 300 次冻融循环质量损失率

从表 3-65 和图 3-88 中可以看出，在同种胶凝材料下，不同再生细骨料取代率时，再生细骨料混凝土的 300 次冻融循环相对动弹模量变化不大，但是在不同胶凝材料时，再生细骨料混凝土的动弹模量稍有区别，其中"水泥+粉煤灰"体系的相对动弹模量低于 80%，最小耐久性指数为 67.7%，"水泥+普通矿粉"胶凝体系在不同再生细骨料取代率时，再生细骨料混凝土的耐久性指数变化范围小，而且耐久性指数高，最高达 93.0%。

表 3-65 再生细骨料混凝土冻融循环相对动弹模量

编号	再生细骨料混凝土相对动弹模量/%						耐久性指数/%
	50	100	150	200	250	300	
A0	96.9	96.6	95.9	95.0	93.1	92.1	92.1
A11	98.4	97.4	97.1	96.5	95.1	92.1	92.1
A12	98.0	96.8	96.4	96.0	95.2	93.0	93.0
A13	98.1	96.6	96.0	95.4	94.9	93.0	93.0
A14	98.6	96.8	95.7	94.8	94.3	92.0	92.0
B0	97.5	96.4	94.2	92.2	91.5	89.6	89.6
B11	98.5	97.4	97.0	96.2	94.7	88.9	88.9
B12	98.6	97.8	96.9	95.4	94.0	88.9	88.9
B13	98.8	98.0	96.9	95.1	93.9	90.0	90.0
B14	98.9	98.0	97.1	95.4	94.3	92.3	92.3
C0	97.4	96.3	95.5	95.4	94.8	91.9	91.9
C11	99.1	97.6	96.9	96.1	92.8	86.4	86.4
C12	99.0	97.7	97.0	94.9	88.2	83.1	83.1
C13	99.1	97.7	97.2	94.7	88.5	82.7	82.7
C14	99.4	97.6	97.4	95.5	93.7	85.2	85.2
D0	98.1	97.0	96.0	94.6	94.3	91.5	91.5
D11	96.1	95.4	94.8	86.7	73.1	67.7	67.7
D12	96.6	95.3	85.2	80.6	73.4	71.0	71.0
D13	96.5	94.8	84.4	80.1	75.1	72.7	72.7
D14	95.9	93.9	92.3	85.2	78.4	72.9	72.9
E0	96.6	95.9	89.8	87.4	82.6	72.1	72.1
E11	96.2	95.5	93.9	85.9	84.8	67.8	67.8
E12	96.4	95.7	94.8	89.0	87.9	78.0	78.0

编号	再生细骨料混凝土相对动弹模量/%						耐久性指数/%
	50	100	150	200	250	300	
E13	97.2	96.6	95.9	91.0	89.1	83.3	83.3
E14	98.6	98.1	97.4	91.9	88.4	83.7	83.7
F0	96.6	94.3	91.5	90.5	86.8	82.5	82.5
F11	98.2	96.8	95.5	93.2	89.7	86.3	86.3
F12	98.4	96.8	95.7	94.7	91.7	87.0	87.0
F13	98.4	96.9	95.9	95.5	93.0	87.5	87.5
F14	98.2	97.2	96.0	95.8	93.6	87.6	87.6

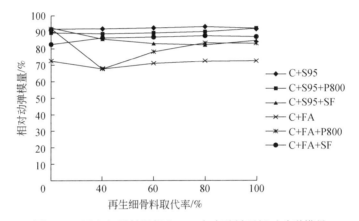

图 3-88　再生细骨料混凝土 300 次冻融循环相对动弹模量

根据国家标准《混凝土结构耐久性设计规范》（GB/T 50476—2008）中的规定，重要工程和大型工程用混凝土在最苛刻的条件下（严寒地区、盐或化学侵蚀下冻融）设计使用年限 50 年抗冻耐久性指标最大要求为 80%，其他条件时要求指标值更小。从试验结果中可以发现，再生细骨料混凝土的抗冻耐久性指数大于 80% 的占试样总数的 75% 以上，即绝大部分混凝土试验配合比能满足 50 年使用要求。在试验中"水泥+粉煤灰"体系耐久性指数偏小，这可能是由于粉煤灰没有将再生细骨料混凝土中的骨料浆体过渡区有效地填充，过渡区中孔隙偏大，有效黏结力小，在冻融循环试验中因水的结晶膨胀而易破坏。

从表 3-66 和图 3-89 中可以看出，在同种胶凝材料、不同再生粗骨料取代率时，再生粗骨料混凝土的 300 次冻融循环相对动弹模量变化不大，但是在不同胶凝材料种类下其动弹模量稍有区别，而与再生细骨料混凝土不同，再生粗骨料混凝土中"水泥+粉煤灰+超细矿粉"体系的相对动弹模量最低，其数值低于80%，这就说明矿物外加剂在再生粗骨料和再生细骨料混凝土中的填充效应是不同的。在"水泥+粉煤灰"中，当再生粗骨料的取代率为40%时，再生粗骨料混凝土的相对动弹模量最小，而当取代率增加时，相对动弹模量又增加，说明再生粗骨料和矿物外加剂之间有一定的作用。

表 3-66　再生粗骨料混凝土冻融循环相对动弹模量

编号	再生粗骨料混凝土相对动弹模量/%						耐久性指数/%
	50	100	150	200	250	300	
A0	96.9	96.6	95.9	95.0	93.1	92.1	92.1
A21	97.9	96.6	95.8	93.6	92.2	90.3	90.3
A22	97.6	95.5	94.7	93.1	92.2	89.2	89.2
A23	97.3	95.0	94.1	92.9	92.1	88.9	88.9
A24	97.2	95.0	94.0	93.2	91.8	89.3	89.3
B0	97.5	96.4	94.2	92.2	91.5	89.6	89.6
B21	97.4	96.4	96.0	94.8	93.6	89.9	89.9
B22	98.1	96.7	96.3	95.5	94.2	89.4	89.4
B23	98.1	96.9	96.0	94.3	91.9	87.8	87.8
B24	97.5	97.0	95.2	91.3	86.7	85.3	85.3
C0	97.4	96.3	95.5	95.4	94.8	91.9	91.9
C21	97.4	96.4	96.0	94.8	93.6	89.9	89.9
C22	98.1	96.7	96.3	95.5	94.2	89.4	89.4
C23	98.1	96.9	96.0	94.3	91.9	87.8	87.8
C24	97.5	97.0	95.2	91.3	86.7	85.3	85.3
D0	98.1	97.0	96.0	94.6	94.3	91.5	91.5
D21	98.4	97.1	96.8	91.7	80.0	69.7	69.7
D22	96.3	94.8	91.5	88.1	83.5	77.6	77.6
D23	95.6	93.7	89.1	86.1	84.8	82.0	82.0
D24	96.1	93.8	89.7	85.7	83.8	82.9	82.9
E0	96.6	95.9	89.8	87.4	82.6	72.1	72.1
E21	95.1	94.7	91.1	89.5	84.9	73.3	73.3
E22	94.8	94.2	91.0	87.9	84.6	77.2	77.2

续表

编号	再生粗骨料混凝土相对动弹模量/%						耐久性指数/%
	50	100	150	200	250	300	
E23	94.2	93.0	89.1	84.9	81.9	75.4	75.4
E24	93.3	91.0	85.5	80.6	77.0	67.9	67.9
F0	96.6	94.3	91.5	90.5	86.8	82.5	82.5
F21	97.2	95.2	93.0	91.1	88.3	85.3	85.3
F22	97.9	96.9	92.7	89.8	87.8	82.0	82.0
F23	97.9	95.9	90.9	88.1	85.1	79.9	79.9
F24	97.2	92.2	87.6	86.1	80.0	78.9	78.9

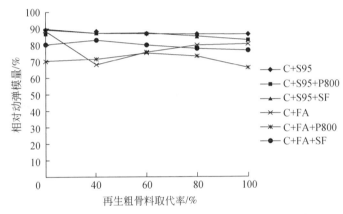

图 3-89　再生粗骨料混凝土 300 次冻融循环相对动弹模量

Ⅲ. 收缩性

从表 3-67 和图 3-90 中可以看出，在不同龄期的条件下，随着养护龄期的增加，再生细骨料混凝土的收缩量逐步增加，且随着龄期的增加，收缩增加的幅度逐步减低。在不同胶凝材料体系时，再生细骨料混凝土的收缩量变化趋势不同，其主要趋势是随着再生细骨料取代率的增加收缩量增大。

表 3-67　再生细骨料混凝土的收缩量

编号	再生细骨料混凝土收缩量/(10^{-5})					
	1 d	3 d	7 d	14 d	28 d	45 d
A0	8.11	16.50	22.50	30.50	35.70	40.90
A11	7.02	14.90	22.70	30.50	35.40	39.40

续表

编号	再生细骨料混凝土收缩量/(10^{-5})					
	1 d	3 d	7 d	14 d	28 d	45 d
A12	7.77	15.23	23.90	30.10	37.00	39.40
A13	7.83	14.87	24.77	31.10	38.13	40.47
A14	7.22	13.80	25.30	33.50	38.80	42.60
B0	8.12	13.30	21.80	26.60	31.20	32.60
B11	7.44	11.50	21.20	26.60	31.10	32.30
B12	7.75	12.70	21.33	25.13	29.50	31.50
B13	7.66	13.53	21.93	25.80	30.23	32.63
B14	7.17	14.00	23.00	28.60	33.30	35.70
C0	11.00	16.80	23.30	29.70	31.10	32.40
C11	10.10	15.20	22.30	25.20	29.50	30.20
C12	8.77	15.20	22.30	26.53	29.43	31.93
C13	8.90	15.90	22.83	27.90	30.40	33.07
C14	10.50	17.30	23.90	29.30	32.40	33.60
D0	4.13	10.60	14.00	21.90	29.80	32.10
D11	4.04	8.10	12.80	19.80	29.50	33.50
D12	4.15	8.87	15.53	22.60	32.17	36.77
D13	4.16	8.80	15.67	23.27	33.27	38.00
D14	4.09	7.91	13.20	21.80	32.80	37.20
E0	4.07	7.19	16.10	23.60	31.30	31.90
E11	4.03	8.81	18.10	24.40	31.80	37.10
E12	4.60	9.60	18.63	24.67	33.60	35.57
E13	4.64	9.24	19.00	25.87	36.30	37.87
E14	4.16	7.74	19.20	28.00	39.90	44.00
F0	4.64	8.19	12.70	18.40	22.00	24.60
F11	4.01	7.94	13.90	22.20	27.30	28.50
F12	4.11	8.15	16.30	24.33	28.97	30.57
F13	4.13	8.42	17.53	26.20	30.43	32.50
F14	4.08	8.75	17.60	27.80	31.70	34.30

从表 3-68 和图 3-91 中可以看出，在不同的胶凝材料体系中，再生粗骨料混凝土的收缩量相差很大，且再生粗骨料的取代率不同时，再生粗骨料混凝土的收缩量变化趋势也不同，从而可知再生粗骨料对再生混凝土的收缩量影响比较明显。

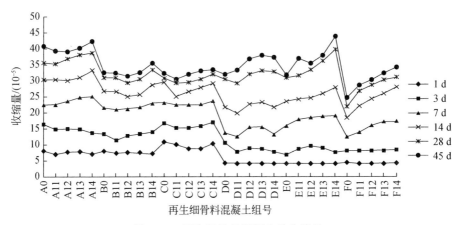

图 3-90　再生细骨料混凝土的收缩量

表 3-68　再生粗骨料混凝土的收缩量

编号	再生粗骨料混凝土收缩量（10^{-5}）					
	1 d	3 d	7 d	14 d	28 d	45 d
A0	8.11	16.50	22.50	30.50	35.70	40.90
A21	6.96	13.70	22.60	30.40	35.20	37.80
A22	7.24	14.03	22.33	29.87	34.47	37.60
A23	7.33	14.13	22.87	30.30	34.70	38.47
A24	7.23	14.00	24.20	31.70	35.90	40.40
B0	8.12	13.30	21.80	26.60	31.20	32.60
B21	8.44	13.60	21.90	25.30	30.40	32.60
B22	8.61	13.73	22.57	26.50	31.73	31.60
B23	8.06	13.07	21.77	26.00	30.93	30.37
B24	6.80	11.60	19.50	23.80	28.00	28.90
C0	11.00	16.80	23.30	29.70	31.10	32.40
C21	10.10	17.00	25.80	29.10	33.30	34.50
C22	8.83	17.73	24.67	29.57	33.10	34.90
C23	9.10	17.93	24.10	29.47	32.63	34.63
C24	10.90	17.60	24.10	28.80	31.90	33.70
D0	4.13	10.60	14.00	21.90	29.80	32.10
D21	4.53	9.60	14.60	19.30	26.50	29.80
D22	4.31	9.29	13.20	18.37	24.63	28.47

续表

编号	再生粗骨料混凝土收缩量（10^{-5}）					
	1 d	3 d	7 d	14 d	28 d	45 d
D23	4.17	9.66	13.67	19.27	25.60	29.80
D24	4.12	10.70	16.00	22.00	29.40	33.80
E0	4.07	7.19	16.10	23.60	31.30	31.90
E21	3.59	6.97	14.80	20.00	27.20	29.50
E22	4.08	8.77	16.47	21.07	30.07	32.77
E23	4.10	9.00	16.30	20.77	29.77	32.53
E24	3.65	7.65	14.30	19.10	26.30	28.80
F0	4.64	8.19	12.70	18.40	22.00	24.60
F21	4.10	6.44	13.50	20.00	24.70	26.40
F22	3.67	5.66	13.03	19.47	24.57	25.73
F23	3.64	6.14	12.93	20.03	25.97	27.53
F24	4.01	7.89	13.20	21.70	28.90	31.80

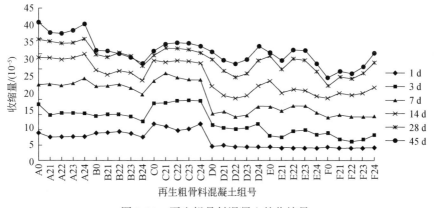

图 3-91　再生粗骨料混凝土的收缩量

Ⅳ. 渗透性

表 3-69　再生细骨料混凝土的抗渗性

编号	水泥 /(kg/m³)	普通矿粉 /(kg/m³)	粉煤灰 /(kg/m³)	超细矿粉 /(kg/m³)	硅灰 /(kg/m³)	再生细骨料 取代率/%	扩散系数 /(10^{-12} m²/s)	电通量 /C
A0	240	240	0	0	0	0	4.95	1607
A11	240	240	0	0	0	40	4.83	1337

续表

编号	水泥 /(kg/m³)	普通矿粉 /(kg/m³)	粉煤灰 /(kg/m³)	超细矿粉 /(kg/m³)	硅灰 /(kg/m³)	再生细骨料 取代率/%	扩散系数 /(10⁻¹² m²/s)	电通量 /C
A12	240	240	0	0	0	60	4.15	1242
A13	240	240	0	0	0	80	4.05	1266
A14	240	240	0	0	0	100	4.53	1408
B0	240	201.6	0	38.4	0	0	2.42	1571
B11	240	201.6	0	38.4	0	40	2.60	1164
B12	240	201.6	0	38.4	0	60	2.53	1221
B13	240	201.6	0	38.4	0	80	2.61	1226
B14	240	201.6	0	38.4	0	100	2.85	1181
C0	240	201.6	0	0	38.4	0	2.19	849
C11	240	201.6	0	0	38.4	40	2.40	862
C12	240	201.6	0	0	38.4	60	2.37	785
C13	240	201.6	0	0	38.4	80	2.14	695
C14	240	201.6	0	0	38.4	100	1.70	591
D0	240	0	240	0	0	0	8.20	1888
D11	240	0	240	0	0	40	8.89	1692
D12	240	0	240	0	0	60	8.92	1731
D13	240	0	240	0	0	80	9.19	1825
D14	240	0	240	0	0	100	9.69	1975
E0	240	0	201.6	38.4	0	0	6.29	1865
E11	240	0	201.6	38.4	0	40	4.90	1529
E12	240	0	201.6	38.4	0	60	4.73	1460
E13	240	0	201.6	38.4	0	80	4.62	1426
E14	240	0	201.6	38.4	0	100	4.56	1426
F0	240	0	201.6	0	38.4	0	2.44	506
F11	240	0	201.6	0	38.4	40	2.34	432
F12	240	0	201.6	0	38.4	60	2.24	449
F13	240	0	201.6	0	38.4	80	2.16	487
F14	240	0	201.6	0	38.4	100	2.10	547

从表 3-69 和图 3-92 中可以看出，在相同胶凝材料体系、不同再生细骨料取代率时，再生细骨料混凝土的扩散系数无明显变化，但是不同胶凝材料体系时，扩散系数变化明显，其中"水泥+粉煤灰"胶凝体系的扩散系数最大，即再生细骨料混凝土的抗渗性最差。

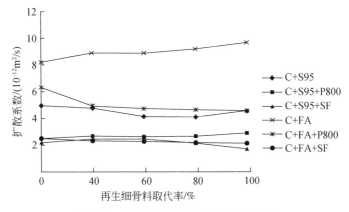

图 3-92 再生细骨料混凝土的扩散系数

从图 3-93 中可以看出，在不同胶凝材料体系时，再生细骨料混凝土的电通量有明显的差别，以"水泥+粉煤灰+硅灰"胶凝体系的电通量最低，"水泥+粉煤灰"胶凝体系的电通量最高，这说明矿物外加剂的种类对混凝土的影响较大。而在同种胶凝体系下，不同再生细骨料取代率时，混凝土的电通量并无明显变化，且变化趋势也不同，这就说明再生细骨料混凝土的电通量最大影响因素是矿物外加剂。

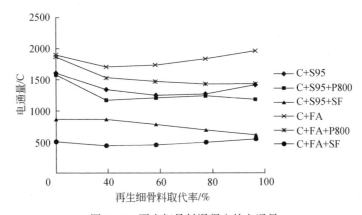

图 3-93 再生细骨料混凝土的电通量

表 3-70　再生粗骨料混凝土抗渗性

编号	水泥 /(kg/m³)	普通矿粉 /(kg/m³)	粉煤灰 /(kg/m³)	超细矿粉 /(kg/m³)	硅灰 /(kg/m³)	再生粗骨料取代率 /%	扩散系数 /(10⁻¹²m²/s)	电通量 /C
A0	240	240	0	0	0	0	4.95	1607
A21	240	240	0	0	0	40	4.92	1606
A22	240	240	0	0	0	60	4.94	1617
A23	240	240	0	0	0	80	4.93	1612
A24	240	240	0	0	0	100	4.89	1592
B0	240	201.6	0	38.4	0	0	2.42	1571
B21	240	201.6	0	38.4	0	40	2.68	1652
B22	240	201.6	0	38.4	0	60	2.65	1617
B23	240	201.6	0	38.4	0	80	2.73	1538
B24	240	201.6	0	38.4	0	100	2.91	1415
C0	240	201.6	0	0	38.4	0	2.19	849
C21	240	201.6	0	0	38.4	40	2.43	976
C22	240	201.6	0	0	38.4	60	2.50	1021
C23	240	201.6	0	0	38.4	80	2.52	1058
C24	240	201.6	0	0	38.4	100	2.49	1085
D0	240	0	240	0	0	0	8.20	1888
D21	240	0	240	0	0	40	8.92	1888
D22	240	0	240	0	0	60	9.21	2036
D23	240	0	240	0	0	80	9.17	2088
D24	240	0	240	0	0	100	8.80	2045
E0	240	0	201.6	38.4	0	0	6.29	1865
E21	240	0	201.6	38.4	0	40	5.65	1848
E22	240	0	201.6	38.4	0	60	6.07	1956
E23	240	0	201.6	38.4	0	80	6.14	1973
E24	240	0	201.6	38.4	0	100	5.85	1900
F0	240	0	201.6	0	38.4	0	2.44	506
F21	240	0	201.6	0	38.4	40	2.59	534
F22	240	0	201.6	0	38.4	60	2.57	535
F23	240	0	201.6	0	38.4	80	2.54	550
F24	240	0	201.6	0	38.4	100	2.50	578

从表 3-70 和图 3-94 中可以看出，在相同胶凝材料体系、不同再生粗骨料取代率时，再生粗骨料混凝土的扩散系数无明显变化，但是不同胶凝材料体系时，扩散系数变化明显，其中"水泥+粉煤灰"胶凝体系的扩散系数最大，各胶凝体系相比时，与再生细骨料混凝土的扩散系数变化趋势相同，这说明胶凝材料种类对再生混凝土的扩散系数具有主要影响。

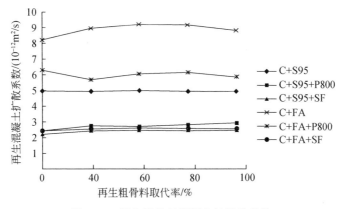

图 3-94　再生粗骨料混凝土的扩散系数

从图 3-95 中可以看出，在相同胶凝材料体系、不同再生粗骨料取代率时，再生粗骨料混凝土的扩散系数无明显变化，但是不同胶凝材料体系时，扩散系数变化明显，以"水泥+粉煤灰+硅灰"胶凝体系的电通量最低，"水泥+粉煤灰"胶凝体系的电通量最大，这可能主要是由于矿物外加剂的加入改变了骨料和水泥硬化浆体之间的过渡区结构，过渡区孔隙减少，结构更加密实，从而降低了电通量。

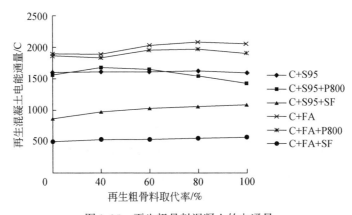

图 3-95　再生粗骨料混凝土的电通量

3.3　再生混凝土制品处理工艺及技术

建筑垃圾是城市垃圾的主要组成部分，占城市垃圾总量的 30% ~ 40%。建筑业是产生建筑废料的大户，同时也是可以利用建筑废料再生资源的重要行业。利用建筑废料作建筑材料制作再生混凝土制品，既可以减少建筑垃圾的排放量，减轻环境污染，又可以节省建筑原材料的消耗，产生经济效益。再生混凝土制品即在生产过程中掺加再生骨料的混凝土制品。再生骨料应用于再生混凝土制品是建筑废弃物资源化利用的主要途径，可生产的再生制品有砖、砌块、板材等。

3.3.1　再生砖

建筑垃圾作为原材料制作再生砖进行循环再利用被看做是发展绿色建材的主要措施之一。为了推动再生砖在建筑工程中的应用技术，保证再生砖在建筑工程中的适用性和工程质量，促进建筑业可持续发展，很多学者对再生砖特性进行了研究。自 2007 年以来关于再生砖的学术研究越来越多，其社会价值也受到广泛关注。

再生砖是以水泥为主要胶凝材料，在生产过程中采用再生骨料，且再生骨料占固体原材料总量的质量分数不低于 30% 的非烧结砖。用于再生砖的再生骨料具体要求应依据标准《再生骨料应用技术规程》（JGJ/T 240—2011）执行：再生砖所用骨料的最大公称粒径不应大于 8 mm，且不应大于砖的肋厚。

再生砖有普通实心砖、多孔砖之分，再生实心砖主规格尺寸为 240 mm × 115 mm × 53 mm；再生多孔砖主规格尺寸为 240 mm × 115 mm × 90 mm。其他规格尺寸如 190 mm × 190 mm × 90 mm 等可由供需双方协商确定，也可按照古建施工要求定制建筑垃圾再生古建砖（薛勇等，2012）。

按《再生骨料应用技术规程》（JGJ/T 240—2011）的规定，再生砖有 MU7.5、MU10、MU15、MU20 四个等级，相比于普通混凝土砖增设了 MU7.5、MU10 两个等级，一方面结合再生骨料生产较低等级的砖，另一方面也满足墙体材料多元化的需求。

3.3.1.1 生产工艺

再生砖的生产工艺和设备比较简单、成熟，免烧结，产品性能稳定，市场需求量大。据测算，一亿块再生砖可消纳建筑垃圾 37 万 t，其生产工艺流程如图 3-96 所示。

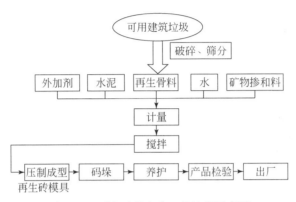

图 3-96　再生砖的生产工艺流程示意图

再生砖的生产制作是将建筑垃圾先进行粗破碎，筛除一部分废土，除去废金属、塑料、木条、装饰材料等杂质。经分选的粗破碎物料从中间料仓送到二次破碎机组，经双层振动筛，粒径≥8 mm 的物料回二次破碎机组再次破碎，形成 5～8 mm 粒径物料（再生粗骨料）送到成品料区，5 mm 以下的物料送到成品筛筛分，2 mm 以下和 2～5 mm 的物料（再生细骨料）分别送到成品料区。将粒径 5～8 mm、2～5 mm、2 mm 以下物料，通过计量，按一定比例送入搅拌机后，再掺入一定比例的水泥、粉煤灰等添加剂，搅拌均匀送到液压砌块机成型，然后将其整齐码垛放置，28 d 自然养护即可。

再生砖宜采用蒸汽养护，蒸汽养护时间及其后的停放期总计不宜少于 28 d；当采用人工自然养护时，在养护的早期阶段应适量喷水养护，之后应有一定时期的干燥工序，自然养护下总的时间不得少于 28 d。影响再生砖干燥收缩的因素很多，在正常生产工艺条件下，再生砖收缩值达 0.40 mm/m，经 28 d 养护后收缩值可完成 60%。因此，延长养护时间，能保证砌体的强度并可减少因为砖收缩过多而引起的墙体裂缝。再生砖在堆放储存和运输时，应采取防雨措施。堆放储存时保持侧面通风流畅，底部宜用木制托盘或塑料托盘支垫，不可直接贴地堆放。堆放场地必须平整，堆放高度不宜超过 1.6 m。再生砖的放置应该按规格、强度等级和密度等级分批堆放，不得混杂。

再生砖的生产设备主要分两部分，一部分是原料生产设备，另一部分是制砖设备。①原料生产设备包括进料斗、喂料机、颚破机、反击破、振动筛、胶带运输机（一般为四台）、铲车等，合计功率约 415 kW。原料生产设备也可参考现行人工砂石生产线所用设备选择。原料生产能力为 120~150 t/h。②制砖设备包括原料罐 3 个、计量搅拌设备一套、液压振动制砖成型设备一台、托板若干、叉车等，合计功率约 130 kW。同原料生产设备一样，制砖设备也可参考现行水泥机制砖生产线所用设备选择，制砖生产能力约为 3000 万块/年（周理安，2010）。

3.3.1.2 性能

再生砖具有废物利用、绿色环保、机制生产、尺寸灵活、设计性好、强度高、价格低廉、施工简便快捷等特点，是建筑垃圾作为原材料进行循环再利用的新一代绿色建材产品。再生砖技术主要有以下几方面的优点：

1）废物利用，节能环保。我国房屋建筑材料的 70% 是墙材，其中烧结黏土砖占主导地位，修缮和新建古建筑时所用的材料更是如此，全国每年生产黏土砖耗用黏土达 10 多亿 m^3，相当于毁田 50 万亩，这是对资源、能源极大的消耗以及对环境的严重破坏。利用再生砖技术，每年可以节约大量资源能源。

2）机制生产，减少污染。可利用普通黏土砖、多孔砖、粉煤灰砌块等模具机制生产。全国每年烧砖所消耗的能量约为 7000 多万 t 标准煤，同时生产黏土砖排放大量 CO_2 对环境也造成了相当大的危害。再生砖则免烧，不排放 CO_2，节约燃料和减少碳排放。

3）尺寸随机，适应性强。有标准化产品，而且也可根据供需双方协商设计专用尺寸。

4）强度高。再生砖的强度高于粉煤灰和加气混凝土砌块，可用于承重结构。

5）就地取材，价格低廉。建筑垃圾价格低廉，可就地取材，手工或简易机械就能生产，快捷、便宜。

6）施工快捷。可利用传统砌筑工艺施工，方便快捷。

再生砖产品的性能较好，主要有以下几点：

1）产品尺寸：符合标准要求（表 3-71）。

表 3-71　尺寸偏差比较

项目	再生普通砖	再生古建砖	GB/T 21144—2007	JC/T 422—2007	评价
长度/mm	0.5	0.2	−1 ~ +2	±2	合格
宽度/mm	0.4	0.3	−2 ~ +2	±2	合格
高度/mm	0.1	0.5	−1 ~ +2	±2	合格

2）外观质量：再生砖的平行面的高度差、弯曲、缺棱掉角、裂缝和完整面个数等全部合格。

3）强度等级：均满足 MU10 以上的要求（表 3-72）。

表 3-72　强度测试

项目	第一批		第二批	
	平均值	单块最小值	平均值	单块最小值
抗压强度/MPa	19.3	14.8	13.7	9.5
抗折强度/MPa	3	2.3	2.7	2.1

4）抗冻性能：完全满足标准要求（表 3-73）。

表 3-73　抗冻融测试

项目	再生普通砖		再生古建砖
	第一批	第二批	
质量损失/%	−1.2	—	4.6
强度损失/%	20	−4	20.8

5）干燥收缩：满足标准要求（表 3-74）。

表 3-74　干燥收缩测试

项目	再生砖	JC/T 422—2007	GB/T 21144—2007
干燥收缩率/（mm/m）	0.4	≤0.6	≤0.5

6）吸水率：满足标准要求（表 3-75）。

表 3-75　吸水率测试

项目	第一批	第二批	JC/T 422—2007
吸水率/%	12	9	≤18

7）抗碳化性能：满足标准要求（表 3-76）。

表 3-76　抗碳化性能测试

项目	再生砖	GB/T 21144—2007
碳化系数	0.88	≥0.80

8）软化性能：均满足 MU10 级的要求（表 3-77）。

表 3-77　软化性能测试

项目	再生普通砖	再生古建砖	JC/T 422—91	
			MU15	MU10
饱和强度/MPa	11.4	6.53	≥10	≥6.5

9）放射性：满足一等品的要求（表 3-78）。

表 3-78　放射性测试

项目	再生砖检测结果	标准要求（一等品）
内放射指数 IRa	0.422	≤1.0
内放射指数 Ir	0.119	≤1.0

再生砖的生产很好地解决了建筑垃圾制得的再生骨料的应用。对于再生砖的研究越来越多，尤其是再生砖的性能，直接关系其使用。大量研究结果表明，再生骨料的材性、配合比、成型工艺和养护制度都对再生砖的强度有影响。通过配合比优化、生产工艺和养护制度的改进，再生砖能够满足 MU10 及以上强度等级要求；抗冻融、抗碳化、抗软化等耐久性能良好；砌体抗压强度、抗剪强度均满足相关标准要求；再生砖墙体传热系数较普通页岩砖低，保温性能良好。

由此可见，再生砖的生产和应用可以带来良好的经济效益，以及巨大的社会效益和生态效益（李寿德等，2006）。

3.3.1.3　应用

目前国内建筑垃圾再生砖的生产厂家日益增多，有一定规模的包括：邯郸全有生态建材有限公司、北京元泰达环保建材科技有限责任公司、天津市塘沽区裕川建筑材料制品有限公司、深圳绿发鹏程环保科技有限公司、江苏黄埔再生资源利用有限公司、成都德滨环保材料有限公司、厦门市垦鑫新型建材有限公司、广西鱼峰混凝土有限公司等。再生砖良好的经济效益、环境效益和生态效益使其广泛被应用。

在我国北京、河北、江苏、广东、四川、福建、陕西等省市，再生砖技术已经有工程应用，面积达百万平方米左右。

北京传统民居四合院的再建就用到了再生砖。针对四合院不同位置墙体的保温要求，选取了不同的墙体砌筑方式。一种为420墙，内侧240 mm再生普通砖+60 mm保温层+外侧115 mm再生古建砖装饰层。另一种为370墙，内侧再生普通砖，外侧用再生古建砖装饰，施工方便，砖的砌筑无特殊要求。北京建筑工程学院试验楼采用再生砖为填充墙体材料，结果使用性能良好、易于施工，与使用传统烧结黏土砖无明显差异。砖砌体整齐、表面质量良好，深受施工单位的好评。北京市还有使用再生古建砖建成的陶瓷馆、新农村建筑以及邯郸金世纪商务中心（采用建筑垃圾再生砖作填充墙、基础等），效果与性能良好。北京市亦庄开发区1994年用再生砌块作填充墙一试点工程到目前已使用20余年，未发现问题。再生砖在工程大量使用，使用年限达5年，效果良好。

再生砖还可用于低层多层建筑的承重、非承重墙体及其他建筑的非承重墙体。古建砖用作墙体时，既可作为清水墙面，还兼具有仿古的装饰效果。

但再生砖不同于普通烧结黏土砖，为了更好地体现其使用效果，在施工时应注意以下几点：

1）同一单位工程宜使用同一厂家生产的同品种再生砖，不得与烧结黏土砖等非再生砖块体的材料混合砌筑。由于不同厂家可能在水泥品种、骨料品种、掺和料等方面存在差异，从而导致再生砖的相对含水率和干燥收缩率的不同，增大了干缩裂缝的可能。再生砖与其他墙体材料的线膨胀值、收缩率不一致，混砌极易引起砌体裂缝。

2）再生砖进场后，应按规格、类型堆放整齐，并应有防雨、防潮和排水措施。砌体的收缩率与砌体的相对含水率密切相关，为防止再生砖砌体产生裂缝，施工前应注意再生砖进场后的合理堆放，控制再生砖上墙的湿度。

3）再生砖砌筑前不宜浇水，当天气炎热干燥时，可提前喷水稍加湿润。严禁雨天施工，砖表面有浮水时也不得施工。雨期施工的墙体应有防雨措施，控制再生砖上墙时的含水率。再生砖含水率过高，易使墙体产生裂缝。考虑气候特别炎热干燥时，砂浆铺摊后会失水过快，影响砂浆砌筑与再生骨料砌块间的黏结。因此，可根据施工情况稍喷水湿润。

4）正常施工条件下，砌体的每日砌筑高度宜控制在 1.5 m 或一步脚手架高度内。这样有利于墙体强度稳定，有利于墙体收缩裂缝的减少。

5）再生砖用于填充墙时，砌体与梁、柱或墙体结合的界面处，应在抹灰前设置细钢丝网片（网片宽不小于 400 mm，沿面缝两侧各延伸不小于 200 mm），或采取其他有效的防裂措施。由于再生砖砌体的线膨胀系数、收缩率都较大，容易引起墙体干缩而在砌体内部产生一定的收缩应力，当砌体的抗拉、抗剪强度不足以抵抗收缩应力时就会产生裂缝。因此，在应力集中的部位（如门窗过梁上方及窗台下的砌体中）应设焊接钢筋网片来抵抗砖收缩产生的应力。

6）再生砖砌体饰面操作顺序与烧结黏土砖相同。外饰面应在房屋结构封顶后进行，墙面抹灰前除应堵塞墙体孔洞及缝隙外，还应清除基层表面的粉末、污物。房屋顶层墙体内抹灰应待屋面保温层、隔热层施工完成后再进行；当为坡屋顶时，也应在屋面工程完工后进行。延迟室外饰面和顶层室内抹灰的时间，是为了使再生砖墙体多完成些干缩，以减少饰面龟裂和减少温差效应。再生砖砌体抹灰前墙面不宜喷水，天气炎热干燥时，可提前 1~2 h 适量喷水，使砌体的表面适当湿润。抹面材料应与再生砖的材料相适应，宜根据砖的强度等级选用与之适应的专用抹面砂浆或抗裂砂浆；要求不高时也可用混合砂浆，严禁用水泥砂浆。

目前全国已投入生产的建筑废物制砖生产线有十余条，生产规模从 3000 万块（标砖）/年 ~1.5 亿块（标砖）/年，总产量 10 亿块左右，仅占我国烧结黏土砖产量的 7000 亿块的 1/700，因此有着巨大的发展前景（张孟雄等，2006）。

3.3.2 再生砌块

建筑废弃物资源量是巨大的，基于我国经济发展水平和再生加工技术水平本身的局限，宜采用选择性回收和分类回收来控制建筑废弃物的质量。选择性回收可使建筑废弃物再生利用率达到 95% 以上，这种选择性回收所得建筑废物中的混凝土、废砖和废石，通过循环再生加工为建筑废弃物再生骨料或再生原料，以此为原料生产符合国家标准的混凝土砌块，满足了市场的多样化需求。从发展循环经济和可持续发展角度而言，具有显著的社会环境效益。

再生砌块是用建筑废弃物再生原料（或骨料）以及水泥等胶凝材料混合加工制成的砌块。用于再生砌块的骨料具体要求应依据标准《再生骨料应用技术规程》（JGJ/T 240—2011）执行：再生砌块所用骨料的最大公称粒径不宜大于10 mm。再生砌块有多种空心砌块，部分地区还有再生保温砌块的生产与应用。按《再生骨料应用技术规程》（JGJ/T240—2011）的规定，再生砌块强度等级有MU3.5、MU5、MU7.5、MU10、MU15 五个等级，相比于普通的混凝土砌块增设了 MU3.5 等级，一方面结合再生骨料生产较低等级的砌块，另一方面也满足墙体材料多元化的需求。

3.3.2.1　生产工艺

利用再生骨料生产混凝土空心砌块（称为再生混凝土空心砌块）是比较合理的，对于建筑节能和墙体革新以及废弃混凝土高效回收利用具有重要的现实意义。这是因为，生产混凝土空心砌块时对混凝土的工作性能要求较低。另外，再生骨料密度比天然骨料低，导热系数低，可以设想再生混凝土空心砌块比普通混凝土砌块质轻、保温性能好。目前，国内已有一些对再生混凝土空心砌块的研究。

利用建筑废弃物再生骨料生产再生混凝土空心砌块，其生产设备与工艺流程和采用普通骨料生产混凝土砌块完全相同，再生混凝土空心砌块生产工艺流程如图 3-97 所示。

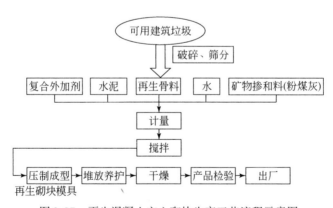

图 3-97　再生混凝土空心砌块生产工艺流程示意图

再生原料混凝土砌块生产线的关键设备见图 3-98。

废弃混凝土块中存在一定的钢筋、木块、塑料等杂质，需要通过破碎、筛选、水洗等相应的设备去除掉，并形成符合质量要求的废弃混凝土粗骨料和细骨料，即再生骨料。利用制备出的再生骨料为主要原材料，加入硅酸盐水泥、粉煤

(a)建筑废弃物再生原料料斗与计量

(b)搅拌机及控制系统

(c)砌块成型机

(d)砌块坯体自动码放装置

图 3-98　再生混凝土空心砌块生产线的关键设备

灰、天然砂石、复合外加剂等其他材料，按照一定的比例混合，搅拌均匀制成混合物料；在混合物料中加入适量的水，搅拌均匀后制成干性混凝土，并送入产品成型机，利用压力振动加压成型为产品；成型产品静放 8～24 h 后，再集中干湿养护 5～15 d，经自然养护使静放期满 28d，然后进行出厂检验，合格后即制得再生混凝土空心砌块产品（王武祥等，2010）。

再生混凝土空心砌块的生产工艺中要注意以下几点：

1）考虑建筑废弃物来源复杂，再生骨料和再生原料的产品质量易变、波动大，因此在制备混凝土混合料的过程中进行配合比设计时，必须考虑砌块可能存在较高的标准偏差值，以保证绝大多数砌块能满足强度等级要求。

2）由于再生骨料和再生原料具有极大的吸水率，应采取适宜措施进行预润湿处理，防止因再生原料（或骨料）在成型的坯体中"争抢"供水泥水化硬化的水分，影响砌块的强度和耐久性。

3）对再生骨料或再生原料，必须预先进行均化处理，提升混凝土砌块的质量稳定性和均匀性。

4）与采用普通骨料生产砌块相比，更要重视砌块的早期养护工作。

5）再生原料（或骨料）混凝土砌块的吸水率相对较高，收缩较大（比基准混凝土砌块高30%～50%）。因此，更要严格控制砌块出厂时间和上墙时的相对含水率，达到防止墙体开裂的目的。对于有条件的企业，可在砌块出厂前采取干燥措施。

3.3.2.2 性能

再生混凝土空心砌块的形状构造为分布有开口向下的矩形盲孔的直角六面体，矩形盲孔的数量为1～17个。在排列孔洞时尽量考虑传热断桥，加强结构性保温隔热性能，封底盲孔，孔洞率保持在30%～50%。以390 mm×190 mm×190 mm 规格砌块为例，矩形盲孔的数量较好的为7个，分3排平行间隔分布，外侧两排孔各为2个，中间一排孔为3个，中间一排孔与外侧两排孔错位排列，从而达到保温隔热的目的，如图3-99 所示。

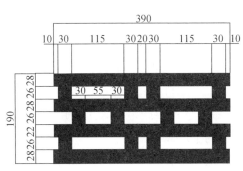

图 3-99 390mm×190mm×190mm 规格再生混凝土空心砌块结构图

再生混凝土空心砌块可以根据需求灵活开发和自主设计，以满足不同用户的要求或是不同建筑物的需求，目前再生混凝土空心砌块的外形尺寸范围为长90～390 mm、宽90～240 mm、高90～190 mm。再生混凝土空心砌块较为常用的规格系列按宽度分为190 mm 和90 mm 系列，每个系列按高度分为两组，每组再生混凝土空心砌块按照用途分为主砌块和辅助块，具体如表3-79 所示。

表 3-79　再生混凝土空心砌块基本规格表　　　　（单位：mm）

190 mm 宽度系列	90 mm 宽度系列	用途
外形尺寸：长×宽×高	外形尺寸：长×宽×高	
390×190×190	390×90×190	主砌块
290×190×190	290×90×190	辅助块
190×190×190	190×90×190	辅助块
390×190×90	390×90×90	主砌块
290×190×90	290×90×90	辅助块
190×190×90	190×90×90	辅助块

再生混凝土空心砌块的特点如下：

1）功能实用，建筑物性能好。与传统的黏土实心砖相比，再生混凝土空心砌块具有保温、隔热、降噪、防火等功能。以再生混凝土砌块标准块尺寸390 mm×190 mm×190 mm 为例，空心率为 25% ~ 50%，自重相对较轻，这不仅减轻了基础的负载，易于地基处理，也增大了建筑物抗震可靠度；同时混凝土空心砌块墙体与黏土实心砖墙体相比要窄 50 mm 左右，这样可以增加房屋实用面积4% ~ 5%。因此，采用再生混凝土空心砌块建造房屋，有利于提高房屋抗震性能，增大房屋使用面积；同时也有利于实现建筑物的节能化、美观化、舒适化，可以提高建筑物的整体性能。

2）原材料丰富，成本低廉。随着城市化进程的加快，混凝土建筑垃圾几乎随处可见，将其作为再生混凝土空心砌块的生产原料，其产生的主要费用就是收集运输混凝土建筑垃圾的运费以及破碎、筛选过程中产生的人工费用及能耗费用，一定程度上降低了再生混凝土空心砌块的生产成本。

3）工作量小，施工速度快，符合早建成、早投产、早见效的现代化要求。与黏土实心砖相比，再生混凝土空心砌块要大很多，单块砌筑的施工方法相似，施工速度可以提高 4.0% 以上，如果采用组砌成大板、中块，进行吊装，则施工速度可以进一步提高。与普通混凝土结构相比，再生混凝土空心砌块不需要支模、养护和拆模，施工速度也可以大大提高。同时在施工过程中砂浆用量也少，每平方米 190 mm 厚砌块墙的砂浆用量，仅为黏土砖墙的 20% ~ 30%，另外，由于再生混凝土砌块外形比黏土砖更规整，外形尺寸误差更小，墙面抹灰工序减少，也使墙体质量有所减轻。

4）再生混凝土空心砌块建筑中配置钢筋，进行灌芯，为提高砌块建筑的强度和变形能力创造了良好的条件，从而可以大大提高其抗震性能。不仅如此，美国的结构工程师认为砌块结构具有现代化的速度，比传统的钢结构和混凝土结构经济（周贤文，2007）。

3.3.2.3 应用

再生混凝土砌块是对混凝土建筑垃圾综合利用的产物，是符合循环经济、低碳经济理念的新型建筑材料，更是可以替代黏土实心砖的绿色建筑材料。循环经济是一种以资源的高效利用和循环利用为核心，以"减量化、再利用、资源化"为原则，以低消耗、低排放、高效率为基本特征，符合可持续发展理念的经济增长模式，是对"大量生产、大量消费、大量废弃"的传统增长模式的根本变革。再生混凝土空心砌块符合循环经济的发展理念，遵循了循环经济的3R原则。

再生混凝土空心砌块的生产投入端主要是以混凝土建筑垃圾为原材料的再生骨料，这样就减少了对天然砂石资源的投入，体现了资源利用的减量化原则；再生混凝土空心砌块在生产中最大限度地减少了废弃物的排放，实现了对混凝土建筑垃圾的循环利用，体现了循环经济的再循环原则。

相比于黏土实心砖，再生混凝土空心砌块的最大优势在于其应用不毁坏耕地，是以废弃混凝土加工制得的再生骨料为主要原材料。土地是我们人类生存与发展的基础，是十分宝贵的资源和资产，我国每年烧制千亿块黏土标准砖，造成了大量土地资源的破坏，而用再生混凝土空心砌块代替黏土实心砖就可以减少挖土毁田，保护土地资源。与普通混凝土空心砌块相比，再生混凝土空心砌块的优势又在于其应用不必开采新的天然砂石骨料，而是以再生骨料作为主要原材料，这必然减少了对天然砂石资源的开采，有利于保护这些不可再生资源。低碳经济是指温室气体排放尽可能低的经济发展方式，低碳经济是以低能耗、低污染、低排放为基础的经济模式，更是人类社会继农业文明、工业文明之后的又一次重大的进步。再生混凝土空心砌块正是低碳经济理念下的新型建筑材料，是符合低能耗、低污染、低排放标准的绿色建筑材料。再生混凝土砌块与传统的黏土实心砖相比，不需要大量耗煤，我国每年烧制黏土实心砖的标准煤为6000万~7000万t，约占全国煤炭总产量的5%；而再生混凝土空心砌块在生产过程中的能耗折合成标准煤要远低于黏土实心砖的煤耗。同时，黏土实心砖生产过程中需要排放大量的二氧化碳，会明显影响空气质量，破坏环境，还有可能加剧温室效应；而再生混凝土空心砌块生产过程中除在破碎环节中产生的噪声影响较大外，几乎做到了零排放，对环境影响很小，并且其生产过程中对废弃混凝土建筑垃圾的处理，更是减少了垃圾堆积填埋所占用的耕地，也降低了建筑垃圾对生态环境的破坏。

目前，再生混凝土空心砌块在保温性能、隔热性能、抗震性能等方面的研究已经取得了重大的进步，利用其建造的房屋的整体性能得到明显提高。科研工作者通过大量实验，开发新的混凝土砌块技术，逐步优化再生混凝土空心砌块的结构，改善其相关技术性能（如降低干燥收缩值、相对含水率、提高抗冻性能、抗渗性能、防火性能、隔音性能、热工性能等），再生混凝土空心砌块建筑存在的一些工程质量问题（如墙体裂缝、外墙渗水、室内结露、墙面"长毛"等）都会迎刃而解；同时，可以设计不同功能的再生混凝土空心砌块（如彩色再生混凝土砌块等），满足不同建筑物的需求，最终可以实现再生混凝土砌块建筑物的功能化、美观化、舒适化。

再生砌块可用于低层建筑的承重、非承重墙体及其他建筑的非承重墙体，保温砌块在用作墙体材料的同时还兼具有保温功能。根据我国房屋建筑实践，在高耸结构中，用砌块结构比用同类型的黏土砖结构的建筑造价降低 10%。与钢筋混凝土结构相比，它不需要支模和模板，也可降低建筑造价。以 9 层建筑为例，采用再生混凝土空心砌块与钢筋混凝土现浇剪力墙相比，外墙每平方米可节省110 元，内墙每平方米可节省 30 元。同时，再生混凝土空心砌块建筑物的建筑施工相对于黏土实心砖而言，砂浆用量减少 40%～50%，施工的速度提升 40% 以上，房屋使用面积增加 2%～5%。再生混凝土空心砌块作为一种绿色建筑材料，在生产使用过程中相对于传统黏土实心砖具有不可比拟的优势，但关于再生混凝土空心砌块的使用和研究资料很少，尚未形成国家或行业标准、规范等，同时部分研究技术还不够成熟，这些都阻碍了混凝土普通砖的推广和使用（张强等，2011）。

3.3.3　再生板材

再生砖及再生砌块技术不仅成熟，而且在全国多地均有推广应用，已有大规模的工业化生产和工程应用实践。目前，国内已可装配再生骨料砖与再生骨料砌块生产全自动生产线。而再生板材因其尺寸大，尺寸变形要求高等多种原因，目前国内尚未有大规模的工业化生产和应用，也没有制定相关的技术标准。

生产板材的生产工艺与再生砖和再生混凝土空心砌块大致相同，区别仅在于产品成型模具的不同，生产工艺流程如图 3-100 所示。

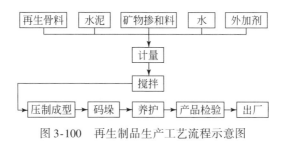

图 3-100 再生制品生产工艺流程示意图

一般混凝土板材是指预制的配筋混凝土板式构件。在房屋建筑中，主要有墙板、楼板和屋面板，这三种板有时可以互相通用。混凝土板材主要分钢筋混凝土和预应力混凝土两大类，也有的是应用其他配筋材料，如钢丝网、钢纤维或其他纤维等。

装配式大板建筑是用预制的内外墙板、楼板、屋面板及其他预制构件装配而成。其内外墙板多为一开间 1 块，但也有二开间甚至三开间 1 块的。一般内墙板承重，大都采用标号为 200 号的普通混凝土空心板和实心板，生产工艺多采用成组或成对立模，也有采用平模工艺的。外墙板一般自承重，兼有隔热、防水、装修等多种功能要求，因而大都采用高效保温材料（如聚苯乙烯泡沫塑料、矿棉、加气混凝土等）与钢筋混凝土的复合板（或夹层板）和容重低于 $1200kg/m^2$ 的轻集料混凝土板。生产多采用固定式平模、平模流水和机组流水等工艺，同时采用多种方式使外饰面达到装饰要求。楼板与屋面板基本上可以通用，大都采用标号为 200～300 号的混凝土实心或空心板。生产工艺基本上与外墙板相似，对这些板材还要注意节点接缝的构造处理。

混凝土是当代用量最大的建筑材料。混凝土中骨料的用量居首位，占总质量的 70% 以上。随着混凝土用量的不断增大，开山取石、江河挖砂造成的资源枯竭和环境破坏问题越来越引起人们的关注。同时，城市中有越来越多的混凝土建筑物达到使用年限，或由于其他因素需要拆除。

一般的混凝土工程使用年限为 50～100 年，新中国建国初期所建成的混凝土工程已经逐步进入拆除期，21 世纪将是我国混凝土结构破坏的高峰期，伴随拆除而来的是大量的建筑废弃物。我国每年拆除建筑废弃物如按 4000 万 t 计，其中 34% 是混凝土块，则由此产生的废弃混凝土达 1360 万 t。

除此之外，新建房屋还将产生大量的废弃混凝土。废弃混凝土的清运和处理将成为城市建设者和管理者面临的重大问题。在以上背景下，人们提出了再生骨料混凝土，简称再生混凝土。它是将废弃混凝土块经过破碎、清洗与分级后，按一定的比例与级配混合形成再生混凝土骨料（简称再生骨料），部分或全部代替砂石等天然骨料（主要是粗骨料）配制而成新的混凝土。

再生骨料混凝土技术可实现对废弃混凝土的再加工，使其恢复原有的性能，形成新的建材产品；能够从根本上解决废弃混凝土的出路问题，既能减轻废弃混凝土对环境的污染，又能节省天然骨料资源，缓解骨料供求矛盾，减少自然资源和能源的消耗，具有显著的社会、经济和环境效益，符合可持续发展的要求，是发展绿色混凝土的主要途径之一。再生骨料混凝土由于具有以下特点，因此特别适合在框架结构填充墙（如条板）中的推广应用。

1）仅采用再生粗骨料制成的再生混凝土，其强度同普通混凝土相比虽然有所下降，但可满足作为填充墙的要求。为扩大再生混凝土的应用范围，可以采用再生粗骨料和天然砂组合，或者再生粗骨料和部分再生细骨料、部分天然砂组合，制成强度相对较高的再生混凝土。

2）再生混凝土的导热系数小、热工性能好，若用于围护结构，可明显增强建筑物的保温隔热效果。

3）再生混凝土的密度小、自重低，用来生产砌块、空心砖、条板，取代传统的实心黏土砖，成为良好的填充墙体材料，具有明显的经济、环境效益。

如今房地产市场竞争激烈，降低住宅内间墙面积的占用率是楼盘销售的重要买点。使用新型的再生混凝土条板作为间墙材料是降低间墙占用面积的行之有效的办法。

3.3.3.1 再生混凝土条板间墙材料分析

再生混凝土条板间墙材料分析采用上海启秀科技发展有限公司生产的再生混凝土条板作为样本，其物理力学性能完全行业标准《建筑隔墙用轻质条板》（JG/T 169—2005）的要求。再生混凝土条板是新型的间墙材料。墙板的厚度较薄，可以有效地降低住宅间墙面积的占用率。混凝土空心墙板与多孔黏土砖的比较见表3-80。可见，再生混凝土空心墙板表面光滑，没有凹凸，不易开裂，墙板不需要批荡，墙体厚度只有9 cm（而多孔黏土砖墙厚度为24 cm），观感好，特别适合用户。

表 3-80 墙体材料对比分析

序号	项目	再生混凝土空心墙板	KM 多孔黏土砖
1	墙材厚度	9 cm	20 cm
2	规格	9 cm×60 cm×（240～350）cm	10 cm×10 cm×20 cm
3	加工性能	可以按楼板的实际高度预定墙板的规格，并且可钉、可钻、可锯，含水率低，不易收缩，墙体轻，易于安装	只有一个规格，需用砂浆组砌，灰缝易收缩，造成墙面开裂
4	表面	平整度高，没有凹凸，不需批荡，与各种腻子、油漆、黏结剂、装饰瓷片黏结性好	需要批荡，与其他材料黏结易造成开裂
5	施工工艺	易于开界，无需抹灰，没有湿作业	不用开界，施工时湿作业

3.3.3.2 再生混凝土条板墙板安装质量控制

1）墙材准备。按墙身的高度切割选定板材。在与楼板顶接触方向的墙板孔上塞保利龙材料（保利龙是一种泡沫材料，有膨胀性能，加工成比墙板的孔大2 cm，然后塞进孔里，比孔面低 1.5～2 cm，起堵塞孔的作用，以避免砂浆灌入孔内）。

2）拌制砂浆。用 5 mm 孔径筛子筛砂浆用砂，拌制胶质水泥砂浆。

3）定位放线及黏结砂浆。清刷楼面，在楼板定位放出间墙的线；然后在楼面刷上 1∶1 的水泥 108 胶浆，在墙板的凹口上（包括墙板顶和板侧）抹胶质水泥砂浆。

4）三人配合安装墙板。一人扶着墙板对准定位线，移动扶正墙板；一人在下边板脚用铁橇将墙板向上挤压，砂浆从四周挤出，使墙板与楼板紧密结合；一人在墙板脚打入木楔，轻击木楔紧固，使墙板固定。

5）竖向连接。墙板与墙板的竖向接缝采用凹凸口连接，接缝处先刷黏结剂一道，然后拼装两块墙板，在两侧板面接口处贴玻璃纤维网格布，再用 1∶3 水泥砂浆抹平；墙板与混凝土墙、柱竖向连接时，用板的凹口朝向混凝土墙、柱，并在凹口处刷黏结剂连接，见图 3-101 和图 3-102。

6）检查墙面的垂直度。轻击木楔固紧墙板，多次调校，用靠尺和线锤多次复核墙面平整度和垂直度。

7）打钢卡。在墙板与楼面顶接触的位置打钢卡，将板牢牢固定。在墙板底填砼，将板缝的砂浆塞实、压平。7d 后取出木楔，填平抹光。

图 3-101 再生混凝土条板开门洞处

图 3-102 再生混凝土条板与框架梁连接

8）门洞板安装。按图纸尺寸预留门洞位置；将门头板架立在门框上，坐浆且四周用砂浆挤压密实，灰缝为 10 mm，并在表面粘贴一道防裂玻璃纤维网格布。门洞两侧预埋经防腐处理的木砖三块，以便进行门框的钉固。门框四周用微膨胀混凝土或砂浆挤紧，填充密实并压光。

9）管线安装。施工中线管、电制盒在墙板的埋设，需先在板墙上画出线管、制盒的位置，再用切割机根据埋设位置锯出线槽位，用利器轻轻凿出线槽，线管敷设好并检查无误后，填封黏结砂浆并找平，表面粘贴玻璃纤维网格布防裂；垂直向管线可穿过空心墙板孔，成为暗线。铺设管线时，里外线路、线盒、开关定位应避免重合。

3.3.3.3 工程实例

此处列举的工程实例为江苏无锡市某花园三期工程，为 6 层的一梯两户全框架的商品住宅楼。每层间墙的长度平均为 116.4 m，间墙面积占用率为 5.47%。该花园的一期、二期均采用 KM 系列多孔砖。根据 2002 年对该花园二期工程的 100 个业主进行用户满意程度调查，用户提出的意见集中于住宅的使用面积不够。要降低间墙的面积占用率就必须使用新型的墙体材料和新工艺。因此，在三期工程中，间墙材料采用了再生混凝土条板。

使用再生混凝土条板后，每层使用面积平均增加 12.80 m²，间墙面积占用率降低 2.62%。对于整幢楼的业主来说，不但得到了使用面积增加的实惠，按该楼盘的平均销售价格 4000 元/m² 计算，每层增加的使用面积还带来实际收益 307 200 元，这也为建设单位带来了楼市销售的高峰和良好的经济效益。

使用再生混凝土条板作为墙板材料不仅能解决城市拆迁改造所产生的大量废

弃混凝土处置问题，而且比传统建材更加有优势。但是，推广应用再生混凝土条板作为墙板材料，还要解决以下的问题：

1）继续对再生混凝土条板的基本力学性能进行进一步的研究，给出更加实用合理的各类力学性能指标，指导工程实践。

2）进一步对再生混凝土条板的配合比进行改善，以便进一步提高再生混凝土条板的各项性能。

3）继续在框架和剪力墙住宅中推广应用，进一步验证。

4）制定相应的设计、施工、验收规范（朱剑锋，2007）。

3.4 再生砂浆技术

砂浆是由一定比例的胶凝材料（水泥、石灰、黏土等）和细骨料（砂）加水拌和而成，是建筑上砌砖石用的黏结物质。

砂浆的技术性质主要有以下两点：

（1）新拌砂浆的和易性

砂浆的和易性是指砂浆是否容易在砖石等表面铺成均匀、连续的薄层，且与基层紧密黏结的性质。包括流动性和保水性两方面含义。

1）流动性。影响砂浆流动性的因素主要有胶凝材料的种类和用量，用水量以及细骨料的种类、颗粒形状、粗细程度与级配，除此之外，也与掺入的混合材料及外加剂的品种、用量有关。通常情况下，基底为多孔吸水性材料，或在干热条件下施工时，应选择流动性大的砂浆。相反，基底吸水少，或湿冷条件下施工，应选流动性小的砂浆。

2）保水性。保水性是指砂浆保持水分的能力。保水性不良的砂浆，使用过程中出现泌水、流浆，使砂浆与基底黏结不牢，且失水影响砂浆正常的黏结硬化，使砂浆的强度降低。影响砂浆保水性的主要因素是胶凝材料的种类和用量，砂的品种、细度和用水量。在砂浆中掺入石灰膏、粉煤灰等粉状混合材料，可提高砂浆的保水性。

（2）硬化砂浆的强度

当原材料的质量一定时，砂浆的强度主要取决于水泥标号和水泥用量。此外，砂浆强度还与砂、外加剂、掺入的混合材料以及砌筑和养护条件有关。砂中泥及其他杂质含量多时，砂浆强度也受影响。

随着基本建设的日益发展，建筑用砂的量不断增大，以北京为例，每年约需6000万 t。不少地区经过几十年的大量开采，天然砂资源已接近耗尽，而对砂资源的无序和大量的开采不仅污染环境、破坏自然景观和生态环境，而且还带来许多安全问题。为此国家和许多地方政府陆续出台了限制天然砂石开采的法规和政策，进一步减少了天然砂的来源。

另一方面，城市公用与民用建筑、市政设施的更新、改造、新建过程中产生了大量的建筑垃圾。有关统计显示，在每万平方米建筑的施工过程中，仅建筑垃圾就会产生 500～600 t；而每万平方米拆除的旧建筑，将产生 7000～12 000 t 建筑垃圾，我国建筑垃圾的数量已占到城市垃圾总量的30%～40%。大量建筑垃圾的产生、露天堆放或填埋，带来一系列关于自然资源、能源、环境保护和可持续发展的问题。建筑垃圾主要包括建筑渣土、废砖、废瓦、废混凝土、散落的砂浆和混凝土等，经分选、破碎、筛分加工后，大多可以作为再生骨料重新利用。目前建筑垃圾经过破碎、筛分分级后，主要利用的是其中的粗骨料，而细骨料没有得到很好地应用，建筑垃圾再生利用率低。

长期以来，因为砂浆不是主体结构材料，总被认为是用量小、影响小而不被重视，对砂浆的研究很少，尤其是忽视砂浆用骨料的研究，仅依靠多用水泥来使砂浆性能达到使用要求。实际上建筑砂浆的用量是巨大的，据有关资料介绍，砂浆用砂量约占建筑工程用砂总量的 1/3，水泥用量占全部建筑工程水泥用量的25%～40%；我国每年砂浆的生产会浪费 1 亿 t 以上的水泥，不仅耗费大量能源、资源，而且多排放的 1 亿 t 二氧化碳严重地污染环境。将建筑垃圾破碎后经过筛分得到的细骨料（称为再生砂）部分或全部取代天然砂，用来生产砂浆（称为再生砂浆），对永久节省天然砂资源，减轻固体废弃物对环境的污染，提高建筑砂浆的绿色化程度，发展循环经济具有非常积极的意义。

3.4.1　再生骨料砂浆

建筑废弃物再生粗骨料的研究与利用相对较多，再生细骨料因其孔隙率大、吸水率高、细粉含量多的特点，限制了其在再生混凝土中的应用。用再生砂适量替代天然砂可以改善骨料的级配，其细粉可以作为较细的级配起到填充作用；高的吸水能力可以将水分更久地保持在砂浆内部，利于砂浆内部水泥的水化和强度的持续发展；较多孔隙不仅可以降低砂浆的自重，对砂浆的保温隔热能力也能有所提高。

将建筑材料经特定处理、破碎、分级并按一定的比例混合后，形成的以满足不同使用要求的骨料就是再生骨料，其中粒径尺寸范围为 0.08 ~ 4.75 mm 的再生骨料称为再生砂（又称再生细骨料）。主要包括建筑材料破碎后形成的表面附着水泥浆的砂粒、表面无水泥浆的砂粒、水泥石颗粒及少量破碎石块。而以再生砂配制的砂浆称为再生骨料砂浆，满足《混凝土和砂浆用再生细骨料》（GB/T 25176—2010）要求的再生细骨料都能够应用于砂浆。因此，用再生砂替代天然砂用于配制再生砂浆可成为再生细骨料资源化利用的主要途径，目前针对不同来源种类的再生细骨料砂浆研究得较全面，也有一定量的工程实践（周文娟等，2009a）。

已有的研究与工程实践结果表明，再生砂浆的强度可以达到 M20；虽然收缩值可能会增大，但再生砂浆的弹性模量小，因此收缩带来的开裂并不比天然砂浆明显；另外，再生砂浆的和易性尤其是保水能力好，操作时不黏刀，易于摊平，施工性能好。研究结果还表明，不同体积掺量的再生砂，在配制相同稠度的砂浆时，用水量不同，用水量随再生砂掺量的增加基本呈线性增长。再生砂浆的保水性能优于普通砂浆；分层度主要受再生砂掺量和用水量影响，再生砂颗粒形态和级配也会影响分层度，再生砂配制的再生骨料砂浆的分层度均需满足使用要求。不同体积掺量的再生砂对不同强度等级的砂浆在不同龄期的强度影响不同，影响情况由砂浆强度等级、龄期、再生砂自身结构、再生砂掺量决定；在配制低强度等级的砂浆时，使用再生骨料全部替代普通砂也可以获得性能合格的砂浆；配制高强度等级的砂浆时，应将再生砂与普通砂搭配使用。再生骨料砂浆稠度随粉煤灰掺量的增加而增大；再生骨料砂浆掺加粉煤灰后保水性变差，与普通砂浆相反，但分层度仍符合使用要求；可以通过掺加粉煤灰提高再生骨料砂浆强度，但粉煤灰掺量不应超过 10%。在行业标准《再生骨料应用技术规程》（JGJ/T 240—2011）中对再生砂浆的性能、配合比设计等作了规定。

再生细骨料品质与天然砂不同，再生细骨料因来源不同，成分也有很大差别，因此对再生砂浆的生产和应用应有别于普通细骨料的砂浆，主要体现在以下几个方面：

1）再生砂浆可配制砌筑砂浆、抹面砂浆和地面砂浆。再生地面砂浆适用于找平层，不宜用于地面面层。

2）再生细骨料不宜用于配制 M15 以上的砂浆。

3）再生抹灰砂浆和再生地面砂浆中，再生细骨料的取代率不宜大于 70%。

再生骨料砂浆技术对于节约资源能源有着重要的意义，因此逐渐被人们接受，已有一定的应用（庄广志，2009）。

3.4.2 再生粉体砂浆

再生粉体是指在生产再生骨料过程中附带形成的粒径小于 0.075 mm 的粉料。再生骨料是将清除杂物后的建筑废弃混凝土或砖等用颚式破碎机破碎而成的，可继续筛分为 0 ~ 0.5 mm、0.5 ~ 5 mm、5 ~ 31.5 mm 等多种不同粒径。粒径大于 5 mm 的再生骨料可作为粗骨料使用，0.5 ~ 5 mm 作为细骨料使用。在破碎加工再生骨料的过程中必然会附带产生 10% 以上粒径小于 0.075 mm 的粉料。

再生粉料的成分复杂，对水泥混凝土或砂浆的影响规律还不明确，因此为了满足混凝土或砂浆性能的要求，一般要将其中的粉料进行冲洗等去除处理，粉料不能得到充分利用，这不仅造成浪费，还会造成较大的环境污染。再生粉料主要由未水化的水泥、附着水泥石的天然砂、水泥石、天然骨料和泥土以及各种杂质在破碎过程中产生的微细粉组成，其中会含有少量活性物质，更多的则是砖粉、石粉或水泥石粉。因此，如果将其作为矿物掺和料用于砂浆或混凝土中，代替部分水泥或粉煤灰等，不仅可以使这些粉料发挥作用，还可以节约水泥，降低能耗与环境污染。

采用一定比例的再生粉料替代水泥时，再生砂浆的抗压强度并没有大幅度降低，这是因为再生粉料弥补了实际水泥粒子因颗粒级配不好而无法达到最紧密堆积的问题。同时，由于再生粉料较高的吸水率，在拌和时会吸收部分水，在水泥水化消耗水分形成的温度梯度作用下，其内部的水分会被不同程度地倒吸出来，供水泥继续水化，起到内养护的作用。

将不同再生粉料与再生细骨料组合，再生砂浆的抗压强度出现显著差异。分析认为，这主要与再生粉料颗粒级配有关。当细颗粒级配良好时，砂浆更加密实，强度更大，再生粉料掺入不同细骨料中使微细颗粒级配更好，因此再生砂浆的抗压强度也更大。用再生粉料替代粉煤灰后也可以改善微细颗粒级配，提高再生砂浆的抗压强度。这主要是由于粉煤灰粒径较粗，无法与水泥形成良好的颗粒级配，而再生粉料较细，能与水泥、粉煤灰形成良好的级配。

将再生粉料按照一定比例代替水泥或粉煤灰掺入再生砂浆中，研究再生砂浆抗压强度的变化，研究结果表明：

1）再生粉料以 11% 的掺量取代水泥时，再生砂浆的抗压强度最佳，且大于基准再生砂浆的抗压强度。再生粉料以 20% 的掺量等量取代粉煤灰时，再生砂浆的抗压强度最佳，也大于基准再生砂浆的抗压强度。

2）再生粉料替代粉煤灰得到的再生砂浆的抗压强度略大于再生砂浆替代水泥得到的再生砂浆的抗压强度。

3）再生粉料与再生细骨料交叉组合效果最为明显。

4）只要再生粉料的颗粒级配合理，且与水泥、粉煤灰及细骨料的级配搭配合理，将再生粉料掺入砂浆中，可以改善再生砂浆中微细颗粒的级配，使其接近紧密堆积，提高强度（黄天勇和侯云芬，2009）。

3.5 利用再生粉体制备水泥技术

随着城市化进程日益加快，城市规模不断扩大，人口急剧增加，产生的城市垃圾也急剧增加。据统计我国已积存的垃圾有近 40 亿 t，侵占的土地达 3 亿 m^3，其中建筑垃圾已占城市垃圾总质量 40% ~ 50%。现每年仅城市建设、改造、装修所产生的建筑废渣就有近 1 亿 t。而大部分的建筑垃圾被用于填坑或被运往城郊露天堆放，不仅造成建筑垃圾资源的浪费，还污染环境，清运和堆放过程中灰砂遗撒、粉尘飞扬又造成二次污染，同时耗用大量清运和征地费用。随着我国保护耕地和保护环境的各项法律法规的颁布实施，如何处理建筑垃圾已成为建筑施工企业和环境保护部门，特别是城市发展面临的一个急需解决的课题。而以前许多排放固体废弃物的企业，为节能减排，现在大力推广实施清洁生产，使水泥生产的混合材原料匮乏。用建筑垃圾生产水泥是近年来水泥行业提出的一条新的垃圾处理途径。建筑垃圾在水泥生产中的应用主要是再生粉体，包括用作混合材和用作原料这两个方面。

3.5.1 再生粉体用作水泥混合材

在水泥磨制过程中，为调节水泥标号、改善水泥性能、降低能耗、增加水泥产量而掺入水泥中的天然矿物或人造材料，称为水泥混合材。目前，工业废渣是所用的混合材料中最多的，因此，水泥中掺加混合材料是废弃工业矿渣回收利用的重要途径，也有利于保护环境。

水泥混合材分为非活性混合材和活性混合材两大类，活性混合材具有潜在的水化胶结性，即在硫酸盐或碱性激发条件下，能与水泥中的拌和水和 CaO 发生反应，并形成具有胶凝性质的水化产物，而有利于改善水泥的力学性能；非活性混合材有较差的潜在水化胶凝性，所以它们对改善水泥的力学性能的作用比较微弱，因此在水泥中起填充空隙作用。无论是非活性混合材还是活性混合材，其基本的性能对水泥的性能均有利。自 20 世纪 60 年代以来，粉煤灰、粒化高炉矿渣微粉等工业废料就已被人们认识，作为水泥的混合材应用于水泥生产中，长久以来，其对水泥力学性能等具有良好的辅助作用，已经被大量的生产实践及试验所证实（王晓波，2011）。

废砖瓦、火山灰及其他多种化工废弃料陆续被当做水泥混合材的一种，为水泥生产提供大量的原料，节约资源的同时在工业三废的处理方面也做出了贡献。近几年来，随着环境和资源保护以及日益提高对城市垃圾处理的要求，用焚烧处理的城市垃圾等作为水泥混合材已成为混凝土和水泥生产的主要原料之一。为了发展低碳经济，以及贯彻落实国民经济可持续发展的战略，在将来水泥生产应用中，将会有更多样的工业及建筑废料作为水泥混合材应用到实际的生产中来。

在废弃混凝土作混凝土掺和料研究上，由于建筑垃圾的活性物质失去了活性，我们采用加入复合激发剂的方式来激活建筑垃圾里的活性物质，使得在一定的配比情况下，强度也能达到要求，与不加外加物质的水泥净浆强度相差不大，所以可以用加入适量配比的复合激发剂来合理利用建筑垃圾作掺和料。

有研究表明，建筑废弃物再生粉体可用作水泥混合材，当掺量在 15% 以下时，可生产 42.5R 或 42.5 普通硅酸盐水泥；在使用少量激发剂的情况下，掺量可达到 20%，碱性激发剂能够有效激发以废砖为主的建筑废弃物再生粉体的火山灰活性，但激发剂的种类和用量的选择方面还需做进一步的工作；当再生粉体的主要组分是废弃混凝土时，其活性成分不多，不需磨得太细，只需控制掺入建筑废弃物的水泥细度在 0.08 mm 方孔筛筛余 8% 以下即可（刘小千和王彬彬，2011）。

再生粉体用作水泥混合材，并不改变水泥厂原来的生产工艺，为提高粉磨效率，水泥熟料和再生粉体分别粉磨；为提高建筑废弃物的掺量，可以对熟料进行细磨。

有学者研究了废砖粉改性制备水泥混合材。根据水泥胶砂试验执行 GB/T 17671—1999《水泥胶砂强度检验方法》；水泥细度测试执行 GB/T 1345—2005《水泥细度检验方法 筛析法》；水泥其他性能测试执行 GB/T 1346—2001《水泥标准稠度用水量、凝结时间、安定性检验方法》；化学成分分析参照 GB/T 176—1996《水泥化学分析方法》等标准进行试验。试验时根据水泥的水化机理和废砖粉的组成选取合适的砖粉掺量。然后分别利用氢氧化钙、矿渣微粉和复合助剂对砖粉混合材进行改性，选取最佳效果，优化配比验证试验。研究结果表明，利用复合激发技术改性，废弃的烧结黏土砖可以制备优质的水泥混合材。改性砖粉用于水泥的生产，最优配比为水泥熟料 45%、脱硫石膏 5%、砖粉 33%、矿渣微粉 15%、复合助剂 2%，产品性能满足《通用硅酸盐水泥》中 42.5 复合硅酸盐水泥标准要求。产品大量利用固体废弃物，实现了废物的资源化，减少了建筑垃圾堆存占地和对环境的污染，属于低环境负荷型绿色建材产品，符合我国节能减排和可持续发展的战略要求（曹素改等，2011）。

也有研究表明，城市建筑垃圾主要是各种建筑砖、石灰石、砂子、水泥水化后的废渣以及各种各样的建筑和装修无机材料块状和细粉的混合物，具有较高的活性，粉磨后与其他水化产物相互搭接，在水泥水化中引起矿物微集料效应并填充于骨架内，产生密实填充并细化混凝土孔径的作用，有利于促进混凝土强度和密实度。同时，通过测试分析发现，掺入适量的建筑垃圾，使水泥水化时有更多的碳铝酸钙生成，可缓和水化铝酸钙的晶形转变，而削弱体系中总的晶形转变影响，有效抑制后期强度倒缩，稳定混凝土的强度。但是随着建筑垃圾掺加量的增加，水泥试样的早期强度（3 d 强度）呈抛物线形变化；刚开始随着建筑垃圾掺加量的增加，强度（抗压、抗折）逐渐缓慢增大，建筑垃圾掺量 15% 时混凝土强度最高，这主要是由于加入的石膏不断激发建筑垃圾、矿渣及煤矸石的活性所致。超过 15% 掺量时，3 d、28 d 的强度都随掺量的增加而降低，当掺加量超过 30% 而不加其他混合材时，混凝土强度开始低于国家标准。这是由于建筑垃圾颗粒主要靠对水泥浆体的矿物填充作用，其对水泥强度的提高作用有限（支静和吕剑明，2011）。

通过以上研究可以看出，以建筑垃圾作为混合材生产水泥是具有可行性的，但是要严格控制其比例来保证混凝土强度。一方面将城市建筑垃圾进行了资源化利用，变废为宝，增加了经济效益；另一方面避免或减轻了环境污染问题，同时减少了处理城市建筑垃圾的费用。

3.5.2 再生粉体用作水泥原料

水泥工业对建筑废弃物的利用主要集中在废砖瓦再生粉体用作水泥混合材，但受其活性影响而掺加量有限，而且可用作水泥混合材的再生粉体应是高度洁净的，因此对建筑废弃物原材的选择及再生粉体制备过程中各种杂质的分离非常重要，生产工艺的复杂提高了成本。而将建筑废弃物直接用作生产水泥的原料则可以避开这一问题。

建筑废弃物作为生产水泥的原料，一方面可以混合使用，直接将废弃混凝土和废弃砖瓦不加区分地破碎、粉磨得到再生粉体加以利用；另一方面可以单独利用其中的某种特定组分，如单独用废弃黏土砖、硬化水泥石再生粉体加以利用。

混合使用时，建筑废弃物的主要化学成分与黏土类似，因此利用建筑废弃物作为原料生产水泥熟料，可以降低黏土质原料的配料量，从而降低对天然资源的需求。且使用建筑废弃物和使用页岩配料生产的运行状态相似，能够保证窑的安全稳定运行。生料的热分析结果表明，掺加了建筑废弃物的生料与正常生料类似，但分解温度更低，这与 X 射线衍射分析的结果一致，而熟料的性能和微观相貌分析结果表明，熟料液相丰富、强度较高、易磨性好。

废弃黏土砖取代黏土作水泥原料时，具有节省土地资源，易烧性好，生产工艺不需要改动，不需要烘干的优点。由于废弃黏土砖已经过 960 ℃ 烧结，熟料易烧性好，热耗低，质量稳定。与普通水泥相比，利用了再生粉体作为原料的再生水泥性能完全能够满足配制混凝土的要求，对混凝土性能没有明显影响。

将再生粉体用于水泥的生产，扩大了建筑废弃物再生处理中产生的再生粉体的资源化利用途径，拓宽了建筑废弃物资源化应用的领域，提高了水泥的绿色化生产水平。作为建筑废弃物高附加值利用的主要途径之一，目前不仅有基本的理论研究，而且已有少量的生产实践。

但是在使用过程中，需要注意以下事项：

1）使用建筑垃圾过程中要注意尽量混合均匀，并剔除大块钢筋混凝土。

2）在使用过程中要注意加装除铁装置，避免建筑垃圾中混有的钢筋等进入生产系统，对后续工艺设备产生影响。

3）在使用过程中如果想继续增加废砖的掺量，可以加少量煤矸石来校正出磨水泥的颜色，其小磨试验结果也很理想。

4）由于使用建筑垃圾生产水泥延长了水泥的凝结时间，因此在生产过程中，可以对熟料配料加以调整，通过提高熟料铝酸三钙的含量来缩短水泥凝结时间，也可以和助磨剂厂家结合，通过改变助磨剂组分来缩短凝结时间。

3.6 道路用再生无机混合料技术

道路用再生无机混合料即在配制过程中掺用了再生骨料的无机混合料，再生无机混合料可用作道路的基层或底基层。再生无机混合料用胶凝材料可以是水泥、水泥+粉煤灰或粉煤灰+石灰，再生骨料可以部分也可全部取代天然骨料，拌制前需确定最佳含水量，以使混合料取得最大干密度。在以上三种不同胶凝材料体系的再生无机混合料中，又以石灰-粉煤灰稳定类研究与应用较多。由于所用水量较少，无机混合料属于硬性材料，产品出厂运送至施工现场进行摊铺压实。无机混合料用再生骨料具体要求依据标准《公路工程无机结合料稳定材料试验规程》（JTG E51—2009）执行：①无机结合料用于基层时，最大粒径不应大于 31.5 mm；②用于底基层时，最大粒径不得大于 37.5 mm。

再生无机混合料因其强度要求较低，对骨料的品质要求相对较低，因此建筑废弃物的处理工艺相对简单，可就地再生；而且因为道路施工需求量大，因此市场利用空间大，建筑废弃物再生无机混合料在国外获得了广泛的推广应用，技术成熟；在国内技术研究也已基本成熟，并且在部分地区获得了推广应用。

再生骨料品质与天然骨料不同，再生细骨料因来源不同，成分也有很大差别，因此对再生无机混合料的生产和应用应有别于天然骨料无机混合料，主要体现在以下几个方面：

1）再生骨料的掺量为 30% ~ 70%，有利于再生无机结合料强度的增长；随着再生骨料掺量的增加，稳定材料的最大干密度逐渐降低，最佳含水量逐渐升高。

2）再生粗骨料的掺量应控制在 20% ~ 40%，再生粗骨料对无机混合料强度的影响不明显，同时使再生粗骨料得以充分利用。

3）再生细骨料的掺入有利于再生无机混合料强度的增长，可取代全部普通细骨料，即有利于提高整体强度，同时又达到充分利用再生资源节省天然资源的目的。

4）再生无机混合料作基层时，再生粗骨料用量不宜超过骨料总量的 35%，再生细骨料用量不宜超过骨料总量的 40%；再生无机混合料作底基层时，在无侧限抗压强度满足设计要求的条件下所用骨料可以全部采用再生骨料。建筑废弃物掺兑一定比例的黏结剂（页岩、黏土等）可以生产符合国家标准的烧结制品。

3.7 再生烧结制品技术

在我国，特别是中原地区，随着建筑结构的改变，地下室和地下停车场的建设逐渐增多，基坑土逐渐成为城市建筑废弃物的主流之一，靠绿化工程和建设工程回填已无法消纳，另外煤矸石也是我国产生量很大的固体废弃物。再生烧结制品技术即是利用建筑废弃物（弃土、余土）和煤矸石生产烧结砖、烧结砌块的技术。烧结砖有普通实心砖和空心砖，烧结砌块由多孔砌块和保温空心砌块。

3.7.1 煤矸石烧结砖

煤矸石成分中多为黏土岩、灰质岩黏土质成分，本身又含有一定的发热量，实际焙烧时，基本可以不用外投煤，利用自身的发热量进行焙烧而成，因此，利用煤矸石作为原料烧成建材产品、煤矸石烧结多孔砖、空心砖，基本不需要燃料，属于节能项目。目前，采用国内外性能优良、技术先进的设备和技术已完全可以生产承重和非承重煤矸石烧结多孔砖、空心砖，并广泛用于建筑设计和施工中；煤矸石原料经充分破碎、陈化、成型、干燥、焙烧可以成为高质量的多孔砖、空心砖产品。

煤矸石制砖，到目前为止虽然工艺上和技术上都比较成熟，但是与一般黏土砖相比，还需要一些特殊要求和生产工艺。用来制砖的煤矸石必须符合一定的技术要求。根据煤矸石的成分、性能的不同，制砖的工艺条件也有很大的差异，就全国而言，大部分煤矸石原料可以烧制全煤矸石砖，原料的化学成分和物理性能基本上能满足制砖的要求，但一些煤矸石原料就不能生产全煤矸石砖，主要情况有：①煤矸石不烧结。这种原料单纯从化学和物理性能上很难判断能否适应全煤矸石制砖，必须进行烧成试验。②发热量过大的煤矸石，当烧成每千克煤矸石中制品原料热含量超过指标时，就会加长烧成周期，降低劳动生产率，出现黑心过重现象，使产品质量受到影响，特别是抗冻性能难以达到要求，发热量太大的煤矸石生产中将难以调整。③低塑性煤矸石将难以成型。对于以上三种煤矸石必须配入其他组分才能制得质量良好的砖。

用煤矸石生产烧结砖时，可根据原料性能的差别和建厂投资的不同选择。投资额高时，选择机械化、自动化程度较高的生产工艺；投资额低时，选择机械化、自动化程度较低但能满足制品质量要求的生产工艺。其主要生产工艺有以下两种。

煤矸石烧结砖生产工艺流程1：

原料→粗锤式破碎机→皮带输送机→板式给料机→皮带输送机→锤式破碎机→皮带输送机→高频振网筛→皮带输送机→双轴搅拌机→皮带输送机→可逆配仓皮带机→陈化库→多斗挖土机→皮带输送机→箱式给料机→皮带输送机→双轴搅拌挤出机→皮带输送机→双级真空挤砖机→切条机→切坯机→自动码坯机→窑车运转系统→隧道式干燥窑→摆渡车→隧道式烧成窑→自动卸坯→成品检验→出厂。

煤矸石烧结砖生产工艺流程2：

原料→料仓→振动给料机→皮带输送机→粗锤式破碎机→皮带输送机→锤式破碎机→皮带输送机→高频振网筛→皮带输送机→双轴搅拌机→皮带输送机→陈化库→人工取料→皮带输送机→箱式给料机→皮带输送机→双轴搅拌挤出机→皮带输送机→双级真空挤砖机→切条机→切坯机→运坯机→人工码坯→隧道式干燥窑→摆渡车→隧道式烧成窑→人工卸坯→成品检验→出厂。

煤矸石烧结砖的工艺流程不局限于上述两个流程，也可是上述两个流程的有机结合。

在生产过程中，窑炉设备的选择和温度制度的确定与保证是生产煤矸石烧结砖的关键。目前煤矸石空心砖的焙烧窑炉一般分为三种：轮窑、直通道三心拱轮窑、大断面平吊顶隧道窑。近年来，隧道窑焙烧技术得到较快发展，特别是大断面平吊顶隧道窑的设计和使用，正在不断走向成熟和完善。温度制度以温度曲线表示，它表明温度在烧成过程中随时间的变化关系。温度曲线一般分为4个阶段，即由预热升温、最高焙烧温度、保温时间和冷却曲线组成。温度曲线应根据制品在焙烧过程中的物理化学反应特性、原料质量、泥料成分、窑炉结构和窑内温度分布的均匀性等各方面因素综合确定。

煤矸石烧结多孔砖、空心砖是节能型墙体材料的一种，主要代替实心黏土砖用于永久性建筑。由于该产品具有自重轻、强度高、良好的承载抗震性能，具有优良的保温、隔热、隔音特点，在使用时，施工周期短，综合造价低，因此有着广阔的市场。这种烧结砖的使用对于保护和节约耕地、治理环境、缓和能源危机、提高建筑功能、改善居住条件、实现住宅产业现代化有着重大的现实意义。

3.7.2 其他烧结砖

利用建筑废弃物中的弃土、余土生产烧结制品的工艺为：原料计量→破碎→加水搅拌陈化→成型→编组码坯→干燥→焙烧→填塞聚苯（保温砌块）→打包。

烧结保温砌块是在空心砖中填塞聚苯材料，阻断冷热桥，达到良好的保温性能，关键技术是建筑废弃物、煤矸石掺烧节能技术，主要技术指标为每块砖消耗 2.5 kg 混合料（建筑废弃物和煤矸石），240 mm×260 mm×90 mm 产品导热系数部分填充为 0.48，全部填充为 0.35，耐火等级 183 min。砌体强度达到 MU3.5 以上，密度等级符合 800 级要求。

用成熟的环保窑技术生产煤矸石建筑废弃物再生烧结砖，成为解决建筑废弃物的弃土、余土无法利用的最有效的办法。用建筑废弃物生产烧结制品，不但不毁坏耕地，还减少了弃土、余土堆放占地，并且减少了页岩的非法开采。

3.8 再生可控性低强度材料技术

可控性低强度材料（controlled low strength material，CLSM）又称为流动性填料、无收缩性填料、流动性砂浆和可控密度填料，是在北美使用较为普及的一种材料，其最高强度具有一定限制。根据美国混凝土协会（ACI）229 委员会的定义，CLSM 是一种具有自我充填性质，主要用于管沟回填，其 28 d 无围抗压强度 ≤1200 psi（1 psi＝6.895×10³ Pa）的低强度（与普通混凝土相比）水泥质材料。

CLSM 既不是混凝土，也不是水泥砂浆，但是却具有类似两者的性质，其黏滞性如同泥浆或灌浆，灌注后数小时便足以承受交通荷载而不致沉陷。

CLSM 作为一种新型的回填材料，具有以下优点：

1）可流动。CLSM 作为能够代替密实土壤用于回填的流动性胶凝材料，具有高流动性的优点。用于管道工程时，不需要夯实就能够填充管沟空间，减少了以往施工中夯实和压密度检查等工序，降低了施工工作量和施工噪声。所以此种材料可应用于一些难以浇注和捣实的回填工程中。

2）易挖掘。与普通混凝土相比，CLSM 的强度不高，大多数用于回填的 CLSM 抗压强度变化范围是 0.35～2.00 MPa。低强度的特点方便于日后挖掘维修，保证以后能够进行二次回填。CLSM 的水泥含量一般为 50～100 kg/m³，根据不同工程的性能要求，通过适当调整材料组分的含量可以获得更高的抗压强度。

3）不沉陷。CLSM 在拌和过程中，由于水泥固化和水分蒸发而硬化成型，得到的成型体密实且均匀。没有粉状颗粒回填材料常有的密实度与平整度的矛盾，能够降低施工的难度。且不需振动或碾压密实，降低了施工工作量。

4）可快速硬化。通常 CLSM 在 3～5 h 硬化。通过掺入早强剂就可以调节材料的凝结时间，使材料在数小时内具有强度并可开放交通。由于施工方便、工期较短，CLSM 特别适用于市区管道工程中。

5）低渗透。通常 CLSM 的渗透速率与土壤相似，为 10^{-5}～10^{-4} cm/s，在工程的要求下，可以提高抗渗性，渗透速率降低至 10^{-7} cm/s。

6）抗冻融。CLSM 如同普通混凝土，通过加入引气剂来抵抗冻融的破坏，所以道路不会出现因冻融而造成的翻浆现象。

7）密度可变。通过加入不同密度的原材料和引气剂，普通 CLSM 密度可达到 1600 kg/m³，泡沫 CLSM 的密度可达到 320 kg/m³。

8）CLSM 可利用各种工业固体废弃物作为原料，绿色环保，避免环境污染。利用场地开挖土石方作为骨料，可减少天然砂石材料的耗用，有利于节约资源。

总之，与传统的管道回填材料（回填砂、黏土等）相比，CLSM 具有性能优异、施工方便、绿色环保等诸多优点。

常规 CLSM 材料组成与普通混凝土类似，主要由胶凝材料、集料、水以及各种添加剂组成。胶凝材料主要为水泥、粉煤灰；集料为细骨料或粗骨料，或者两者皆有；添加剂有引气剂、早强剂等，用来调整 CLSM 的工作性能，以满足不同施工或力学上的要求。虽然与普通混凝土的组成材料类似，但 CLSM 材料组成配比却存在一定的差异，CLSM 的水胶比由配比试验结果决定，通常大于 1，远高于一般混凝土的水胶比（0.4～0.55），这由于强度并非 CLSM 工程应用所需考虑的主要事项，CLSM 混合料 28 d 无侧限抗压强度一般要求不超过 8.4 MPa。CLSM 通过使用高含量细集料与高水胶比，并辅以一定量的粗集料，达到适宜的坍落，从而形成具有松散结构、低强度、高流动性、自密实、自流平与自填充的性能。这又与一般混凝土要求混合料具有级配致密、高强度结构的目的有较大差异（陈晶，2012）。

CLSM 对于组成材料的技术要求，没有一般混凝土要求的严格。在一般混凝土中，对粗细集料的坚固性、耐磨性、粒径分布、有机物含量等均有严格的限制，CLSM 对集料的要求并无特殊限制，废弃砖石、炉渣、铸砂等再生粒料，皆可作为 CLSM 的理想原料。

CLSM 主要利用的工业废弃物表现在以下几个方面：

1）电厂燃煤副产物——粉煤灰是我国当前排量较大的工业废渣之一，随着电力工业的发展，燃煤电厂的粉煤灰排放量逐年增加。粉煤灰是从煤燃烧后的烟气中收捕下来的细灰，它是燃煤电厂排出的主要固体废物。我国火电厂粉煤灰的主要氧化物组成为 SiO_2、Al_2O_3、FeO、Fe_2O_3、CaO、TiO_2 等。CLSM 组成中，粉煤灰是最常见的原料。ACI 委员会报告已经作出规定：可以用相对低掺量的水泥来激发粉煤灰（C 级和 F 级）的火山灰活性，用来生产 CLSM 填充材料。利用电厂燃煤副产物——脱硫石膏和脱硫渣制备 CLSM 的工序如下：首先利用脱硫副产物制备胶凝材料以替代水泥在 CLSM 中的应用；其次以脱硫副产物、粉煤灰、破碎钢渣和废旧混凝土作为集料添加一定量的水和外加剂制备 CLSM 混合料。

2）水泥窑灰。水泥窑灰是水泥生产过程中的副产品。水泥窑灰为细颗粒状，主要由水泥熟料高温生产过程中的静电收尘器中氧化的、无水的、微小颗粒组成。生产熟料用的原材料以及在回转窑中用来加热材料的碳基燃料的类型和来源决定了水泥窑灰的化学组成。大多数的水泥窑灰中钾、铝的含量较高。Amnon Katz 和 Konstantin Kovler 研究了水泥窑灰、沥青混凝土的尾砂、粉煤灰、炉底灰和采石场尾砂这五种工业副产物对 CLSM 性能的影响。其中发现水泥窑灰具有较强的胶结能力，可以在早期增大拌和物的稠度，有利于降低拌和物的泌水性。

3）矿山酸性排渣矿泥。Gabr 和 Bowders 采用矿山酸性排渣矿泥和粉煤灰制备。矿山酸性排渣矿泥取自沉降池，是地下矿井水通过沉降池用消石灰 $Ca(OH)_2$ 处理后得到的。这种石灰基工业废弃物与粉煤灰混合后，表现出与水泥相似的自硬化特性。

4）水库污泥。水库污泥的主要组成成分是蒙脱石黏土，当与水混合时会引起一定程度的有害膨胀。Wen-Yih Kuou 等对水库污泥进行了有机改性，用改性后的水库污泥代替 CLSM 中的细集料。

5）尾砂。尾砂是选矿厂在特定的经济技术条件下，将矿石磨细，选取有用成分后排放的废弃物。成岳利用铜矿尾砂、粉煤灰、水泥以及加气剂等，混合搅拌成泥浆体，振动成型，制备出 CLSM，28 d 抗压强度 0.5 MPa，具有低强度、高流动性的特点。Amnon Katz 和 KonstantinKovler 在制备 CLSM 时使用采石场尾砂。

目前，由于 CLSM 是一种相对比较新型的材料，兴起于 20 世纪 70 年代，行业内对 CLSM 还缺乏系统、充分的认识和深入的理解，并且由于 CLSM 可回收利用工业生产过程中产生的废弃物或建筑垃圾，这些废弃物对 CLSM 的性能影响规律还缺乏系统的研究。所以，国内外还没有专门针对 CLSM 材料技术要求的规范或标准。再生可控性低强材料技术在我国台湾地区已经非常成熟，并且已有大规模的推广应用，在内地目前处于基础技术研究阶段。

CLSM 在国外使用已有多年历史，其发展相对我国而言比较完善。

从 1970 年开始，美国许多城市的公共工程部门、工程公司、州运输部门的回填工程中都采用 CLSM。20 世纪 70 年代，美国密歇根州的第二核电站，使用高掺量粉煤灰的 CLSM 回填土槽；1991 年，美国科罗拉多交通部使用 CLSM 改造水渠，费用由 40 万美元降至 17 万美元；1993 年美国科罗拉多交通部使用 CLSM 改造旧桥，花费 93 000 美元，节省资金超过一半；1992 年起，波士顿港口隧道十年改造工程中使用 CLSM 2.3 $m^3 \times 106$ m^3；1995 ~ 1996 年，俄克拉荷马州交通部在 Tulsa 的街道开挖修补工程中，使用快凝型 CLSM，节省 1/3 资金。目前，国内已经有一些工程在应用 CLSM，但还未见大量有关 CLSM 的报道（张宏等，2011）。

由于许多不同性质的材料可作为 CLSM 的原材料，使得 CLSM 的性能灵活可调，所以 CLSM 在许多工程上具有广泛应用范围。①回填工程。CLSM 可用于各种沟槽管洞、废弃的隧道、水渠、地下室和其他地下结构的回填工程。CLSM 由罐车浇筑或泵送后硬化成型，无需振动、碾压、击实等工序，在相同质量要求的条件下，可大大提高施工进度，并且还能减少相关的机械和人工的使用，降低成本。②路基工程。CLSM 作为路基材料，可以解决粉状材料平整度与密实度的矛盾和土壤冻融翻浆的现象。CLSM 用于立交桥桥涵台背回填，可减少回填材料的沉降，降低挡墙荷载。③管道埋设工程。CLSM 能够很好地满足电力电信管道、热力管道等对底部填充的要求，做到流动的均匀支撑。不同的管路，可在 CLSM 中掺加不同的色料，以便区分。④管道隔热或散热工程。掺入隔热材料或导热材料在 CLSM 中可以满足管道或建筑物的温度要求。⑤管路防腐工程。对于一些有防腐要求的结构和管路，可通过提高 CLSM 密实度，对管道形成保护层，达到防腐要求。由于 CLSM 的 pH 为 8 ~ 12，可以为铸铁管提供强碱环境，减少铁锈腐蚀，但不能用在有大量铝、铜等金属的工程中。

与传统回填材料相比，CLSM 增加了水泥等成分而使材料成本有所上升，但良好的流动性和自密性使其不会产生承载力不足的问题，故施工时可节省夯实和密实度试验的费用，降低施工成本，缩短工期，提高施工质量，并且由于 CLSM 流动性好，具有类似于自流平的特性，尤其适用于密实度要求较高的回填工程中，对于狭窄、难以接触到的地方也能够施工。考虑施工质量、机械和人工费用、施工速度、开挖方量、工程特殊结构、重复开挖、特种工程等方面的需要，CLSM 代替传统填充材料将成为发展趋势。

CLSM 可以像流化土一样使用，名为低强度混凝土，实为一种地基加固材料，主要用于地下结构物的回填、地下空间的充填、小规模空洞的充填以及管道埋设的回填等。在实际应用中，一般要求 CLSM 材料无侧限抗压强度不超过 2.1 MPa。当 CLSM 材料 28 d 无侧限抗压强度在 0.3 ~ 1.1 MPa，有利于将来开挖，不需要动用大型的机械设备，小型开挖机械即可，当强度小于 0.3 MPa 时，人工就可开挖，节约能源，降低工程成本；28 d 无侧限抗压强度大于 1.1 MPa 时，则不利于将来开挖。在美国混凝土协会（ACI）对 CLSM 进行统一定义之前，CLSM 在发展过程中，曾被冠以不同的名称：可控密实度回填材料（controlled density fill，CDF）、可流动性回填材料（flowable fill）、可塑性泥土水泥质材料（plastic soil-cement）、贫水泥回填材料（lean-mixed backfill）以及 K-Krete 等。事实上，可控性低强度材料为一系列具有不同用途的低强度材料的统称。例如，强度较高的材料可用于建筑物下的建筑回填，而经过掺入泡沫材料的低强度、低密度的可控低强度材料则可以用于隔热回填料。所以，对于具体的应用，应当从技术、经济的角度出发，选择 CLSM 的类型。

3.9　其他资源化技术

建筑垃圾的资源化利用能从根本上解决废弃物建筑垃圾的出路问题，既能减轻建筑垃圾对环境的污染，又能节省天然资源，减少自然资源和能源的消耗，具有显著的社会、经济和环境效益，符合可持续发展的要求，是发展绿色建筑材料的主要途径之一。除前面介绍的一些建筑垃圾资源化技术外，还有一些其他的资源化技术，如建筑废弃物再生"复合载体桩技术"、建筑废弃物再生陶粒技术等。

3.9.1 建筑废弃物再生"复合载体桩技术"

随着社会的发展进步，人民生活水平的提高，原有城市规划及住宅显然不能满足人民的各种需要，城市建筑的搬迁、改造势在必行。而由此产生的建筑垃圾成为了一大公害。通常做法是将其运出城区倾倒，这样费时费力，既浪费土地，又污染环境。如何有效地利用建筑垃圾，将其变废为宝，就成为专家们关注的问题。复合载体桩就能很好地解决这个问题。

建筑废弃物再生"复合载体桩技术"，即将各种建筑废弃物直接作为一种建筑原料，替代水泥、砂石、钢材等成型建筑材料，在建筑物的地基基础处理中使用，以提高桩基的承载能力。目前此技术已在多项工程中推广应用。

复合载体桩是由上部桩身和下部复合载体组成的。桩身是钢筋混凝土结构。复合载体是避软就硬，以碎石、碎砖、混凝土块等建筑垃圾为填充料，在持力层内夯实加固挤密形成的挤密实体。复合载体由干硬性混凝土、填充料、挤密土体、影响土体四部分组成。

复合载体桩运用了土体的约束机理和能量累积原理。从力学角度上讲，在半无限土体中，荷载通过基础传到地基上时，土体就对基础产生一种抗力（反力），随着荷载增大，抗力不断增大，当达到极限平衡状态时，抗力达到最大，土体产生塑性变形，土体的原结构形式被破坏，又组成新的结构形式。随着时效的产生，土粒在新的结构形式下重新固结，有效应力得到恢复和增强，形成土体的加固硬化现象。该技术运用了这一原理，在大能量的剪切力作用下，连续不断地在一处进行填料夯击，能量就在此处不断地累积，将该部分土体结构充分地破坏，不断地被填料挤密。当被挤密的土体对夯填料有一定的约束力时，地基就得到了加固。

该复合载体桩相比于其他桩型的最大区别在于：它不是通过桩身形状、桩径、桩端面积的改变来提高承载能力，而是利用重锤对填充料进行夯实挤密，挤密时土体常受到很大的夯击能量，然后释放，对侧向周围影响土体施加侧向挤压力进行有效加固挤密，土体得到密实，变形模量提高很大，所以能较大幅度地提高地基承载力。

复合载体桩的优点有：①该桩型具有桩基的承载特性，可采用承台梁直接将上部结构荷载传递到桩基上，建筑桩基结构形式简单、经济。②单桩竖向承载力高，是普通灌注桩承载力的 3~5 倍，并且可通过调整施工控制参数来调节单桩的承载能力。③施工工艺简单，施工质量易控制，施工中无需场地降水、基坑开挖等程序，减少了工程量，缩短了工期。④适用范围广泛，尤其在浅部具有相对较好的土层、表层及填土较厚时，其优势更为明显。⑤该桩相对于一般的超期处理方法，在提供相同承载力的情况下，可以为业主节省基础投资的 20%，同时可消纳大量的建筑垃圾，变废为宝，保护环境，利国利民。在施工过程中，仍然具有无污染、低噪声等优点（王胜武等，2002）。

3.9.2 建筑废弃物再生陶粒技术

随着我国对于保护耕地和环境保护的各项法律法规的颁布和实施，如何处理和排放建筑垃圾已经成为建筑施工企业和环境保护部门面临的一个重要课题。若将建筑垃圾经回收处理、烧制陶粒，不仅可以节省生产陶粒的资源，还可减少建筑垃圾的堆放场地。

建筑废弃物再生陶粒技术，即利用碎砖瓦为主的建筑废弃物和经处理的施工建筑废弃物制备陶粒，但目前仅限于初步的理论探索，尚无实际工业生产。

高隽和刘蓉（2007）对建筑垃圾进行了实验室内的陶粒焙烧性能试验研究，选用的是宁波施工建筑垃圾，由于其成分比较复杂，含有砖块、石子、混凝土块、贝壳、草根等有害杂质，对此将施工建筑垃圾加水稀释至一定的固液比和流动度，利用黏土和石块等不同的比重。使块状有害杂质沉淀，泥浆及轻质杂质悬浮，再用筛子将悬浮液过滤，使杂质滞留在筛上，再将净化后的悬浮浆压滤脱水，使其成为符合要求的烧制陶粒原材料；另外还选用宜昌地区废弃的内燃页岩砖为原料。

紧接着进行焙烧性能试验。①造粒。破碎造粒：将废弃砖块经破碎至粒径为 5~20 mm 的碎颗粒，并保持自然级配，其含水率应小于 6%。磨细成球：在破碎造粒时，收集破碎过程中产生的一些粒径小于 5 mm 的颗粒或粉尘，将细料粉磨至细度为 4900 孔方孔筛筛余小于 15%，与外掺料按不同配比加水（成球水分 20% 左右），搅拌均匀后，人工制粒，在干燥箱中烘干。施工建筑垃圾的造粒，将施工建筑垃圾破碎并粉碎至细度为 4900 孔方孔筛筛余小于 15%，与外掺料按不同配比加水（成球水分 20% 左右），搅拌均匀后，人工制粒，在干燥箱中烘干待用。②焙烧试验。焙烧试验按经验采用相同的如下热工参数：预热温度 400 ℃，时间 10 min；焙烧温度 1100~1200 ℃，时间 5 min。

通过试验可得如下结论：

1）用建筑垃圾废弃的黏土、页岩砖及经处理的施工建筑垃圾可以生产出 600 密度等级、700 密度等级的普通陶粒；在合适的配比、严格的焙烧制度下还可生产出 500 密度等级的超轻陶粒。

2）利用废弃页岩砖、建筑垃圾为原料烧制陶粒，符合资源节约、综合利用及发展循环经济的大方向，具有较好的社会效益。

3）由于建筑垃圾本身已无价值，只有经过搜集、运输、堆存、分拣破碎、筛分、清洗等加工才可利用，但都需要投入资金。因此，只有设立了专门的处理机构，并且在政策的支持下，利用建筑垃圾生产陶粒，在经济上才能有效益（高隽和刘蓉，2007）。

第4章 建筑废弃物资源化技术装备现状与发展

随着城市化进程的不断加快，城市中建筑垃圾的产生和排出数量也在快速增长。人们在享受城市文明的同时，也在遭受城市垃圾所带来的烦恼，其中建筑垃圾就占有相当大的比例，占垃圾总量的30%~40%，据有关资料介绍，经过对砖混结构、全现浇结构和框架结构等建筑的施工材料损耗的粗略统计，在每万平方米建筑的施工过程中，仅建筑废渣就会产生500~600 t。若按此测算，我国每年仅施工建设所产生和排出的建筑废渣就超过1亿t，加上建筑装修、拆迁、建材工业所产生的建筑垃圾数量将达数亿吨。因此，如何处理和利用越来越多的建筑垃圾，已经成为各级政府部门和建筑垃圾处理单位所面临的一个重要课题。

建筑垃圾中的许多废弃物经分拣、剔除或粉碎后，大多是可以作为再生资源重新利用的，如废钢筋、废铁丝、废电线和各种废钢配件等金属，经分拣、集中、重新回炉后，可以再加工制造成各种规格的钢材；废竹木材则可以用于制造人造木材；砖、石、混凝土等废料经破碎后，可以代砂，用于砌筑砂浆、抹灰砂浆、打混凝土垫层等，还可以用于制作砌块、铺道砖、花格砖等建材制品。因此，在建筑垃圾的处理方面，必须坚持综合利用的方式。

4.1 固定式建筑废弃物处理设备

固定式建筑废弃物处理设备以颚式破碎机、锤式破碎机、辊式破碎机、反击式破碎机、球磨机等为主，通过这些设备可以将建筑废弃物破碎、粉磨，以下简单介绍几种。

4.1.1 建筑废弃物粉碎处理设备

固体物料在外力作用下，克服了内聚力使之破裂的过程，称为粉碎过程。施加外力的方法可用人力、机械力、电力或采用爆破等方法。矿山采石多数采用爆破方法，而将大块物料破裂为小颗粒物料多采用机械方法。因处理物料尺寸大小的不同，可将粉碎过程分为破碎和粉磨两个阶段。粉碎过程通常按以下方法进一步划分：

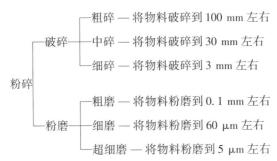

常用的建筑废弃物粉碎处理设备，根据处理物料尺寸的不同，可以粗略地分为破碎机和粉磨机两大类。破碎机又可分为粗碎机、中碎机和细碎机；粉磨机又可分为粗磨机、细磨机和超细磨机。但是这一分类方法很不严密，目前有许多粉碎机械介于几个粉碎阶段之间。例如，大型锤式破碎机和反击式破碎机等，在一个机械中可同时完成中碎和细碎操作。又如，近代使用的辊压机，既可作粗磨机又可作细磨机使用。按照结构及工作原理的不同，城市建筑废弃物处理设备常用的破碎机械有颚式破碎机、圆锤破碎机、辊式破碎机、锤式破碎机和反击式破碎机等。常用的粉磨机有轮碾机、笼式粉碎机、球磨机、辊式磨机、辊压机、辊筒磨机、搅拌磨、振动磨机和自磨机等。值得注意的是，其中一些破碎机具有两种不同类型破碎机的结构特征，或者是由两个同类型破碎机组合而成的，如颚旋式破碎机、颚辊式破碎机、反击-锤式破碎机、双转子锤式破碎机和双转子反击式破碎机等。

根据粉碎的方法不同，粉碎机械又可分成以下几类：

1）以挤压粉碎为主的粉碎机，如颚式破碎机、圆锤破碎机及辊式破碎机等。

2）以冲击粉碎为主的粉碎机，如锤式破碎机、反击式破碎机及笼式粉碎机等。

3）以挤压兼施磨削为主的粉碎机，如轮碾机、辊式磨机、辊压机及辊筒磨机等。

4）以冲击兼施磨削为主的破碎机，如球磨机、振动磨机、搅拌磨及自磨机等。

粉碎机械大致分类情况见表4-1。

表4-1 粉碎机械的分类

设备分类	粉碎程度	入料粒度/mm	出料粒度/mm	粉碎比	粉碎方式	常用设备举例
破碎机械	粗碎	300~1200	≤150	≤10	挤压、冲击	圆锤、颚式、锤式
	中碎	100~300	≤30	≤20	挤压、冲击	锤式、反击、辊式
	细碎	30~100	≤5	≤30	冲击、磨削	锤式、轮碾、棒磨
粉磨机械	普通粉磨	5~30	≤0.08	≥300	冲击、磨削	球磨、立式磨、辊压
	高细粉磨	1~30	≤0.05	≥600	冲击、磨削	高细磨、立式磨
	超细粉磨	≤1	≤0.01	≥1000	磨削、自击	振动磨、气流磨

为了与现代生产相适应，目前粉碎机械向着规格大型化、多功能复合粉碎、工作部件材质优化及提高环保和自动化水平方向发展。设备规格大、单机生产能力大、配套能力强，有利于矿山开发、简化工艺流程和物料粉碎环节的节能高产；粉碎机提高能量利用率，实现节能高产的重要途径在于，在物料被粉碎的有效时间和空间内，尽量多地实施粉碎作用，使粉碎机结构优化和功能整合；工作部件的使用寿命不仅直接影响粉碎机的产量，而且对提高设备的运转率、降低维护费用起到重要作用，粉碎机设计和制造过程需注意部件合理选材、提高热处理水平和加工精度；为了发挥现代化科学管理和先进的技术装备作用，工艺生产控制系统要求粉碎机械要能进入可编程序自控网络；由于世界各国对环境保护要求越来越高，促使粉碎机的设计制造和装配必须重视消音除尘，以满足环境保护要求，使工厂企业实现文明生产。

4.1.1.1 颚式破碎机

颚式破碎机（图4-1）是建筑废弃物粉碎处理中广泛应用的粗碎和中碎机械。现有颚式破碎机按动颚的运动特征来分，主要是简单摆动型和复杂摆动型两种形式。

1）简单摆动型颚式破碎机的构造及原理：图4-2（a）为简单摆动型颚式破碎机工作示意图。颚式破碎机有两块颚板：定颚1和动颚2。定颚1固定在机架的前壁上，动颚则悬挂在悬挂轴6上可做左右摆动。当偏心轴5旋转时，带动连杆4做上下往复运动，从而使两块推力板3也随之做往复运动。通过推力板的作用，推动动颚2绕悬挂轴6做左右往复摆动。当动颚摆向定颚时，落在颚腔的物

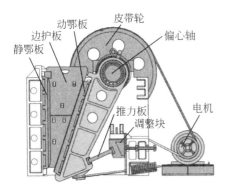

图 4-1　颚式破碎机

料主要受到颚板的挤压作用而粉碎。当动颚摆离定颚时，已被粉碎的物料在重力作用下经颚腔下部的出料口自由卸出。颚式破碎机的工作是间歇性的，粉碎和卸料过程在颚腔内交替进行。这种破碎机工作时，动颚上各点均以悬挂轴为中心做圆弧摆动。由于运动轨迹比较简单，故称为简单摆动型颚式破碎机。

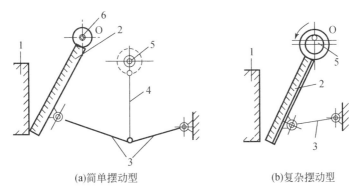

(a)简单摆动型　　　　　　　　　　(b)复杂摆动型

图 4-2　颚式破碎机工作示意图

1-定颚；2-动颚；3-推力板；4-连杆；5-偏心轴；6-悬挂轴

　　分析动颚运动轨迹可知，动颚摆动的距离上面小、下面大，颚板上部（进料口处）的水平位移和垂直位移都只有下部的 1/2 左右。进料口处动颚的摆动距离小，不利于对喂入物料的夹持和破碎，因而不能向摆幅较大、破碎作用比较强烈的颚腔底部供应充足的物料，这就限制了破碎机生产能力的提高。另外，颚板的最大行程在下部，而且卸料口宽度在破碎机运转中是随时变动的，因此卸出物料的粒度不均匀。但是，简摆颚式破碎机的偏心轴承受的作用力较小，且由于动颚垂直位移很小，破碎时过粉碎现象小，物料对颚板的磨损小，所以简摆颚式破碎机可做成大、中型，主要用于坚硬物料的粗碎、中碎。

2）复摆颚式破碎机的构造及原理：图4-2（b）为复杂摆动型颚式破碎机工作示意图。动颚2直接悬挂在偏心轴5上，受到偏心轴的直接驱动。动颚的底部用一块推力板3支撑在机架的后壁上。当偏心轴转动时，动颚一方面对定颚做往复摆动，同时还顺着定颚有相当大距离的上下运动。动颚上每一点的运动轨迹并不一样。顶部的运动受到偏心轴的约束，运动轨迹接近于圆形；底部的运动受到推力板的约束，运动轨迹接近于圆弧；在动颚的中间部分，运动轨迹介于上述两者之间的椭圆曲线，越靠近下方椭圆越偏长。由于这类破碎机工作时动颚各点上的运动轨迹比较复杂，故称为复杂摆动型颚式破碎机。

和简单摆动型相反，它在整个行程中，动颚顶部的水平摆幅约为下部的1.5倍，而垂直摆幅稍小于下部，就整个动颚而言，垂直摆幅为水平摆幅的2~3倍。由于动颚上部的水平摆幅大于下部，保证了颚腔上部的强烈粉碎作用，大块物料在上部容易得到破碎，整个颚板破碎作用均匀，有利于生产能力的提高。同时，动颚向定颚靠拢时，在挤压物料过程中顶部各点还顺着定颚向下运动，又使物料能更好地夹持在颚腔内，并促使破碎的物料尽快地排出。因此，在相同条件下，这类破碎机的生产能力较简摆颚式破碎机高20%~30%。

由于复摆颚式破碎机在动颚往复摆动的同时还有较大的上下运动，能将破碎的物料翻动，卸出的物料多为立方体块粒，大大减小了像简摆颚式破碎机中所产生的片状产品的现象。这类破碎机带有强制性卸料，故可用于粉碎一些稍为黏湿的物料。但是，由于动颚垂直行程较大，物料不仅受到挤压作用，还受到部分磨削作用，加剧了物料过粉碎现象，增加了能量消耗，产生粉尘较大，颚板比较容易磨损。另外，破碎物料时，动颚受到的巨大挤压力直接作用到偏心轴上，所以，目前这类破碎机均制成中、小型。复摆颚式破碎机结构比较简单紧凑，因此目前小型厂大都采用这类破碎机。

3）颚式破碎机的代号、规格和功率：粉碎机的类型代号常用汉字拼音开头的字母表示。简摆颚式破碎机的代号为PEJ，复摆颚式破碎机用PEF表示，其中P代表破碎机，E代表颚式，F代表复杂摆动，J代表简单摆动。颚式破碎机的规格用进料口的宽度×长度表示。例如，PEJ1500 mm×2100 mm，即进料口宽度为1500 mm、长度为2100 mm的简单摆动型颚式破碎机。近年来，随着大型化的发展，加高了破碎腔，减小了出料口，使粉碎度增大，故破碎机的质量系数也在不断提高。目前已能生产 2100 mm×3000 mm 和 1830 mm×2430 mm 颚式破碎机，它们的喂料口尺寸分别为 1800 mm 和 1500 mm，生产能力分别为 1100 t/h 和 760 t/h。

送入颚式破碎机中的料块，最大许可尺度（D）应比宽度（B）小 15% ~ 20%，即

$$D = (0.8 \sim 0.85) B \qquad (4-1)$$

颚式破碎机的生产率（Q，t/h）可按式（4-2）计算。

$$Q = \frac{1}{1000} K q_0 L b \gamma_0 \qquad (4-2)$$

式中，K 为破碎难度系数，$K = 1 \sim 1.5$，易破碎物料 $K = 1$，中硬度物料 $K = 1.25$，难破碎物料 $K = 1.5$；q_0 为单位生产率 [$m^3/(m^2 \cdot h)$]；L 为破碎腔长度（cm）；b 为排料口宽度（cm）；γ_0 为物料堆积密度（t/m^3）。

电动机的功率（N，kW）可按巴恩维奇（A Bonwetch）经验公式（4-3）或维尔德经验公式（4-4）计算。

$$N = C_i B L \qquad (4-3)$$

式中，B，L 分别为破碎机进料口长度和宽度（m）；C_i 为经验系数。当 $BL \leqslant 25 \times 40$ 时，取 $1/50 \sim 1/60$；当 $25 \times 40 \leqslant BL \leqslant 90 \times 120$ 时，取 $1/70 \sim 1/100$；当 $BL \geqslant 90 \times 120$ 时，取 $1/100 \sim 1/120$。

$$N = 0.0114 L D_{ave} \qquad (4-4)$$

式中，D_{ave} 为给料平均粒度（cm）。

4.1.1.2 圆锥破碎机

在圆锥破碎机尚未问世之前，20 世纪初期氢氧法已有很大发展，它要求提供比旋回破碎机和颚式破碎机可供给的更细的产品，在此情况下，除采用辊式破碎机作中碎、细碎设备外，也有采用粗碎旋回破碎机作细碎设备，1927 年缓倾斜锥面的圆锥破碎机正式用于工业上。这类圆锥破碎机有西蒙式标准和短头的圆锥破碎和球面圆锥破碎机，它们的特点是动锥呈缓倾斜，有弹簧过载保护装置。不久，陡倾斜的压缩圆锥破碎机也相继问世，开始这种破碎机称为压缩旋回破碎机，实质上这种破碎机是在旋回破碎机的基础上改进而成，用于中碎和细碎之间的破碎机，它的外形和结构与短轴旋回破碎机基本相同，具有锥面很陡、排矿口小、主轴短、冲程大、速度快等特点。

到了 20 世纪 50 年代末，各国制造的圆锥破碎机开始广泛采用液压技术，使

圆锥破碎机得到进一步改进，此时缓锥圆锥破碎机在保持原有弹簧过载保护装置和缓锥面的基础上，采用了液压或气压调节排矿口装置、液压过载保护装置和液压锁紧装置。

与此同时，陡锥圆锥破碎机在保留原有很陡的动锥面的情况下，也采用液压技术，按其液压设置地点的不同，又可分为底部液压支撑式或顶部液压吊挂式圆锥破碎机。由于排矿口的调节和过载保护装置均采用统一液压系统，结构简单，操作运转可靠。

20 世纪 70 年代圆锥破碎机在两个方面取得进展，一是 3050 mm 的大型圆锥破碎机问世，二是能生产特细物料的陡锥和缓锥圆锥破碎机问世。后者具有新型的破碎腔结构、主轴短、能获得 4 目的物料特点。

圆锥破碎机由以上两种主要不同形式，还衍生出其他一些形式，如无齿轮转动的多缸液压破碎机，多缸破碎机实际上只用于锁紧装置，不能与底部单缸液压破碎机和顶部单缸液压破碎机相提并论。在以往分类或叫法上有按液压与弹簧来划分，有的按标准、中型、短头、球面来划分，有的靠底部单缸液压支撑、顶部单缸液压吊挂来划分，有的按单缸多缸来划分，有的按陡锥和缓锥（有的称平锥）来划分等。

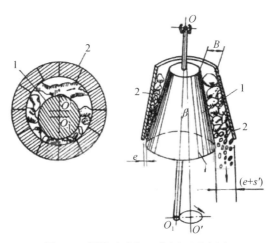

图 4-3 圆锥破碎机工作原理示意图

1-动锥；2-定锥；点 O-主轴悬挂的点；O_1O-主轴的中心线；$O'O$-定锥的中心线；β 角-主轴的中心线 O_1O 与定锥的中心线 $O'O$ 于点 O 相交而成的夹角；e-破碎机工作时动锥与定锥间的最小间距；B-进料口的最大宽度；$e+s'$-卸料口的最大宽度。

在圆锥破碎机中，破碎料块的工作部件是两个截锥体，见图 4-3。动锥（又称内锥）固定在主轴上，定锥（又称外锥）是机架的一部分，是静置的。主轴的中心线 O_1O 与定锥的中心线 $O'O$ 于点 O 相交成 β 角。主轴悬挂在交点 O 上，轴的下方则活动地插在偏心衬套中。衬套偏心距 $O'O_1$ 绕着 $O'O$ 旋转，使得动锥沿着定锥的内表面做偏旋运动。靠拢定锥的地方，该处的物料受到动锥挤压和弯曲作用而破碎；偏离定锥的地方，已经破碎的物料由于重力作用从锥底落下。因为偏心衬套连续转动，动锥也就连续转动，故破碎过程和卸料过程也沿着定锥的内表面连续依次进行。

在破碎物料时，由于破碎力的作用，在定锥表面产生了摩擦力，其方向与动锥运动方向相反。因为主轴上下方都是活动连接的，这一摩擦力对于 O_1O 所形成的力矩，使动锥在绕 O_1O 做偏旋运动的同时还做方向相反的自转运动。这种自转运动可促使产品粒度更加均匀，并使动锥表面的磨损也均匀。

由上述可知，圆锥破碎机的工作原理与颚式破碎机有相似之处，而对物料都是施予挤压力，破碎后自由卸料。不同之处在于圆锥破碎机的工作过程是连续进行的，物料夹在两个锥面之间同时受到弯曲力和剪切力的作用而破碎，故破碎较易进行。因此，其生产能力较颚式破碎机大，动力消耗较低。

圆锥破碎机按用途可以分为粗碎和中细碎两种；按结构又分为悬挂式和托轴式两种。

用作粗碎的圆锥破碎机，又称旋回破碎机，如图 4-4 所示。因为要处理尺寸较大的料块，要求进料口宽大，因此动锥是正置的，而定锥是倒置的。

用作中细碎的圆锥破碎机，又称菌形圆锥破碎机，如图 4-5 所示。处理的是经过初次破碎后的料块，故进料口不必很大，但要求加大卸料范围，以提高生产能力，且要求破碎产品具有比较均匀的粒度，所以动锥和定锥都是正置的。动锥制成菌形，在卸料口附近，动、定锥之间有一段距离相等的平行带，以保证卸出物料的粒度均匀。这类破碎机因为动锥体表面斜度较小，卸料时物料沿着动锥斜面滚下。因此，卸料就会受到斜面的摩擦阻力作用，同时也会受到锥体偏转、自转时的离心惯性力的作用，故这类破碎机并非自由卸料的，因而工作原理和计算上均与粗碎圆锥破碎机有些不同。旋回破碎机和菌形圆锥破碎机由于破碎力对动锥的反力方向不同，动锥的支撑方式也不相同。旋回破碎机反力的垂直分力不大，故动锥可以用悬吊方式支撑，支撑装置在破碎机的顶部，因此其支撑装置的结构比较简单，维修也比较方便。菌形圆锥破碎机反力的垂直分力较大，故用球面座在下方将动锥支托起来，支撑面积较大，可使压强降低。不过这种支撑装置正处于破碎室的下方，粉尘较大，要有完善的防尘装置，因而构造比较复杂，维修也比较困难。

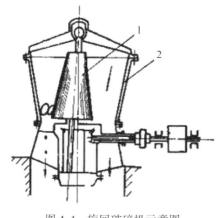

图4-4　旋回破碎机示意图

1-动锥；2-定锥

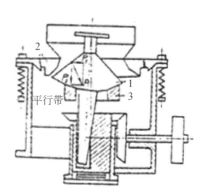

图4-5　菌形圆锥破碎机示意图

1-动锥；2-定锥；3-球面座

4.1.1.3　冲击式破碎机

这是目前应用最为普遍的一种破碎机。它适用于各种建筑垃圾和生活垃圾的处理，其结构形式多种多样。

冲击式破碎机主要有两个类型：反击式破碎机和锤式破碎机。主体结构大多是旋转式的，利用冲击作用进行破碎。其工作原理是：给入破碎机空间的物料块，被绕中心轴高速旋转的转子猛烈碰撞后，受到第一次破碎；然后，物料从转子获得能量高速飞向坚硬的机壁，受到第二次破碎；在冲击过程中弹回再次被转子击碎。难以破碎的物料，被转子和固定板夹持而剪断，破碎产品由下部筛板排出。

冲击板和锤子之间的距离、冲击板倾斜度均可调节，以便合理布置冲击板，使破碎物存在于破碎循环中，直至其充分破碎。

（1）锤式破碎机

锤式破碎机是最普通的一种工业破碎设备，适用于在水泥、化工、电力、冶金等工业部门破碎中等硬度的物料，如石灰石、炉渣、焦炭、煤、建筑垃圾等物料的中碎和细碎作业。这类破碎机通常都由以下几个重要部分组成：转子装置、破碎板、剪条、出料筛、供料斗、机架，以及必要的保险装置和调节装置。锤子（转子装置）是锤式破碎机的主要零件。锤头的质量、形状和材质对破碎机的工作性能有很大影响。而锤子的型式、尺寸和质量的选择，主要取决于处理物料的性质和尺寸。在锤式破碎机中，料块受到高速旋转的锤子冲击而粉碎。当转子的圆周速度一定时，锤子的质量越大则动能越大，才能将大块和坚硬的物料粉碎。实践证明，锤子的有效质量不但能对料块产生破裂性冲击，而且还要在冲击时不向后偏转，否则将大大降低破碎机的生产能力，而且增加能量消耗。所以，在粉碎大块而坚硬的物料时，宜选用重型的锤子，但个数并不要求很多。在粉碎小块而松软的物料时，宜选用轻型的锤子，这时候锤子的数目不妨多些，以增加对物料的冲击次数，从而有利于物料的粉碎。锤式破碎机的转子是一个回转速度较高的部件，质量又大，平衡问题就显得非常重要。为了使破碎机能正常工作，首先必须使它的转子获得平衡。如果转子的重心偏离转轴的几何中心，则产生静力不平衡现象，若转子的回转中心线和其主惯性轴中心线不重合而呈交叉状态，则产生动力不平衡现象。转子产生不平衡时，则破碎机的轴承除承受转子质量外，还受到其惯性离心力、惯性离心力矩作用，以致轴承很快磨损，功率消耗增加，产生机械振动。因此，转子制造修理后，还要精确地进行平衡。

锤式破碎机按转子数目可分为两类：单转子锤式破碎机和双转子（两个转子做相对回转）锤式破碎机。单转子锤式破碎机根据转子的旋转方向，又可分为可逆式和不可逆式。目前，普遍采用可逆式单转子锤式破碎机。可逆式的转子首先向某一方向旋转，该方向的衬板、筛板、锤子端部都受到磨损。磨损到一定程度后，使转子改变为另一个方向旋转，利用锤子的另一端及另一个方向的衬板和筛板继续工作，从而连续工作的寿命比不可逆式的几乎可以提高一倍。图 4-6 为可逆式单转子锤式破碎机。图 4-7 为 Novorotor 型双转子锤式破碎机。

锤式破碎机中常见的有卧轴锤式破碎机和立轴锤式破碎机。

1）卧轴锤式破碎机：卧轴锤式破碎机中，轴子由两端轴承支持。原料借助重力或用输送机送入。转子下方装有算条筛，算条缝隙的大小决定破碎后颗粒的大小。

2）立轴锤式破碎机：立轴锤式破碎机有一立轴，物料靠重力进入破碎腔的侧面，通常在破碎腔的上部间隙较大，越往下间隙越小。因此，通过破碎机时，物料就逐渐被破碎，破碎后的颗粒尺寸取决于下部锤头与机壳之间的间隙。

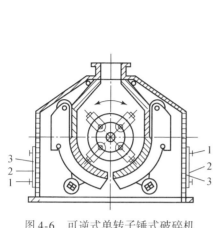

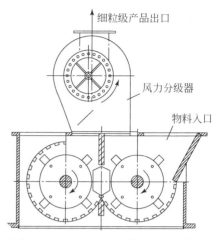

图 4-6 可逆式单转子锤式破碎机　　　　图 4-7 Novorotor 型双转子锤式破碎机

1-螺柱；2-盖板；3-检修孔

当破碎中硬物料时，锤式破碎机的生产率（Q）和电机功率（N）分别可由下式计算

$$Q = （30 \sim 45）DL\gamma_0 \tag{4-5}$$

$$N = （0.1 \sim 0.2）nD^2L \tag{4-6}$$

式中，L 为转子长度（m）；D 为转子直径（m）；γ_0 为破碎产品堆密度（t/m³）；n 为转速（r/min）。

锤式破碎机的优点：生产能力高，粉碎度大，电耗低，机械结构简单，紧凑轻便，投资费用少，管理方便。其缺点是：粉碎坚硬物料时，锤子和算条磨损大，消耗较多金属和检修时间；需要均匀喂料；粉碎黏湿物料时会减产，甚至由于堵塞而停机。为了避免堵塞，被破碎物料的含水量不应超过 15%（特殊用途的锤式破碎机例外）。在建材行业中，锤式破碎机广泛用于破碎建筑垃圾、石灰石、白云石、长石、泥石灰等。用于细碎的锤式破碎机可以获得 0 ~ 10 mm 的产品粒度；用于粗碎的锤式破碎机，喂料尺寸可达 2500 mm，一般为 500 ~ 600 mm，可以获得 25 ~ 35 mm 的产品粒度。

（2）反击式破碎机

反击式破碎机是一种新型的高效破碎设备，固体废弃物在锤头的冲击作用下，通过加速而被抛射到破碎板上。破碎板的主要作用有三个：一是进一步破碎物料；二是将物料反弹回去，以便再次被锤头冲击或抛射过来的物料对撞，使物料得到反复破碎；三是吸收过大的冲击动能，以保护破碎机，故破碎板常用重载弹簧来支撑，或装有剪断保险销等特殊保险装置。破碎板常用耐磨蚀的钢材，或用具有特种耐磨蚀衬层的普通钢材制成。反击式破碎机是在锤式破碎机基础上发展起来的。其主要工作部件为带有板锤的高速旋转的转子。喂入机内料块在转子回转范围（锤击区）内受到板锤冲击，并被高速抛向反击板，再次受到冲击，然后又从反击板反弹到板锤，继续重复上述过程。在往返途中，物料间还有互相碰击作用。由于物料受到板锤的打击与反击板的冲击以及物料相互之间的碰撞，物料不断产生裂缝，松散而致粉碎。当物料粒度小于反击板与板锤之间的缝隙时，就被卸出。图4-8为物料在破碎腔内运动示意图。

图4-9所示为一种典型的反击式破碎机结构原理示意图。物料的破碎过程主要是在转子的第一象限上部进行的，在那里，对反弹回来的物料的重复冲击条件最佳。物料经导板喂入锤击区 a 点，有两种不同工况：小块物料受到板锤冲击后，将按板锤运动的切线方向抛出，此时接触角 $\varphi = 90°$（图4-10），料块所受的冲击力可近似地认为是通过料块的重心，这是最佳工况；大块物料接触角 $\varphi < 90°$（图4-11），由于偏心冲击而产生力矩，导致物料与切线抛掷方向成 δ 角的明显偏斜而被抛出，同时由于与摩擦有关的切向冲击，物料又绕重心自转。在冲击时物料若产生破碎，粉碎的物料就构成锥形碎片群飞溅出去［图4-10（b）］。为了消除偏心冲击产生的力矩，使物料更好地导入破碎腔，而将喂料导板下端折成一定角度，同时调整第一块反击装置的反击面1，使它与抛射上去的物料群的中心飞行方向近似于垂直。

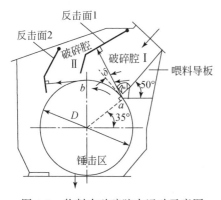

图4-8 物料在破碎腔内运动示意图

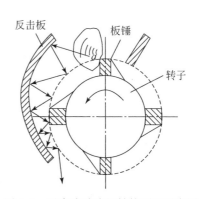

图4-9 反击式破碎机结构原理示意图

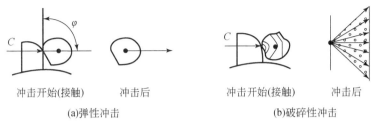

冲击开始(接触)　　　冲击后　　　　冲击开始(接触)　　　冲击后

(a)弹性冲击　　　　　　　　　　　(b)破碎性冲击

图 4-10　锤头通过中心的冲击

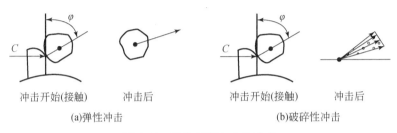

冲击开始(接触)　　　冲击后　　　　冲击开始(接触)　　　冲击后

(a)弹性冲击　　　　　　　　　　　(b)破碎性冲击

图 4-11　锤头偏离中心的冲击

物料受到第一次冲击后，在机内反复地来回抛掷。此时，物料由于局部的破坏和扭转，已不再按预定轨迹做有规则的运动，而是在第一象限上部破碎腔 I 的不同位置反复冲击，而后物料进入第二象限上部的破碎腔 II，进一步冲击粉碎。最后，粉碎的物料从机体下部卸出。反击面1及反击面2与转子间构成的缝隙大小对产品粒度组成具有一定影响。破碎腔的增多还起着均整产品粒度以及减少过大颗粒的作用，但会引起电耗增加以及生产能力下降。通常作粗碎用的反击式破碎机具有 1~2 个破碎腔，而用于细碎的反击式破碎机则有 2~3 个甚至更多的破碎腔。

从上述可见，反击式破碎机是以冲击方式粉碎物料的，并以高频自击粉碎为主，其破碎作用如图 4-12 所示，主要分为下述三个方面。

1）自由破碎。进入破碎腔内的物料立即受到高速板锤的冲击，以及物料之间相互撞击，同时板锤与物料之间有摩擦作用。在这些外力作用下，使破碎腔内物料在自由状态下沿其脆弱面破碎。

2）反弹破碎。被破碎的物料实际上并不是无限制地分散的，而是被集中在箱形体区间里。由于高速旋转的转子上的板锤冲击作用，物料获得很高的运动速度，然后撞击到反击板上，使物料得到进一步地粉碎，这种破碎作用称为反弹破碎。

(a)单转子的破碎作用　　　　　　　　(b)双转子的破碎作用

图4-12　物料在反击式破碎机内的破碎过程

3）铣削破碎。经上述两种破碎作用未破碎的大于出料口尺寸的物料，在出料口处被高速旋转的锤头铣削而破碎。

实践表明，其中以物料受板锤的冲击作用最大。反击板与板锤间的缝隙、板锤露出转子体的高度以及板锤数目等因素，对物料的粉碎度也有一定的影响。

反击式破碎机与锤式破碎机比较，两者工作原理相似，都是以冲击方式粉碎物料，但结构和工作过程都有差异。两者主要区别在于：锤式破碎机的锤头顺着物料落下方向打击物料，而反击式破碎机的板锤则是自下向上迎击投入的物料，并把它抛掷到上方的反击板上。由于反击式破碎机的板锤固定装在转子上，并有反击装置和较大的破碎空间，能更多地利用冲击作用，充分利用转子能量，因而其单位电耗和金属消耗均比锤式及其他破碎机少。由于反击式破碎机主要利用物料所获得的动能（$E = \frac{1}{2}mv^2$）进行选择性冲击粉碎，因而工作适应性较大。因为物料的破碎程度直接与本身质量 m 成正比，所以大块物料受到较大程度的粉碎，而小块物料则不致被粉碎得更小，产品粒度均匀，粉碎度较大，可作为物料的粗、中和细碎机械。在相同的喂料粒度和生产能力的条件下，其质量系数远比其他破碎机大。同时，调整转子的速度就会很灵敏地影响产品的粒度。反击式破碎机没有上下箅条筛，所以产品粒度一般均为 5 mm 以上。而锤式破碎机则大都有底部箅条，因而产品粒度较小、较均匀。

反击式破碎机按其结构特征可分为单转子和双转子两大类，其详细分类见图4-13。单转子反击式破碎机如图 4-13 A～E 所示，结构简单，适合于中、小型厂使用。在转子下方设置有均整算板的反击式破碎机,可控制产品粒度,因而过大颗粒少,产品粒度分布范围较窄,粒度较均匀。这主要是细颗粒容易通过均整算板的缝隙排出,过大颗粒则在均整算板上受剪切和磨剥的作用得以进一步破碎。均整算板起着分级和破碎过大颗粒的作用。均整算板的悬挂点能够水平移动,以适应各种破碎工况,它的下端可借调整均整算板与转子间的夹角,从而补偿因算板和板锤磨损后而引起的卸料间隙的变化。

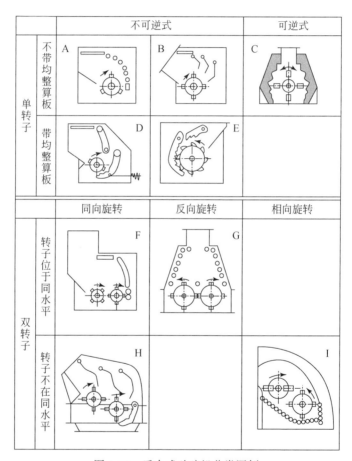

图 4-13 反击式破碎机分类图例

双转子反击式破碎机按转子回转方向又可分为以下三类:

① 两转子同向旋转的双转子反击式破碎机如图 4-13 F 和 H 所示。它相当于两个单转子反击式破碎机串联使用,粉碎度大,粒度均匀,生产能力大,但电耗较高。这种破碎机可同时作为粗、中和细碎机械使用,可以减少破碎次数,简化

生产流程。

② 两转子反向旋转的双转子反击式破碎机如图 4-13 G 所示。它相当于两个单转子反击式破碎机并联使用，生产能力大，可破碎较大块物料，作为大型粗、中碎破碎机使用。

③ 两转子相向旋转的双转子反击式破碎机如图 4-13 I 所示。它主要利用两转子相对抛出物料时的自相撞击进行粉碎，所以粉碎度大，金属磨损较小。

单转子和双转子反击式破碎机分别用代号 PF 和 2PF 表示，规格用转子直径和长度（mm）表示。例如，代号 PF 即 $\Phi1000\times700$，含义是单转子反击式破碎机，其转子直径 D 为 1000 mm，转子长度 L 为 700 mm；代号 2PF 即 $\Phi1250\times1250$，含义是双转子反击式破碎机，其转子直径 D 为 1250 mm，转子长度 L 为 1250 mm。

4.1.1.4 辊式破碎机

辊式破碎机又称对辊破碎机，其工作原理如图 4-14 所示。旋转的工作转辊借助摩擦力将上面的物料拉入破碎腔内，使之受到挤压和磨削（有时还兼有劈碎作用）而破碎，最后由转辊带出破碎腔。按辊子的特点，可分为光滑辊面和非光滑辊面（齿辊或沟槽辊）两大类，前者适宜处理硬性物料，主要破碎形式是挤压和研磨；后者适宜处理脆性物料，主要破碎形式是劈碎。

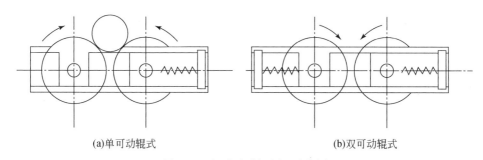

(a)单可动辊式　　　　　　　　　　　　　(b)双可动辊式

图 4-14　辊式破碎机原理示意图

光滑辊面只能是双辊机；非光滑辊面可以是单辊、双辊和三辊机（较少见）。齿辊破碎机按齿辊的数目，又可分为单齿辊（由 1 个旋转的齿辊和 1 个固定的弧形破碎板组成）和双齿辊两种。对辊机按两个辊的转速可分为快速（周速 4~7.5 m/s）、慢速（周速 2~3 m/s）和差速 3 种。快速对辊机生产率高，使用最多。辊式破碎机具有结构简单、紧凑、轻便、工作可靠、能耗低、产品过度粉碎程度小和价格低廉等优点，广泛应用于预处理脆性物料和含泥黏性物料，作为中、细破碎之用。

4.1.1.5　粉磨式破碎机

粉磨在固体废弃物的处理与利用中占有重要地位，对于矿山废弃物和许多工业废弃物尤其重要。粉磨一般有 3 个目的：一是对废弃物进行最后一段粉碎，使其中各种成分单体分离，为下一步分选创造条件；二是对多种废弃物原料进行粉磨，同时使它们混合均匀；三是制造废弃物粉末，增加物料比表面积，加速物料化学反应速率。

常用的粉磨式破碎机主要有球磨机和自磨机。

（1）球磨机

球磨机的结构、工作条件及功率介绍如下：

1）球磨机结构。图 4-15 为球磨机构造和工作原理示意图。球磨机主要由圆柱形筒体、端盖、中空轴颈、轴承和传动大齿圈等部件组成。筒内装有直径为 25～150 mm 的钢球，其装入量为整个筒体有效容积的 25%～50%。筒体两端的中空轴颈有两个作用：一是支撑轴颈，使球磨机全部质量经中空轴颈传递给轴承和机座；二是起给料和排料的漏斗作用。筒体内壁敷设有衬板，能防止筒体磨损和提升钢珠对物料的粉碎作用。电动机通过联轴器与小齿轮带动大齿轮圈和筒体缓缓转动。当筒体转动时，在摩擦力、离心力和衬板共同作用下，钢球和物料被衬板提升，当提升到一定高度后，在钢球和物料本身重力作用下，产生自由下落和抛落，从而对筒体内底脚区内的物料产生冲击和研磨作用，使物料粉碎。物料达到磨碎细度要求后，由风机抽出。

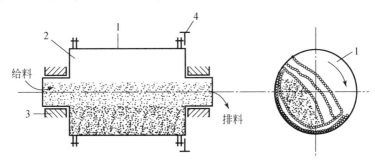

图 4-15　球磨机结构和工作原理示意图

1-筒体；2-端盖；3-轴承；4-大齿轮

2）球磨机工作条件。当物料进入球磨机后，随着球磨机转速的增加，钢球起始抛落点也提高，当速度增大到一定程度时，离心力大于钢球重力，钢球即使升到顶点也不再落下，发生离心作用，此时达到临界速度。离心力为 F_C，球重力为 G，则钢球运转的临界条件为 $F_C \geqslant G$。

在离心力小于临界条件时，钢球在筒体内的最大上升高度与球磨机线速度（v）成正比，钢球升至最大高度时，重力的法向分力等于（$N_f = G\cos\alpha$）离心力，即

$$\frac{mv^2}{R} = G\cos\alpha \qquad (4\text{-}7)$$

$$v = \frac{2\pi R n_1}{60} \qquad (4\text{-}8)$$

将式（4-8）和 $G=mg$、$\pi \approx \sqrt{g}$ 代入式（4-7），得

$$n_1 = \frac{30}{\sqrt{R}}\sqrt{\cos\alpha} \qquad (4\text{-}9)$$

式中，G 为钢球重力（N）；R 为筒体半径（m）；v 为球磨机线速度（m/s）；n_1 为筒体转速（r/min）。

球磨机可用于各种不同力学特性的建筑废弃物，但破碎的效率较低。

3）球磨机功率。装球量和粉磨体总质量直接影响粉磨机的效率。装球量少，效率低；装球量多，内层球容易产生干扰，易破坏球的循环，也会降低效率。所以，必须按实际要求合理地选择装球量。一般来说，合理的装球量通常为 40%～45%。

装球总质量（$G_{球}$）为

$$G_{球} = \gamma\varphi L\frac{\pi D^2}{4} \qquad (4\text{-}10)$$

式中，γ 为介质平均密度，钢球为 4.5～4.8 t/m³，铸铁为 4.3～4.6 t/m³；φ 为钢球填充系数；D 为球磨机筒体直径（m）；L 为球磨机筒体长度（m）。

球磨机中所加物料质量一般为 0.14$G_{球}$。球磨机生产率可以按式（4-11）计算：

$$Q = (1.45 \sim 4.48) G^{0.2} \qquad (4\text{-}11)$$

球磨机功率（N）可以按式（4-12）计算：

$$N = CG\sqrt{D} \tag{4-12}$$

式中，D 为球磨机内径（m）；C 为系数，当钢球填充系数 $\varphi = 0.2$ 时，大球的 $C = 11$，小球的 $C = 10.6$；当钢球填充系数 $\varphi = 0.3$ 时，大球的 $C = 9.9$，小球的 $C = 10.6$；当钢球填充系数 $\varphi = 0.4$ 时，大球的 $C = 8.5$，小球的 $C = 8.2$。

（2）自磨机

自磨机又称无介质磨机，分干磨和湿磨两种。干式自磨机的给料块度一般为 $300 \sim 400$ mm，一次磨细到 0.1 mm 以下，粉碎比可达 $3000 \sim 4000$，比球磨机等有介质磨机大数十倍。干式自磨机工作原理如图 4-16 所示，该机由给料斗、短筒体、传动部分和排料斗等组成。

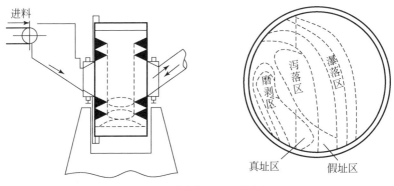

图 4-16　干式自磨机工作原理

4.1.2　建筑废弃物分选设备

建筑废弃物分选技术是根据建筑垃圾中不同组分的物性差异，主要利用物理方法将它们分离的处理技术。

建筑废弃物分选一般具有以下几类主要作用：一是分选出可以再利用的废弃物组分；二是对建筑废弃物进行预处理，改善其可处理性；三是与破碎联合应用，提高其处理效率。建筑废弃物分选在原理上与工农业生产中所采用的分选机械没有根本区别，主要有筛分、重力分选、磁力分选和电力分选等类别。

4.1.2.1 筛分

筛分是利用筛子使物料中小于筛孔的细粒物料通过筛面，而大于筛孔的粗粒物料留在筛面上，从而完成粗、细粒物料分离的过程。目前，在固体废弃物筛分中应用较多的是振动筛和滚筒筛，故本节中将按振动筛、滚筒筛和其他类型筛分别介绍。

（1）振动筛

用于工业固体废弃物筛分的振动筛与分选矿物原料的各类振动筛相似，而在用于建筑垃圾分选时，虽然基本运动原理和结构仍然类似，但由于建筑垃圾的成分复杂，特别在对含有大量灰土、钢筋及各类木质碎片的我国城市建筑垃圾进行筛分处理时，技术挑战相当大。所以，筛分建筑垃圾的振动筛往往是在原有矿山振动筛的基础上加以改造而形成的。这种改造通常是改变原设备的运动形式或运动参量，以及在原有设备上增加一些辅助装置。当然，也有在筛分原理的基础上，重新设计能满足建筑垃圾筛分特殊需求的新产品。

图4-17所示为常用的惯性振动筛构造及工作原理示意图。从图中可以看出，筛网1固定在筛箱2上；筛箱安装在板簧8上，振动筛主轴4通过滚动轴承5支撑在筛箱2上，主轴两端装有配重轮6；调节重块7在配重轮上的不同位置，可使主轴转动时产生不同的惯性力，从而调整筛子的振幅。电动机安装在基座上，并通过皮带轮3带动主轴旋转，使箱体振动。

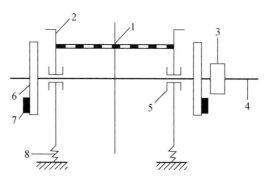

图4-17　常用的惯性振动筛构造及工作原理示意图

1-筛网；2-筛箱；3-皮带轮；4-主轴；5-轴承；6-配重轮；7-重块；8-板簧

直线振动筛在我国城市建筑垃圾的筛分中已有较广泛的应用。该筛的工作参数为：主轴转速 900 r/min，电机功率 15 kW，筛子振幅 10 ~ 14 mm，筛网孔径 20 mm，筛面倾斜度 12°。筛分过程让筛网轻微撞击筛箱的下横梁，以减少筛孔的堵塞。但是，此种振动筛噪声大，传动皮带易脱落，故需进一步改进。

综上所述，不难看出振动筛具有以下特点：

1）由于振动筛筛面振动强烈，能顺利地输送物料和减少筛孔堵塞，故生产率和筛分效率均很高。

2）结构简单，零部件少，机械加工精度要求不高，故较易制造。

3）功率耗费较少。

4）易实现封闭式的筛分和输送，有助于改善建筑垃圾处理场所的工作环境。

5）筛分机械的调试运行工作较复杂。

6）各种类型的振动筛都有不同程度的噪声，而且磨损较大。

（2）滚筒筛

滚筒筛又称转筒筛，筛面为带孔的圆柱形筒体或截头圆锥筒体。在传动装置带动下，筛筒绕轴缓缓旋转（转速一般为 6 ~ 12 r/min）。为使废弃物在筒内沿轴线方向前进，圆柱形筛筒的轴线应倾斜 3°~5°安装。截头圆锥形筛筒本身已有坡度，其轴线可水平安装，固体废弃物由筛体一端给入，被旋转的筒体带起，当达到一定的高度以后因重力作用自行落下，如此不断地起落运动，使小于筛孔尺寸的细粒最终进入筛孔透筛，而筛上产品则逐渐移至筛筒的另一端排出。物料在筒内的运动状态存在如图 4-18 所示的 3 种情况。

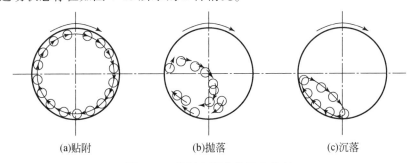

(a)贴附   (b)抛落   (c)沉落

图 4-18 物料在筒内的运动状态

1）贴附状态：当滚筒转速过高时，由于离心惯性力的作用，物料紧贴筒壁，甚至随筒转至最高点时仍不落下。显然，这种运动状态是不希望发生的。因此，滚筒转速应加以限制。

发生贴附状态的临界条件是

$$W = F_n \tag{4-13}$$

式中，W 为质量为 m 的物料所受的重力（N）；F_n 为物料所受离心惯性力（N）。

若滚筒半径为 R_0（m），角速度为 ω（s^{-1}），g 为重力加速度，则

$$mg = mR_0\omega^2 = mR_0 \ (2n_0\pi/60)^2 \tag{4-14}$$

因 $\pi^2 \approx g$，则不发生贴附状态的滚筒近似临界转速为

$$n_0 = 30 \times \ (R_0)^{-1/2} \tag{4-15}$$

例如，$R_0 = 1.5$ m 时，$n_0 = 24.5$ r/min。

值得指出的是，临界转速与物料的质量大小无关。只要转速大于临界速度，一切物料都会处于贴附状态。

2）抛落状态：实践证明，筛分垃圾的筛筒最佳工作转速约为计算临界转速的 45%。在这种转速下，物料可被筛子带起上升的最大高度约为筛筒径向高的 2/3。筛筒直径是一个重要的设计参数，其基本要求是筛筒的内径（D）应大于最大给料粒径（d_{max}）的 14 倍，即

$$D \geqslant 14 \ d_{max}$$

然后再根据生产能力、工作转速等综合考虑而选定。筛筒的长度（L）通常可按式（4-16）选取。

$$L = \ (3 \sim 5) \ D \tag{4-16}$$

3）沉落状态：物料颗粒由于筛筒的转动，从筒底被带起，升到一定高度后，在重力作用下，物料颗粒可能沿滚筒内圆弧面（筛面）滑落，或从向上运动的料层上面滚下［图 4-18（c）］，此即沉落状态。物料出现沉落状态的条件是：物料颗粒所受的下滑力 P 大于颗粒所受的摩擦力 P_f，即

$$P > P_f$$

4. 1. 2. 2　重力分选

重力分选是根据固体废弃物在介质中的密度差进行分选的一种方法。它利用不同物质颗粒间的密度差异，在运动介质中受到重力、介质动力和机械力的作用，使颗粒群产生松散分层和迁移分离，从而得到不同密度的产品。重力分选的介质可以是空气、水，也可以是相对密度大于水的液体。按介质不同，固体废弃物的重力分选可分为风力分选、惯性分选、重介质分选、跳汰分选等。

惯性分选是基于混合固体废弃物中的质量差异而分离的一种方式。目前，这种方式的实际应用主要是从建筑垃圾中分选金属、玻璃、陶瓷等相对密度较大的组分，剩下相对密度较小的物质多属纸类、纤维、木质等物料，可用于焚烧或回收处理。惯性分选的方法，通常都是用高速旋转的抛头或气流将废弃物沿水平或一定的角度抛射出去。被抛颗粒将沿抛物线轨迹运动，当不同质量的块粒垃圾以相同的初速度被抛出时，质量大的块粒有较大的动能，因而抛出较远；相反，质量小的块粒抛得近。而块粒的质量是块粒体积尺寸与它的密度的乘积，因此，这种分选质量的高低与分选物的尺寸均匀性、物料密度，以及抛出的初速度有关。若在物料抛落的区域内，按远近距离设置多个收集器，则各收集器就能收集到不同的组分。通常在距抛头最近的集料斗中收集到的有机轻质类颗粒较多，而无机类颗粒多在较远的收集斗中。

重介质就是密度大于水的介质，包括重液和重悬浮液两种流体。重介质分选是将相对密度不同的两种固体混合物用一种相对密度介于两者之间的重液作分选介质，使轻颗粒上浮，重颗粒下沉，从而实现物料分选的一种方法。可作为此种分选法的介质有两种：一种为重液，如氯化锌等高相对密度的盐溶液或是高相对密度的有机液体，如四氯化碳等；另一种为重悬浮液，是由水和悬浮于其中的固体颗粒构成，如由黏土、硅铁等与水混合即可配制重悬浮液。由于重液分选主要是根据重液的相对密度（ρ）介于两种混合物质的相对密度（δ_1 与 δ_2）之间，因而固体颗粒在介质中的分离主要取决于颗粒的相对密度，与颗粒粒度和颗粒形状的关系不大，所以它的分选精度很高。在国外，此种分离方法多用于从废金属混合物中回收铝。

跳汰分选是使磨细的混合废弃物中的不同相对密度的颗粒群，在垂直脉动运动的介质（通常为水）中按相对密度分层，相对密度大的颗粒群（重质组分）位于下层，相对密度小的颗粒群位于上层，从而实现物料分离的一种方法。在生产过程中，原料不断地送进跳汰装置，轻、重物质不断分离并被淘汰掉，形成连续不断的跳汰过程。跳汰介质可以是水或空气。目前，用于固体废弃物分选的介质都是水。水力跳汰分选设备又称为跳汰机。跳汰分选固体废弃物的过程为：跳汰分选时，将固体废弃物给入跳汰机的筛板上，形成密集的物料层，从下面通过筛板周期性地给入上下交变的水流，使床层松散并按密度分层。分层后，密度大的颗粒群集中到底层；密度小的颗粒群进入上层。上层的轻物料被水平水流带到机外成为轻产物；下层的重物料通过筛板或通过特殊的排料装置排出成为重产物。随着固体废弃物的不断给入，以及轻、重产物的不断排出，形成连续不断的分选过程。跳汰分选为古老的选矿技术，在固体废弃物的分选中，国外主要将其用作混合金属废弃物的分离。

风力分选简称风选，又称气流分选，是以空气为分选介质，在气流作用下，使固体废弃物颗粒按密度和粒度大小进行分离的过程。风力分选过程是以各种固体颗粒在空气中的沉降规律为基础的。风力分选的基本原理是气流将较轻的物料向上或在水平方向带向较远的地方，而重物料则由于向上气流不能支撑它而沉降，或是由于重物料的足够惯性，方向不被剧烈改变而穿过气流沉降。被气流带走的轻物料再进一步从气流中分离出来，轻物料与气流一般用旋流器分离。固体颗粒在静止介质中的沉降速度主要取决于自身所受的重力（G）、浮力（F）、介质的阻力（R）。

风力分选在固体废弃物处理中应用最为广泛。风力分选装置在固体废弃物处理系统中应用非常广泛，其形式多种多样。按工作气流主流向的不同，可将它们分为水平、垂直等类型。

（1）水平气流风选机

水平气流风选机的基本结构和气流的流向如图 4-19 和图 4-20 所示。破碎后的废弃物随空气一起落入气流工作室内。水平方向吹入的气流使重质组分（如金属物）和轻质组分（如废纸、塑料等）分别落入不同的落料口，从而实现物料的分离。此种分选系统结构简单、紧凑，工作室内没有活动部件，分选效率较高。

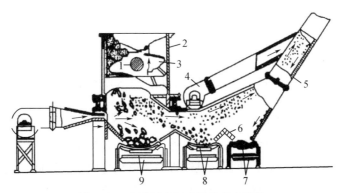

图 4-19 水平气流风选机的基本结构

1-转轴；2-粉碎机；3-破碎转子；4-风机；5-缓冲筒；6-导料板；7-重质物料；8-中重质物料；9-轻质物料

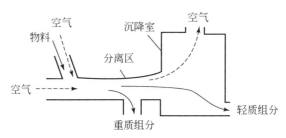

图 4-20　水平气流风选机气流的流向

（2）垂直气流风选机

垂直气流风选机常见的有两种结构形式，其主要区别在于垂直风道的形式，一为直筒形，一为曲折形（图 4-21）。

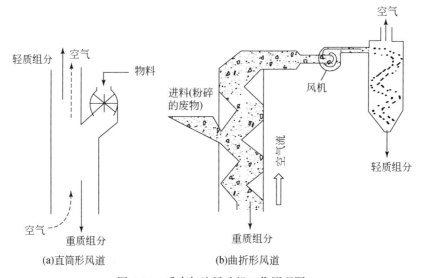

(a)直筒形风道　　　　(b)曲折形风道

图 4-21　垂直气流风选机工作原理图

在直筒形风选机的风道里，物料由上向下降落，而空气则由底部向上运动，物料中的轻质组分被上升的气流带出风道，重质组分则由于质量较大而降落到底部，从而实现组分的分离。曲折形风选机的风道呈弯曲状，因此，气流和物料的运动轨迹是曲线形的，这样有利于物料的分散和气流与物料的混合搅动，从而提高分选效果。

4.1.2.3　磁力分选

磁力分选是利用固体废弃物中各种物质的磁性差异，在不均匀磁场中进行分选的一种处理方法。颗粒在磁场中的分离过程见图4-22，将固体废弃物输入磁选机后，磁性颗粒在不均匀磁场作用下被磁化，从而受到磁场吸引力的作用，使磁性颗粒吸在圆筒上，并随圆筒进入排料端排出。非磁性颗粒由于所受的磁场作用力很小，仍留在废弃物中而被排出。

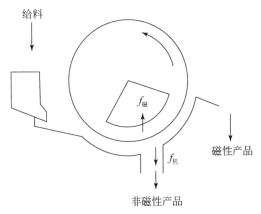

图 4-22　颗粒在磁场中的分离过程

固体废弃物颗粒通过磁选机的磁场时，同时受到磁场力和机械力（包括重力、离心力、介质阻力、摩擦力等）的作用。磁性强的颗粒所受的磁力大于其所受的机械力，而非磁性颗粒所受的磁力很小，以机械力占优势。由于作用在各种颗粒上的磁力和机械力的合力不同，它们的运动轨迹也不同，从而实现分离。

在固体废弃物的处理系统中，磁选主要用作回收或富集黑色金属，或是在某些工艺中用以排除物料中的铁质物质。

固体废弃物可依其磁性分为强磁性、中磁性、弱磁性和非磁性等组分。当这些不同磁性的组分通过磁场时，磁性较强的颗粒（通常为黑色金属），就会被吸附到产生磁场的磁选设备上，而磁性弱和非磁性颗粒就会被输送设备带走，或受自身重力或离心力的作用掉落到预定的区域内，从而完成磁选过程。现今的磁选设备已发展到较为完善的阶段。日前，在固体废弃物处理系统中最常用的磁选设备是悬挂带式磁力分选机和辊筒式磁选机。

（1）悬挂带式磁力分选机

图 4-23 所示为悬挂带式磁力分选机工作原理图，在固体废弃物输送带的上方，距被分选物料的一定高度上（通常<500 mm），悬挂一大型固定磁铁（永磁铁或电磁铁），并如图所示配有一传送带。当固体废弃物通过固定磁铁下方时，磁性物质就被吸附在此传送带上，并随同此带一起运动。当磁性物质被送到磁性区外时，就自动脱落，实现铁磁物质的回收。

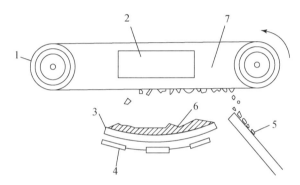

图 4-23　悬挂带式磁力分选机工作原理图

1-传动皮带；2-悬挂式固定磁铁；3-与磁选机正交的废物传送带；4-废物传动带托架；

5-磁性废物料斗；6-废物传送带带面；7-磁选机

（2）辊筒式磁选机

辊筒式磁选机主要是由磁辊筒和输送皮带组成，图 4-24 为辊筒式磁选机分选工作示意图。用磁辊筒作为皮带输送机的被动滚筒，当皮带上的固体废弃物通过磁辊筒时，非磁性物料在重力及惯性力的作用下，被抛落到辊筒的前方，而铁磁物质则在磁力作用下被吸附到皮带上，并随皮带一起继续向前运动。当铁磁物质转到辊筒下方逐渐远离辊筒时，磁力也将逐渐减小，这时就可能出现这样一些情况：若铁磁物质颗粒较大，在重力和惯性力的作用下就可能脱开皮带而落下；但若铁磁物质颗粒较小，且平皮带上无阻滞条或隔板，就可能又被磁辊筒吸回。这样，铁磁物质颗粒就可能在辊筒下面相对于皮带做来回的往复运动，以致在辊筒的下部集存大量的铁磁物质而不下落。此时可切断激磁线圈电流，去磁后而使铁磁物质下落，或在平皮带上加上阻滞条或隔离板，使铁磁物质能顺利地落入预定的收集区。

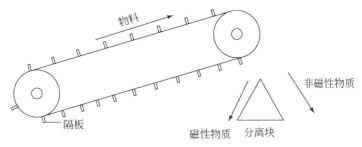

图 4-24　辊筒式磁选机分选工作示意图

4.1.2.4　电力分选

　　电力分选简称电选，是利用固体废弃物中不同组分在高压电场中电性的差异而实现分选的一种方法。电选分离过程是在电选设备中进行的，废弃物颗粒在电晕-静电复合电场电选设备中的分离过程如图 4-25 所示。废弃物由给料斗均匀地倒入辊筒上，随着辊筒的旋转，废弃物颗粒进入电晕电场区，由于空间带有电荷，导体和非导体颗粒都获得负电荷（与电晕电极电性相同），导体颗粒一面荷

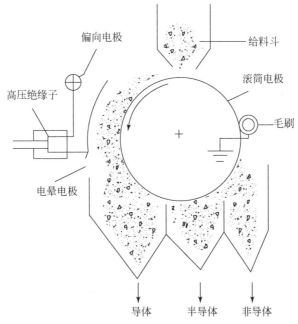

图 4-25　电选分离过程示意图

电，一面又把电荷传给辊筒（接地电极），其放电速度快。因此，当废弃物颗粒随辊筒旋转离开电晕电场区而进入静电场区时，导体颗粒的剩余电荷少，而非导体颗粒则因放电速度慢，致使剩余电荷多。导体颗粒进入静电场后不再继续获得负电荷，但仍继续放电，直至放完全部的负电荷，并从辊筒上得到正电荷而被辊筒排斥，在电力、离心力和重力分力的综合作用下，其运动轨迹偏离辊筒，而在辊筒前方落下。偏向电极的静电引力作用更增大了导体颗粒的偏离程度。非导体颗粒由于有较多的剩余负电荷，将与辊筒相吸，被吸附在辊筒上，带到辊筒后方，被毛刷强制刷下；半导体颗粒的运动轨迹则介于导体与非导体颗粒之间，成为半导体产品落下，从而完成电选分离过程。电选在建筑垃圾中主要用于各种塑料、橡胶与纤维纸、玻璃与金属的分离。

4.2 移动式建筑废弃物处理设备

移动式建筑废弃物处理设备能够对拆除下来的废旧混凝土现场进行破碎加工，成为商品混凝土骨料、建筑砌块集料、道路填铺料、三合土集料等不同用途的再生集料，相当于将建筑垃圾当场变为商品，大大提高了利用效率，减少了多次运输造成的环境污染和费用支出。我国每年要产生数以亿吨计的建筑垃圾，数量已占城市垃圾总量的近40%。大量未经处理的建筑垃圾被直接运往郊外或乡村，采用露天堆放或填埋方式处理，消耗大量的土地资源，清运和堆放过程中的遗撒和扬尘又会引起严重的环境污染，破坏生态环境。江苏黄埔再生资源利用有限公司董事长陈光标表示，城市废旧资源是一座巨大的宝库，通过技术创新，提高城市建筑垃圾再生利用水平，最大限度地实现拆除工程的零排放，节约自然资源，具有良好的经济效益和社会效益。

传统的破碎方式破碎时繁琐的钢架结构，地基的建设，耗费太多时间。移动破碎站解决了这一问题，选定场地，直接开到现场，不需运输，直接达到成品粒度，这尤其适用于建筑垃圾破碎场地小的情形。移动式破碎站解决了传统破碎设备成本高的问题，提高了投资收入。移动破碎站整体价格根据客户要求的产量灵活配置，移动式破碎站型号目前很多，可以根据现场设计制造。移动破碎站是岩石破碎设备的首选破碎机，而且移动破碎站产量完全满足客户要求。移动式建筑废弃物处理设备能将多种材料就地破碎筛分，大大降低了成本并利于环保，拥有先进技术水平的筛分机主结构。

移动筛分破碎设备使用卡特比勒推进式引擎发动机，其冲击式破碎机的最大处理量可达每小时上百吨的产量。移动式破碎筛分设备应用范围广泛，可应用在处理石灰石和其他许多物料；混凝土和垃圾回收；初次和再次筛分；拆除、采石及煤矿行业；筛分沙砾等。此外，移动筛分破碎设备还配有其他可选的配件：二次筛分单元、无线遥控控制器、柴油加油泵（80 L/min）、工作灯（3 盏）、磁选装置、下筛分装置上的钨钢带刮器、陶锤及侧面渣土传送带。移动式破碎筛分设备能应用在以下行业：筛分石灰石和许多其他产品、混凝土和垃圾的循环再利用、初次和再次粉碎、处理建筑废料、拆除行业、砂砾、采石行业、煤矿行业。目前，我国建筑垃圾的数量已占到城市垃圾的30% ~40%，但这些垃圾并不能很好地处理，造成了环境的污染。新型环保的城市建筑垃圾处理技术——移动破碎筛分技术应用，有效地解决了这个问题。

为了提高建筑垃圾的回收利用率，变废为宝，我们在全球金融危机的大背景下，仍斥巨资投入高新技术研发，引进国际先进的移动式混凝土破碎、筛分技术，将拆除下来的废旧混凝土现场破碎加工成商品混凝土骨料、建筑砌块集料、道路填铺料、三合土集料等不同用途的再生集料。

因此，移动破碎筛分技术将最大限度地实现拆除工程的零排放，节约自然资源，具有良好的经济效益和社会效益。采用最新的技术、设备和工艺将建筑垃圾就地破碎、筛分，加工生产成未来道路、场地、建筑可利用的建筑材料，使拆除工程成为一个就地拆除、就地加工、就地回收、变废为"宝"的零排放拆除工程。

这一处理方案可使加工后的建筑垃圾成为商品，既大大提高了废旧混凝土的利用效率，又减少了多次运输造成的环境污染和费用支出，还减少了废混凝土堆放的土地占用，同时也节约了大量新建筑骨料的需求，而生产这些新骨料则将占用大量有限的自然资源，消耗大量能源，并造成环境的破坏和污染。

4.2.1 KEESTRACK 1500 移动筛分设备

比利时 KEESTRACK 1500 移动筛分设备（图 4-26）采用双层筛分机主结构，并配有优良的网格筛选通道，无需支撑，可自由站立。燃油节省率高达 25%，履带给料式筛分方式既符合环保需要又节约成本。

该设备可应用在如下范围：垃圾及建筑垃圾的循环再利用、处理表层土和其

图 4-26 KEESTRACK 1500 移动筛分设备

他多种物料、分离黏性混凝骨料、建筑和爆破行业、破碎后的筛分以及采石行业。此外，该型号设备还配有以下可选配件：3 层筛分板；无线遥控控制器；底部防堵塞装置；柴油加油泵（80 L/min）；夜间工作灯（3 盏）；下筛分装置上的钨钢带刮器；顶部橡胶筛分板；主传送带上的磁选装置（在筛分过程中，可将物料中的金属物料分离出来）；Z 形可伸缩筛分垫；振动网格筛；表层土破碎器。

比利时 KEESTRACK 移动式破碎筛分站集受料、破碎、传送等工艺设备为一体，通过工艺流程的优化使其具有优秀的岩石破碎、骨料生产、露天采矿的破碎作业性能，可通过不同机型的联合，组成一条强大的破碎作业流水线。完成多需求的加工作业。比利时 KEESTRACK 移动式破碎筛分站具有优异的工位移动机动性和作业场地适应性，无需固定式破碎站安装就位前所需的各种前期准备，可在短时间内完成工位调整，随时进入工作状态。对于采矿计划发生变化而言，移动破碎站的激动灵活性更有利于生产的组织和工作进度的保证，可节约大量时间和费用。比利时 KEESTRACK 移动式破碎筛分站设计先进、性能优良、生产效率高、使用维修方便、运营费用经济、工作稳定可靠，相对于各类固定式破碎站而言，移动破碎站犹如一个可以移动的中小型破碎加工厂，其工作效率和运营成本均优于同级或者更高级别的固定式破碎站。

4.2.2　Twister 多功能筛分破碎铲斗

德国 Neuehauser 集团公司成立于 1955 年，是一家系统的涉及多行业的机械工程集团，到目前为止，该集团在全球已经拥有 25 家分公司，2300 名员工，年销售额达 40 亿欧元。Twister 为该集团旗下在环保技术领域的一个品牌，Twister 多功能筛分破碎铲斗（图 4-27）能实现最大处理量，是可安装在挖掘机或装载机上的重型附具。铲斗分为 B 型、x-结构、HD-重型结构等。所有 B 系列的铲斗都标配有双液压马达。能实现一步破碎、筛分、混合、翻抛、曝气，现场直接分离泥土和建筑垃圾、粉碎泥煤和分离树根、混合和翻转秸秆堆肥、污泥堆肥、处理污染土壤、粉碎和筛分表土、破碎并筛分煤块、混合灰烬和矿渣、筛分硬石灰、粉碎玻璃、处理陶土、处理混合污泥和筛分渣块。

图 4-27　Twister 多功能筛分破碎铲斗

4.2.3　南京霖辉二级滚筒筛分机

该滚筒筛分机带筛分机破带，具有筛分效率高、运行平稳、噪声低等优点。筛网采用不锈钢片状可更换网板，一级筛孔直径 10 mm×10 mm，二级筛孔直径 120 mm×120 mm，该网板强度高、更换方便。带有滚动清扫器，滚筒采用强度高、耐性好、韧性好的 PVC 材料，并带针状反清扫器。传动减速机选用硬齿面同轴式斜齿轮减速机，驱动轮用 $\Phi600$ mm 的耐磨轮。筒体焊接后采用整体机斜加工驱动滚轮及挡轮接触面，保证筒体的同轴度及圆跳动，提高了传动的平稳性能。该滚筒筛分机整个筒体为碳钢制成的骨架式筒体，破带段按螺旋状布置不同形状的破带刀，筛分段还布置了不同形状的撕裂刀，以保证足够高的破带率及筛分率。设有防尘罩及进出料斗，在防尘罩的上部开有检修门，只要把检修门打开就可方便地更换筛网，防尘罩的顶盖和检修门均采用轻质材料制作，拆卸方便；门的开启与关闭配空气或液压阻尼器保护，配断电保护装置。在筛分机单侧设有检修、维护平台，便于调整清扫器、更换筛网及筛筒。

设备规格：$\varPhi 2000\ mm×10000\ mm$。

功率：22 kW。

筒体转速：$N = 12 \sim 15\ r/min$

分筛网孔径：一级筛孔直径 10 mm×10 mm，二级筛孔直径 120 mm×120 mm。

传动形式：轴装式摆线针轮减速机。

电动防护等级：IP54。

4.3 再生骨料强化设备

再生骨料强化是指使用机械设备对简单破碎的再生骨料进一步处理，通过骨料之间的相互撞击、磨削等机械作用除去表面黏附的水泥砂浆和颗粒棱角的方法。再生骨料强化设备主要有立式偏心装置研磨设备、卧式回转研磨设备、加热研磨设备、磨内研磨设备和颗粒整形设备等。

4.3.1 立式偏心装置研磨设备

由日本竹中工务店研制开发的立式偏心装置研磨设备主要由外部筒壁、内部高速旋转的偏心轮和驱动装置组成。设备构造有点类似于锥式破碎机，不同点是转动部分为柱状结构，而且转速快。立式偏心研磨装置的外筒内直径为 72 cm，内部高速旋转的偏心轮的直径为 66 cm。预破碎完毕的物料进入内外装置间的空腔后，受到高速旋转的偏心轮的研磨作用，使得黏附在骨料表面的水泥浆体被磨掉。由于颗粒间的相互作用，骨料上较为突出的棱角也会被磨掉，从而使再生骨料的性能得以提高。

4.3.2 卧式回转研磨设备

由日本太平洋水泥株式会社研制开发的卧式强制研磨设备十分类似于倾斜布置的螺旋输送机，只是将螺旋叶片改造成带有研磨块的螺旋带，在机壳内壁上也布置着大量的耐磨衬板，并且在螺旋带的顶端装有与螺旋带相反转向的锥形体，以增加对物料的研磨作用，进入设备内部的预破碎物料，由于受到研磨块、衬板以及物料之间的相互作用而被强化。

4.3.3 加热研磨设备

日本三菱公司研制开发的加热研磨设备的工作原理下：初步破碎后的混凝土块经过 300 ℃左右高温加热处理，使水泥石脱水、脆化，而后在磨机内对其进行冲击和研磨处理，实现有效除去再生骨料中的水泥石残余物。加热研磨处理工艺，不但可以回收高品质再生骨料，还可以回收高品质再生细骨料和微骨料（粉料）。

第5章 建筑废弃物资源化典型案例分析

5.1 企业案例

5.1.1 案例一：上海德滨环保科技有限公司

5.1.1.1 基本情况

上海德滨环保科技有限公司成立于2004年，是上海市唯一专业从事建筑废弃物资源化项目成套技术开发及投资运营的环保科技型企业，企业总资本1亿元。该公司先后承担了2006年科技部国家创新基金项目"建筑固体废弃物资源化系统技术开发"、2007年上海市重大技术装备专项"100万吨建筑垃圾资源化大型成套装备"、上海市资源综合利用专项"大掺量再生骨料建材生产与应用技术"三大科研任务，进行了大量的技术开发和储备，并累计授权和申报专利61项，其中发明专利24项。该公司的主要业务包括承揽大城市大型建筑废弃物资源化项目投资和运营，为中小城市实现建筑废弃物资源化提供技术支持和服务，进行建筑废弃物处理生产线设备的制造与销售等。目前该公司在上海、成都、北京、山东、吉林、甘肃、云南、广东等省市均有业务。

汶川大地震后，产生大量建筑废弃物，为实现地震灾区建筑废弃物消纳及带动全国建筑废弃物资源化产业发展，上海德滨环保科技有限公司在都江堰市政府、四川省政府及相关机构的支持下，于2009年7月收购都江堰市惠民建材有限公司，并将建筑废弃物年处理能力由40万t提高到100万t。以此为基础，同时成立了成都德滨环保材料有限公司，负责"100万吨建筑废弃物资源化科技示范工程"的建设与运营。成都德滨环保材料有限公司位于都江堰市蒲阳镇川苏工业园区内，是上海德滨公司在外省设立的首个直营公司，该公司是四川省最大的建筑固废处置项目，也是四川省最大的绿色建材生产基地。

2010 年 3 月，"100 万吨建筑废弃物资源化科技示范工程"通过了有关部门的验收，并于 4 月 1 日进行了"示范工程"授牌仪式。该示范工程达到了《四川省汶川地震建筑废弃物资源化实施指南》的相关要求，示范项目具有产业化水平，工艺技术合理，具有示范和推广意义。该示范项目的重点内容主要有：

（1）100 万 t 建筑废弃物资源化成套技术与装备

主要示范重点：大型化处置、环保化处置和纯净化处置。大型化处置：满足都江堰市灾毁建筑大构件的处置和大规模的处置，日处置能力 3000 t。环保化处置：成套装备模块组合，建筑废弃物在封闭的模块里进行自动化处置，控制粉尘、噪声污染。纯净化处置：高品质再生骨料实现土的彻底剥离，为制造高端再生建材和扩大再生骨料应用范围奠定基础。

（2）大掺量再生建材技术

通过再生骨料分类技术、建材制品级配技术，充分发挥不同再生骨料材性作用，分别制造道路工程材料和房屋工程材料，实现大量消纳建筑废弃物。

（3）高端再生建材制品生产与应用技术

结合建材功能化、节能建筑及建筑工业化发展需求，用透水模块砖、保温模块砖、景观模块砖替代传统小块砖的生产与应用技术，用绿色混凝土装配式大板、整体式组合屋建造廉租房生产与应用技术，高速铁路、高速公路绿色混凝土声屏障生产应用技术。通过高端绿色建材技术创新，带动建筑废弃物资源化产业发展。

5.1.1.2 主要产品

成都德滨环保材料有限公司采用集中式处理模式对建筑废弃物进行处理，所有建筑废弃物运输到厂区后，首先经过消毒、分拣等预处理，将钢筋、木材等直接回收利用，然后将废弃混凝土、砖瓦等进行破碎、筛分等处理，制成再生骨料。再生骨料可以直接销售给混凝土制品厂、砖厂等企业，也可以制成再生砖、再生砂浆等之后再进行销售。

成都德滨环保材料有限公司的再生建材主要包括道路工程材料和房屋工程材

料两大类别，共十个系列，包括 DB 再生骨料系列、DB 透水砖系列、DB 保温砖系列、DB 景观砖系列、DB 条板系列、DB 声屏障系列、DB 装配式大板系列、DB 再生混凝土系列、DB 再生砂浆系列、DB 工业化房屋系列等。

此外，德滨公司还根据市场情况灵活调整产品结构。例如，该公司根据成都地区水力发电为主、火力发电为辅，粉煤灰市场短缺这一特征，从 2011 年开始着手年产 30 万 t 再生粉体项目的改造实施。经过中试研究发现，废旧烧结黏土砖再生粉体的成分与粉煤灰相当，活性指标达到Ⅱ级粉煤灰标准，可以广泛地用于砂浆、混凝土、墙体材料等各种混凝土制品。再生粉体项目属于第二代建筑废弃物资源化技术，DB 再生粉体项目开发成功，将为我国建筑废弃物资源化开辟新的路径。该项目也获得省市和国家有关部委的高度认可，技术推广有望为我国水泥业节能减排做出贡献。

5.1.1.3 关键技术

德滨公司生产的再生制品具有性能优越、质量稳定等优点，这主要得益于该公司采用了现有的成熟技术。

德滨公司使用的现有成熟技术主要是指建筑废弃物资源化生产再生骨料技术。该项技术已经非常成熟，学术界已普遍接受。当再生骨料的掺量在 30% 以下时，不变动原有配方的前提下也不会影响混凝土制品的性能；虽然再生骨料的各项性能指标较天然骨料有一定的不足，但仍在可以利用的范围之内；再生骨料可以安全地应用于 C30 等级及以下的混凝土中。此外在调整技术的前提下，大掺量再生骨料的研究成果也被广泛认可。

除再生骨料生产技术外，德滨公司还攻克了再生粉体的应用技术。再生骨料普遍具有较高含量的氧化钙、氧化硅，当粉磨到一定细度时，具有一定的水化活性，这为再生粉体作为掺和料使用提供了基础。现阶段很多的科研成果也证明了这一点：再生粉体可以作为水泥混合材和混凝土掺和料。由于再生粉体可以部分替代水泥、粉煤灰等活性粉体，因此其附加值相对较高，有较为广阔的研究和应用前景。

5.1.1.4 发展经验

未来 20 年，建筑业仍将是我国的支柱产业，建筑废弃物仍将是我国大中城市产量最大的固废废弃品种。所以，建筑废弃物资源化、再生建材产业化，日益显现迫切性和重要性。实现建筑废弃物资源化涉及科学收集、科学处置再生、科学再利用三大挑战。

第一是科学收集。建筑固体废弃物规模化、规范化、集中式的资源化处理，要从根本上解决建筑废弃物的处置问题。建筑废弃物集中处置已经有了大的背景，但是如何实现科学收集则需要地方政府拿出具体措施和实施细则。如政府职能部门联合发布《建筑废弃物集中处置公告》、地方财政补贴拆运承包单位等，才可保证拆运单位按照政府"定点、定时、定路线"的规定进行建筑废弃物清运。

第二是科学处置再生。科学处置再生涉及大型化处置、环保化处置、纯净化处置三大问题。大型化处置涉及大规格建筑废弃物处置和大规模建筑废弃物处置。由于国内现有建筑废弃物处置线大多为小型设备，既不能实现大规格建筑废弃物处置，也不能实现大规模建筑废弃物处置。建筑废弃物资源化是系统工程问题，就是"大处置"需要"大市场"配套，"大市场"又反过来要求企业有技术创新能力，以多元化产品适应多元化市场需求。第二大问题是环保化处置，既要防尘又要防噪。目前看，立体布局取代传统平面布局、模块组合是有效方式。第三大问题是纯净化处置。首先必须实现土的彻底剥离，其次是混杂物的剔除。解决三大问题的最终目的是制造出多品种的满足各种级配需要的粗中细不含土的再生骨料。合格的再生骨料才能制造出合格的再生建材。

第三是科学再利用。科学再利用涉及如何与市场对接、如何发挥优势规避劣势的问题。其核心问题是如何发挥不同建筑废弃物材性，制造出不同的性能优越、先进的制品，也就是日本山本良一教授提出的"生态环境材料"（ecomaterials）问题，即不是一般意义上的利废产品，而是用户乐于接受的产品（山本良一，1997）。可以说100万t建筑废弃物包含水泥基建筑主导性材料所有需要的骨料品种，可以制造出各种市场需求的建材制品。这就又对处置企业提出既要具有良好的市场敏锐性又要有较高的技术创新能力的要求。

只要制造出合格、品质优越的建材产品，并拿出足够的勇气开拓市场，一定能为建筑废弃物资源化项目实施打开局面，开创符合中国国情的建筑废弃物资源化成功道路。

5.1.1.5 企业面临的主要问题

凭借成熟的关键技术、性能可靠的再生制品及前瞻性的市场定位，德滨公司迅速成长为国内建筑废弃物资源化利用的领军企业，展现了建筑废弃物资源化利用的广阔前景。但是在企业的发展过程中，德滨公司依然面临着诸多困难。

（1）政策制约

产业政策对某一行业的发展具有重要的影响作用，完善而规范的产业政策将为行业发展提供重要的保障。目前，我国虽然已经制定了一些有关建筑废弃物资源化利用的政策和法律法规，但是还不够系统和全面，仍然有待进一步完善。

第一，政府对于建筑废弃物处置企业建立的扶持力度不够大。由于建筑废弃物处置企业往往占地大、投资大，又难以快速地实现经济效益，因此很大程度上需要政府给予土地和资金上的支持，而现有的政策并没有明确这一点。

第二，建筑废弃物的集中处置需要政府的支持与配合。房屋的拆迁企业由于考虑运输成本等因素，建筑废弃物往往难以集中到处置企业，这给建筑废弃物的处置带来了很大困难，这一方面需要政府加强现有建筑废弃物处置条例的管理和执行力度。

第三，资源化产品的市场销售需要政府的支持。建筑废弃物的资源化处置需要快速地处置建筑废弃物，这样资源化产品的销售就难以单一地依靠市场运作，需要政府绿色采购的政策支持。

（2）成本和市场制约

普通群众对建筑废弃物资源化产品的认识不足，还存在较多顾虑，这造成资源化产品在市场上与同类产品竞争时存在较多问题。

另一方面，就四川地区来说，页岩资源的丰富使得市场被大量的页岩烧结砖占有，混凝土类免烧砖与之相比较在成本上不存在优势。同时，路面透水砖的销售又受到周边小作坊产品的价格打压，市场开拓困难。

5.1.2 案例二：北京元泰达环保建材科技有限责任公司

5.1.2.1 基本情况

北京元泰达环保建材科技有限责任公司是一家致力于节能、环保新型技术、经营一体化，以建筑废弃物回收与处理、再生产品研发与生产、再生技术应用与推广为主要业务的民营企业。2003 年年底通过了 ISO9001 质量管理体系认证，2008 年元泰达公司荣获昌平区中小企业环保及新能源领域信用四星级认定。2011 年，元泰达被列入北京市建筑废弃物资源化再利用试点。公司研发与生产基地位于北京市昌平区阳坊镇史家桥村西，占地面积 70 余亩，总固定资产 4000 余万元。

该公司目前拥有 8 项再生产品和生产工艺方面的专利使用许可和两部企业标准，一条年生产建筑废弃物再生骨料 100 万 t 的生产线，一条年生产建筑废弃物再生砖 3000 万块（含再生普通砖和再生古建砖）的生产线，具备建筑废弃物消纳能力 100 万 ~ 150 万 t/a，建筑废弃物再生利用率达 95% 以上。该公司研发的建筑废弃物再生砂与再生古建砖均通过北京市建设机械与材料质量监督检验站的产品检验。同时，该公司的技术还被列为"北京市建设领域百项科技创新成果推广项目"，获得"昌平区企业优秀研发机构"的荣誉，该公司生产的再生砖被认定为资源综合利用产品，享受国家的免税政策。

汶川地震发生后，该公司被建委、发改委、工信部列为灾区重建首推企业深入四川调研，先后到达绵阳、德阳、成都等市近 10 个乡镇进行实地考察，重点对绵竹、都江堰等重灾区的灾后重建项目进行了对接，将建筑废弃物回收及再利用技术充分运用到灾区重建工作中。

近年来，该企业与高校以及其他企业合作，逐渐实现了建筑废弃物再生产品的规模化生产及其在示范工程中的应用。

5.1.2.2 主要产品及应用

该公司的主要再生产品有：建筑废弃物再生粗骨料、再生细骨料、再生普通砖和再生古建砖等。再生粗骨料可用于生产混凝土及混凝土制品；再生细骨料可用于生产混凝土或砂浆及其制品；再生普通砖用作一般墙体材料；再生古建砖具备黏土砖的基本性质，此外其表面压有直接可用的装饰层，具备仿古的效果，可以应用到古建筑或仿古建筑的修缮和重建工程中，这样不仅解决了古建筑对烧结黏土砖的需求，也弥补了现在某些工程中采用在墙面上外贴仿古装饰砖或抹装饰砂浆耐久性差的缺陷，同时又很好地利用了建筑废弃物，有显著的社会与经济效益；再生条形砖主要用于市政用砖路面的铺设与修缮；再生透水砖用于一般透水路面。

北京元泰达环保建材科技有限责任公司通过与高校及其他企业密切合作，实现了建筑废弃物再生制品在示范工程中的应用。这些示范工程主要包括：北京建筑工程学院实验 6 号楼、昌平亭子庄污水处理站、东城区（原崇文区）草厂 5 条 20 号院、北京新华伟业住宅小区、回龙观家园、史家桥住宅、北京元泰达环保建材科技有限责任公司厂房及围墙、中国古陶瓷文物保护基金会、昌平区十三陵新农村建设示范楼、马甸至昌平段八达岭高速路工程等。以上工程均已通过相关鉴定与验收，产品及技术的应用受到了相关专家的一致好评，鉴定结果为国内领先、国际先进水平，社会效益明显。

5.1.2.3 基本经验

北京元泰达公司的实践经验可以归结为以下三个方面。

（1）注重研究，开发新技术

建筑废弃物中，钢筋、铁料等高附加值的东西已经通过废品回收等途径得到利用，真正被废弃的主要是低附加值的废砖瓦、废弃混凝土。

"如何把废砖瓦、废弃混凝土还原成建材？"带着这样的问题，在借鉴了国外经验，经过反复研究实验后，2005 年全国第一条年产再生骨料 100 万 t 的生产线在元泰达公司诞生，一条年产再生砖 3000 万块（含再生普通砖和再生古建砖）的生产线也在同期建成。先将建筑废弃物分类，将混凝土多的做粗细骨料，砖瓦多的做再生砖，这样 95% 的建筑废弃物可以做成再生产品，基本上完全实现了循环利用。

（2）迎难而上，坚持新道路

虽然在企业的发展过程中，遇到了缺少建筑废弃物原材、购买建筑废弃物带来的再生骨料成本高、市场认可度不高等诸多问题，但凭着对建筑废弃物资源化的执著，元泰达一直以办新型环保企业的理念，坚持不断投入，目前企业实现全封闭无烟生产、地下无噪声厂房、水资源循环使用系统。

（3）政府扶持，新政策鼓励

元泰达能坚持到今天，其发展离不开北京市及昌平区地方政府给予的支持和鼓励，北京市在政策制定，昌平区政府在土地使用、建筑废弃物原料供给等各方面提供了诸多帮助与支持。

《混凝土用再生粗骨料》和《混凝土和砂浆用再生细骨料》等标准的实施，为建筑废弃物再生产品进入市场保驾护航。

5.1.2.4 企业面临的主要问题与展望

到 2010 年年底，北京元泰达环保建材科技有限责任公司的总投资已达 6000万元，而累计处理建筑废弃物却只有 50 余万 t，企业年均亏损额 200 万元以上。虽然 2011 年元泰达被列入北京市建筑废弃物资源化再利用试点，企业的发展逐渐走入快车道，但是依然面临着诸多困难。

（1）缺少建筑废弃物生产原料

由于环保意识淡漠，开发商、拆迁商等受利益驱动，无视相关部门的规定，到处乱倒建筑废弃物，致使元泰达公司生产的原料——建筑废弃物一直没有稳定来源，生产断断续续。而如果由该公司自行寻找原料和装卸运输，成本则大大增加，产品根本无法进入市场竞争。

（2）需要政府相关配套政策支持

建筑废弃物的回收、处理和再生利用是一个复杂的系统工程，是包含公益性质的产业，需要政府管理。而目前，没有一个明确的执法管理部门。政府出台具体的建筑废弃物管理、处理、再生利用方面的相关配套政策和办法是当务之急。

首先，应解决料源问题，要有强制性的规定，真正落实谁产生谁负责的原则，把建筑废弃物原料免费送到建筑废弃物处理企业或指定的消纳场所。

其次，要解决建筑废弃物再生产品销售问题。目前，该公司产量很低且为定向销售，表面上不存在销售问题，但如果真正解决了原料问题后，由于是新产品，肯定还会存在种种阻力，包括价格、认识和使用技术方面的种种问题。政府要给予坚定的政策支持，要落实优先使用的政策，在经济上给予补贴，加强宣传教育，扩大推广应用工程示范等。

最后，政府相关部门给予务实支持，市政改设工程、国企的建筑废弃物指定送到公司处理利用；市政工程、国家项目建设厂能够大力推广使用再生产品；给予具体优惠政策，鼓励其他企业使用建筑废弃物再生产品等。

（3）需要政府严格环保执法

严格管理各项拆迁工程，加大处罚力度，逐步杜绝随便倾倒建筑废弃物的现象。将建筑废弃物的产生、运输、处理等措施列入拆迁工程的审批程序中，认真落实。

（4）协作企业解决融资问题

由于多年来的大量投入与产出严重失调，公司现在缺乏资金来持续投入研发新产品和应用技术，而改善或扩大生产能力，需要资金支持，希望政府能够协作解决。

（5）土地问题

由于公司用地不是建设用地，目前正在申请土地性质的变更，希望政府给予关注和正视，能够尽快督促和落实。

政府与企业合作共赢，政府投入土地资源，企业投入资金和技术，根据政府的规划在指定地区建设新的建筑废弃物处理企业，迅速解决首都的发展需要和环保压力。

5.1.3 案例三：邯郸全有生态建材有限公司

5.1.3.1 基本情况

邯郸全有生态建材有限公司于 2004 年 5 月在邯郸市经济开发区创建，占地300 亩。企业采用建筑废弃物为原料，生产各种生态环保新型墙材，不产生任何二次污染。目前企业已发展成为再生混凝土、再生环保砖制造、销售，建筑废弃物综合利用设备、技术研发、咨询服务的实体企业。

2006 年获得河北省建设厅科技进步二等奖、河北省科技成果奖。2011 年 12月国家建设部授予该公司《河北省邯郸市建筑垃圾资源化利用项目》2011 年中国人居环境范例奖。这是国家建设部自 2000 年设立该奖项后，11 年来唯一一个在建筑废弃物循环利用上获此殊荣的企业。

5.1.3.2 主要产品与应用

公司主要产品为标准砖、多孔砖、空心砌块、异型砖、便道砖、广场砖、路沿石、花池砖等。目前公司产品销售方式分为客户订货及主动推销两种方式，邯郸市在政府层面上主导制定了《邯郸市建筑垃圾处置条例》，该条例已于 2011 年12 月 26 日邯郸市第十三届人民代表大会常务委员会第二十八次会议通过，2012年 5 月 22 日河北省第十一届人民代表大会常务委员会第三十次会议批准，2012年 8 月 1 日起正式实行。产品主要以本地区销售为主，最远销售区域为永年、成安地区，其余销售地多为市区范围，产品销量情况随着建筑废弃物管理条例的推广实施呈上升趋势。

5.1.3.3 工艺流程及关键技术

工艺流程主要为原料的筛分、破碎。外运来的建筑废弃物进入堆场，粒度≥400 mm 的建筑废弃物需机械破碎；建筑废弃物由装载车经溜槽给入胶带输送机，然后入圆振筛；经过筛分后，将小颗粒的土质筛出。筛分后建筑废弃物入胶带输送机，除去木屑等杂质后，给入颚式破碎机。经颚式破碎机破碎后的建筑废弃物粒度≤300 mm，给入反击式破碎机。经反击式破碎机破碎后的建筑废弃物，给入胶带输送机，将经过处理后的建筑废弃物按粒度分为两个等级：5 ~ 10 mm 的建筑废弃物作为粗骨料，经胶带输送机给入粗骨料堆场；5 mm 以下的建筑废弃物作为细骨料，经胶带输送机给入细骨料堆场。

5.1.3.4 企业发展遇到的问题

1）使用环保砖的意识有待提高。建筑废弃物制砖项目是新生事物，目前很多使用人群对建筑废弃物生产出的环保砖在意识上还存在误区，总认为这是"垃圾"制成的砖，在思想上存有抵触情绪。然而，通过环保砖与红砖相击，红砖应声而碎的试验证明，环保砖在强度、密度等各项指标均高于普通红砖。建议政府多采取措施及手段加大宣传力度，提倡使用再利用循环型环保产品。

2）建筑废弃物循环利用项目需要政府给予政策支持及舆论导向。建设部门及市政部门在城市建设的由政府采购的工程中，应首选建筑废弃物环保砖，由政府行为开始，提高市场认知度。

3）项目土地的使用，因该项目带有公益性质且为节能减排环保型企业，属国家鼓励型，建议该项目用地采取划拨的形式，保证项目的良性运转。

5.1.3.5 展望

国务院对建设节约型社会重点工作进行了全面部署，并指出要把加快建设节约型社会作为今后一个时期工作的重中之重。建筑废弃物是一种可利用的资源，应大力宣传和推广建筑废弃物资源化再生的最新技术和工艺方法，鼓励全社会利用再生材料或产品。结合国家墙改和资源综合利用工作的重点，建筑废弃物循环利用将是一个惠及子孙万代、造福人类的当代又快又好的民心工程，必将为城市建设和循环经济发展做出巨大的贡献。

5.1.4 案例四：沧州市市政工程公司

5.1.4.1 基本情况

沧州市市政工程公司始建于 1957 年，是一家集城市道路、桥梁、路灯、隧道、给排水及污水处理厂等设计、施工于一体的国有企业。还可承揽各种管线的非开挖铺设施工、各种混凝土构件的预制、各种强度商品混凝土的生产、市政设施广告、房地产开发、城市房屋拆迁等多种经营项目。

2005 年，沧州市市政工程公司在河北省建设厅立项研究《城市固体废弃物再生利用于市政道路基层研究》，研究成果于 2008 年 7 月通过河北省建设厅组织的专家鉴定，该项研究成果在同类研究中居国际先进水平，项目科技成果省级登记号为 20081901。荣获 "2009 年河北省建设行业科技进步一等奖" "2009 年沧州市科技进步二等奖"。该项目被河北省建设厅列为 "2009 年河北省住房和城乡建设系统科技成果推广计划项目" 之一。

项目响应国家节能减排的政策，针对与日俱增的城市建筑废弃物固体废弃物大量堆积造成环境污染并逐渐恶化的现状，研究将以废砖和废混凝土块为主要成分的建筑废弃物破碎生成再生集料，将其代替黏性土或碎石应用于道路基层。经过三年的精心试验和潜心研究，在试验和实际工程应用上均取得了一定的成果，结合建筑废弃物再生集料弹性模量小、压碎值大、吸水率高、渗透系数大的材料特点，分别推荐了再生集料在城市道路中应用的典型路面结构，提出了混合料配合比组成设计方法及相应的施工控制要点，编制了工程施工指南。

5.1.4.2 建筑废弃物再生情况

沧州市市政工程公司从 2005 年开始进行建筑废弃物的再生利用，至 2009 年已再生利用建筑废弃物约 25 万 t，其中 2009 年再生利用建筑废弃物 10 万 t。2010 上半年再生利用建筑废弃物 6.5 万 t。

回收的建筑废弃物多是废砖和废混凝土块混掺的，单纯废混凝土块的数量较少，对建筑废弃物进行分类集中堆存。公司于 2005 年、2009 年先后从奥地利引进了 RM80 型和 RM100 型碎石王设备，利用该设备对集中回收的建筑废弃物固体废弃物进行反击式破碎，将建筑废弃物经过破碎机破碎、磁性分离器将金属物分离后，制成粒径为 0~30 mm、0~70 mm 的两大类符合颗粒连续级配的再生集料，然后进行再生利用，从而实现建筑材料—建筑物—建筑废弃物—建筑材料的良性循环。

5.1.4.3 建筑废弃物再生产品在道路中的应用情况

沧州市地处渤海低平原区，距离山区较远，工程用碎石全部需要从外地购买，最近运距 200 多千米，所以沧州的碎石原材料价格比较高，使用再生集料代替碎石还可节约工程成本。在雨季灰土施工时，往往会因为土的含水量偏大影响工程施工进度，再生集料是透水性材料，用再生集料代替土在雨季进行工程施工，可以大大提高工程进度，缩短建设工期，并且提高了道路使用性能，节约养护成本，具有良好的经济效益。

沧州市市政工程公司在城市道路工程中应用建筑废弃物再生集料的主要途径如下：

1）将废砖和废混凝土块混掺的 0~30 mm 粒径的再生集料直接用于道路路基垫层的填料、软土路基的换填材料，0~70 mm 粒径的再生集料直接用作道路工程路基碎石桩处理的填料。

2）将 0~30 mm 粒径的再生集料用于人行道透水性路面砖的基层，由于再生集料的饱水、透水性好，增强了人行道的透水性能，利于保护和改善日趋恶化的城市环境，减小因城市路面硬化带来的雨洪灾害，涵养城市地下水，调节城市气候。

3）将 0~30 mm 粒径的再生集料与石灰、粉煤灰、水泥等胶结材料混合形成稳定类混合材料，然后应用于市政道路的基层、底基层及人行道的基层。具体需根据应用的工程部位及材料的标准击实试验、无侧限抗压强度，选定最佳或适用的配比。

4）纯废混凝土块破碎加工成的再生集料代替石料用于城市道路的基层，如代替级配碎石直接用于级配碎石基层、代替碎石经水泥（或水泥粉煤灰）稳定后用于道路基层。

5.1.4.4 推广建筑废弃物再生利用的意义

公司 2005～2009 年共计再生利用建筑废弃物约 25 万 t，节省工程取土约 10 万 m³，减少工程中天然碎砾石原材的需用量约 10 万 t。不仅可以消纳大量建筑废弃物，彻底解决城市因为建筑废弃物堆山带来环境污染、恶化的一大"心病"，减少对土资源、矿产资源的破坏，减轻环境负荷，达到环境净化和生态保护的目的，对城市发展有着重要的意义。

5.1.4.5 存在的问题

沧州市市政工程公司在建筑废弃物再生利用方面取得了一定的成果，但在推广建筑废弃物在城市道路工程中再生利用的过程中，遇到了很多困难。

1）人们对建筑废弃物再生资源化的重视程度不足，建筑废弃物再生集料与天然石料相比竞争力较弱，市场认可度不高，在推广应用上存在很大的难度。

2）建筑废弃物再生利用需要投入建筑废弃物再生处理设备和回收处理场地，一次性投资相对较高，得不到政策上的支持与优惠。

3）建筑废弃物的回收是市场运作，没有政策上的支持与优惠，建筑废弃物回收价格较高，而且建筑废弃物供应不稳定，使得再生集料的成本较高，严重制约了建筑废弃物再生集料的推广应用。

以 2009 年为例，废砖和废混凝土块混掺建筑废弃物的回收价格（运至建筑废弃物处理场）为 18～20 元/t，纯废混凝土块的回收价格为 25 元/t，建筑废弃物的加工处理费约合 21 元/t（含设备折旧、场地租赁费），即混掺再生集料的成本约合 40 元/t，纯混凝土再生集料的成本约合 46 元/t。

因此，呼吁国家尽快出台建筑废弃物回收利用的相关政策，推行建筑废弃物分类处理和集中回收，以经济杠杆调节建筑垃圾的处置行为，以政策引导、鼓励和支持建筑垃圾再生利用，给予一定的经济补贴或税收优惠政策等。

5.1.5 案例五：许昌金科建筑清运有限公司

5.1.5.1 基本情况

许昌金科建筑清运有限公司创建于 2001 年，是一家专业从事建筑废弃物收集、运输、处置和资源化再利用的企业，在全国首家获得建筑废弃物清运和处置"特许经营权"，并率先采取政府"特许经营"模式收集、处置建筑废弃物。经过十多年的探索，总结出了建筑废弃物"四步回收"工艺和"移动处置"技术，特别是可复制的"许昌金科模式"，不仅有效解决了许昌市每年产生的大量建筑废弃物无处堆放的问题，而且为全国建筑废弃物处置和再利用积累了经验，开创了新局面。

公司大专以上学历的管理、技术人员比例达 68%，拥有了一支综合素质高、业务能力强、专业技术硬的经营管理团队，并与多个高校、科研单位进行产学研合作。已获得专利五项，另有受理的发明专利一项，实用新型专利三项，参编《再生骨料应用技术规程》等多部国家和行业标准。

目前公司正在与省内外的其他城市洽谈建筑废弃物特许经营的"许昌金科模式"。公司拥有三套从德国和奥地利进口的先进的全套移动式建筑废弃物处置设备，一套美国贝赛尔全自动制砖设备，全封闭并安装了 GPS 卫星定位车辆监控系统的 60 台建筑废弃物运输车辆。

2011 年处理、再生利用建筑废弃物 262 万 t，实现收入 5100 多万元，利税 2500 多万元；2012 年利用量达 400 万 t，实现收入 1.3 亿元。该公司 2012 年被河南省定为高新技术后备企业，2011 年被河南省定为重点上市后备企业。

5.1.5.2 主要产品与应用

主要产品有再生粗、细骨料，再生透水地砖，再生标砖，再生广场普通砖、彩色砖，再生人行道普通砖、彩色砖，再生小型空心砌块等。

再生粗、细骨料的销售主要是客户订货，再生新型建材产品目前处于初步推广使用阶段，推销和客户订货两种方式相结合，并积极与政府对接和沟通，进一步扩大产品的使用广度。再生骨料外销量 2011 年可达 90 万 m^3，20 万 m^3 公司内部使用，用于生产再生新型建材产品。

骨料和再生新型建材产品主要销往许昌本地，用于修路和建筑物材料等。

5.1.5.3 工艺流程及关键技术

（1）建筑废弃物收集、运输、处置和再生粗、细骨料生产工艺流程

为了充分保证建筑废弃物的质量，使建筑废弃物资源化再利用的效果最大化，该公司在长期的实践中总结出了一整套从建筑废弃物的收集、运输、处置到再生粗、细骨料生产的工艺流程，将其命名为"四步回收"工艺。

（2）利用建筑废弃物生产标砖、小型空心砌块等新型建材产品的工艺流程

利用建筑废弃物进行粉碎后生产的再生粗、细骨料为主要原料，添加一定比例的水、水泥及颜料，采用贝赛尔 MT130/70S 混凝土制品全自动生产线经过配料、搅拌、成型、养护、劈裂、码垛、堆场等过程，生产出地砖、标砖、砌块等产品。其主要设备有配料搅拌生产线、混凝土制品成型机、产品输送系统、产品养护钢板、木托板和养护窑及模具等。

（3）采取的关键技术

建筑废弃物处置和资源化再利用是一个复杂的过程，需要同时处理两个重要的环节：一是建筑废弃物的分类回收；二是回收后的处置和资源化再利用。这两个环节既相互促进又相互制约，缺一不可。建筑废弃物不进行分类回收也就无法利用，分类回收后不进行相应的利用也就失去了分类的意义。该公司在建筑废弃物的分类回收及再利用方面均做了大量的工作，取得了一套具有很强实践性的建筑废弃物收集、运输、处置和资源化再利用的关键技术，获得授权专利多项。

分类收集方面：正确选择建筑废弃物处置设备并将其巧妙地进行改进和组合，提高设备利用率和生产效率，节约成本。

1）正确选择移动式建筑废弃物处理设备，节约倒运费 5 元/t。

2）将履带移动式建筑废弃物处理设备进行改进组合，优化处理流程，降低成本，提高生产效率。

我国现有的建筑废弃物处理设备一般包括多级破碎设备和筛分设备，且多为固定式，部分有生产轮式移动式设备的，需要拆除现场难以保证的大功率电力设

施，且噪声、粉尘大难以达到环保要求。该公司将进口的履带移动式破碎设备和履带移动式筛分设备进行改进组合，采用柴油机为动力，并采用先进的环保技术，低噪声、低粉尘排放，燃油节省率高达 25%。

现有的筛分机一般能够完成建筑废弃物的简单分类，如钢铁和混凝土块的分离，但是极少有能够分离出轻质物的设备，一般是采用人工分离，效率较低，不能满足高效化的生产要求。该公司将上述进口的履带移动式破碎机、履带移动式筛分机和轻质物分离设备进行组合，实现高效分离。

3）改进现有的筛分机，使其能够多方位上料，不受场地、地形限制。现有筛分机的应用受到场地大小、地形情况的限制比较严重，不能充分发挥筛分机的作用。为此，该公司将现有筛分机进行改进，使筛分机能够实现多方位上料，即后部上料、两侧上料均可，提高了筛分机的适应能力。

4）改进建筑废弃物处理组合设备，使其能够多方位搭接组合。通过改进筛分机，使其能够实现多方位上料，但是，现有的建筑废弃物破碎设备只能位于一个位置为筛分设备上料，无法匹配，不能充分发挥其作用。因此，该公司将现有的建筑废弃物处理组合设备进行改进，完成了垃圾破碎站和垃圾筛分站之间的物料转接，成功解决了两者的搭接问题。该组合装备中的皮带机能够灵活地转动和升降，从而能够适应各种摆放位置，使该组合装备能够适应的工作场合更多，适应能力更强。

处置和资源化再利用方面：

1）生产烧结标砖、空心砖。在我国，特别是中原地区，随着建筑结构的改变，地下室和地下停车场的建设逐渐增多，基坑土逐渐成为城市建筑废弃物的主流之一。靠绿化工程和建设工程回填已无法消纳，因此采用成熟的环保窑技术生产煤矸石烧结砖，成为解决建筑废弃物基坑土无法利用的最有效的办法。用建筑废弃物基坑土生产烧结砖，不但保护了耕地，而且减少了非法开采页岩。

2）烧结多孔砌块及填塞发泡聚苯乙烯烧结空心砌块技术。主要技术原理是在空心砖中填塞聚苯材料，阻断冷热桥，达到良好的保温性能。关键技术是建筑废弃物、煤矸石掺烧节能技术。工艺流程为：原料配比破碎→加水搅拌陈化→成型→编组码坯→干燥→焙烧→填塞聚苯→打包。主要技术指标为每块砖消耗 2.5 kg混合料（建筑废弃物和煤矸石），240 mm×260 mm×90 mm 产品导热系数部分填充为 0.48，全部填充为 0.35，耐火等级 183 min。砌体强度达到 MU3.5 MPa 以上，密度等级符合 800 级要求。

3）可批量化生产的路沿石技术研究。现有的路沿石大部分为预制混凝土制品，为了减轻其质量，降低成本，大部分会在其内部设有孔洞，正是这些在其内部的孔洞给机械化脱模造成困难，难以实现机械化、大批量的生产。为了解决这个问题，该公司通过研发，发明了一种新型结构的路沿石：下部带缺口的路沿石，模具能够轻易地从底面脱掉，为路沿石的大批量、机械化生产提供了前提条件。该路沿石的两端分别设有互相匹配的插头和插槽，便于施工时的定位和对准，另外路沿石之间互相插接，能够提供连接强度。该路沿石的表面设有发光材料，夜间可以给行者导航，同时美化路边的夜景。

5.1.5.4 遇到的问题

1）目前，遇到的主要是新型建材产品的认证和推广问题。因利用建筑废弃物生产的建材产品是新生产品，要得到社会的认可和推广需要一个过程，但作为公司仍希望政府及社会尽快出台一些指导性意见和实施方案。

2）建筑废弃物的应用技术研究仍旧比较薄弱，需要高校和科研单位与企业合作研究新的科技成果，并将成果转化为现实的生产力。

5.1.5.5 对建筑废弃物资源化领域的展望

国家"十二五"规划在循环经济篇章中对建筑固废物的发展明确了要求，按照"减量化、再利用、资源化"的原则，减量化优先，以提高资源产出效率为目标，推进生产、流通、消费各环节循环经济发展，加快构建覆盖全社会的资源循环利用体系。在"大宗固体废物综合利用实施方案"中明确了"十二五"期间建筑废弃物综合利用的目标。但由于多种原因，目前资源化利用水平很低，仅有少量用作生产再生建筑骨料制备建材等，基本以填埋和堆放为主，大量占用土地，给周边环境造成很大危害。

这充分说明建筑废弃物的综合利用是发展的大趋势，是未来非常有活力的新兴行业，有着巨大的市场潜力。因此建议：

1）加快制定切实可行的政策。

2）加大政府主导的力度，收集和处理实行"特许经营"，产品应用纳入政府采购，并制定强制使用措施。

3）把建筑废弃物资源化利用纳入立法范畴。

4）加大宣传的力度，让人们理解、支持建筑废弃物管理和资源化再利用工作，为该行业的快速发展提供一个良好的外部环境。

虽然该公司在建筑废弃物的综合利用方面已经做了一些有益的尝试。然而，建筑废弃物的有效治理和综合利用是一个社会化的系统工程，它需要通过全社会的共同努力才能得以实现。

5.1.6 案例六：昆明移动式建筑废弃物处理与应用

5.1.6.1 基本情况

昆明于 2008 年开始大规模城中村改造，由此产生了大量的建筑废弃物，致使昆明面临垃圾围城的困境，同时大规模的建材资源消耗和建筑废弃物量对矿产资源、土地、环境造成严重负担。

昆明市政府在 2010 年年底颁布政策，大力鼓励民营企业进入移动式建筑废弃物处理行业，应对日益严重的建筑废弃物问题。以云南伟明凯兴机械工程有限公司为首的 15 家民营企业积极响应政府号召，陆续进入昆明的建筑废弃物处理行业中。

在 2010 年底～2011 年中，这 15 家移动式建筑废弃物处理公司为昆明处理了大量的建筑废弃物，以每家公司一套移动式建筑废弃物处理设备计算，一套设备一个月估计可以处理 10 000 m^3 的建筑废弃物。15 套设备一个月就可以处理 150 000 m^3 的建筑废弃物，一年就可以处理 180 万 m^3 的建筑废弃物，其处理建筑废弃物而得到的建筑骨料全面运用于建筑工地的道路回填、公路水稳层的铺设和昆明市各个制砖厂生产免烧砖的主原料，其中免烧砖大量运用于建筑基础建设的砖胚模和填充墙的建设。

5.1.6.2 移动式建筑废弃物处理与应用情况

（1）现场破碎和分选处理

移动式建筑废弃物现场破碎站是建筑废弃物处理中最有效、最方便的设备，可以将建筑废弃物加工成再生混凝土骨料、新型墙体材料的原料、道路基层填辅料等，可就地再生，减少运输成本及避免二次污染，几种形式设备相互结合，可生产多种再生骨料，使其再次利用，还具备生产高效、场地适应性强、设备无需装配等优点。

（2）现场移动式制砖

现场移动式制砖主要就是在研究废弃建筑废弃物处理成分构成、物理性能的基础上，针对废弃建筑废弃物处理的特点，开发一种废弃建筑废弃物资源化利用的专用设备，使废弃建筑废弃物就地实现资源化综合利用，制成建筑砌块、空心砌块、道路结构层材料、混凝土垫层等节能环保型建材。

经相关部门鉴定，建筑废弃物移动制砖机所生产的免烧砖，抗压强度可达11 MPa以上，密实度高，抗冻抗渗性能好，隔热保温性能优良，可用于便道砖、砌墙砖。

5.1.6.3　工程实例介绍

（1）昆明市西山旅游环线公路的水稳层铺设

此公路设计宽为7.5 m（宽6.5 m+路沿1 m）、长3 m。水稳层设计厚度为0.25 m，实际厚度为0.28 m。其全部用建筑废弃物为主原料进行铺设，共消耗5460 m³的建筑废弃物骨料。这是云南省第一条用建筑废弃物铺设水稳层的公路，并顺利地通过了质检部门的验收。

（2）2010年7月到9月小渔村城中村改造工程

小渔村拆迁面积5.7万多 m²，所产生的建筑废弃物全部通过资源化处理，所产生的骨料全部用于自己的免烧砖生产和供应周边的免烧砖厂。（注：每平方米拆迁可以产生0.67 m³的骨料，每立方米×1.5＝吨数。）

5.1.6.4　结论和建议

建筑废弃物资源化处理目前已经得到有关部门的高度重视，但从科学发展观来说，还需要加快建筑废弃物变废为宝的进程。

1）在财力和税收上对建筑废弃物资源化处理采取财政补贴和政策扶持。

2）注意建筑废弃物资源化处理的二次污染：粉尘、噪声和运输造成空气污染，注意建筑废弃物现场破碎和分选处理操作、物料堆放的粉尘污染，采取抑尘、降尘的有效措施，有效降低污染。

3）政府能够对移动式建筑废弃物处理行业有相关的中长期规划。

4）希望有专业的机构能够对移动式建筑废弃物处理的开发利用提供技术支持。

5.1.7　案例七：河南盛天环保再生资源利用有限公司

5.1.7.1　基本情况

河南盛天环保再生资源利用有限公司是一家集研发、生产、销售、服务于一体的专业从事建筑废弃物回收再利用的企业。2011 年，公司引进世界上最先进的建筑废弃物处理生产线和生产工艺，在昆明理工大学等国内知名高校与相关专家的大力支持下，在郑州创建了河南首家 "建筑废弃物科研示范基地"。该项目总投资 1.17 亿元，专业致力于建筑废弃物的处置再生利用，资源综合利用率达95% 以上，有效实现了拆除工程的环保化、无污染、零排放。该基地年处置建筑废弃物能力可达 200 多万 m^3，年产再生建材 180 万 m^3，是全国首座花园式建筑废弃物处置及新型建材加工厂，并努力打造为国家级建筑废弃物科研示范基地和中小学生环保教育基地。

2012 年，公司立足郑州，依托科研基地，在周边地市陆续完成建筑废弃物回收再利用系统工程的建设，走集团化经营发展之路。

5.1.7.2　主要产品

公司生产的主要产品有各种规格再生骨料、干混砂浆、干垒挡土墙、路面砖、墙体砖、植草砖、透水砖、水工砖、彩瓦等，以及连锁式和铰接式护土砖水土保持系统，具有环保、高强、耐磨、保温隔热、透水透气、防水防滑、色彩鲜艳、不易褪色等多种优点，广泛用于市政道路、休闲广场、车站、机场、码头以及楼盘小区的修建与美化。

5.1.7.3　工艺流程及关键技术

生产工艺流程：粉碎→分离→布料→成型→打包→养护→进仓。

盛天环保建筑废弃物处置再生利用生产模式：

（1）基地生产

基地生产具有产量大、效率高、利于组织生产的特点；厂区环境幽雅，生产、生活设施完善，组织健全，机构完善，保证各项工作按照现代企业模式进行规范管理和集约化生产运营。生产基地使用大型固定、封闭的设施设备，与城市周边的建筑废弃物临时收集处置厂配合，形成完整、无缝隙的建筑废弃物处置网络布局，相互依托，进行建筑废弃物的处置和环保建材的生产。

（2）现场处置

为了有效实现拆除工程的环保化、无污染、零排放，尽可能不从施工现场排出建筑废弃物，利用移动生产设备，按照政府要求或企业需求，直接在大规模拆迁改建工地进行建筑废弃物的处置和成品生产。移动生产设备，单台（套）日处理建筑废弃物 1000 m³，生产免烧砖 25 000 块。各种规格的砂石骨料可以代替河砂，用作抹墙灰浆或砌砖灰浆的主要原料，也可以用作筑路原料或填筑路堤等；对于不能利用的废渣余土，则用于土坑回填及堆山造景等。

（3）就近处置

为了避免运输过程的二次污染，直接在建筑废弃物临时收集处置厂进行现场生产。现场生产的所有设备都是可移动的，厂房都是可拆卸的。当附近的建筑废弃物处理任务结束后，全部设备和厂房都能够及时撤离，将所占用场地及时退还，不占用任何土地资源，让稀缺的城市土地资源得到充分利用。

（4）依靠技术进步，提升产品质量，扩展产品种类

将立足企业自身生产技术与管理水平的提高，依靠知名院校的研发优势，不断升级产品品质，增加产品科技含量，提高建筑废弃物的综合利用率。公司将瞄准世界先进水平，结合国内市场需要，选择关键技术为突破口，不断提升现有产品的技术含量，拓展建筑废弃物资源化利用的领域和范围。

5.1.7.4 遇到的问题

公司成立以来，得到省市各级政府和部门的大力支持和关怀。中国建材报、河南日报等众多知名主流媒体，多次深度报道河南盛天环保再生资源利用有限公

司的环保事业。但是，在盛誉背后也充满艰辛和困难。

1）由于郑州市缺乏前瞻性的相关政策法规，各级政府的支持很难落实到位，大多只能停留在口头承诺上。

2）清运公司和清运车辆为了降低清运费用，不愿意将建筑废弃物运送到该公司，甚至不愿意就近运送到该公司设立的建筑废弃物临时收集处置厂，而是把建筑废弃物随意倾卸到田野沟壑中。

3）郑州市周边有各类小型作坊上百家，虽然产品质量没有保证，但因为价格低廉及其他各种原因占有市场。

4）技术创新动力不足。由于运营艰难，单靠自身能力很难获得较显著的科技创新和进步。政府应在这些方面增加投入，将技术成果授权有实力的建筑废弃物利用企业无偿使用，以提高我国建筑废弃物的整体利用水平和利用率，扶持整个行业的健康成长。

5.1.7.5　对建筑废弃物资源化领域的展望

建筑废弃物资源化利用是一项长期、复杂的系统工程，涉及社会的各个层面。要高效处置和利用建筑废弃物，就必须形成完整的产业链，将建筑废弃物的收集、分拣、回收、储运、处置、再生利用、产品经营等一体化，这是实现建筑废弃物变废为宝的有效途径。

根据不同城市的具体情况，选择一家有相当实力和运作成熟的企业作为产业链的核心，驱动整个产业链的形成。这样，既能节约社会资源，减少建设管理成本，也可以快速促成当地建筑废弃物再生利用行业的规模化。建筑废弃物处置的重点必须放在资源化利用上，坚持以利用为主，收纳为辅的原则。对进入收纳场的建筑废弃物先进行综合利用转化，再将现有技术暂无法达到转化要求的残渣进行收纳。

5.1.8　案例八：北京新奥混凝土集团建筑垃圾资源化利用一体化工程项目

5.1.8.1　企业概括

北京新奥混凝土集团有限公司成立于 2002 年，总部设在北京，是一家专门从事混凝土生产、加工、销售和混凝土技术研发的专业企业。公司供应普通混凝土和特种混凝土，以预拌混凝土产业为主。注册资本 1 亿元人民币，是预拌混凝土二级资质企业（行业最高级），是北京市发改委认证的"资源综合利用"企业，是北京市科学技术委员会认证的高新技术企业，也是中国建设银行的 AA+客户。

新奥集团技术实力雄厚，拥有国内先进的混凝土专业研发机构，掌握一大批国内外商品混凝土生产的高新技术成果。集团于 2003 年通过了 ISO9001：2000、ISO14000 和 OHSAS18000 三项国际标准认证。集团拥有一支卓越的技术、经营、管理人才队伍，其中教授级高工 15 人、高级工程师 29 人、工程师 66 人以及各类经济师 80 多人。

公司主要承揽了包括奥运工程（鸟巢、水立方等）、国家大剧院、央视新址、北京地铁、首都国际机场三期、北京南站、北京环路、全国 13 省高速铁路项目等国家诸多重大特大型工程的混凝土供应，累计为 1300 多项工程提供了优质混凝土，得到国家各部委及建设单位的广泛好评。

截止到 2011 年 12 月，公司共有固定搅拌站 17 座，年生产能力为年产 1100 万 m^3 绿色低碳混凝土。2011 年，全年实际生产绿色低碳混凝土约 600 万 m^3，综合利用工业废物累计约 480 万 t。

5.1.8.2　主要产品

在建筑垃圾利用方面，北京新奥混凝土集团主要从事砖混结构建筑垃圾和混凝土结构建筑垃圾的资源化综合利用，利用建筑垃圾制备再生掺和料、再生粗集料、再生细集料等中间产品，并将上述中间产品直接应用于工业化生产干拌砂浆、湿拌砂浆和预拌混凝土等终端产品中。

5.1.8.3　关键技术

北京新奥混凝土集团有限公司自 2004 年就成立建筑垃圾资源化课题研究小组，由集团研究院、技术部、各搅拌站及合作单位组织有实力技术人员组成，长期专门从事建筑垃圾资源化课题研究，积累了大量的试验数据，并成功将建筑垃圾资源化研究成果应用于实际工程，为建筑垃圾资源一体化项目奠定了试验和应用基础。

北京新奥混凝土集团在建筑垃圾资源化处置和利用方面取得了如下多项主要关键技术：

1）建筑垃圾再生混凝土掺和料的生产和性能改善技术。

2）适用于生产预拌混凝土的建筑垃圾再生粗、细骨料的生产和改性技术。

3）建筑垃圾再生混凝土掺和料在预拌混凝土中的应用技术。

4）建筑垃圾再生混凝土掺和料在湿拌砂浆和干混砂浆中的应用技术。

5）建筑垃圾再生粗、细骨料在预拌混凝土中的应用技术。

6）建筑垃圾再生细骨料在湿拌砂浆和干混砂浆中的应用技术。

在现有技术研究院的基础上，北京新奥混凝土集团正在广泛延揽机械设备、固体废弃物资源利用、工艺设计等相关领域的技术人才，组建具有独立法人资格的建筑垃圾技术研究院，更加深入、全面地研究建筑垃圾资源化处置和利用一体化项目中涉及的工艺设计、装备、利用等各项关键技术，在全国范围内推广和建设具有先进理念和技术水平、符合循环经济和节能减排要求、兼具良好的经济和社会效益的建筑垃圾资源化处置和利用一体化项目。

北京新奥混凝土集团正在联合 10 多家企业、高校和科研机构向国家科技部申请组建"建筑垃圾资源化产业技术创新战略联盟"，意在打造行业领先的高层次的产学研技术合作发展平台，推动和引导我国建筑垃圾资源化产业的发展。

北京新奥混凝土集团与多个单位合作，在一些实际工程中成功应用了建筑垃圾再生骨料预拌混凝土。

（1）北京建筑工程学院土木与交通学院 6 号实验楼工程

北京建筑工程学院土木与交通学院 6 号实验楼工程（图 5-1 和图 5-2）主体建设时间为 2007 年 9 月。该楼共三层，最大跨度 12 m，最大柱高 4.2 m，剪力墙厚度 190 mm。混凝土设计等级均为 C30。该楼的垫层、基础柱、底梁、一二层楼板、梁、柱及剪力墙均采用再生混凝土。

图 5-1　北京建筑工程学院土木　　　图 5-2　再生骨料混凝土实体清水效果
　　与交通学院 6 号实验楼

该工程再生混凝土用再生骨料为建筑垃圾全级配骨料，由新奥混凝土集团公司和北京元泰达环保建材科技有限公司联合开发生产。全级配骨料是废混凝土破碎后不经筛分得到的全部骨料（图5-3）。骨料原料为开发单位收集的废混凝土建筑垃圾，包括混凝土基础、混凝土路沿石、混凝土板、柱构件、混凝土搅拌站废弃混凝土等多种原料，生产量为2000 t。

再生混凝土在施工过程中表现出良好的施工性能。再生混凝土浇筑时坍落度均在160 mm以上，最高达230 mm以上（图5-4），适应一般工程的施工与等待时间，无离析和泌水，成型后外观质量良好，未见明显裂缝等，现场所留17组混凝土试块28 d抗压强度平均为38.5 MPa，达到设计强度的128%。标准差3.3 MPa，达到混凝土质量控制优级水平。再生混凝土现场留样抗冻性100次循环质量损失0.1%，强度损失4.4%，氯离子渗透系数为1.861 cm²/s，达到中等水平，满足混凝土耐久性的标准要求。现场再生混凝土剪力墙留样的导热系数为0.31 W/(m·K)，小于黏土烧结砖0.78 W/(m·K)，实测190 mm厚的再生混凝土墙20 mm内砂浆的传热系数为2.94 W/(m²·K)，小于250 mm厚的普通混凝土剪力墙的传热系数2.96 W/(m²·K)。再生砖填充墙（300 mm+70 mm内外砂浆）的传热系数为1.69 W/(m²·K)，略高于该楼陶粒空心砌块填充墙（300 mm+70 mm内外砂浆）的传热系数1.39 W/(m²·K)。保温总体效果与目前常用的建筑材料差别不大。该楼顺利通过工程验收，已投入正常的教学使用。

图5-3 全级配再生骨料　　　　图5-4 再生混凝土坍落度试验

（2）亭子庄污水处理池工程

北京市昌平亭子庄污水处理池工程（图5-5和图5-6）是奥运新农村配套项目，施工时间为2007年10月，为全现浇剪力墙结构。剪力墙厚度250 mm，墙高度 4.2 m，墙、顶板均为建筑垃圾全级配再生混凝土，所用再生骨料是经筛分得到的粗、细骨料，设计强度为 C25。经在搅拌站精心试配，完全满足施工要求，混凝土实测结果为 37 MPa，达到设计强度的 148%，工程验收合格，已交付使用。

图 5-5　亭子庄污水处理池

图 5-6　全现浇剪力墙结构

（3）招商上苑 1 号住宅楼等 5 项工程

招商上苑 1 号住宅楼等 5 项工程部分顶板采用建筑垃圾再生骨料混凝土，设计强度等级 C30，该再生骨料采用砖混基材破碎生产的再生粗、细骨料，由于再生粗、细骨料中含有部分砖块，强度较低，依据试验结果，采用再生粗、细骨料合理代替天然骨料、调整配合比技术参数等技术措施，通过严格过程质量控制，所生产的混凝土拌和物性能和硬化混凝土性能均满足施工和设计要求。

上述的实际工程应用成果具有很多创新点：

1）首次使用全级配再生骨料，解决了再生细骨料的使用问题，提高了再生利用率。

2）首次生产和使用了粗、细再生骨料混凝土技术。

3）首次研究使用了大流动性再生骨料混凝土技术。

4）完成了国内外首座粗、细再生骨料混凝土结构工程，扩大了再生骨料的使用领域，为建筑垃圾资源化开辟了新途径。

5.1.8.4　遇到的问题

企业在建筑垃圾综合利用的过程中也遇到诸多问题。

1）目前来说，各级地方政府没有出台对建筑垃圾综合利用一体化方面的具体政策，企业缺乏用地、税收、融资等方面的支持，在建筑垃圾收集、运输、再利用中遇到较大困难，特别是在建设从收集建筑垃圾到出品预拌混凝土资源一体化工厂方面，生产用地和资金严重缺乏。实现全方位的建筑垃圾科学收集、科学处置、科学利用可以实现：影响大气质量的粉尘零排放；生产废水零排放；固体垃圾零排放。彻底解决建筑垃圾处置、预拌混凝土、预拌砂浆、干拌砂浆行业环保顽症，真正实现清洁生产，而且节约土地，没有二次污染，还希望地方政府能出台更多具体政策，支持建筑垃圾综合利用一体化的进程。

2）建筑垃圾再生骨料其性能复杂多变，针对骨料的改性研究，企业在技术方面、手段方面急需更多科研力量加入，迫切希望与相关科研院所、大专院校、相关企业等组建技术联盟，通过市场行为，对于产业发展给予强大的技术支持。

3）建筑垃圾再生混凝土在建筑方面的应用，目前大多处于试验和试用阶段，缺乏国家和行业统一的建筑工程应用规范和标准，制约了再生混凝土的大范围应用。

5.1.8.5 对建筑废弃物开发应用领域的展望

快速的城镇化进程不仅为城市带来了鳞次栉比的高楼大厦，更带来了数以万计的建筑废弃物。将建筑废弃物资源一体化再生利用，是建筑废弃物消纳的最好方式。通过提高建筑废弃物处置水平，并把相关产品应用到预拌混凝土、建筑砂浆等建筑材料中，可以在消纳大量建筑废弃物的同时，改善相关建筑材料的性能，减少未来建设成本，给未来城市增加了财富，也是新奥混凝土一直努力的方向。新奥集团在 2012 年内，在全国范围内完成年处理建筑废弃物规模为 20 万 t、50 万 t 与 100 万 t 的生产线三条。到 2015 年，集团在全国建成不同规模的建筑废弃物加工处理生产线 60 条，为我们的城市更美、人民生活更幸福，做出自己应有的贡献。

5.2 工程案例及分析

5.2.1 建筑垃圾渣土在世博园区道路工程中的应用

中国 2010 年上海世博会选址于上海市区黄浦江两岸，原址基本为工业用地，建有江南造船厂、上海钢铁三厂等多家大中型企业。在世博园区基础设施建设过程中，原有厂房建筑拆迁产生了大量建筑废弃物，建筑废弃物与建设场地原状土体相混合，形成建筑垃圾渣土（以下简称渣土）。

渣土在园区建设场地内分布面积广，体量巨大，性状也十分复杂。在园区道路工程建设中，常规处置方法难以将其利用。若将路槽范围内渣土全部废弃，不仅需要外运堆放大量渣土，而且需要再从外部调运大量符合土路基填筑要求的土方。外运堆放渣土和外调土方不仅增加了工程造价，也将大量占用土地和浪费自然资源，对自然环境也会造成不利影响。

从"可持续发展"的理念和"城市，让生活更美好"的办博宗旨出发，都应深入研究渣土的应用方案，做到物尽其用，避免对环境的不利影响。

5.2.1.1 渣土的性状和固结剂

（1）渣土的性状

渣土由渣和土两部分组成。渣的主要成分为厂房等建筑物拆迁产生的水泥混凝土块和砖块等建筑废弃物，也含有部分钢渣等工业废渣；土即为建设场地内的原状土体，基本为亚黏土，塑性指数在 12 左右。渣土具有如下特点：

1）粗集料的强度变化大，但总体强度均偏低，且分布不均。

2）粗集料的粒径变化较大，超大颗粒含量较高。

3）土中含有小部分表层杂填土和淤泥质土，植物根系和腐殖质含量较高，不符合路用材料的基本要求。

4）渣与土混杂，粗、细集料比例不稳定，级配很差。

渣土虽然具有上述不良性状，但同时也具备了作为道路建筑材料的基本特性。原状土体基本为塑性指数和含水量较为适中的亚黏土；同时建筑垃圾废渣与其混杂，又提供了一定的强度。

因此，渣土应用的技术关键就是选择合适的土体固结材料稳定渣土，使其达到道路工程所需要的路用性能。

（2）常规土体固结材料的不足

目前，道路工程常用的土体固结材料主要有石灰、粉煤灰和水泥，相应的固结土为石灰土、二灰土和水泥土等。

上述土体固结材料适用于稳定一般土体或集料。当用作道路土路基加固时，要求土体具有较为均匀的强度和粒径，最大粒径不超过 100 mm，易于采用路拌机粉碎拌和，便于碾压成型；当用作基层或底基层时，则要求土体或集料具有良好的级配。用石灰、水泥等常规材料固结渣土，存在下列问题：

1）由于渣土均匀性差，固结剂的掺量难以控制。掺量过低，则必然有部分粗集料含量较少的土体强度不能满足设计要求；提高掺量使固结土强度均达到设计要求，则易于产生湿缩和干缩裂缝，而且浪费材料，提高造价。

2）由于渣土中超大颗粒集料含量高，采用路拌机原槽掺灰拌和，容易损坏机械；采用挖掘机等简单机械施工，固结材料和渣土难以拌和均匀，无法保证工程质量；采用集中拌和和机械摊铺，则需要将渣土集中并剔除其中不良成分，不仅施工成本高、施工周期长，而且难以满足工程进度的需要。因此，石灰、粉煤灰、水泥等常规土体固结材料均不适用于固结渣土。

（3）HEC 高强高耐水土体固结剂

通过对建材市场上各种土体固结材料的考察和比选，并经过室内试验和试验路铺筑，最终确定使用 HEC 高强高耐水土体固结剂（high strength and water stability earth consolidator，HEC），作为渣土的胶凝材料，应用于道路工程中。

HEC 土体固结剂是一种无机水硬性胶凝材料，可用于固结一般土体、特殊土体、砂石集料和工业废渣。在工程实际应用中，用于固结淤泥质土（周龙江，2006）、吹填砂（魏富华等，2007；段文等，2006）等非常规建筑材料，用于道路工程、水利工程等，已经取得了良好的应用效果。室内试验和工程应用实践证明，与石灰、水泥等常规土体固结材料相比，采用 HEC 固结渣土具有以下优势：

1）对渣土集料强度和均匀性的要求较低，对渣土进行简单处理，即可用于固结处置。

2）固结后强度高，通过调整固结剂掺量，能够达到道路土路基加固处理和半刚性基层的强度要求。

3）具有微膨胀的效果，有效缓解半刚性材料的温缩和干缩裂缝。

4）施工难度低，在路槽内将渣土和 HEC 固结剂摊铺开，用挖掘机进行拌和后，再用压路机碾压即可。

5.2.1.2 渣土在园区道路工程中的应用

世博园区新建道路位于黄浦江沿岸，路基软土分布广，地下水位高。初期采用上海市常用的半刚性基层沥青路面，并对软土路基进行加固处理；后期对路面结构和路基加固进行优化调整，采用 HEC 固结渣土代替常规路用材料（秦健和赵建新，2009）。调整前后路面结构和路基处理措施的对比如表 5-1 所示。

表 5-1　调整前后路面结构和路基处理措施

结构层次	调整前	调整后
面层	12 ~ 15 cm 沥青混合料	12 ~ 15 cm 沥青混合料
上基层	15 ~ 20 cm 水泥稳定碎石	15 ~ 20 cm 水泥稳定碎石
下基层	20 cm 水泥稳定碎石	20 cm HEC 固结渣土
垫层	15 cm 级配砂砾	取消
路基加固	80 cm 石灰土	50 cm HEC 固结渣土

（1）在新建道路路基加固处理中的应用

HEC 固结渣土具有较高的强度和水稳定性，采用两层共 50 cm 低剂量 HEC 固结渣土代替级配砂砾隔水垫层和石灰土路基加固。既作为软土路基加固处理措施，又起到阻隔地下水的作用，防止地下水渗入路面结构而导致路面水损坏。

（2）在新建道路半刚性基层中的应用

通过提高 HEC 固结渣土中 HEC 固结剂的掺量，HEC 固结渣土可以达到与水泥稳定碎石相当的强度，可以作为道路半刚性基层材料。但是，工程实际中采用挖掘机拌和的方法进行施工，渣土粗集料粒径又较大，HEC 固结渣土结构层表面平整度难以保证。因此，部分园区新建道路仅采用高剂量 HEC 固结渣土代替水泥稳定碎石作为新建道路下基层材料。

（3）其他应用途径

园区内临时施工通道行驶大量重载施工车辆，对路面结构承载能力的要求高，但对路面平整度的要求相对较低。因此，园区内大部分施工通道可采用 HEC 固结渣土作为半刚性基层材料，在其上直接铺筑沥青面层使用。园区停车场也可采用 HEC 固结渣土作为铺装结构的基层材料。应用方案见表 5-2。

表 5-2　HEC 固结渣土的其他应用方案

应用部位	建议结构形式
施工通道	4～10 cm 沥青混合料面层
	30～40 cm HEC 固结渣土基层
	20～30 cm 渣土底基层
停车场 （水泥铺装）	16 cm 水泥混凝土面层
	20 cm HEC 固结渣土基层
	30 cm 渣土底基层
停车场 （沥青铺装）	5 cm 沥青混合料面层
	30 cm HEC 固结渣土基层
	30 cm 渣土底基层

5.2.1.3　HEC 固结渣土的技术要求

（1）材料要求

对于 HEC 固结剂，现行规范中并无相关要求，因此 HEC 固结剂的质量应满足其企业标准。对于渣土，最重要的两项控制指标如下：

1）粗集料的最大粒径要求，主要是为保证结构层的压实效果。渣土中粗集料的最大粒径一般不应超过压实厚度的 1/3。对于超过最大粒径要求的集料，应在拌和前人工拣出。

2）渣土中土与渣的比例要求，主要是为了保证结构层的强度。粗集料之间的嵌挤是 HEC 固结渣土强度的主要来源；土和 HEC 固结剂相互作用，将粗集料结成密实的板体。渣土中土的比例过高，强度难以达到设计要求；渣的比例过高，则不易形成密实的板体。渣土中土与渣的比例，一般应控制在 4∶6 左右。但在实际施工过程中，由于现场渣土均匀性较差，一般控制在 5∶5～3∶7。工程检测证明，在上述土与渣比例范围均能够满足强度要求。

（2）强度要求和混合料组成设计

HEC 固结渣土的强度指标参照常规半刚性材料采用 7 d 浸水无侧限抗压强度控制。

HEC 固结渣土应用于道路基层或路基处理时，其设计参数应通过室内试验确定，也可参考表 5-3 取用。

表 5-3　HEC 固结渣土设计参数参考值

应用部位	7 d 无侧限抗压强度/MPa	抗压回弹模量/MPa	HEC 固结剂掺量/%
基层	3.0 ~ 4.0	1300 ~ 1700	8 ~ 10
路基加固	0.6 ~ 1.0	—	4.5 ~ 6.0

注：表中基层抗压回弹模量为弯沉计算用。

5.2.1.4　HEC 固结渣土的施工

世博园区 HEC 固结渣土的应用部位主要集中在新建道路路基加固处理、部分新建道路下基层和部分临时施工通道基层。

综合考虑渣土性状、使用要求、施工周期、施工难度和造价等多方面的因素，HEC 固结渣土基本上采用挖掘机原槽路拌的施工方式。其优点是对渣土均匀性要求低、施工速度快、施工难度低、节约造价；其不足是平整度较难控制。

在对平整度要求较高的应用场合，如道路上基层，建议对渣土进行一定的筛分处理，并采用集中拌和、平地机摊铺的施工方式。采用该种施工方式，可提高渣土的均匀性，HEC 固结剂的掺量可适当降低；平地机摊铺也有利于保证结构层的平整度。

无论是原槽路拌还是集中拌和，其施工要求都与常规半刚性材料（如石灰稳定土、二灰稳定土、水泥稳定土等）类似，此处不再赘述。

5.2.2　建筑垃圾拆房土处理垃圾场段路基的应用研究

5.2.2.1　工程概况

津港高速公路一期工程起于天津市外环线与洞庭路交口，向南经西青区、津南区，终点至滨海新区大港功能区的板港路与胜利街交口，全长 25.13 km。该高速公路 K1+900 ~ K2+225 段分布着区域较大的生活垃圾，含大量松散塑料袋、布料和生活用品等，层底埋深最大达到 5.5 m，层底标高最低达到 −3 m。垃圾场附近地表天然地基承载力为 85 ~ 100 kPa，而垃圾场范围内天然地基承载力较低，垃圾含水量高，天然含水量分布在 32.6% ~ 124%，呈高压缩性，压缩模量分布在 0.88 ~ 3.28 MPa。垃圾场及地质剖面图见图 5-7 和图 5-8（天津市市政工程设计研究院，2010）。

图 5-7　垃圾场

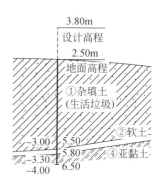

图 5-8　地质剖面

随着城市建设的加快，越来越多的建筑垃圾拆房土需要处理或应用。本着环保、变废为宝、树立循环经济的设计理念，对该段生活垃圾采取建筑垃圾拆房土换填处理方案，即清除生活垃圾至标高为–3 m的水平层面位置，其上依次施作建筑垃圾拆房土+60 cm山皮土+60 cm石灰土（10%）+路面结构，填料粒径逐级过渡，并要求拆房土顶部地基承载力应不小于150 kPa。

使用建筑垃圾拆房土可以降低工程造价，但拆房土形成条件决定了其特殊性，颗粒级配不均匀，形状不规则，普通压路机难以压实，因此建筑垃圾拆房土填筑的压实控制成为影响工程质量的关键技术点，其压实效果关系到路基的工后沉降及不均匀沉降、路基的反射裂缝，必然影响道路的使用性能和耐久性、安全性（靳灿章等，2010）。

5.2.2.2　试验段路基填筑方案

1）明确建筑垃圾拆房土材料要求：拆房土必须为拆除砖瓦房所产生的强度较高的建筑垃圾，且不含塑料、纸张、树枝、草根等生活垃圾和腐殖质；大块拆房土必须破碎至30 cm以内。

2）生活垃圾清除至标高为–3 m的水平层面位置后，分层填筑拆房土并采用18 t以上大型压路机振动碾压。填筑过程中，拆房土松铺厚度按50 cm、60 cm及70 cm分层填筑，通过测定每种松铺厚度情况下不同碾压遍数时拆房土沉降量和干密度等参数，确定拆房土的最佳松铺厚度和碾压遍数。

3）拆房土填至山皮土底部标高时，采用冲击压路机进行补强处理。冲击补强过程中测定不同碾压遍数下拆房土表面的沉降量，以确定冲击碾压补强处理的最佳碾压遍数。

5.2.2.3 试验结果及分析

（1）拆房土最佳松铺厚度和碾压遍数试验

Ⅰ. 沉降量与碾压遍数之间的关系

拆房土松铺厚度按 50 cm、60 cm 及 70 cm 分层填筑，累计沉降量与碾压遍数的关系、分级沉降量与碾压遍数的关系见图 5-9 和图 5-10。

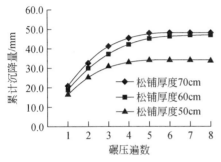

图 5-9　累计沉降量与碾压遍数的关系

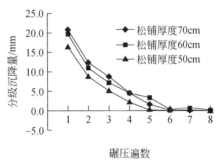

图 5-10　分级沉降量与碾压遍数的关系

填料松铺厚度为 50 cm 时，振动压路机碾压第 5 遍时，分级平均沉降量为 0.6 mm，累计平均沉降量为 33.9 mm；填料松铺厚度为 60 cm 时，振动压路机碾压第 6 遍时，分级平均沉降量为 1.2 mm，累计平均沉降量为 46.1 mm；填料松铺厚度为 70 cm 时，振动压路机碾压第 6 遍时，分级平均沉降量为 0.5 mm，累计平均沉降量为 48.0 mm。以上数据表明，随着碾压遍数的增加，分级平均沉降量迅速减小，累计平均沉降量趋于稳定；在相同的压实机械作用下，累计平均沉降量随松铺厚度的增大有增大趋势。

Ⅱ. 干密度与碾压遍数之间的关系

采用试箱法测定干密度，当松铺厚度为 50 cm、60 cm 时，试箱在层厚中间；当松铺厚度为 70 cm 时，试箱分别埋设在填料表面和底面。拆房土松铺厚度按 50 cm、60 cm 及 70 cm 分层填筑，干密度与碾压遍数的关系见图 5-11。当拆房土松铺厚度为 50 cm 时，

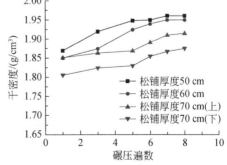

图 5-11　干密度与碾压遍数的关系

碾压遍数超过 5 遍时，填料的干密度已基本不再增长；当松铺厚度为 60 cm 时，碾压遍数超过 6 遍时，填料的干密度已基本不再增长；当松铺厚度为 70 cm 时，表面和底面填料的干密度随着碾压遍数的增加一直缓慢增长。这表明，压实机械一定时，仅靠增加碾压遍数来提高深层土体的干密度比较困难。因此，拆房土路基施工时，必须根据经济、技术等方面的要求，确定相应压实功下合理的松铺厚度和碾压遍数。

（2）冲击压路机补强试验

拆房土填至山皮土底部标高时，采用冲击压路机补强处理。补强过程中，冲击压路机每碾压两遍观测一次地表沉降。冲击压路机碾压遍数与累计沉降量、分级沉降量之间的关系见图 5-12 和图 5-13。随着碾压遍数增加，地表沉降量逐渐减小，当冲击碾压 20 遍时，地表基本无沉降；冲击碾压补强过程中，地表累计沉降量达 10cm 左右，即拆房土路基采用冲击压路机补强处理效果明显（交通部公路科学研究院，2006）。

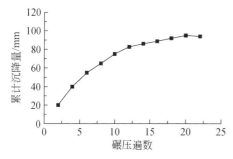 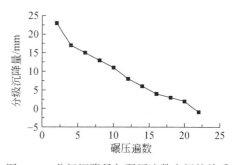

图 5-12　累计沉降量与碾压遍数之间的关系　　图 5-13　分级沉降量与碾压遍数之间的关系

（3）试验分析

从图 5-9～图 5-13 中，经过整理分析，综合考虑技术、经济需求，可以得出以下结论：①根据拆房土不同松铺厚度、不同碾压遍数下拆房土沉降量和干密度试验结果，大功率振动压路机碾压时，拆房土最佳松铺厚度为 60 cm，最佳碾压遍数为 6 遍；②拆房土换填完成后，采用冲击压路机补强处理，最佳补强碾压遍数为 20 遍。

5.2.2.4 拆房土换填后地基承载力试验

拆房土换填后于垃圾场区域范围内进行 6 个测点地基承载力试验。各测点地基容许承载力分别为 165 kPa、154 kPa、188 kPa、167 kPa、164 kPa、161 kPa，取其平均值 166 kPa 作为该区域内地基承载力特征值。采用建筑垃圾拆房土换填生活垃圾后，建筑垃圾拆房土顶部地基承载力可以满足设计要求。

5.2.2.5 结语

采用建筑垃圾拆房土填筑路基，通过测定不同碾压遍数下的沉降量和干密度等参数，得出拆房土填筑路基时合理的施工机械组合、松铺厚度和碾压工艺，并依此确保路基填筑的压实质量，探索归纳出拆房土填压压实的有效途径，即振动碾压和冲击碾压相结合的压实工艺。本书希望以该工程为样本，树立循环经济的设计理念，掌控建筑垃圾拆房土设计施工的关键技术点——压实控制，对其他类似工程提供借鉴与参考。

5.2.3　建筑垃圾堆山造景技术初探——天津南翠屏公园建设

5.2.3.1　公园基本概括

天津南翠屏公园基本概况如图 5-14 所示。

南翠屏公园位于天津市区西南部，毗邻水上公园，北侧至宾水西道，西侧及南侧至红旗南路，东侧到水上公园西路，规划占地 39.86 万 m²，堆山工程用地 33.5 万 m²，山体占地面积 12.1 万 m²，水体面积约 8.5 万 m²，堆山主峰高度为 50 m，另有侧峰 6 座。

图 5-14　公园基本概括

南翠屏公园所在地原为一片荒地，杂草丛生、地势低洼、淤泥遍布，夏天蚊蝇成堆，冬天尘土飞扬。该场地浅层地下水属浅水型，静止水位埋深标高为 2.05 m 左右，水位随季节而变化，雨季浅，枯水季节深，年水位变幅不大于 1.0 m。

1986 年成为建筑垃圾填埋场。2002 年 2 月正式开工进行城市建筑渣土堆山建设，至 2006 年完成山体堆建。2006～2009 年，对公园绿化进行了详细的规划和设计，进行了山体整形、基础绿化及湖岸、道路等基础配套建设，初步形成山、路、水、绿的总体格局。堆山共使用了 211.5 万 m^3 的建筑垃圾和 45 万 m^3 市政淤泥，土体表面覆种植土 0.5～1.2 m 不等。

5.2.3.2 堆山绿化造景的几个主要特点

（1）突出堆山公园特色

天津南翠屏公园的堆山公园特色如图 5-15 所示。

图 5-15 堆山公园特色

天津中心城区本无山，在城市中用建筑垃圾堆出一座山来，而且是堆山中最高的山，它的特色体现在工程废土的利用和人工塑造山体，塑造的山体应该是一个自然、生态的绿色山体，让城市人在身边看到真正的山。在山体的绿化上做足文章，兼顾生态、观景和休闲三个功能。南翠屏公园设计时，不但有山而且有水，山水相连，山上有溪，山下有湖、渠，环山四周有水，水面和山体和谐统一，山清水秀，景色宜人，别于其他城市公园，彰显出山水公园的特色。南翠屏公园以"静"和"绿"为主的特色景观，为忙碌的城市居民提供安静、娱乐的休闲场所，成为天津西南城区一块新的"绿肺"。山顶建中式主亭一座，以体现民族风格。

（2）以绿为主，体现自然生态

公园在设计构思上，以山体大绿营造丰富的季相景观，以水系环绕营造山水相依的自然生态，以疏林草地营造舒朗、通透的园林景致，山体绿化极富层次

感，公园整体具有较高的绿视率，充
分体现自然生态主题，如图5-16所
示。在公园山峰处修一蓄水槽，将市
政中水引入山上，通过密布于全园的
喷灌系统，灌溉绿地，既实现了资源
的再利用，又利用新的灌溉技术实施
了节水灌溉。山上绿化植物多采用乡
土树种和宿根花卉，少量配置一二年
生草花和名贵树木，不仅可以节约精
细养管所需的费用，也便于公园绿化
养护管理、节水和可持续发展。

图5-16　公园体现自然生态主题
注：该图引自同济大学固体废弃物处理与资源化研究
所，世博园区建筑垃圾资源化利用和处置方案研
究2006年结题材料。

山体地被植物，适当保留了当地
野生植物，如山莴苣、苦菜、打碗花、苦苣菜、田旋花、车前、蒲公英、紫菀
等，绿地养管时，不拔除这些野草，使山体绿化更加生态自然。从主要道路路面
石材的选择到山上休息亭的建造，公园都选择比较自然的石材和木料，不求高
贵，但求自然生态、实用。

山下的咖啡屋、美食屋、啤酒街等休闲附属建筑，都进行了屋顶绿化，实施
屋顶绿化超过6 000m²，从山上向下眺望，所有的建筑屋顶都是绿色的，体现了
公园整体的大绿特色。屋顶多以耐旱、生命力强的佛甲草作地被，可以减少灌溉
次数，节约养护成本，体现生态自然的理念。雨季山上收集的雨水用于补充湖体
水面水的亏缺。

（3）以人为本，为民服务

南翠屏公园是一座开放性公园，主要为周围的居民日常休闲和锻炼提供一个
绝佳的休闲、娱乐活动场所。公园绿化建设，修建了上山步道、园区照明、6个
景观亭、4座桥梁、3个广场、驳岸。观赏桥的建造、休息亭的布置、上山道路
的设置都考虑了群众活动的需求。山下的环山道路修建了塑胶跑道，方便群众跑
步。修建的廊桥已成为群众说拉弹唱、自娱自乐的聚集场所。西部设计了儿童广
场，有秋千、沙坑等儿童娱乐设施。山上的亭和孤植树都安置避雷针，保证了游
人在雷雨天的安全。

现代城市，私家车逐渐普及，公园在南部修建了1000 m²的嵌草停车场，既

实现了绿化，又满足了远道居民的停车需求。园区照明山上山下均有布置，方便游人夜间散步。公园周围修建 4 个厕所，还修建了避难减灾场所必需的设施，成为天津重要的避难减灾场所。

（4）适地适树、乡土植物为主

公园山体坡陡，土层又薄，土壤存水困难，所以在植物选择上必须做到适地适树、适地适草，绿地的立地条件和使用功能都要求宜树则树、宜草则草，使绿地发挥最佳的绿化造景功能。公园绿化栽植园林植物 185 种，乔灌木共约 16 万余株，地被植物约 22 万 m²。基调树种选择了根系发达的国槐、火炬树、臭椿、白蜡、桧柏、油松等；灌木主要选择黄刺梅、木槿、金银木、丁香等；宿根花卉选择了费菜、鸢尾、粉八宝、萱草、玉簪、马蔺、荷兰菊、地被菊、天人菊、玉带草、金鸡菊等。这些植物既耐瘠薄土壤，又耐干旱。

5.2.3.3 堆山理水技术

南翠屏是天津市唯一的山体公园，总规划面积为 39.86 万 m²，水面积约 8.5 万 m²，堆山高度为海拔 50 m。堆山造景是一项复杂的工程。堆山结合了现有地形，运用园林艺术手段筑山理水，顺其自然，形成大水面和大山体景观。在景域空间的总体组织上，以堆山、理水为景观主体。

工程的山体部分采用建筑工程垃圾堆造而成，遵循《园冶》中反复强调的"景到随机"、"因境而成"、"得景随形"，建造东部双峰和西部六峰，并配置水、石、亭、廊、树丛、草坪，整体布局精巧。入园后隔湖相望，给人一种气势磅礴的感受；登峰而望，周边景色尽收眼底，大有"一览众山小"之趣。山体和周边环境形成了有机的整体，从山峰眺望四周，高楼大厦和立交桥尽收眼底。

作为建筑工程垃圾填埋场的核心部分，山体主景区占地面积约 12.1 万 m²，由 6 座山峰组成：50 m 高一座、30 m 高两座、25 m 高两座、20 m 高一座。在山体主景区东侧还有分别高 15 m 和 19 m 的两座小山。山体工程总体积为 211.5 万 m³。在水体布局上，结合现有水面，挖湖垫土，使之成为景区内与山体相呼应的景观中心，为游人提供水上活动场所。山林地势有曲有伸、有高有低、有隐有显，自然空间层次较多。整个山体南缓北陡，并配置水、石、亭、廊、树丛、草坪，整体布局精巧。

主山较高，在山腰三分之一和三分之二处设两道环山水槽，将山上的积水引入槽中，最后归到山下湖中，防止降水直接从山上流到山脚，对山体土壤形成巨大的冲积，造成水土流失。

5.2.3.4 巧妙分割空间

以环山水系为界将公园整体划分为内外 6 个景区，内外景区以四个桥相连。其中水系内部山体部分分为翠屏览胜、漫舞花溪、浅草漫步 3 个景区，水系外部分为静湖映翠、碧荷拾香、曲水晓月 3 个景区。翠屏览胜、漫舞花溪、浅草漫步、静湖映翠、碧荷拾香、曲水晓月 6 个景区也各具特色。

漫舞花溪景区位于山体南部，一条水溪从山上蜿蜒而下，游人可顺溪流拾阶而上，溪岸两侧遍植宿根花卉和水生植物，游人可尽享山水相连、城市中少有的自然景观。花溪景区始于南侧 25 m 高的南山峰，山坡 20 m 处是小型瀑布的跌水源头，绵延 100 多米，流入南侧的湖中，宽阔的湖面与狭窄的水体形成水系空间强烈的收放对比。水系建有层层叠石，叠石或散点，或断或续，或横卧，或直立，或曲或折，均呈自然之态分而不散，行至宽的段落豁然开朗，蜿蜒曲折，迂回至山脚，落入面积为 30 m² 的水池，池以卵石铺底，配以睡莲等水生植物，周边置假山景石，水清石显，趣味无穷。

翠屏览胜景区于山顶处，建公园主景观亭，在此处可登高远眺，公园山体、环山水系、外围临街绿地及环公园的城市景观可尽收眼底；浅草漫步景区位于山体东北侧，一条 5000 余 m² 的长方形草场顺山势平铺而下，如一道清澈的河流顺山坡缓缓流下，草场的尽头是点缀有玉兰、西府海棠、银杏的一片 20 000 余 m² 的大草坪，草场的山顶尽头为由油松、白皮松、雪松、白玉兰、紫玉兰等组成的松林和花树植物群落，简洁明快，草场右侧山坡常绿植物配以金黄、紫红等各色观花、观枝植物，简约、自然。园路外部静湖映翠、碧荷拾香、曲水晓月 3 个景区以环山水系为中心，静湖映翠位于公园东北部，此处湖面宽阔，建有大型喷泉，沿湖栽种了香蒲、千屈菜、菖蒲等水生植物，山体翠绿倒映水中，美不胜收；碧荷拾香位于公园西南部，水体以荷花栽植为主，配以步行栈道；曲水晓月以环山水系为重点，配以各类水生植物，野趣、自然、精致互现。公园南部湖边、山脚建设三组共 6000 m² 的综合服务性建筑，为游人提供休闲服务。山体修建登山步道，供游人登山游览及健身休闲。

山体有常绿植物区、观花植物区、秋色叶植物区和果树区。

常绿植物区位于主景区山体的中间部位，并向四周扩散，此区植油松、龙柏、黑松、桧柏、沙地柏、铺地柏丝兰等常绿植物，值秋风扫落叶时，唯松柏苍翠，葱葱茏茏。由此营造出"松涛叠翠"、"凝碧揽翠"的冬季山地植物景观点。

观花植物区位于主景区的山腰及山脚处，以大片的花灌木为主，主要有黄刺梅、山桃、樱花、碧桃、山杏等，与地被植物、常绿树合理搭配，形成季相变化丰富，多层次稳定的植物群落，并使山体与绿地景观自然过渡，融为一体。边坡植树不但起到绿化美化效果，还能承担护坡任务，达到绿化与防护的双重目的。观花区又有"春花、夏花、秋花"三个景观单元。"春花单元"包括连翘、碧桃、丁香、迎春、榆叶梅、红花刺槐等；"夏花单元"包括黄刺玫、茶藨子、蔷薇、红王子锦带、紫薇等；"秋花单元"包括木槿、珍珠梅、丝兰等；应用花灌木的花期、花色，营造出"春意盎然"、"碧树繁花"的春、夏季景观。

秋色叶植物区位于主景区山腰偏西北处，东部栽植火炬树、白蜡、黄栌、五叶地锦等。秋风袭袭，层林尽染，满山红叶似彩霞，形成了秋季独特的景观内容。混交林位于主景区山体的中南部。植物的配置和分布疏密相间，使空间有开有合。密植区槐香四溢，繁花似锦，而疏林野趣则给人以"柳暗花明"之感，形成有明暗、大小、疏密、虚实、浓淡之别的绿色空间。配置的植物有臭椿、国槐、栾树、构树、苦楝、紫荆、木槿、丁香、金银木、紫薇、桧柏、油松、沙地柏等。

果树区位于主景区的东南部，园林植物不但有较高的观赏价值，其果实也有较高的经济效益，配置的植物有桃树、山楂、海棠等。营造出"春华秋实"、"硕果累累"的景观效果。

堆山造景公园内部以主环路构成园路系统的骨架，与分区内部联系景点的道路、景点内的小径构成景区的园路系统，其中主环路宽 3.5 m，次环路宽 5 m，小径宽 1.5～2 m。

5.2.3.5　结语

通过南翠屏公园建设的案例，可以总结出堆山造景的主要原则：

1）适地适景、因地制宜原则。依据原地形的情况和周边环境堆山造景，做到有起伏具韵律，富有层次变化，避免呆板。自然美与几何规则美结合，运用比例、节奏、对比、谐调、对称、平衡、稳定、动势、直曲等形式美规律营造园林的意境美，布局构图以自然为主。

2）植物造景为主原则。通过植物的多样性营造景观的多样性。运用植物的生命美、色彩美、姿态美、风韵美、人格化、多样化的特性，平面绿化与立体绿化结合，彩叶树种与常绿树种配置，使绿地在四季的静态构图中，呈现季相的动态变化，达到三季有花，四季见绿。

3）生态效益和景观效果结合原则。达到生态性与观赏性的统一，绿与美的统一，服务功能与艺术价值的统一。设计既要符合生态学原理，又要遵循美学法则。通过科学配置植物，应用"巧于因借"等造园手法来体现园林诗情画意的文化品位。

4）以人为本原则。堆山造景要满足市民的需求和多样化的审美情趣，绿地要体现可融入性和可参与性。发挥园林给人蔽荫、给人欢愉启迪、陶冶性情、慰藉心灵的作用。

5）地方特色原则。从当地的自然环境、物候和地域特点出发，将城市历史文脉融入园林设计，利用当地的乡土植物造景。

6）整体协调原则。做好构景要素之间的协调、园林绿地与周边环境及整个绿地系统的协调。园林建筑和小品在形式、体量、尺度、色彩、质地上必须服从环境需要，与其他景物协调统一。园林布局要主次分明、承上启下、前后呼应、烘托对比，使景物相得益彰。

7）师法自然原则。师法自然景观的多样性和趣味性，造园达到"虽如人做，宛自天开"的效果。掇山叠石要有山野之味，理水造池要有水乡之韵。

8）乔木为主，乔、灌、花、草、藤复层栽植原则。合理密植，达到单位绿地面积生态效益最大化。速生与慢生、常绿与落叶、名贵树种与经济树种合理搭配。

9）植物多样性原则。主要通过植物的丰富度来体现（王和祥等，2009）。

5.2.4　上海世博园区建筑废弃物资源化利用技术研究

建筑废弃物具有数量大、组成成分种类多、性质复杂、污染环境的途径多、污染形势复杂等特点，巨量的建筑废弃物除处理费用惊人外，还需要占用大量的空地存放，污染环境，浪费耕地，成为城市的一大公害，由此引发的环境问题也十分突出。并且随着建筑业的发展，建筑废弃物的量会越来越大，因此如何处理建筑废弃物的问题将更趋严峻。

建筑废弃物中的许多废弃物经过分拣、剔除或粉碎后，大多可作为再生资源重新利用。综合利用建筑废弃物是节约资源、保护生态的有效途径。在这方面，日本、美国、荷兰等发达国家做了大量的工作，取得了较好的成果，给我们提供了许多先进的经验和处理方法。在日本政府部门的专题报告中，已将"建筑废弃物"正名为"建筑副产品"，这是一个极其重要的认识飞跃（戚立昌，1999）。根据日本建设省的统计，2000 年建筑废弃物资源再利用率达 80%（Banthia and Chan，2000），而 2009 年则高达 98%（曹小琳和刘仁海，2009）。在美国，利用现场再生技术或集料厂再生技术对路面重建项目中现有水泥混凝土路面材料进行再生利用，并广泛应用于高速公路施工中，近 50% 道路混凝土为回收废弃物后的再生混凝土，并有不少建筑公司采用回收的废弃物建造房屋（曹小琳和刘仁海，2009）。在荷兰，每年的建筑废弃物约占全国固体废弃物总量的 26%，荷兰政府单位对于建筑废弃物的回收再利用，超过 90% 的废弃混凝土块都用于道路底层的填充材料与填海造陆工程（许志中和黄世梅，2003）。

长期以来，我国广大地区对建筑废弃物再利用没有足够重视，除了对拆除建筑废弃物中尚完整的砖、门窗、钢材等加以简单回收利用外，对于其余的以混凝土块、碎砖块、砂浆块为主的绝大部分建筑废弃物却采取了露天堆放或填埋的方式处理。目前我国建筑废弃物的现状已经相当严峻，城市垃圾堆填区的建设速度难以跟上垃圾的增长速度，城市正面临垃圾围城的窘境，垃圾污染日益严重，已经成为我国政府高度重视和致力解决的重大社会问题之一。然而，值得欣喜的是，现今我国也开始高度重视这些问题，近年来上海和北京等地的一些大建筑公司已经对建筑废弃物的回收利用做了一些有益的尝试。

世博园区原是上海重工业分布的城市旧区，也是城市滨水中心区，区域内大型企业有 100 多年历史的江南造船厂、爱德华造船厂、上海钢铁三厂、港口机械厂和上海溶剂厂等。根据世博园区基础设施项目建设施工计划，在世博园区范围内大量的旧建筑需要拆除，短时间内将会产生体量庞大的建筑垃圾。同时，随着世博会道路交通、市政设施、绿地广场、主要场馆等基础设施的开工建设，必然需要大量的标高回填土方、路基用再生混凝土骨料、铺地砖及砌块等墙体材料。因此，在世博绿地建设中应做好废弃物的循环再利用，通过对园区建筑废弃物进行的充分调查与分析，根据调查结果决定采用物流平衡方法，使产生的建筑废弃物能较好地满足建设施工对建筑垃圾的需求，减少暂存和运输。最后遵循建筑废弃物的"减量化、无害化、资源化"的原则，借鉴发达国家经验，通过运用新技术、新模式对世博园区产生的建筑垃圾进行一定的加工处理，生产符合园区内基础设施建设需求的再生产品，与基建项目的土建材料需求进行匹配，确保了世博会园区内产生的建筑垃圾得到最大化的利用，有效节约了项目成本（张青萍等，2011）。

5.2.4.1 世博园建筑废弃物调查与分析

（1）调查内容

将园区内上海浦东钢铁有限公司等 13 家主要企业确定为主要调查对象，对于建筑废弃物现状的调研和估算主要包括世博会园区内拆迁建筑物状况，如建筑面积、绿化面积、建筑物结构以及可能历史污染等问题的现场调研，以及建筑垃圾的组成成分和各类拆迁建筑垃圾产生量的估算。具体调查项目包括以下 4 个方面：

1）各厂分类建筑面积，包括构筑物建筑面积、绿化面积和道路面积。

2）各厂构筑物的拆迁产生的建筑垃圾量，包括总产生量和各类产量。

3）各厂拆迁建筑垃圾的潜在污染情况调查及可能受污染的拆迁建筑垃圾产生量。

4）世博园中心区企业总体拆迁建筑垃圾分布状况。

（2）建筑废弃物总量及其分布

Ⅰ．废弃物产生量

根据统计汇总，13 家主要企业总占地面积 320 万 m^2，总建筑面积 140 万 m^2，总道路面积 210 万 m^2，总绿地面积 13 万 m^2，总围墙长度 45 000 m，构筑物产生垃圾量 220 万 t，围墙产生垃圾总量 7 万 t，道路产生垃圾总量 66 万 t，拆迁建筑垃圾总量 290 万 t。

依据建筑垃圾可能的资源化途径，将拆迁建筑垃圾中处理或利用方式相似的项进行合并，由此将拆迁建筑垃圾分为废钢、废混凝土砂石（水泥、石灰、砂、砾石）、废玻璃、废砖块和可燃废料（废木材、废油毡、废沥青），其中废混凝土砂石产生量 228 万 t，占总建筑废弃物的 80%，废砖产生量 17 万 t，占总建筑废弃物的 17%，其他建筑废弃物约 9.3 万 t，占总建筑废弃物的 3%。

Ⅱ．废弃物的空间分布特征

利用 Mapinfo 软件对数据进行处理，使之与地图对象相连接，在电子地图上表达拆迁建筑废弃物随空间和时间的变化（图 5-17）。同时建筑垃圾的组成，即废混凝土砂石、废钢、可燃废料和废玻璃的产生量分布也绘制成图，清晰地指示出废弃物的分布特征，从而为物流平衡方案的制定提供了科学的依据。

5.2.4.2 物流平衡方案

根据世博园区建设施工的实际情况，项目建设计划变动较小，而拆迁计划相

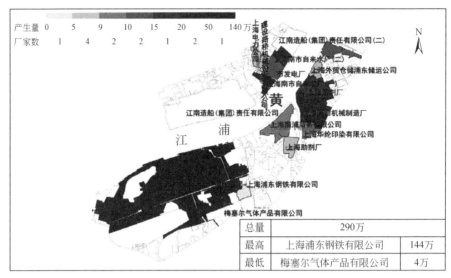

图 5-17　建筑垃圾总产生量分布图

对比较灵活。为了达到根据拆迁计划和建设计划两者出现的建筑垃圾产生和需求情况的匹配，通过调整拆迁计划来达到目的。如图 5-18 所示，在建筑垃圾产生和需求之间的匹配过程中建立一个建筑垃圾的暂存场所，其作用主要是缓冲和信息反馈，即当建筑垃圾产生的量超过施工对其的需求量的时候，可以把建筑垃圾运输到暂存场所进行暂存，使建筑垃圾绝对量平衡时受到的时间限制得到解决；而储存场一般又有一定的规模，即空间限制，因此当储存的建筑垃圾量达到一定的限值后，可以把此信息反馈到调控中心，而调控中心则根据反馈信息和建设施工情况实时地对拆迁计划进行调整，达到优化的目的。

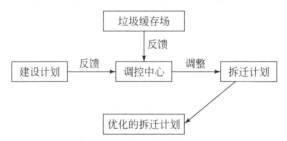

图 5-18　建筑垃圾再生利用物流平衡方法

注：该图引自同济大学固体废弃物处理与资源化研究所，世博园区
建筑垃圾资源化利用和处置方案研究 2006 年结题材料。

为了验证方案的合理性，项目组通过数据加以说明。根据传统方法进行平衡所需储存的建筑垃圾量在 2006 年 8 月达到了最大，为 11 万 m^3。而根据优化调整的拆迁计划进行平衡的结果是储存量在 2007 年 2 月达到了最大，为 4 万 m^3。从两者的对比结果可以得出，通过优化拆迁计划，可以节省储存空间 7 万 m^3。

5.2.4.3 建筑废弃物资源化利用实施方案

（1）总体思路（图 5-19）

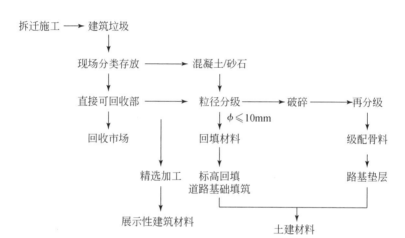

图 5-19 建筑废弃物资源化利用总体思路

注：该图引自同济大学固体废弃物处理与资源化研究所，世博园区建筑垃圾资源化利用和处置方案研究 2006 年结题材料。

（2）处理场选址及功能分区

在世博园区内建立的建筑垃圾处理场，可部分作为建筑垃圾和表层绿化土产生后的临时堆放场地，部分作为建筑垃圾的处置场所。这样，既可发挥其中转功能，又可发挥其建筑垃圾综合利用和处置的产业效应。根据工程需要，建筑垃圾处理场所应起到的功能有储存和成品与半成品的加工，因此，建筑垃圾处理场可分为 4 个区域，即建筑垃圾堆置区、园区绿化土暂存区、再生骨料储存区和建筑垃圾加工及产品区 4 个区块（图 5-20）。

（3）废弃物分类预处理

根据工程实际，整个项目施工过程包括建筑物的拆毁、建筑垃圾源头分类和

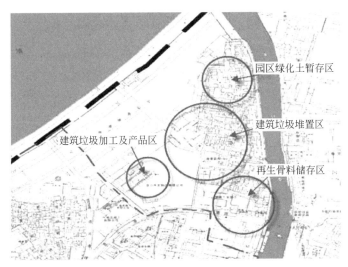

图 5-20　建筑垃圾处理场各区块的建议分区

注：该图引自同济大学固体废弃物处理与资源化研究所，世博园区
建筑垃圾资源化利用和处置方案研究 2006 年结题材料。

各分类垃圾组分的利用及再生处理 3 个阶段。建筑垃圾资源化过程的整个流程如图 5-21 所示。按照垃圾可再生性和可利用价值通常将其分为：①可直接利用材料；②可作再生利用材料；③无利用价值的垃圾 3 类（表 5-4）。

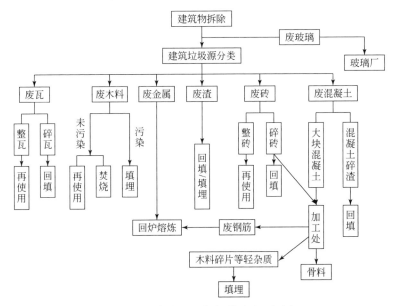

图 5-21　建筑垃圾分类利用过程框图

表 5-4 建筑废弃物类型及主要成分

废弃物类型	主要成分	主要用途
可直接利用材料	废混凝土砂石	地形堆筑，工程回填
可作再生利用材料	大块废混凝土、废钢材、废木材、废玻璃、废塑料等	加工骨料、制作观景小品、砖墙等展示型应用
没有利用价值的垃圾	其他废弃物	—

5.2.4.4 建筑废弃物资源化利用技术

世博园区建筑废弃物资源化利用技术主要集中在地形营造、废混凝土再生利用、废玻璃再生利用、废木材再生利用及废钢材再生利用等方面。

（1）"芯""表"土分层填筑法地形营造技术

Ⅰ. 思路

世博公园内原址为废弃厂房区，存留了大量的拆房建筑废弃物需清运，而且根据工程需要，对地坪以下的大量房屋基础需清理，导致工程现场将产生大量残留建筑废料。结合设计和工程现状，为地形营造提出了"芯""表"概念。针对"芯""表"地形营造法，制定了相应的施工方案。即在保证绿化种植的前提下，地形营造材料分两块，一块为表层厚 2 m 范围内，采用绿化种植土，称为"表"；另一块为种植土以下部分采用分拣处理的建筑废物作为填筑材料，称为"芯"（图 5-22）。

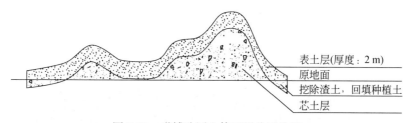

表土层(厚度：2 m)
原地面
挖除渣土，回填种植土
芯土层

图 5-22 世博公园山体地形分层堆筑

Ⅱ. 施工技术方案

1）对"芯"部分材料的整合。通过现场勘查结合工程量的计算，确认材料用量的实际情况，确定先以原地坪以上的经分拣处理的建筑废弃物作为主材堆筑防汛墙以南"芯"部分地形，基本达到 70%，然后进行剩余地块地下障碍物的

图5-23 芯土层施工现场

清理工作，尤其在防汛墙以北，为保证种植土层2 m的要求，将挖出大量建筑废弃物，然后根据地块"芯"材料平衡表进行材料运输调配平衡，达到土方量的总体平衡要求（图5-23）。

对于建筑废弃物一般以碎砖块和破碎过的混凝土为主。分拣处理具体做到：分拣出所有对植物生长有害、有毒的物质；分拣出长时间会腐烂导致体积变量造成地基变形（如残枝）的材料；材料粒径一般控制在10~40 cm，按10 cm、20 cm、40 cm各占1/3比例混合搅拌。

用建筑垃圾堆筑"芯土层"，为了保证山体地形的稳定性，堆置山体芯土层用的建筑垃圾的块径应小于0.3 m，在堆置山体芯土层时，纯建筑垃圾内需掺入一定量的杂土和细垃圾，对作业区的混合料按设计要求分层推平碾压，一般每层控制在0.5 m左右。在连续干旱时应采取人工喷水以减少扬尘及建筑垃圾的黏性。

2）"表"层施工。为了保证种植土厚度及表面排水畅顺，"芯"部表层也是一个地形等高线施工工程，严格按照设计要求，高程误差控制在允许值内，完成后再进行2 m"表"层的填筑。在2 m"表"层营造中，为了保证两种材料结合部的结构构造要求，先以50 cm左右土层作为结合部，采用分层碾压使其两部分材料充分黏合，以防两种材料发生断层滑坡。表层种植土的翻松应以1 m厚度为宜（图5-24）。

图5-24 表土层施工现场

总的来说，用建筑废料作基层，相对承载力较大，可代替其他地基加固措施，解决山体稳定的隐患。同时，利用建筑废料作芯土层，密实度相对较高，从根本上减少了地形沉降量，增强了山体稳定性。最后，采用建筑废料作芯土层，可保证合理的透水性，使"表"层渗透水能够通过"芯"层快速排出，减少了种植土层的积水，提高了成活率。

（2）废混凝土再生利用技术

用手工方法除去废钢筋、废木料等杂质，用电磁分离法除去铁质、杂质等。二次破碎后要求达到的物料粒径小于40 mm，其中粒径为10~40 mm的再生物料称为粗骨料，多应用于拌制再生混凝土和工程基础回填；小于10 mm的再生物料为细骨料，主要用于生产透水材料、再生多孔砖和混凝土砌块等。

（3）废玻璃再生利用技术

废玻璃主要产生于选择性拆毁过程，拆除的废玻璃主要通过卡车运送到玻璃厂进行再生利用。与铝合金及其他金属混合的玻璃可以通过静电鼓式分离机将含在玻璃中的少量金属分离出来，一般经过3次以上即可将含在玻璃中的金属基本分离干净，再通过磁流体分选技术可以将玻璃中的金属全部分离，剩下的即为纯度很高的玻璃原料。

废玻璃再生利用技术方法之一是利用废玻璃制作泡沫玻璃，将已经预处理的碎玻璃经过锤碎、筛选、计量后与发泡剂混合并装入模具中。同时按比例加入添加剂和发泡剂一道搅拌、装模，在焙烧温度700~800 ℃下发泡，最后退火切割成块供应用。原料配比为废玻璃97%~98.5%、发泡剂1.0%~2.5%、添加剂0%~1%。

另外也可以利用废弃玻璃制作轻骨料，原料配比为废弃玻璃原料75%~82%、黏土15%~25%、硅酸钠1%~3%。工艺流程如图5-25所示。

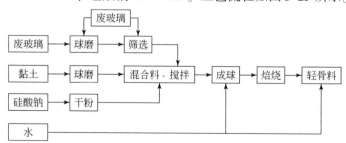

图5-25　废玻璃制作轻骨料工艺流程图

（4）废木材再生利用技术

Ⅰ．利用废弃木材制作纤维板

废弃木材经过刨片、热磨（温度 160 ~ 180 ℃，蒸气压力 1 ~ 1.2 MPa），其包间层会发生爆裂，达到软化和解纤，制成浆料，获得一定细度的浆料在打浆池内打浆，同时加入 2% ~ 3% 的酚醛树脂（或其他胶黏剂）和沉淀剂，将树脂沉淀在纤维上，在氢键和各种分子结合力等的作用下经热压结合成纤维板。原料配比为废弃木材制成的纤维（干）85% ~ 90%、酚醛树脂 2% ~ 5%、硫酸铝 1% ~ 1.5%、石蜡 1% ~ 1.5%。工艺流程如图 5-26 所示。

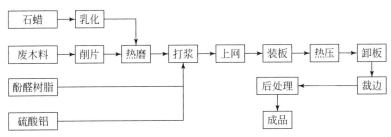

图 5-26　利用废木料生产纤维板工艺流程

Ⅱ．利用废弃木材制作中密度纤维板

经过和纤维板相同的预处理工艺，只是经热磨之后，纤维不进入打浆池打浆，而采用干法在管道中施胶和在管道中干燥，纤维得率高，板材施脲醛胶，施胶量大，板材两面光；原料配比为废木料制成的纤维 82% ~ 85%、低甲醛脲醛树脂 12% ~ 15%、氯化铵 0.5% ~ 1%、石蜡 1% ~ 2.5%。工艺流程如图 5-27 所示。

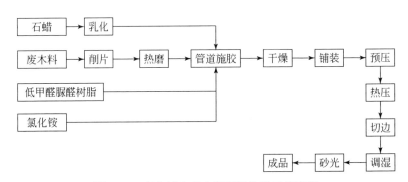

图 5-27　废木料生产中密度纤维板工艺流程

（5）废钢材再生利用技术

废钢筋主要来自于钢筋混凝土，在建筑物拆毁之后，用机械和人工的方法，破碎钢筋混凝土，分离出废钢筋，用卡车运送到炼钢厂回炉炼钢。另外，来自于钢铁厂的废钢块也可直接利用作为小品雕塑材料和铺装材料。

（6）实施效果

世博园区内对建筑垃圾的实际回收利用率达到了70%以上，废弃物再生利用技术应用的效果如表5-5所示，其中芯表土分层填筑技术消纳废弃物量192.5万t，占总建筑垃圾产生量的96.7%，节约成本约6705万元。

表5-5　废弃物再利用技术应用效果

技术	消纳废弃物量/万 t	占总产量比例/%	节约成本/万元
芯表土分层填筑技术	192.5	96.7	6 705
废玻璃再生技术	0.2	0.1	480
废钢材再生技术	3.5	1.8	14 000
废木材再生技术	2.8	1.4	4 000
总计	200.0	100.0	25 185

5.2.4.5　结语

实践证明，世博园区建筑废弃物资源化利用所施行的"建筑废弃物源头削减策略"极其成功。这种策略在建筑废弃物形成之前，就通过科学管理和有效的控制措施将其减量化，同时对于产生的建筑废弃物采用科学手段，使其具有再生资源的功能，从而获得经济、环境等各方面的巨大效益。一系列建筑废弃物资源化利用技术，尤其是芯、表土分层填筑技术的成功应用，使得上海园林绿化行业的整体施工技术水平，在世博建设的平台上得到进一步提升，同时也为其他城市的绿地建设提供了实践经验和借鉴参考。

随着人类对自然资源的珍惜和对环境保护的重视，建筑废弃物资源化再生利用势在必行，这也是建设业可持续发展的重要出路之一。

第6章 建筑废弃物资源化利用评价方法

6.1 建筑废弃物资源化技术的评价

6.1.1 评价建筑废弃物资源化技术的重要性

据估算，每万平方米建筑施工过程中，产生建筑废渣 500~600 t。现在我们国家每年新竣工的面积达到了 20 亿 m^2，按此计算，仅施工建筑废弃物每年产生上亿吨，加上每年旧建筑拆迁产生建筑废弃物 3 亿 t，每年产生废弃物数量达 4 亿 t。我国把建筑废弃物当做垃圾进行管理，将其运往郊外或乡村，采用露天堆放或填埋的方式进行处置。但是，由于近年我国城市改造和城市建设规模大，建筑废弃物急剧产生，往往超过理论估计值。一方面随之而来的占用土地资源和污染环境问题日趋严重，另一方面我国建材资源也存在短缺问题，不能满足经济建设的快速发展。发展建筑废弃物资源化战略已刻不容缓，建筑废弃物资源化战略是解决建材资源短缺、土地占用、环境污染等一系列问题，实现可持续发展的重要途径。建筑废弃物资源化的意义在于它能够有效缓解建筑废弃物在环境和经济两个方面造成的压力（孙可伟，2000）。

随着城市化进程的不断加快，建筑废弃物的产生量和排出量也在快速增长，如何处理和利用这些建筑废弃物已经成为人们不得不面对的一个重要问题。建筑废弃物资源化成为解决建筑废弃物带来的环境影响的一种有效途径。为了缓解建筑废弃物带来的压力，必须对建筑废弃物资源化技术进行综合性评估，找到能够有效处理这些建筑废弃物的优势技术，将这些优势技术进行推广，淘汰一些劣势的技术，从而缓解建筑废弃物在环境和经济两个方面造成的压力。从环境角度看，排入外界的垃圾量减少，相应的侵占土地面积减小，排入水体和大气的有害物质减少，对土壤的破坏也会降低；从经济角度看，减少了土地使用面积，降低了材料的重建成本，资源利用率得到提高。总之，对建筑废弃物资源化技术进行评价，对于节约资源、改善环境、提高经济效益和社会效益、实现资源优化配置可持续发展具有重要意义（仇保兴，2010）。

6.1.2　建筑废弃物资源化技术的评价方法

6.1.2.1　技术评价的概念

技术评价（technology assessment）也称为技术评估，它是对某种技术可能带来的社会影响进行定性定量的全面研究，从而对其利弊得失作出综合评价的技术。

技术评价也是充分评价和估计技术对其性能、水平和经济效益及技术对环境、生态乃至整个社会、经济、政治、文化和心理等可能产生的各种影响，在技术被应用之前就对它进行评估，进行全面系统分析，权衡利弊，从而做出合理的选择方法。技术评估通常着重于研究该技术潜在、高次级、非容忍性的负影响，设法采取对策、修正方案或开发防止和解决负影响的技术。技术评估是解决技术社会发展问题的方法和决策活动，也是新兴的管理技术和政策科学，具有多重价值观以及跨学科和预测性质。

技术评价着重研究一项技术的引入对社会带来的潜在、间接、不可逆和滞后的后果。技术评估是随着科学技术的迅速发展带来一些未预料的社会代价而产生的。汽车变成城市空气污染的主要来源就是一个例子。"技术评估"一词最早由美国前议员 E 戴达利在 1966 年国会的一份报告中提出。1972 年美国通过立法建立了国会技术评价办公室，随后在美国国家科学院工学院以及联邦政府的一些机构和私营企业也都建立了相应机构。后来，联合国经济合作与发展组织、欧洲共同体和经济互助委员会等一些国际性组织和日本、瑞典、加拿大、波兰以及一些第三世界国家也开展起技术评估的研究。

6.1.2.2　技术评价的原则

在对某一技术进行评价时必须遵循技术评价的原则，技术评价必须建立综合评价的指标体系。建立指标体系首先必须以社会整体利益为根本出发点；二要考虑多重价值，如技术价值和社会文化价值等；三要有针对性和具体目标。其中技术评价的原则如下。

(1) 三种性的相结合

技术先进性、经济合理性与生产可行性相结合。技术先进性就是技术创新性。只有创新才能保证所开发的技术成果具有先进水平。创新是技术开发中选题与成果评价的重要依据。经济合理性包括保证用户在使用技术成果过程中的经济合理；能够为生产企业带来生产经营的经济效益。生产可行性是指能够预计到推广应用的可能性。例如，对机电产品要考虑使用部门、地区对新产品、新技术的吸引、消化能力，操作使用习惯等。

(2) 两种需要的相结合

当前需要和长远需要相结合。对技术开发的课题选择与成果评价时，不仅要考虑当前企业发展生产、提高技术水平、提高经济效益的作用，还要有长远观点，考虑今后对该企业较长时间的影响。

(3) 两种利益的相结合

局部利益与整体利益相结合。包括两个含义：一是指新技术成果的效益分析，不仅要求能为本企业带来效益，而且能为本行业、本地区乃至整个国民经济的发展带来效益。在处理局部效益同整体的关系时，原则上局部效益要服从整体效益。二是指规模较大的技术开发项目与其中的若干较小课题，则前者与后者同样是整体与局部的关系。因此，要求局部与整体之间实现最佳配合。

6.1.2.3　技术评价的内容

在对某一技术进行评价时，需要从技术的各个方面进行考虑，才能对技术有更好的评价。技术评价的内容主要表现在以下几个方面：

(1) 技术价值的评价

这主要是从技术角度作出评价，包括两项内容：一是技术的先进性，如技术的指标、参数、结构、方法、特征，以及对科学技术发展的意义等；二是技术的适用性，如技术的扩散效应、相关技术的匹配、实用程度、形成的技术优势等。

（2）经济价值的评价

这主要是对技术的经济性作出评价。其评价是多方面的，可以从市场角度进行评价，如市场竞争能力、需要程度、销路等；也可以从效益上进行评价，如新技术的投资、成本、利润、价格、回收期等。

（3）社会价值的评价

这主要是对技术从社会角度上作出评价。新技术的采用和推广应符合国家的方针、政策和法令，要有利于保护环境和生态平衡，有利于社会发展、劳动就业、社会福利以及人民生活、健康和文化技术水平的提高、合理利用资源等。

技术评价的内容也可以从纵向划分，分为企业级、国家级和全球性问题评价。企业级的问题主要围绕公司推行新技术能否获取利益开展评估活动。国家级的问题是从国家整体利益出发，对关系到国计民生的重大项目开展评估研究，包括制定有关技术评估政策、确定方向、研究评估方法和建立监控系统，并负责指导、协助地方和企业的技术评估活动。全球性问题评估就是把全球作为一个整体、一个系统，考虑各种相关因素及其后果。

6.1.2.4　技术评价的特点

在对技术进行评价时，可以发现技术评价具有以下重要的特点：

（1）系统性或整体性

技术评价不仅重视技术开发带来的利益，同时更注意那些潜在、高次级、不可逆的消极影响。它的视野越出了一般的技术评价、经济评价、环境评价的界限。而是综合地评价技术在经济、政治、社会、心理、生态等方面非全面影响。因此，技术评估的目标是社会总体效益的最佳化。

（2）高度有序性

技术评估不仅要研究技术的直接的社会后果，而且要研究"后果的后果"。因此，它的对象形成了一个有序的序列。例如，人们不仅要研究汽车造成的空气污染，而且要研究它所引起的一系列问题：政府为控制污染所需建立的机构、费用以及发展控制污染的技术等。

（3）跨学科性

技术评估涉及技术应用的广泛的社会后果和政策选择，其中包括社会、经济、技术、生态等一系列问题，以及它们之间的相互关系。进行技术评估，必须放在社会和人类文明的尺度上进行，其中应包括社会伦理标准和人的价值标准。进行技术评估，不仅要有与该技术有关的专家参加，还要有其他学科专家参加，包括社会学家、伦理学家、生态学家、法律学家乃至社会公众参加。

（4）中立性

技术评估应当是客观的。如果一种技术由它的研制者自行评估，就很难保证这种客观性。

中立性就是要求把评估与直接制定政策的权力和职责分开，要求评估人独立于该技术项目负责人和参与人的利益。只有坚持中立性，技术评估才能摆脱主观因素的影响，做到以科学分析为依据、以总体利益为目标，从而作出客观、公正的结论。

（5）批判性

技术评估不是描述性的、辩护性的，它在本质上是批判性的，是对技术的社会的、伦理的批判，承认技术具有两重性是技术评估的核心，技术社会效应中的积极的直接的效应，是技术专家们预料之中的或在项目论证时已考虑到的。而技术的消极、间接、出乎预料的负效应则不易被认识。技术评估的重点在于预测新技术的消极、间接、出乎预料的负效应。这是技术评估批判指向的重点。

技术评估具有批判性，可充分揭露应用新技术时可能出现的负效应，从而为社会提供一个早期预警系统。一个技术项目"要确保在对技术的副作用和远期后果进行批判性评估之后，再作抉择"，这体现了"人应当具有一种对全人类包括子孙后代的责任感"。

6.1.2.5 技术评价的程序

任一材料在进行评估时都会按照某种程序进行评价，对技术进行评价时也不例外。技术评估尚无统一的标准程序，但大体上可分为以下几个步骤：

1）查明技术的基本情况，包括该项技术主要技术参数、各种实施方法、现在或将来的应用和发展、开发所需的投资（直接的和间接的），以及可替代的技术。

2）查明影响，包括现在和将来对经济和社会（生活、环境、教育、就业和政治等）的各种影响，还包括对社会各方面的个人、组织和集团的影响。其中既有对各种决策机构的影响，也有对将来使用者以及公众的影响；既可以是直接的和间接的，也可以是潜在的影响。

3）整理和分析影响。影响分有利的或不利的。通过分析主要是找出不利的影响，确定影响的大小以及影响之间的相互关系，并估计它们的相对重要性，以便采取对策加以消除或减轻。

4）研究对策，主要是比较各种策略，讨论其利弊，视用户要求决定是否推荐某一方案。

5）最终报告，评估最后结果是通报有用的信息，并根据委托者的决定是否公之于众。技术评估的最终报告只是对各种可能采取的行动和策略方案作出客观的比较、分析，以便决策者作出最佳的选择。以上步骤有时需要反复进行。

6.1.2.6　技术评价的方法

在对技术进行评价时可以采用不同的方法，每种方法具有各自的特征。技术评估有专家评估、经济分析、运筹学评价和综合评价四类方法。

1）专家评估法：以评价者的主观判断为基础的评估方法。通常以分数或指数等作为评价尺度，然后把它们适当综合起来。

2）经济分析法：以经济指标作为尺度，通过成本效益分析对技术进行研究和评价。

3）运筹学评价法：利用数学模型对于多因素的变化进行定量的动态评价。

4）综合评价法：将前三种评价法以不同形式组合起来。

6.1.2.7　技术评价的形式

技术评价有项目评估、面向问题的评估和面向技术的评估三种形式。

1）项目评估：着重对一个具体建设项目的评估，如对某地建设核电站或高速公路的评估。一般涉及项目的几个可能方案（包括不建该项目的方案）。

2）面向问题的评估：着重于解决某一特定问题，如能源短缺问题。一般会涉及广泛的多种技术的评估。

3）面向技术的评估：主要是研究某一项新技术，研究其对社会的影响，如生物技术。它的特点是一般仅涉及新发明的技术，而前两种形式一般是研究利用现有技术。这三种形式也可以互相补充。

由于技术评估不仅涉及技术本身（往往又都是新技术），而且还涉及政治、经济、环境和社会各方面，所以除建立专门评估小组外，一般还需要聘请有各种专长的专家组成顾问小组，以保证评估结果能代表各种观点（陈松哲和于九皋，1998；Solano et al.，2002）。

6.1.2.8　建筑废弃物中生命周期技术评价方法的引用

近几年，随着社会的发展、经济的繁荣，环境污染和资源短缺日益成为人们关注的问题。建筑废弃物资源化既减少了环境污染，又可以节约资源，世界各国普遍予以高度重视。我国在人均资源稀缺的情况下，建筑废弃物的资源化尤其必要。

由于我国旧建筑物的建材和构造较落后，旧建筑物的拆除、维修、改造和新建筑物的建立等活动相对发达国家要频繁得多，建筑废弃物的产生即使采取源头控制等管理手段还是在所难免。因此，注重对已经产生的建筑废弃物资源化等处置技术的优化，最大限度地避免建筑废弃物对环境的综合影响是非常急需的。这里没有考虑在产生建筑废弃物以前如何避免废弃物的产生，在所有建筑废弃物技术评价的方法中，LCA（life cycle assessment）作为一种全程的管理工具，对从建筑材料、建筑物构筑方式及建筑物本身寿命设计下手来避免建筑废弃物的产生具有极为重要的指导作用。生命周期评价即对已经产生了的建筑垃圾，通过对回收和资源化各阶段、各步骤、各种技术的环境影响作出客观公正的评价，结合经济数据来遴选技术或者优化技术本身，以尽可能地降低已经产生的建筑垃圾对环境的影响潜力。

1997 年，我国创建了建筑废弃物资源化国家工程研究中心，以此推动废弃物资源化领域的研究成果向产业化方向转化，但在整个资源化过程中，没有一个权威的评价系统对其进行管理。《固体废弃物污染防治法》规定，应从减量化、资源化、无害化、资源补充替代以及产品整个生命周期即 LCA 等角度出发，着重对环境及可持续发展进行分析，探寻节省资源、减轻污染的方法。因此，在建筑废弃物资源化过程中也有必要引入 LCA 方法。LCA 是一种评价产品从原料投入到废弃的整个寿命周期中环境负荷的方法，直译为生命周期评价，也有的称为环境负荷评价或环境协调性评价。对固体废弃物资源化而言，LCA 还是一个未接触和有待发展的方法（于红艳，2004）。

将 LCA 方法应用于建筑废弃物资源化技术管理，强调预防全过程对环境的总影响，改变了以往将重点放在经济效益或者单纯发展技术的思想。收集必要的基础数据库，建立建筑废弃物资源化技术的生命周期清单，应用 LCA 与经济指标等结合来遴选最合适的资源化技术，或者优化某些具有前景技术的具体步骤，有利于建筑废弃物资源化的发展，并可保证建筑废弃物的行政与经济管理手段的客观与公正（丁锐，2010）。

6.2 生命周期评价方法在废弃物资源化中的应用

作为新的环境管理工具和预防性的环境保护手段，生命周期评价主要应用在通过确定和定量化研究能量和物质利用及废弃物的环境排放来评估一种产品、工序和生产活动造成的环境负载；评价能源材料利用和废弃物排放的影响以及评价环境改善的方法。

6.2.1 生命周期评价方法概述

6.2.1.1 生命周期评价在国外的研究进展

生命周期评价最早出现在 20 世纪 60 年代末 70 年代初的美国。1969 年美国中西部研究所（Midwest Research Institute，MRI）对可口可乐公司的饮料包装瓶进行评价研究，该研究试图从原材料采掘到废弃物最终处置，进行全过程的跟踪与定量研究，揭开了生命周期评价的序幕。当时把这一分析方法称为"资源与环境状况分析"（resource and environmental profile analysis，REPA）。这一研究结束后，美国国家环境保护局又展开了一系列对饮料包装等 REPA 的研究。与此同时，欧洲一些国家的研究机构和私人咨询公司也相继开展了类似的研究。

20 世纪 70 年代中期由于能源危机，REPA 有关能源分析的工作备受关注。一方面人们认识到化石燃料即将消耗殆尽需进行有效的资源保护，另一方面认识到能源生产也是污染物的主要排放源。因此 70 年代中期 REPA 研究注重的是能源问题，采用的方法更多为能源分析法。到 80 年代末，由于"垃圾船"的出现，人们的兴趣又重新回到固体废弃物问题上，这种研究方法又逐渐成为一种资源分析工具，因而 REPA 着重于计算固体废弃物产生量和原材料消耗量。

20 世纪 80 年代末开始，随着区域性和全球性环境问题的日益严重以及全球环境意识的提高，特别是"垃圾船"事件的出现，人们再次关注 REPA。在分析通过固废的综合利用、原材料替代及产品回用等途径来减少废物处置量的工作中，REPA 被看做是一种有效的研究方法。于是 REPA 的概念随之被公众和私人组织重新关注，大量的 REPA 研究又重新开始（Gloria et al.，1995）。

6.2.1.2　生命周期评价在国内的发展

在中国，LCA 研究起步较早，发展也非常迅速，已成为学术界关注度的焦点和研究热点。在政府的引导和支持下，国内大量研究人员围绕 LCA 方法开展了卓有成效的研究工作，包括生命清单分析中的分配方法、环境影响类型分配体系、中国环境特征因子和权重因子的确定等。1999 年，国家质量技术监督局发布等同于 ISO14040 的《环境管理生命周期评价原则与框架》国家标准（GB/T 24040—1999），2000 年发布等同于 ISO14041 的《环境管理生命周期评价目的与范围的确定和清单分析》国家标准（GB/T 24041—2000）。2002 年，又发布了等同于 ISO140412 和 ISO140413 的《环境管理生命周期评价生命周期影响评价》国家标准（GB/T 24042—2002）与《环境管理生命周期评价生命周期解释》国家标准（GB/T 24043—2002）。随后，生命周期评价技术取得了较大的发展，原有的标准不能满足现有的生命周期评价的要求，因此 ISO/TC207/SC5 于 2006 年分别对原有的 4 项国家标准进行了重新修订，最终形成 ISO 14040 和 14044 两项新标准，取消并替代原有的 4 项标准，并正式颁布。为了满足我国广大组织采用新标准的需要，根据国家标准委的要求全国环境管理标准化技术委员会（SAC TC 207）牵头对这两项新标准进行等同转化即颁布了 GB/T 24040—2008《环境管理生命周期评价原则与框架》与 GB/T 24044—2008《环境管理生命周期评价要求与指南》。

1998 年起，国家"九五"高技术研究计划（863 计划）支持了首项"材料的环境协调性评价研究"项目，由北京工业大学等几所大学联合承担，与国内一些主要材料企业合作，对国内几大类主要基础材料进行全面的 MLCA 评估。该项目对我国钢铁、水泥、铝、工程塑料、陶瓷等七大类典型量大面广的代表性材料进行生命周期评价研究，初步获得了以上代表性材料的环境负荷基础数据。在大量系统工作的基础上，总结了材料环境负荷分析的方法，创新地提出了上述典型材料生命周期评价的新方案和定量方法，构建和设计了材料的环境负荷基础数据框架，并自主开发了数据库管理软件和材料的生命周期评价软件（王寿兵等，1998；王天民，2000；王飞儿和陈英旭，2001）。

6.2.1.3 生命周期评价概念

生命周期方法又称为环境协调性评价。在 1993 年 SETAC（society of environmental toxicology and chemistry）的 LCA 定义中，LCA 被描述成这样一种评价方法：①通过确定和量化与评估对象相关的能源、物质消耗、废弃物排放，评估其造成的环境负担；②评价这些能源、物质消耗与废弃物排放所造成的污染；③辨别和评估改善环境的机会。

生命周期评价（LCA）是一种评价产品工艺或活动从原材料采集，到产品生产、运输、销售、使用、回用、维护和最终处置整个生命周期阶段有关的环境负荷的过程；它首先辨识和量化整个生命周期阶段中能量和物质的消耗以及环境释放，然后评价这些消耗和释放对环境的影响，最后辨识和评价减少这些影响的机会。生命周期评价注重研究系统在生态健康、人类健康和资源消耗领域内的环境影响（Koneczny and Pennington，2007）。

6.2.1.4 LCA 的技术框架

1993 年，SETAC 把 LCA 方法描述为由 4 个相互关联的组分组成的三角形模型，如图 6-1（GB/T 24040—2008）所示。

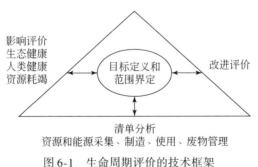

图 6-1 生命周期评价的技术框架

1997 年，ISO14040 标准把 LCA 实施步骤分为目标和范围确定、清单分析、影响评价和解释 4 个部分，如图 6-2 所示。

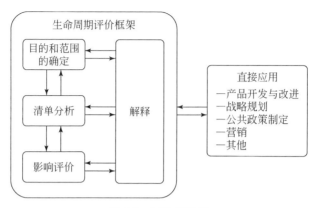

图 6-2　LCA 的阶段

6.2.1.5　生命周期的目的与范围的确定

在开始进行 LCA 评价之前，必须明确地表述评价的目的与范围，并使之适应于应用意图。这是清单分析、影响评价和结果解释所依赖的出发点和立足点。

（1）研究目的

LCA 研究目的必须明确陈述应用意图，进行该项研究的理由及它的使用对象，即研究结果的预期交流对象，以及研究结果的可能应用领域（是用于公司内部提高系统的环境性能还是外部使用，用于环境声明或获得环境标志等）。

（2）研究范围

研究范围的界定要足以保证研究的广度、深度与要求的目标一致，项目有系统的功能、功能单位、系统边界、数据分配程序、环境影响类型、数据要求、假定的条件、限制条件、原始数据质量要求、对结果的评议类型、研究所需的报告类型和形式等。

Ⅰ. 功能、功能单位

在确定 LCA 研究的范围时，必须明确陈述产品的功能（性能特征）规定。功能单位确定了量化这些选定功能的基础。功能单位必须与研究的目的与范围相符。功能单位的主要作用之一是提供一个（在数学意义上）统一计量输入与输出的基准。因此，功能单位必须是明确规定并且可测量的。一旦确定了功能单位，就必须确定实现相应功能所需的产品数量，此量化结果即为基准流。基准流被用来计算系统的输入与输出。系统间的比较必须基于同样的功能，以相同功能单位所对应的基准流的形式加以量化。

例如，对提供"干手"功能的纸巾和空气干手机两种系统的研究。可将相同的干手的数量作为两种系统共同的功能单位，并确定各自的基准流。在这两种情况下，相应的基准流分别为一次擦（烘）干所需纸巾的平均质量和热空气的平均体积。接下来就可以根据基准流编制出输入和输出的清单。在最简单的情况下，可以认为使用纸巾时，它与纸巾的消耗量有关，使用空气干手机时，则主要与输入到空气干手机的能量有关。

Ⅱ. 初始系统边界

确定系统边界，即确定要纳入待模型化系统的单元过程。在理想情况下，建立产品系统的模型时，应使其边界上的输入和输出均为基本流。但在许多情况下，没有充足的时间、数据或资源进行这样全面的研究，因而必须决定在研究中对哪些单元过程建立模型，并决定对这些单元过程研究的详略程度。不必为量化那些对总体结论影响不大的输入和输出而耗费资源。

Ⅲ. 数据质量要求

表述数据质量要求对于正确认识研究结果的可靠性，以及恰当解释研究结果都是很重要的。必须规定数据质量要求以满足研究目的与范围。数据质量应通过定性、定量及数据收集与合并方法来表征，应包括下列方面的要求：

1）时间跨度：所需数据年限（如最近 5 年内）和从中收集数据的最短时段（如 1 年）。

2）地域广度：为满足研究目的，从中收集单元过程数据的地理范围（如局地、区域、国家、洲、全球）。

3）技术覆盖面：技术组合（如实际工艺组合、最佳可行技术、最差作业单元的加权平均）。

4）此外，还必须考虑决定数据属性的其他因素，如它们是从特定现场还是从出版物收集来的，是否应进行测量、计算或估算等（GB/T 24044—2008）。

6.2.1.6　生命周期清单

研究目的与范围的确定为开展 LCA 研究提供了一个初步计划。生命周期清单分析（life cycle inventory，LCI）则涉及数据的收集和计算程序。

（1）清单数据的收集

在 LCA 研究中，数据收集程序会因不同系统模型中的各单元过程而变，同时也可能因参与研究人员的组成和资格，以及满足产权和保密要求的需要而有所不同。应将这类程序和采用该程序的理由形成文件。

数据收集需要对每个单元过程透彻了解。为了避免重复计算或断档，必须对每个单元过程的表述予以记录。这包括对输入和输出的定量和定性表述，用来确定过程的起始点和终止点，以及对单元过程功能的定量和定性表述。如果单元过程有多个输入（如进入污水处理系统的多个水流）或多个输出，必须将与分配程序有关的数据形成文件和报告。能量输入和输出必须以能量单位进行量化。可行时还应对燃料的质量或体积予以记录。

如果数据是从公开出版物中收集的，必须标明出处。对于从文字资料中收集到的对研究结论作用重大的数据，必须指出并详细说明这些数据的收集过程、收集时间以及其他数据质量参数的公开来源。如果这些数据不能满足初始质量要求，必须予以声明。

（2）计算程序

在数据收集过程中必须检查数据的有效性。有效性的确认可包括建立物质和能量平衡和（或）进行排放因子的比较分析。在此过程中发现明显不合理的数据，就要予以替换。收集数据后，要根据计算程序对该产品系统中每一单元过程和功能单位求得清单结果。

当确定和电力生产有关的基本流时，必须考虑所采用的生产组合，以及燃烧、转换、传输和配送的效率。必须对所作的假定给以明确的说明和论证。只要有可能，就应说明实际的生产组合，以反映所消耗的燃料类型。

可将输入和输出的可燃性物质，如石油、天然气或煤，乘以相应的燃烧热换算为能量输入和输出，此时应在报告中指明采用的是高热值还是低热值。在整个研究过程中都应采用同样的计算程序。

（3）生命周期影响评价

生命周期影响评价（life cycle impact assessment，LCIA）是生命周期评价的第三个阶段，是其中理解和评价产品系统潜在环境影响的大小和重要性的阶段。

其目的是评估产品系统的生命周期清单分析结果，将 LCI 结果转化为资源消耗、人体健康影响和生态影响等方面的潜在环境影响，以更能了解该产品的系统影响程度。LCIA 阶段将所选择的环境问题（称为影响类型）模型化，并使用类型参数来精简与解释生命周期清单分析结果。类型参数用于表示每项影响类型的总污染排放或资源消耗量。这些类型参数代表潜在的环境影响。

根据 ISO14042 的规定、我国 LCA 的研究进展和我国材料产业的发展现状，本书提出的材料产业 LCA 体系中影响评价阶段包含以下 6 个步骤：①影响类型、类型参数及特征化模型的选择；②分类；③特征化；④归一化；⑤加权；⑥数据质量分析。LCIA 阶段的各个要素如图 6-3 所示。

图 6-3　LCIA 阶段要素

Ⅰ．必备要素

1）影响类型、类型参数和特征化模型的选择。本步骤需要确定影响类型、相应的类型参数和特征化模型、类型重点及 LCA 研究将涉及的有关生命周期清单结果。

2）分类。本条提供将 LCI 结果划分到影响类型（分类）的指导。

把 LCI 结果划归到影响类型中能够更清晰地显现与该结果相关的环境问题。

除非研究目的和范围另有规定，把 LCI 结果划分到影响类型宜考虑下列情况：① LCI 结果仅涉及一种影响类型时的归类；② LCI 结果涉及不止一种影响类型时对它们的识别，包括：对并联机制的区分，例如，将 SO_2 分配到人体健康和酸化两种影响类型；在串联机制间进行分配，例如，可将 NO_x 划归地面臭氧形成和酸化两种影响类型。

如果由于 LCI 结果不可得或数据质量不足以满足 LCIA 研究的目的和范围，就要反复收集数据，或对目的和范围加以调整。

3）特征化。特征化步骤中，利用不同影响类型的参数结果来共同展现产品系统的生命周期影响评价特征。计算包括对 LCI 结果进行统一单位换算，并在一种影响类型内对换算结果进行合并。这一转换采用特征化因子，特征化的结果是一个量化指标。应对参数结果的计算方法，包括所使用的价值选择和假定，加以确定并纳入文件。

参数结果对特定目的和范围的适用性取决于特征化模型和特征化因子的准确性、有效性和性质。由于影响类型的不同，用于特征化模型类型参数的价值选择和简化假定的数量和种类也有所不同。

参数结果的计算包括下列两个步骤：① 选择并使用特征化因子将已归类的 LCI 结果换算为同一单位。② 将转换后的 LCI 结果进行合并，形成参数结果。

不同环境负荷项目造成同种环境损害效果的程度不同。例如，SO_2 和 NO_x 都可产生酸化效应，但同样的两者引起的损害程度并不相同。特征化就是对比分析和量化这种程度的过程，是一个定量的、基本点上基于自然科学的过程。

在特征化阶段，清单分析数据被转化为各个环境影响类型的指标结果。其转化过程在原理上基于用环境问题因果关系体系中包含的环境影响机制来构架影响类型模型，具体内容包括：用相关的物理、化学、生物和毒性数据来描述与清单分析参数相关的潜在影响，然后将这种信息与分类的清单分析数据联系起来描述每一影响种类潜在的或实际的影响。

目前国际上常用的特征化模型有

负荷评估模型：在这类模型中，清单分析的相关资料只是简单的罗列出来，也有可能根据它们的潜在影响加以分类，仅根据物理量大小来评价是生命周期清单分析提供的数据。

当量评价模型：这类模型使用当量系数（如 1 kg 甲烷相当于 11 kg 二氧化碳产生的全球变暖潜力，则甲烷的当量系数就为 11）来汇总生命周期清单分析提供的数据。该原理是在质量相同的情况下，利用不同环境压力因子对同一种环境影响类型的贡献量差异，以其中某一种压力因子为基准，把其影响潜力看作 1，然后将等量的其他污染物与其作比较，这样就可以得到各类压力因子相对于基准物的影响潜力大小，最后可根据各压力因子间的当量关系，汇总得到以基准物质量为单位的环境影响潜力大小。

毒性、持续性及生物累积性评估模型：这类模型是以房屋的化学特性（如毒性、可燃性、致癌性和生物富集等）为基础来汇总生命周期清单分析数据。

总体暴露效应模型：这类模型中，排放物的加和总是针对某些特殊物质的排放所导致的暴露和效应作一般性的分析，从而估计潜在的环境影响。

点源暴露效应模型：这类模型以点源相关区域或场所的影响信息为基础，针对某些特殊物质的排放所导致的暴露和效应作特定位置的分析，从而确定实际产品的影响。

Ⅱ. 可选要素

为了更进一步地从总体上概括系统对环境的影响，LCIA 阶段还包括归一化、分组和加权等选择性步骤，其目的在于试图比较和量化不同种类的环境损害。

1）归一化。对参数结果进行归一化的目的是更好地认识所研究的产品系统中每个参数结果的相对大小，根据基准信息对参数结果的大小进行计算（归一化）是一种可选要素。

对基准系统的选择宜考虑环境机制和基准值在时间和空间范围上的一致性。

参数结果的归一化将改变 LCIA 必备要素的结果，可能需要使用若干个基准系统以体现对该结果的影响。敏感性分析可能提供关于选择基准的额外信息。归一化的参数结果集合反映归一化的 LCIA 结果。

2）分组。分组是把影响类型划分到在目的和范围确定阶段预先规定的一个或若干组影响类型中去，其中可包括分类和（或）排序。加权包括以下两个步骤：① 根据性质对影响类型进行分类，例如，属于排放还是资源消耗，是全球性、区域性还是局地性的。② 根据预定的等级规则对影响类型进行排序，例如，属于高、中、低级。排序基于价值选择。

分组方法的应用应与研究目的和范围一致并具有充分的透明度。

由于不同的个人、组织和人群可能具有不同的倾向性，他们对于同样的参数结果或归一化的参数结果可能得出不同的排序结果。

3）加权。加权是使用基于价值选择所得到的数值因子对不同影响类型的参数结果进行转换的过程，其中可包含已加权的参数结果的合并。加权是一种可选要素，包括以下两个可能的步骤：① 用选定的加权因子对参数结果或归一化的结果进行转换。② 可能对各个影响类型中转换后的参数结果或归一化的结果进行合并。

加权是基于价值选择而不是基于自然科学。加权方法的应用应与研究目的和范围一致并具有充分的透明度。由于不同的个人、组织和人群可能具有不同的倾向性，他们对于同样的参数结果或归一化的参数结果可能得到不同的加权结果。在一项 LCA 研究中可能要使用若干不同的加权因子和加权方法，并进行敏感性分析来评价不同的价值选择和加权方法对 LCIA 结果的影响。

4）数据质量分析。为了更好地认识 LCIA 结果的重要性、不确定性和敏感性，可能需要更多的方法和信息，以便判别是否存在重要差异、去掉可忽略的 LCI 结果、指导 LCIA 的反复性过程，对方法的需求和选择取决于实现研究目的和范围所需的准确和详尽程度（GB/T 24044—2008）。

（4）生命周期解释

生命周期解释是生命周期评价中根据规定的目的和范围的要求对清单分析和影响评价的结果进行归纳以形成结论和建议的阶段。

Ⅰ. 生命周期解释概述

1）生命周期解释的目的。生命周期解释的目的是根据 LCA 前几个阶段或 LCI 研究的发现，以透明的方式分析结果、形成结论、解释局限性、提出建议并报告生命周期解释的结果。

生命周期解释还根据研究目的和范围提供关于 LCA 或 LCI 研究结果的易于理解的、完整的和一致的说明。

2）生命周期解释的主要特点如下：① 基于 LCA 或 LCI 研究的发现，运用系统化的程序进行识别、判定、检查、评价和提出结论，以满足研究目的和范围中所规定的应用要求。② 在解释阶段内部和 LCA 的其他阶段或 LCI 研究中，都应用一个反复的程序。③ 就确定的目的和范围，针对 LCA 或 LCI 研究的长处和局限来说明 LCA 和其他环境管理技术之间的联系。

3）生命周期解释的要素。LCA 或 LCI 研究中的生命周期解释阶段由以下三个要素组成，如图 6-4 所述。① 基于 LCA 中 LCI 和 LCIA 阶段的结果识别重大问题。② 评估，包括完整性、敏感性和一致性检查。③ 结论、建议和报告。

Ⅱ. 重大环境问题的辨识

根据确定的目的和范围以及与评价要素的相互作用，对 LCI 或 LCIA 阶段得

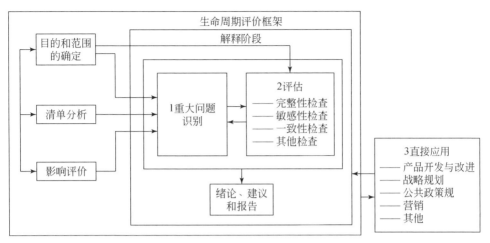

图 6-4   LCA 解释阶段的要素与其他阶段之间的关系

出的结果进行组织，以便确定重大问题。这种相互作用的目的将包括前面阶段所涉及的使用方法和所作的假定等，如分配规则、取舍准则、影响类型、类型参数和模型的选择等。

在前面阶段（LCI 和 LCIA）取得的结果满足了研究目的和范围的要求后，就应确定这些结果的重要性。LCI 阶段和（或）LCIA 阶段的结果正是用于上述目的，宜成为一个与评价要素交互作用的反复过程。

重大问题可包括：清单数据类型，如能源、排放物、废物等；影响类型，如资源使用、温室效应潜值等；生命周期各阶段对 LCI 或 LCIA 结果的主要贡献，如运输、能量生产等单元过程或过程组。

Ⅲ. 评价

研究所识别的重大问题的 LCA 或 LCI 研究结果的可信性和可靠性。宜以清晰的、易于理解的方式向委托方或任何其他相关方提交研究成果。必须根据研究的目的和范围进行评估，同时应考虑研究结果的最终应用意图。

1）完整性检查。完整性检查的目的是确保解释所需的所有信息和数据已经获得，并且是完整的。

在完整性检查中，如果某些信息缺失或不完整，则必须考虑这些信息对满足 LCA 或 LCI 研究目的和范围的必要性。如果认为某个信息是不必要的，则应记录理由，然后才能继续进行评估。如果某些缺失信息对于确定重大问题是必要的，则应重新检查前面的阶段（LCI、LCIA），或对目的和范围加以调整。

2) 敏感性检查。敏感性检查的目的是通过确定最终结果和结论是否受到数据、分配方法或类型参数结果的计算等不确定性的影响，来评价其可靠性。如果在 LCI 和 LCIA 阶段已作了敏感性分析和不确定性分析，则该评价应包括这些分析的结果。

3) 一致性检查。一致性检查的目的是确认假定、方法和数据是否与目的和范围的要求相一致。在一致性检查中，如果与 LCA 或 LCI 研究有关，或要求作为目的和范围确定的一部分内容，则以下问题也应予以考虑：① 同一产品系统生命周期中以及不同产品系统间数据质量的差别是否与研究的目的和范围相一致。② 是否一致地应用了地域的和（或）时间的差别（如果存在）。③ 所有的产品系统是否都应用了一致的分配规则和系统边界。④ 所应用的各影响评价要素是否一致。

Ⅳ. LCA 的评价模型

1) 简化模型。为了降低进行 LCA 研究所需要的时间和数据，节省研究所需要的费用，人们有时通过对传统的 LCA 进行简化，或选出系统中认为比较重要的部分进行评价，或采用定性的方法对各个阶段对环境影响的相对重要性进行比较，LCA 有多种简化形式，这里仅对有代表性的 AT&T 实验室 Graedel 等以矩阵形式提出的一种方法进行介绍。这种评价方法如表6-1所示（Graedel，1995）。

表6-1　简化模型的评价方法

环境负荷					
寿命阶段	资源消耗	能源消耗	固体废物	液体废物	气体废物
原料制备					
产品生产					
包装和运输					
使用					
整修–循环–废弃					

矩阵中的每1个单元根据所研究系统生命周期中每一阶段对资源、能源和废物的消耗和排放情况进行赋值，取离散的 0～4 的整数值，0 表示对环境的影响最高，4 表示对环境的影响程度最小。

2) 过程模型和经济输入输出模型。过程模型（process model）是 SETAC 推荐的一种模型，其出发点是为了对系统进行简化，根据所研究系统输入或输出的质量、体积或产品价格确定认为比较重要的过程，将其包括在研究的边界之内。这种方法的缺点是主观性强，因为进行 LCA 评价的出发点之一就是确定系统中对环境影响最重要的部分，而首先就对各阶段的重要性进行主观的评定在一定程度上也就违背了 LCA 的初衷。另外，所研究系统范围可能仅包括了最直接的影响，被排除在外的间接环境影响比所被评价部分造成的影响可能还要大。

改进的投入产出模型。如前所述，无论是过程模型还是经济投入产出模型，都建立在输入和输出之间呈线性关系的假设基础之上，然而大多数的投入产出关系是非线性的，并且常用的这两种模型都有一定的局限性，因此，已经有多种改进的投入产出模型提出，其中包括和过程分析法相结合的投入产出模型、相对过程模型、非线性投入产出模型等。

3）决策理论模型。LCA 应用的一个重要方面就是从众多方案中选择环境性能较佳的方案，这实质上也是一个决策问题。同时，LCA 评价具有多属性多层次的特征，一方面就环境性能本身而言，它涉及温室效应、酸雨等多种影响的评价问题；另一方面，还涉及有关技术、经济和环境等多方面的因素，而且评价中带有许多随机性、模糊性。因此，可以将决策理论用于 LCA 评价过程，国外 Geldermann 等将多目标决策理论和模糊理论结合对钢铁工业进行了 LCA 评价。层次分析法是多目标决策中结构化比较强的一种方法（Geldermann et al.，2000），陈仲林、刘顺妮等分别利用层次分析法对电光源和硅酸盐水泥的生命周期进行了评价（刘顺妮等，1998；陈仲林，1999）。

4）多目标优化模型。上面提到的简单的 I/O 模型是建立在现有工艺的生产能力、原料和能源不受限制的假设基础上的，然而实际情况是，几乎所有的系统都受制于一定的限制条件，因此十分有必要寻求更为实用的系统分析和优化方法，多目标优化可以满足这方面的要求。总的来说，基于多目标优化的 LCA 模型具有以下特点：面向产品或具体的生产过程，能够描述系统不同部分之间的复杂关系，因此能够评价由于系统操作状态的改变及原料和工艺特性变化而引起的系统性能的改变。环境性能和经济性能为目标函数，Kniel 等对氮肥生产的优化进行了研究，结果表明，增加反应压力和添加催化剂都能够改善所研究系统的环境性能，但前者综合效果优于后者，且当反应压力被增加到一定程度后，压力的少许增加就可以极小的经济代价换得较大的环境效益。以输入输出以及与环境之间的物理和技术关系为基础，能够描述系统中的物理因果关系，可以解决复合系统的环境负荷分配问题（Kniel et al.，2004）。

多目标优化的一般表达形式为

$$\max(\min) F = \sum_{i=1}^{l} f_i x_i$$

$$\text{s. t.} \sum_{i=1}^{l} \alpha_{ci} x_i \leqslant e_c \quad c = 1, 2, \cdots, C$$

$$x_i \geqslant 0 \quad i = 1, 2, \cdots, l$$

传统优化模型建立的目的一般是在一定的限制条件下将资源进行优化配置，以获得最大利润为出发点。对 LCA 研究而言，其目标函数则为环境负荷（编目阶段）或环境影响（分析阶段），限制条件则延伸至从原料提取直至最终产品废弃的整个寿命阶段的所有影响因素，即目标函数可以分别定义为

$$\min B_j = \sum_{i=1} bc_{j,\ i} x_i$$

式中，$bc_{j,\ i}$ 为来自过程或活动 x_i 的负荷 j。

取决于研究目标，也可以对环境或经济等一个或多个目标函数进行优化，得到优化解，以取得系统性能改善的功效。Azapagic 等提出了基于线性规划的多目标 LCA 模型，用以研究线性或近似为线性的系统，并已将其用于硼酸的生产评价。多目标优化方法建立在多种环境影响（或经济性能）同时取得优化的理论基础上，所提供的最终结果是各种条件下系统的不同的优化值，这种方法能留给决策者更大的空间，使它们根据实际情况加以选择和取舍。但在实际过程中，由于所造成的环境影响是多方面的，在具体结果的表达上有一定的困难，因此目前进行的评价大部分局限于少数的主要环境影响或经济性能（GB/T 24044—2008；聂祚仁和王志宏，2004；宋丹娜等，2006）。

在废弃物资源化管理中推行 LCA 有着充分的必要性及意义，包括以下几个方面：

1）在废弃物资源化管理中推行 LCA 的必要性。一般而言，废弃物的资源化能够减少原材料的消耗以及能源的使用量，一般被认为是对环境有利的。但物质的循环利用率与环境效益不是呈简单的线性相关关系，高的废弃物回收率意味着需要将可回收物质收集、运输集中在一起，过程中会耗去很多能量，其环境效益未必高。因此，应综合考虑废弃物资源化的回收利用价值、再回收利用技术条件、回收利用的成本等综合因素，生命周期评价理论和方法为此提供了帮助。目前在中国废弃物资源化的水平还不高，已经造成重大的资源浪费和环境污染，推广 LCA 管理可以促进废弃物的资源化和再利用，从而在一定程度上有助于循环经济的发展。

2）在废弃物资源化管理中推行 LCA 的意义。生命周期评价用于废弃物管理，它为废弃物管理提供了一种系统、整体研究的观点，将城市废物管理系统的所有操作活动（工艺过程）作为一个整体进行研究，从原材料获取、产品制造、废物产生到废物收集、回收利用、焚烧、堆肥、填埋等过程。在 SETAC 和 ISO 的文件中也列举出了一些 LCA 的作用，例如：①帮助提供产品系统与环境之间相互作用的尽可能完整的概貌；②促进全面和正确地理解产品系统造成的环境影响；③为关注产品或受产品影响的相关方之间进行交流和对话奠定基础；④向决策者提供关于环境效益的决策信息，包括估计可能造成的环境影响、寻找改善环境的时机与途径、为产品和技术选择提供判据等。一般来讲，国内外将生命周期评价常用于直接应用、产品开发与改进、战略规划、公共政策支持等方面，在废弃物管理方面对于废弃物的处理方法、政策制定等都可以提供一定的借鉴。

3）我国在建筑废弃物方面应用 LCA 的意义。由于我国旧建筑物的建材和构造较落后，旧建筑物的拆除、维修、改造和新建筑物的建立等活动相对发达国家要频繁得多，建筑垃圾的产生即使采取源头控制等管理手段还是在所难免。因此，注重对已经产生的建筑垃圾资源化等处置技术的优化，最大限度地避免建筑垃圾对环境的综合影响是非常急需的。即对已经产生了的建筑垃圾，通过对回收和资源化各阶段、各步骤、各种技术的环境影响作出客观公正的评价，结合经济数据来遴选技术或者优化技术本身，以最大程度上降低已经产生的建筑垃圾对环境的影响潜力（翟绪璐和陈德珍，2007；Ozeler et al.，2006）。

行政措施主要是通过法律法规的形式，对建筑垃圾的处置方式、处置要求等设置限定性条款，确保建筑垃圾的处置不对环境和人的健康产生危害，而规定什么样的建筑垃圾的处置方式、应达到什么标准，LCA 的结果为其提供了理论依据。经济措施是利用企业行为的趋利性，通过对填埋、焚烧、天然建材等征税计划以及税收减免和奖励等形式，调节建筑垃圾的填埋处置和循环利用的成本，促使企业或拆建承包商投入进行建筑垃圾资源化。但是经济激励应保证哪些资源化技术优先发展，或者征税以及减免税的额度为多少，LCA 的结果为其提供了最合理的参考依据。因此，建筑垃圾资源化的 LCA 管理方法不仅是其他技术管理的重要方法，也是行政和经济管理的理论依据。它可以作为除投资效益分析之外的一个最基本的管理工具来发展。

6.2.2 生命周期评价在几种典型废弃物管理中的应用

6.2.2.1 生命周期评价在电子废弃物中的应用

（1）电子废弃物的分类

一般来说，废弃不用的电子设备都属于电子废弃物。电子废弃物种类繁多，大致可分为两类：一类是所含材料比较简单，对环境危害较轻的废旧电子产品，如电冰箱、洗衣机、空调机等家用电器以及医疗、科研电器等，这类产品的拆解和处理相对比较简单；另一类是所含材料比较复杂，对环境危害比较大的废旧电子产品，如计算机、电视机显像管内的铅，计算机元件中含有的砷、汞和其他有害物质，手机原材料中的砷、镉、铅以及其他多种持久降解和生物累积性的有毒物质等。

（2）电子废弃物在中国的情况

近年来，中国步入家电更新换代高峰期，也是电子垃圾高速增长期。粗略估计，中国平均每年需报废的电视机在 500 万台以上，洗衣机约 600 万台，电冰箱约 400 万台，每年淘汰 1500 多万台废旧家电，这还不包括保有量迅猛增长并迅速更新的电子及通信器材，包括手机、DVD 等。联合国环境规划署发布的报告指出，中国现在每年产生的电子垃圾的数量为 230 万 t，仅次于美国的 300 万 t。而根据路透社的报道，截至 2020 年，中国和南亚由计算机产生的电子垃圾将比2007 年增加四倍。

电子废弃物包含多种有害物质，所以不能简单地将它们送到垃圾焚烧炉进行焚烧，但同时电子废弃物作为一种特殊的可再生资源，含有大量的有价物质，具有非常高的回收价值。电子废弃物与其他固体废物所不同的是其价值与危害都高于其他固体废弃物，并且其中的 CRT 玻璃、电路板等都是目前废物管理中的难点（Huang and Hunkeler，1996）。

电子废弃物具有高资源性。欧洲资源和废物管理专题中心数据显示，电子废弃物中含有占总量 47.9% 的铁和钢，12.7% 的有色金属，20.6% 的塑料以及其他有价物质。通过回收和再生利用电子废弃物中资源的成本大大低于直接从矿石、原材料等冶炼加工获取资源的成本，且节约能源。但是若对其管理不善，则会带来不可忽视的环境风险与人体健康风险。

（3）在电子废弃物管理中引进生命周期的重要性及应用

在电子废弃物管理中，除处理处置方法不当会出现环境污染和资源浪费等问题外，如果未能进行合理的产业布局，未考虑电子废弃物处理处置之外的其他共生环节，也会引起上述问题。鉴于电子废弃物的高资源性和高污染性，如何兼顾电子废弃物的经济效益及环境效益的一致性也成了当前重要的议题。生命周期评价恰恰可以为电子废弃物管理提供一套系统的观点，汇总、评价其废弃后的各个过程中的能源消耗、排放及污染等各种指标，以帮助识别废弃电器电子产品管理过程中的潜在环境危害，指导电子产品的设计、流向及最终废弃的观念，为管理者提供决策支持。为了能够更好地监督电子废弃物管理中的污染问题，兼顾其经济效益和环境效益，引入生命周期评价方法是很有帮助的。

综合生命周期评价在其他领域发挥的作用，并结合电子废弃物的特点，从环境管理的角度提出生命周期评价方法，可以用于污染特性的识别、处置工艺的选择、研发与改进以及政策与规划的制定三个方面。

1）对于电子废弃物的管理阶段，可以利用生命周期评价的方法，识别废弃物产生、运输、处置全过程的污染特性。针对某一电子废弃物的处理处置工艺，通过清单数据的调查，可以帮助管理人员和公众了解各处置环节中污染物的产生情况；同时，通过环境影响评估，可以识别电子废弃物从产生到处置过程中各环节的环境影响，并判断电子废弃物处置过程中造成的何种环境影响最为严重，判断处理处置过程中重点污染环节及重点污染物。

2）处置工艺的选择、促进工艺的研发与改进。目前电子废弃物处理处置工艺多种多样，到底何种工艺对环境影响最小、处理效率或资源回收率较高。利用生命周期评价并结合其他评估方法（如经济型评估等），将环境影响与其他要素结合起来，为处置工艺的选择提供依据。除此之外，也可通过生命周期评价对工艺、方案的评估结果，为废弃电器电子产品的处理处置策略和处置方案的研发和选择提供理论指导。

3）生命周期评价还可以结合城市发展的规划，通过评价不同回收策略、不同管理体系等方面，优化政府对废弃电器电子产品的管理及对运输、收集布点等环境管理体系方面的规划；也可与其他方法结合，评估区域电子废弃物管理的经济、环境效益，对电子废物的环境管理决策提供科学依据，有效地支持环境管理部门的环境政策制定（洪梅等，2012）。

针对我国家用电器及电子产品中印刷电路板（printed circuit board，PCB）及混合塑料，因其中含有难分离的重金属、卤族化学物质等，对空气、土壤造成严重污染。另一方面，PCB 和混合塑料均取材于石油产品的高分子聚合物材料，它们具有很高的热值，具备一定的能源利用价值，而且其中含有贵重金属，可以作一定的能源和资源回收利用。PCB 是各类家电产品中的主要成分，且所占比例较大，如在家用计算机中的 PCB 就高达 23%，而生产 PCB 时淘汰的废板、边角料等每年有将近数十万吨。对这种情形曾敏应用生命周期方法对几种不同的资源化处理方法进行了研究（曾敏，2006）。

目前对 PCB 处理的方法有热处理法、机械物理处理法和化学处理法，其中化学处理法主要有酸洗法或溶蚀法，酸洗法易造成严重的二次污染，溶蚀法溶蚀效率极低，因此在实际应用中，常选用另外两种处理方案。研究者们针对目前具有代表性的这两种方法得出以下结论。

1）在废旧 PCB 的两种处理方案中，热解方案的环境影响潜力优于破碎方案，呈负增值。在各类环境影响类型中，光化学臭氧合成是两种方案的最主要影响类型。而能耗方面，破碎方案略强于热解，两者均能获得净能量。两者的正能耗中，热解炉的能耗是热解方案的最主要部分，而破碎方案的正能耗主要发生在废品回收站单元。

2）从能耗来看，两种方案均获得净能源，说明回收资源化是废旧 PCB 处理的正确途径和发展方向。现有数据计算基础上，热解的环境影响潜值大大优于破碎的环境影响潜值。通过采用两种方案处理废旧 PCB，既可节约大量资源，减轻处理 PCB 的成本，又减少了自然资源在生产和加工中的能耗和环境排放。

3）废旧 PCB 处置管理是一个复杂的系统工程，需要政府、企业、研究部门和公众的共同参与。政府制定相应的法律、法规并起组织、协调各部门力量和关系的作用；企业作为废旧 PCB 处置的投资者和经营者，通过资源化途径实现自己的经济利益；研究部门在政府和企业的支持下，提供科学化管理和处理等软、硬件方面的技术；公众是环境改善的最大受益者，需要在废旧 PCB 产生量的减量化、分类收集及回收利用等方面给予积极配合。

除此之外，马晓茜等（2003）对某电视机生产基地塑料废弃物热解联合循环发电、气化联合循环发电以及直接燃煤发电三种方案进行 LCA 分析。分析中，由于塑料废弃物是电视机的副产品，所以没有追溯其产生过程的排放，而对于煤，则考虑其开采、运输等过程的排放。电视机生产基地的塑料废弃物用汽车运往联合循环电厂进行能源化利用，假设塑料在处理中无质量消耗，汽车以柴油为燃料。在发电厂系统中包括废塑料的接收与备料（破碎、分离污物、湿磨碎、干燥）、废塑料热解（气化）和净化、发电（燃气轮机与发电机、余热回收蒸汽发生器与发电机、冷凝器、供水排污处理装置）。对此收集数据进行分析研究后得出塑料废弃物热解联合循环发电在环境效益和经济效益方面均优于气化联合循环发电，是一种值得推荐的方案；所考察的电视机生产基地塑料废弃物热解联合循环发电与燃煤发电相比较每年可节省动力用煤量。

除此之外，在电子废弃物方面进行生命周期评价的研究很少，这是由于在这方面还存在许多困难。

1）数据获取困难。详尽、真实的数据清单是生命周期评价的基础，而中国废弃电器电子产品回收处理及综合利用行业由个体作坊向规范化、规模化和产业化的转变正属于起步阶段，且由于技术秘密及企业人为限制等原因，迄今还没有一套完整的数据库予以借鉴，导致生命周期评价所需的数据来源不统一，无法利用真实准确和完善的数据进行生命周期分析。

2）评价技术尚不完善。虽然各国研究者对于生命周期评价方法进行了大量的研究，但是目前评价技术仍不完善。例如，电子废弃物中的各物质组分非常复杂，且更新换代速度非常快，对于其中使用的新材料及产生的新污染物，可能得不到其生态毒性或者环境影响的相关支持数据，因此无法保证评价的准确性。

6.2.2.2　生命周期评价在可降解塑料中的应用

（1）塑料工业的发展状况

塑料一经诞生，因其质轻、强度高、耐水、透明、易加工，伴随技术进步，其价格低廉，无疑已确立了其重要材料的地位。当前它和钢铁、木材、水泥并列成为四大支柱材料。作为材料工业的世界塑料工业的生产一直呈稳定增长的趋势。塑料工业如此迅猛的发展势头，满足了汽车、航空航天、电子电器、包装、建材、农业等部门对新材料的需求。在塑料给人类带来文明的同时，因其制品在使用寿命结束至废弃阶段，一般很难分解，给打上了"环境不协调材料"的烙印。特别是一次性使用的塑料制品，如地膜，购物袋，食品、杂品、工业品包装材料，餐具和饮料瓶等塑料垃圾，污染农田、旅游胜地、海岸港口和缠绕海洋生物等，已成为公害。如何治理塑料废弃物对环境造成的污染已成为世界性重点关注的问题。

（2）塑料包装材料的环境协调性

对于急剧成为社会问题的废弃物公害的关注，欧美等国家及日本把矛头直接指向塑料包装材料。20 世纪 80 年代后期，在英国以 Baustead 教授为中心，在欧洲塑料工业协会的资助下，召集英国、瑞士、德国、瑞典的学者组成专门学术小组，对日常生活中常用的通用树脂高密度聚乙烯（HDPE）、低密度聚乙烯（LDPE）、聚丙烯（PP）、聚苯乙烯（PS）、发泡聚苯乙烯（EPS）、聚氯乙烯树脂（PVC）、聚酯树脂（PET）等进行了产品生命周期（product life cycle assessment，PLCA）研究。研究者们还对超级市场中作购物袋材料的 HDPE 及纸制品进行了比较，结果列于表 6-2（Lörcks，1998）。

表 6-2　购物袋的 LCA　　　　　（单位：每 1000 袋）

能耗、排放物等 投入、产出量 购物袋	购物袋		备注
	HDPE 购物袋	无漂白牛皮纸购物袋	
袋子的尺寸等			
长×宽×高/cm	27×13×49	23×12×39	容量相同
每个袋质量/g	6.85	21.0	
能耗/kJ	41 575	527 537	含回收的焚烧能
天然资源消耗			
主要材料/kg	原油 7.03	木材 43.3	辅助料略
水/kg	20.6	2310	
大气污染物质			
CO_2/kg	28.1	49.9	
SO_2/g	38	126	
NO_2/g	13	204	
碳氢化合物/g	144	—	
水质污染物质			
BOD/g	忽略	50	
COD/g	5.36	130	

续表

能耗、排放物等 投入、产出量 购物袋	购物袋		备注
	HDPE 购物袋	无漂白牛皮纸购物袋	
固态废弃物			
灰/kg	忽略	0.2	
淤渣等/kg	0.2	0.8	
忽略			

从表 6-2 可以看出,具有相同容量的 HDPE 购物袋与纸袋相比较,在整个生命周期生产、加工与使用以前的阶段有更好的环境协调性。从 1990 年开始,日本塑料处理促进协会就一般大量使用的瓶、盘、容器、捆扎材料中典型尺寸的制品,从原材料开采至制造、运输、加工各阶段的能量/资源消费,对大气和水的环境负荷进行计算,尽管是初步的,但从各阶段的环境负荷的结果看,就工程改善所示,塑料较纸、金属等竞争材料具有充分的环境适性。表 6-3 为纸和塑料的能耗和环境影响比较。数据中以 EPS 对环境的负荷为 1,对结果进行了归一化。

表 6-3　纸和塑料的能耗与环境影响比较

项目		同规格的食品托盘		同规格的购物袋	
		EPS	纸	HDPE	纸
能耗		1	3.0	1	4.6
质量		1	3.0	1	3.5
环境负荷	CO_2	1	3.0	1	4.8
	NO_x	1	7.5	1	11.9
	SO_x	1	1.0	1	2.8

从表 6-3 可以看出,塑料包装材料与纸包装材料相比,节省能耗、节约资源、环境负荷也较轻,废弃物产生量也减少。

Guillet 等几位学者对几种常用的不同材质的饮料包装容器的生产所需要的能量进行了统计分析,见表 6-4 (Guillet,1990)。

表6-4　每种容器的生产所需要的能量

容器	质量/g	每个容器所需能量/(kW·h)
铝盒	40	3.00
钢盒	50	0.70
纸质牛奶盒（1pint）	26	0.18
塑料饮料容器	35	0.11

从表6-4中可以很明显地看出生产每千克塑料所需要的能量远低于其他竞争材料的生产对能量的需求，因此从能量角度考虑塑料同其他竞争材料相比有不可比拟的优势。

人们一般认为可重复使用的容器（如玻璃瓶）可以节约能量和资源，然而事实上并非如此，表6-5所列的牛奶容器的数据可以证明这一论点。

表6-5　一次性/可重复使用的牛奶容器的能量需求

容器	质量/kg	生产中所需要的能量/(kW·h)	能耗比	热量/kcal
两夸脱玻璃奶瓶（1.89L）	1.05	8.36	99.5	0
两夸脱塑料袋（1.89L）	0.027	0.84	1.0	317

从表6-5中可以看出，生产回收玻璃瓶的能耗约为塑料袋的100倍，这意味着玻璃奶瓶要反复使用100次，其能耗才能降至与生产每个一次性塑料袋的能量相当，而且生产一个玻璃奶瓶比生产一个相同容量的一次性塑料制品的牛奶袋要多消耗50倍以上的原油或天然气资源。

(3) 降解塑料的发展概况

目前，研究和开发的环境降解塑料主要有以下几类：

降解塑料
- 生物降解
  - 微生物合成型：普鲁兰、PHB等
  - 化学合成高分子型：聚乳酸、聚己内酯等
  - 天然高分子型：淀粉、聚糖、纤维素等
  - 填充型：S+PE、St+PVA等
- 光降解
  - 聚型光降解塑料：E+CO、羰基聚合物等
  - 加型光降解塑料：添加光敏剂、金属配合物等
- 光生物双降解一般用填充法制造适合生物和光两者的降解作用

在现有的降解塑料中，综合成本、工艺等各方面的因素，填充型降解塑料是

比较有发展前景的。填充型降解塑料是在非降解塑料中添加各种降解剂，工艺简单，价格低廉，可以利用现有的塑料成型加工设备，无需大的工艺改进即可生产，而且基本上可以适用堆肥环境中温热、酸湿氛围，实现有效地降解，在我国的现有国情下是可以大力发展的。特别是添加化学合成降解剂的降解塑料，如向合成聚合物体系内添加不饱和脂肪酸、过渡金属配合物等，使聚合物在堆肥条件下提供新的控制因素，引发降解，应该是潜在的研究焦点（高建平和王为，1998）。

（4）降解塑料环境协调性

众所周知，塑料大部分是由原油或天然气生产的，原油或天然气属不可再生资源，在地球中储量是有限的，况且石油资源的消耗在很大程度上对环境造成破坏性影响。生物合成聚合物是一种可再生资源，它们的生产和使用来代替石化产品被认为可以减少对环境的影响。为弄清生物合成聚合物和聚合物的生物降解性在何种情况下能够在多大程度上降低对环境的破坏性影响，Heyde 分析对比了通用材料和生物合成材料对环境的负荷（仅考察对温室效应的潜在影响）。调查包括产品从摇篮到坟墓的全过程，并得出以下结论。

1）采用常用的废弃物处理方法（70% 填埋，30% 焚烧），生物降解聚合物比通用塑料对温室效应的贡献大；若采用完全焚烧或堆肥化处理，情况则相反。

2）基于可再生资源（用葡萄糖基物质发酵法生产聚羟基丁酸酯-PHB）生产的生物降解聚合物对环境的影响几乎为 0。

3）若生物降解材料是由石化资源（甲醇基或甲烷基原油发酵法生产 PHB）生产的，则其对温室效应的贡献高于通用塑料（Heyde，1998）。

瑞士内务部环境局（BUWAL）在 1996 年发表的文章中，对淀粉基塑料的环境协调性作了评价，见表 6-6。

表 6-6　热塑性淀粉与低密度聚乙烯的环境负荷（每 100 kg）

项目	热塑性淀粉	低密度聚乙烯
能源/MJ	2550	9170
潜在的温室效应/（kg CO$_2$）	120	610
潜在的形成臭氧趋势/（kg 乙烯）	0.47	1.7

根据此数据可以得出结论：从能量守恒和环境角度，使用含有淀粉的塑料比单纯的通用塑料制品对环境的影响是积极的。

尽管目前对降解材料的环境适性进行评价见诸报道的并不多，但是充分利用降解材料在废弃物处理阶段与对环境的适应性来解决塑料白色污染是一种必然趋势。今后研究问题的关键是如何从生命周期的全程考虑利用 LCA 思想开发和设计价廉物美、环境相容性好、具有一定强度和功用性的降解塑料，这是摆在每一位材料设计工作者面前的紧迫任务。

6.2.2.3　生命周期评价在城市生活垃圾中的应用

随着城市建设的发展、居民生活水平的提高，城市生活垃圾产生量与日俱增。这些垃圾不仅污染环境、破坏城市景观，而且传播疾病，威胁人类的生命安全，成为社会公害之一。因此，城市生活垃圾问题是我国和世界各大城市面临的重大环境问题。

（1）城市生活垃圾现状分析

Ⅰ. 城市生活垃圾产生量及其构成特征

城市生活垃圾是指在城市日常生活中和为日常生活提供服务的活动中产生的固体废弃物，包括一般性垃圾、人畜粪便、厨房废物、污泥、垃圾残渣和灰尘等固体物质。随着城市建设的发展和居民生活水平的提高，我国城市生活垃圾产生量与日俱增。目前，我国城市垃圾以每年 8% ~ 9% 的速度在增长，城市人均年生活垃圾产生量为 450 ~ 500 kg，预计到 2050 年年产生活垃圾将达到 5.28 亿 t。城市生活垃圾构成拥有以下变化趋势：①有机物增加；②可燃物增多；③可回收利用物增多；④可利用价值增大。

Ⅱ. 城市生活垃圾污染现状

1）垃圾露天堆放，大量氨、硫化物等有害气体释放，严重污染了大气。

2）严重污染水体。垃圾不但含有病原微生物，在堆放腐败过程中还会产生大量的酸性和碱性有机污染物，并会将垃圾中的重金属溶解出来，形成有机物质、重金属和病原微生物三位一体的污染源，雨水淋入产生的渗滤液必然会造成地表水和地下水的严重污染。

3）生物性污染。垃圾中有许多致病微生物，同时垃圾往往是蚊、蝇、蟑螂和老鼠的孳生地，这些必然危害着广大市民的身体健康。

4）侵占大量土地。据初步调查，1998 年全国 668 座城市中已有 2/3 被垃圾带包围。全国垃圾存占地累计 75 万亩。

5）垃圾爆炸事故不断发生。随着城市中有机物含量的提高和由露天分散堆放变为集中堆存，只采用简单覆盖易造成产生甲烷气体的厌氧环境，易燃易爆（曹曦文，2009）。

（2）城市生活垃圾处置现状

就我国目前处理生活垃圾的方式来说主要有填埋、焚烧和堆肥三种。

这三种方式中垃圾填埋是应用最早、最广泛的一项垃圾处理方式，但其占用大量土地资源，产生的垃圾渗滤液如未妥善处理，会对土壤及地下水等周边环境造成污染；填埋垃圾发酵产生的甲烷等气体，既是火灾及爆炸隐患，又加剧了温室效应。

焚烧法处理可使垃圾减容85%以上，减重75%以上，突出了减量化、无害化特征；若配备热能回收装置，也可达到资源化。与填埋处理相比，焚烧处理具有占地少、厂址选择容易、处理周期短、减量化显著、无害化较彻底以及可回收垃圾焚烧余热等优点，垃圾焚烧也存在环境污染隐患，垃圾焚烧是二噁英的主要排放源之一，所以现在欧洲一些国家已经开始禁止使用焚烧法进行垃圾处理。

堆肥法是利用自然界广泛存在的微生物的新陈代谢作用，在适宜的条件下，进行微生物的自我繁殖，从而将可生物降解的有机物转化为稳定的腐殖质。堆肥处理适合于处理易腐烂、可降解有机物质含量较高的垃圾，可以使其中的有机成分转化为可供施用的肥效物质，同时消除其环境污染，杀灭垃圾中的病菌，具有无害化和资源化特征，是处理有机垃圾最有效、最适宜的技术手段之一，但由于处理成本较高，运到工厂的垃圾成分也很复杂，所以在我国的应用不是很盛行。

截至2007年年底，全国655个设市城市生活垃圾清运量1.52×10^8 t，有各类生活垃圾场453座，处理能力为27.2×10^4 t/d，集中处理量约9400×10^4 t，集中处理率约为62%。其中城市生活垃圾填埋场363座，处理能力21.5×10^8 t/d，填埋处理量约7664×10^4 t；城市生活垃圾堆肥厂17座，处理能力0.79×10^4 t/d，处理量250×10^4 t；城市生活垃圾焚烧厂67座，处理能力4.58×10^4 t/d，处理量1466×10^4 t。按处理量统计，填埋、堆肥和焚烧处理比例分别占81.7%、2.7%和15.6%，按清运量统计分析，填埋、堆肥和焚烧处理比例分别占50.4%、1.6%和9.6%（纪涛，2008）。

（3）目前我国垃圾处理存在的问题

1）现在垃圾管理体制不适应我国当前社会主义市场经济体制。主要依靠政府投入的管理体制存在一系列弊端：缺乏活力；处理资金短缺；垃圾收运机械设备陈旧，机械化作业水平低，工作效率低；由于资金短缺，限制了垃圾收运、处理技术的发展。

2）垃圾治理缺乏资金，收费制度尚未建立。

3）城市环境卫生管理法规不健全。

4）垃圾减量化未引起重视，不合理的消费造成资源浪费。

5）垃圾混合收集，增大了资源化、无害化处理的难度。

6）缺乏优惠的废品回收政策。

（4）生命周期评价在城市垃圾处理中的应用

针对目前我国现有的垃圾处理方法，也有相关研究者用生命周期的评价方法对其进行研究，看其对环境的影响，但一般都是特定城市的生活垃圾进行研究。

易晓娥和张江山（2004）以福州市城市垃圾处理为例，应用生命周期评价方法分析了城市垃圾采用卫生填埋、焚烧两种不同的处理和处置方式的成本消耗，以及向大气、水体和土壤环境排放污染物所造成的环境影响，得出采用焚烧处理方案时，酸化对总的环境影响潜力贡献最大，其次为生态毒性和富营养化。采用卫生填埋时，酸化和富营养化的环境影响潜力贡献相差不大。因此，在采用焚烧时，必须重视和加强尾气净化设备的投入，减少酸性气体及二噁英的排放。

韦保仁等（2009）则采用生命周期评价的方法，对苏州城市生活垃圾填埋和垃圾焚烧两种处置方法对环境的影响进行了研究。研究系统的范围包括垃圾收集、垃圾运输、垃圾填埋或焚烧以及发电等部分。采用收集的垃圾组分数据，利用 IPCC 推荐的模型，计算了垃圾填埋时 CO_2 和甲烷等气体污染物的排放量；并计算了垃圾焚烧产生的 CO_2 排放量。根据对垃圾渗滤液的实测数据，计算了水污染物的排放量。环境影响评价采用日本开发的 AIST2LCA Ver4 计算机软件进行，计算了对城市空气污染、全球变暖等 11 种类型的影响，由此评价对人类健康、社会财富、物种多样化和初级生产力 4 个保护目标的危害，最终求得生态化的币值 Yen。计算结果表明，垃圾填埋的生态币值要大得多，可见垃圾焚烧对环境的影响比垃圾填埋的影响小。所获得的结论较为客观地反映了对环境的影响，可以作为中国城市垃圾处置决策的参考依据。

还有其他相关的研究，都为城市生活垃圾的处理提供了指导性建议，所以在以后社会的发展中 LCA 也必将起着更加重要的作用。

6.2.2.4 生命周期评价在建筑废弃物中的应用

随着我国建筑垃圾数量的与日俱增，传统的建筑垃圾填埋处置方式造成的土地占用、资源浪费、环境和生态破坏问题，引起了广泛关注。蒿奕颖和康健（2010）通过中英设计师的调查，从设计层面分析了建筑垃圾减量化的潜力，并提出设计阶段利用建筑垃圾环境影响评价模型的必要性；王家远等（2004）针对施工现场，分析了建筑垃圾的减量化措施；庞永师和杨丽（2006）对建筑垃圾资源化处理对策进行了定性分析。

但由于建筑垃圾构成复杂，组分间存在较大的资源利用价值差异。建筑垃圾的减量化与资源利用涉及建筑生命周期全过程和众多责任主体，只有构建有效的系统管理机制，才能改进建筑垃圾的资源利用。在建筑垃圾废物流中，作为建筑垃圾核心组分的废弃混凝土，其数量已达建筑垃圾总量的 40% 以上。目前，由于废弃混凝土的再生成本高于填埋处置成本，再生产品的价格较天然原料加工产品缺乏竞争力，加上技术性能的劣势，仍表现出回收渠道、再生市场匮乏等外部效果。这样，对废弃混凝土这类建筑垃圾处理方案的评估，不能仅限于其经济性，也应考虑处理方案的环境影响。生命周期评价方法因能系统分析研究对象的环境影响，被广泛用于废弃物管理的战略决策。2005 年，欧盟甚至开展了生命周期评价方法指南项目用于废弃物的管理。

2012 年，青海大学的龚志起等（2012）则选择了建筑垃圾废物流中数量较大、外部性较为突出的废弃混凝土为对象，采用生命周期评价方法，量化废弃混凝土处理系统的环境影响，同时为改进废弃混凝土的资源利用和建筑垃圾的管理决策以及绿色建筑评估提供理论依据。在此研究中作者根据西宁市废弃混凝土中构成要素的不同，将其简化为下面三种模型，见图6-5。

传统情形下，废弃混凝土全部运至填埋场或指定场所弃置，只包含填埋一种处理方式。一般情形下，工地现场产生的废弃混凝土，若工地现场具备处理条件，一部分经现场移动破碎设备破碎、筛分处理后用作基础填料或其他原料；若现场不具备处理条件或不能完全处理产生的废弃混凝土，可将废弃混凝土运至不

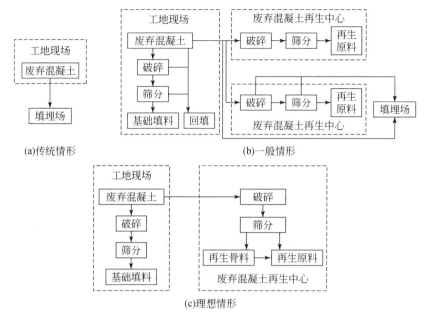

图 6-5　废弃混凝土处理系统构成的三种情况

同的"再生中心"分别处理成再生骨料和再生原料；不能用作骨料的以及产生的废弃物运至填埋场弃置。由于再生骨料的技术要求高于再生原料，废弃混凝土不能完全转化为同等数量的再生骨料，分别处理后，达不到再生骨料要求的废弃物，作为最终废弃物运至填埋场处置。理想情形下，一部分经现场处理后用作基础填料；剩余的全部运至"再生中心"统一处理，符合骨料质量要求的用作再生骨料；不符合的，作为原料生产非结构用再生建材制品。这时，再生原料实际是再生骨料加工的副产品，处理系统可以实现废弃物的完全再生利用。

　　三种情形的废弃混凝土处理系统的环境影响评价的结果表明：传统的仅以填埋方式处置废弃混凝土的系统，环境影响最大，理想情形系统的环境影响最小。一般情形和理想情形中，提高系统中再生利用的比例，将会显著降低系统的环境影响；再生骨料利用的资源节约意义重大，提高再生骨料利用在系统中的比例，有助于进一步降低系统的环境影响。一定运距内，废弃混凝土现场再生利用对系统环境影响降低的效果不如"再生中心"处理明显。只有当运距超出一定范围后，"再生中心"处理的环境影响，将会因运输环节环境影响的大幅增加，使得现场再生利用变得重要。从环境影响的角度，设置一定规模的"再生中心"对废弃混凝土进行集中处理是可行的。

所以，通过生命周期的评价对废弃物进行定量的研究，就可以对实际中所存在的表面上认为可行的方法进行定量定性研究，探究其实际对环境的影响，从而做出正确的处置方式。

6.2.2.5 我国用生命周期评价方法进行废弃物管理的现状及不足

在我国，随着 ISO 14000 环境管理系列标准等同转化工作的全部完成，GB/T 24040 系列标准的颁布和实施，我国生命周期评价变得更加规范。对于国内几大类主要基础材料的生命周期评价也有了一定的成绩。在固废体处理和管理方面，LCA 方法的应用也已经展开，但是由于垃圾的处置不是一个产品而是一个庞大的系统，多步骤、多工艺、多投入和产出，而并没有一个明确的产品，情况比 MLCA 要复杂得多。

目前研究的主要不足在于：

1）各种垃圾包括建筑垃圾处理技术的基础数据非常贫乏，各种处理方法的生命周期排放清单（LCI）很不全面。除少数对填埋的环境影响研究外，建筑垃圾资源化生命周期清单（LCI）的分析和收集工作几乎是空白。

2）垃圾的各种预处理技术在我国发展有限，目前仍是处于技术开发阶段，对技术关键环节的掌握和模拟不够深入。

3）垃圾管理本身是一个系统工程，进行生命周期分析需要与系统有关的其他物流的生命周期排放数据，如电力、运输等的生命周期排放数据，不可能在其他行业的生命周期研究之前开始用 LCA 的方法引导垃圾处理技术的发展。

此外，关于生命周期评价指标和经济指标相结合的分析仍很少，这是因为各种环境经济数据，如各种污染物单位排放量对应的经济指标以及其控制的费用等经济指标，在我国尚未建立，因此对城市垃圾包括建筑垃圾展开环境负荷基础数据收集和测试的工作，建立其处理和处置过程中的物质和环境输出的数据库，以利于对不同建筑垃圾资源化技术进行导向和优化是非常急需的（左铁镛，2008）。

6.3 再生骨料的环境负荷研究

实现建筑废弃物处理利用的关键技术在于，通过合理的工艺及相应的配套设备，将经过前期处理的建筑废弃物转化为再生骨料或再生粉体，以便于建筑废弃物进一步制备再生产品。其中，再生粉体由于性能的稳定性和能耗的问题，应用还比较少。目前，无论是制备再生混凝土、再生制品或道路用无机混合料，其前提都是要将建筑废弃物加工为再生骨料。

建筑废弃物处置为再生骨料的环境效益在于，避免了废弃物的填埋或堆存处置对土地的占用；避免了天然骨料的使用，节约了天然资源；近距离使用，避免天然骨料长距离运输等。再生骨料的环境负荷计算是建筑废弃物资源化利用环境负荷的前提和基础。因此，本章首先对该阶段进行环境负荷计算，并将其与天然骨料环境负荷进行对比。

6.3.1　再生骨料的典型制备技术

再生骨料制备的主要工艺过程可以简单归纳为分选与破碎，如果要制备高性能再生骨料，可以加入再生骨料强化工艺。由于我国建筑废弃物资源化还远达不到产业化程度，相对的工艺水平大部分较低，再加上我国建筑拆除过程相对简单粗暴，产生的建筑废弃物成分混杂，给建筑废弃物的资源化带来了负面影响。因此，我国现阶段并没有统一规范化的再生骨料生产工艺，各企业或自主配套生产设备，或引进国外先进生产设备直接使用。但是，再生骨料制备基本流程相对固定，一般都要包括人工分拣、多次破碎、筛分以及除泥、除铁等环节。

研究者在研究过程中，调研了目前我国比较典型的建筑废弃物处置企业，对具有代表性的两种再生骨料生产方式进行分析：再生骨料普通生产工艺和再生骨料先进生产工艺。

再生骨料普通生产工艺（简称 DB）是指，通过企业自主研发加工工艺，引用其他行业比较成熟的设备，组装、配套成再生骨料生产线。典型代表是上海德滨环保科技有限公司，在汶川地震后成立了成都德滨环保材料有限公司，负责 100 万吨建筑废弃物资源化科技示范工程的建设与运营。该工艺中，所有建筑废弃物运输到厂区后，首先经过消毒、分拣等预处理，将钢筋、木材等直接回收利用，然后将废弃混凝土、砖瓦等进行破碎、筛分等处理，制成再生骨料，工艺流程如图 6-6 所示。

建筑废弃物由铲车运输至振动给料机，粗破采用颚式破碎机，之后由胶带输送机送入二级破碎-反击破碎机中，在这期间进行人工除杂，包括木材、部分金属和其他杂物，最后用振动筛将经过两级破碎后的建筑废弃物筛分为三种不同粒径的再生骨料。破碎过程会产生大量粉尘，采用气箱式脉冲袋收尘器进行收尘。其中，破

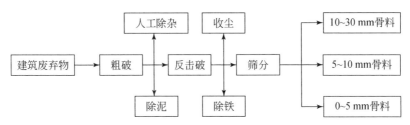

图 6-6　再生骨料普通生产工艺（DB）

碎是生产过程的核心，也是主要能耗工序。生产中主要有建筑废弃物和电力输入，污染物主要是粉尘和噪声。主要产生尘土的工序采用了除尘处理，整个生产线在厂房内，噪声和粉尘只在局部生产空间产生，不会大量排放到大范围空气中。

　　再生骨料先进生产工艺（简称 JK）直接引进国外现有的成熟生产设备或生产线，进行再生骨料制备。该工艺配套集成化程度和生产效率较高，能耗较低。该工艺典型代表是许昌金科建筑清运有限公司在许昌建立的"利用建筑垃圾生产 30 万立方米透水地砖、路沿石等及 200 万立方米再生建筑砂石骨料项目"。

　　该项目中，再生骨料生产采用引进德国的克林曼履带底盘移动反击式破碎机和克林曼履带移动筛分机，建筑废弃物运到厂区后，由铲车将其加入破碎机，经过破碎后的骨料直接进入旁边的筛分机，可以制备三种不同粒径的再生骨料，工艺流程如图 6-7 所示。工艺简单、高效、节能，但是没有除泥、除尘、除铁等专门设备，对建筑废弃物进料要求较高。

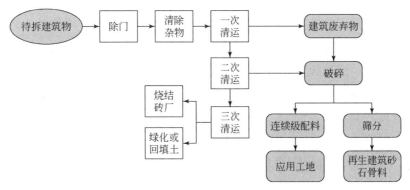

图 6-7　再生建筑砂石骨料生产工艺流程图（JK）

　　目前，再生骨料增强技术主要有物理强化和化学强化。物理强化机理是通过使用机械设备对简单破碎的再生骨料进行处理，使再生骨料与外界或者与自身进行相互摩擦，除去再生骨料表面黏附的水泥砂浆和有薄弱连接的颗粒棱角，达到强化再生骨料的目的，一般在再生处理的三级破碎中实现，其具体技术有加热研磨和颗粒整形，通过物理强化不仅可以改变再生粗骨料的粒形，而且还能将吸附再生骨料表面的水泥砂浆从界面处剥离，从而使再生骨料的性能显著提高，其堆积密度、密实度和针片状骨料含量等指标可与天然碎石骨料相媲美。化学强化是针对再生骨料的孔隙及裂纹，采用化学物质独特的性质来对再生骨料孔隙进行填充，或者对简单破碎的再生骨料进行浸渍、淋洗、干燥等处理，利用某些材料与再生混凝土中的某些成分进行反应，或化学浆液能够将再生骨料的微细裂纹自行黏合等。再生骨料化学强化主要采用的材料及方法有水泥外掺 Kim 粉、聚合物、有机硅防水剂、纯水泥浆等。

再生骨料的强化技术除颗粒整形外，因强化技术带来的成本提高显著，其他强化技术在建筑废弃物再生处理实际工艺中少有使用，国内外对加热研磨、化学强化等技术也多限于理论探索，而非工程实践。

6.3.2　研究目标与范围的确定

通过定量计算现阶段条件下，我国使用再生骨料时的物耗、能耗及污染物排放情况，并比较两种生产工艺下的再生骨料和天然骨料相比的环境负荷优势。

从原材料获取开始研究，到骨料被使用为止。由于再生骨料的制备和使用避免了建筑废弃物直接堆存或填埋处置，因此为能更客观地表征再生骨料的环境影响，选取普遍采用的堆存处置作为再生骨料使用直接避免的环境效益，将堆存造成的环境影响折减到再生骨料生命周期中。研究范围主要划分为以下过程：建筑废弃物的堆存、建筑废弃物收集、建筑废弃物初步分离、建筑废弃物破碎和筛分、再生骨料强化。评价系统边界及流程如图 6-8 所示，功能单位确定为生产 1 t 的再生骨料。

6.3.3　生命周期清单分析

目前，我国并没有关于建筑废弃物资源化的行业平均统计数据，因此，相关研究主要是建立在典型企业的生产实际数据和公开发表的文献数据基础上。再生骨料生产的数据通过对企业生产和技术调研，收集到 DB 和 JK 两种具有代表性的工艺的半年和一年的实际生产数据。

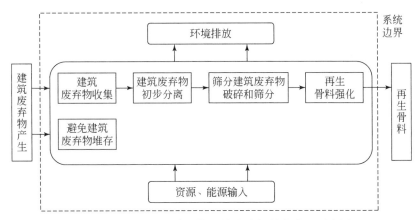

图 6-8 再生骨料生命周期环境影响评价的流程示意图

通常建筑废弃物采用地面堆积的方式进行处理，而利用建筑废弃物生产再生骨料可以避免建筑废弃物运输到堆积场造成的环境负荷与堆积处理时造成的土地占用，借助运输与建筑废弃物堆积处置过程的环境负荷清单即可量化利用建筑废弃物，避免废弃处置带来的环境效益。根据实际情况，运输一般采用重型货车、城市道路；一般废弃物会就近运往堆存点，在此距离假设为 10 km。运输采用马丽萍论文中的数据（马丽萍，2007），土地占用数据采用北京工业大学刘宇博士计算的数据（刘宇，2012）。根据相关研究计算得到单位（1 t）建筑废弃物堆存的清单结果如表 6-7 所示。

表 6-7 建筑废弃物堆存清单

环境负荷项目		单位	处置	避免
能源消耗	原煤	kg/t	3.10×10^{-2}	-3.10×10^{-2}
	原油	kg/t	8.57×10^{-1}	-8.57×10^{-1}
	天然气	m^3/t	5.16×10^{-5}	-5.16×10^{-5}
环境排放	CO_2	kg/t	2.01	-2.01
	SO_2	kg/t	1.17×10^{-3}	-1.17×10^{-3}
	NO_x	kg/t	2.35×10^{-2}	-2.35×10^{-2}
	CO	kg/t	9.10×10^{-2}	-9.10×10^{-2}
	CH_4	kg/t	5.31×10^{-4}	-5.31×10^{-4}
	N_2O	kg/t	1.91×10^{-2}	-1.91×10^{-2}
	颗粒物	kg/t	6.50×10^{-4}	-6.50×10^{-4}

环境负荷项目		单位	处置	避免
土地占用	交通用地	$m^2/(t \cdot a)$	1.08×10^{-4}	-1.08×10^{-4}
	土地占用（堆存）	$m^2/(t \cdot a)$	1.10	-1.10
	农业用地→堆场	m^2/t	9.18×10^{-3}	-9.18×10^{-3}
	林地→堆场	m^2/t	1.36×10^{-2}	-1.36×10^{-2}
	草地→堆场	m^2/t	1.51×10^{-2}	-1.51×10^{-2}
	未利用地→堆场	m^2/t	1.56×10^{-2}	-1.56×10^{-2}

研究中的建筑废弃物生产再生骨料都是集中处理，要将建筑废弃物集中收集运输到处理地点。无论对于什么废弃物处置来说，废弃物的运输距离对其再生利用的效益都影响比较大。一般来说，废弃物处理采取就近处理最好，不建议远距离运输。但是，建筑废弃物一般大量产生于城市中，而废弃物处置企业一般会在市郊，具体实际数据缺乏。根据目前阶段建筑废弃物处置企业比较少，导致运往建筑废弃物处置企业距离往往比直接运往堆存地要远，在此假设为15 km，同样采用重型货车、城市道路。根据文献相关研究，计算清单结果如表6-8所示。

表6-8　建筑废弃物收集清单结果

环境负荷项目		单位	处置	避免
能源消耗	原煤	kg/t	3.10×10^{-2}	-3.10×10^{-2}
	原油	kg/t	8.57×10^{-1}	-8.57×10^{-1}
	天然气	m^3/t	5.16×10^{-5}	-5.16×10^{-5}
环境排放	CO_2	kg/t	2.01	-2.01
	SO_2	kg/t	1.17×10^{-3}	-1.17×10^{-3}
	NO_x	kg/t	2.35×10^{-2}	-2.35×10^{-2}
	CO	kg/t	9.10×10^{-2}	-9.10×10^{-2}
	CH_4	kg/t	5.31×10^{-4}	-5.31×10^{-4}
	N_2O	kg/t	1.91×10^{-2}	-1.91×10^{-2}
	颗粒物	kg/t	6.50×10^{-4}	-6.50×10^{-4}
土地占用	土地占用（交通用地）	$m^2/(t \cdot a)$	1.08×10^{-4}	-1.08×10^{-4}
	土地占用（堆存）	$m^2/(t \cdot a)$	1.10	-1.10
	土地转换（农业用地→堆场）	m^2/t	9.18×10^{-3}	-9.18×10^{-3}
	土地转换（林地→堆场）	m^2/t	1.36×10^{-2}	-1.36×10^{-2}
	土地转换（草地→堆场）	m^2/t	1.51×10^{-2}	-1.51×10^{-2}
	土地转换（未利用地→堆场）	m^2/t	1.56×10^{-2}	-1.56×10^{-2}

初步分离指的是将建筑废弃物中较大块体进行破碎、大块木材、钢筋、其他装饰物等进行分离，以利于进一步运输和加工。研究中涉及的两种生产工艺中，JK 工艺的初步分离在建筑废弃物收集前由人工进行，DB 工艺大块体杂物去除也是靠人工进行，同样没有独立的初步分离处置过程，而是通过多次的破碎达到初步分离的相同目的。因此，该研究对初步分离阶段不进行计算。

再生骨料制备工艺的不同，必然导致两种工艺在此单元过程的环境效益不同。

JK 工艺中，再生骨料生产设备采用柴油作为能源，因此输入项有建筑废弃物和柴油。并撒少量水来降低粉尘，在此不考虑。根据调研数据计算，该工艺处置 1 t 建筑废弃物消耗柴油 0.146 kg、水 4.6 kg，得到再生骨料 0.909 t。主要环境排放为粉尘，洒水降低粉尘后，排放颗粒物量为 0.0015 kg/t。

DB 工艺中，再生骨料生产设备都需要电力，输入项只有建筑废弃物和电。根据调研数据计算，该工艺条件下处置 1 t 建筑废弃物消耗电力 1.29 kW·h，得到再生骨料 0.879 t。生产中采用了除尘措施，除尘效率可达 99%，颗粒物排放量为 0.0005 kg/t。

柴油生产过程的环境排放，根据袁宝荣计算的我国各类成品油生产的生命周期排放清单以及柴油的消耗量计算得到（袁宝荣，2006）；根据高峰博士的数据计算柴油使用过程的环境排放数据（高峰，2008）；电力生产采用狄向华博士的计算数据（狄向华，2005）。根据调研实际数据计算清单结果如表 6-9 所示。

表 6-9 两种再生骨料制备过程生命周期清单

环境负荷项目		单位	JK 结果	DB 结果
输入	废弃物	kg/t	1.00	1.00
	柴油	kg/t	1.46×10^{-1}	0.00
	电	kW·h/t	0.00	1.29
输出	再生骨料	t/t	9.09×10^{-1}	8.79×10^{-1}
直接排放	颗粒物	kg/t	1.50×10^{-3}	5.00×10^{-4}
能源消耗	原煤	kg/t	8.39×10^{-3}	5.12×10^{-1}
	原油	kg/t	1.92×10^{-1}	1.19×10^{-2}
	天然气	m^3/t	1.15×10^{-5}	8.90×10^{-3}

环境负荷项目		单位	JK 结果	DB 结果
气体污染物	CO_2	kg/t	3.19×10^{-2}	9.83×10^{-1}
	SO_2	kg/t	1.95×10^{-5}	5.60×10^{-3}
	NO_x	kg/t	1.99×10^{-3}	5.86×10^{-3}
	CO	kg/t	6.52×10^{-4}	1.48×10^{-3}
	CH_4	kg/t	3.79×10^{-5}	2.97×10^{-3}
	N_2O	kg/t	4.54×10^{-5}	
	NMVOC	kg/t	1.96×10^{-4}	3.75×10^{-4}
	颗粒物	kg/t	9.90×10^{-3}	2.95×10^{-3}
液体废弃物		kg/t	1.12×10^{-1}	
固体废弃物		kg/t	1.13×10^{-3}	
占地	工业用地（占用）	$m^2/(t\cdot a)$		3.74×10^{-3}
	农业用地→工业用地	m^2/t		3.16×10^{-5}
	林地→工业用地	m^2/t		3.39×10^{-5}
	草地→工业用地	m^2/t		8.41×10^{-6}
	未利用地→工业用地	m^2/t		1.14×10^{-4}

根据以上的生命周期清单数据，每生产 1 t 的再生骨料，JK 和 DB 工艺分别需要处理的建筑废弃物量为 1100 kg 和 1140 kg。这主要是因为 JK 相对 DB 所处理的建筑废弃物相对纯净，在建筑废弃物运输到 JK 处置场地前，进行了初步的分离；而 DB 所处理的地震灾区建筑废弃物，组成更加混杂，运输到 DB 处置场前也没有进行分离。因此，这也是 DB 工艺的能耗、排放都要高于 JK 工艺的一个重要原因。

再生骨料强化是指通过物理或化学的方法，对破碎筛分制备的品质不高再生骨料进行高品质化处理。该过程是制备高强度或高性能再生混凝土的必须过程，是未来再生混凝土的必然发展趋势。目前，调研企业两种生产方式都没有对再生骨料进行强化，此单元过程的环境排放清单数据暂不计算。

再生骨料的使用涉及多个阶段和工艺，而且各个阶段的输入和输出相互关联。为了保证清单分析结果的可比性，计算时通过定义的功能单位，对上述三个单元阶段的清单进行链接与求和，根据比例折算成功能单位清单结果，可得到再生骨料使用时的生命周期清单，如表6-10所示。

表6-10 两种再生骨料总生命周期清单

环境负荷项目		单位	JK 结果	DB 结果
能源消耗	原煤	kg/t	3.63×10^{-3}	5.77×10^{-1}
	原油	kg/t	5.77×10^{-2}	-1.45×10^{-1}
	天然气	m^3/t	3.34×10^{-6}	1.01×10^{-2}
气体污染物	CO_2	kg/t	-1.81×10^{-1}	8.95×10^{-1}
	SO_2	kg/t	8.80×10^{-4}	7.26×10^{-3}
	NO_x	kg/t	9.85×10^{-3}	1.46×10^{-2}
	CO	kg/t	-8.28×10^{-2}	-8.47×10^{-2}
	CH_4	kg/t	-2.12×10^{-4}	3.11×10^{-3}
	N_2O	kg/t	1.52×10^{-4}	1.06×10^{-4}
	NMVOC	kg/t	-1.11×10^{-2}	-1.13×10^{-2}
	颗粒物	kg/t	1.06×10^{-2}	2.50×10^{-3}
液体废弃物		kg/t	5.30×10^{-1}	5.83×10^{-1}
固体废弃物		kg/t	5.35×10^{-3}	5.88×10^{-3}
占地	交通用地	m^2/t	3.78×10^{-5}	3.91×10^{-5}
	工业用地（占用）	$m^2/(t\cdot a)$	-1.21	-1.25
	农业用地→工业用地	m^2/t	-1.01×10^{-2}	-1.04×10^{-2}
	林地→工业用地	m^2/t	-1.50×10^{-2}	-1.54×10^{-2}
	草地→工业用地	m^2/t	-1.66×10^{-2}	-1.72×10^{-2}
	未利用地→工业用地	m^2/t	-1.72×10^{-2}	-1.76×10^{-2}

在资源消耗上，由于再生骨料的原材料使用的是建筑废弃物，而生产中不需要其他辅助原料，本书中对其视为无资源消耗。

根据以上清单结果，两种再生骨料处理方式都会带来不同种类和不同程度的环境排放的避免，其中 JK 工艺主要体现在 CO_2、CO、CH_4、NMVOC 和土地的节省；DB 工艺主要体现在原油、CO、NMVOC 和土地的节省。其中最明显的就是土地的节省，按照相关课题研究数据可以看到，制备 1 t 的再生骨料，可以节约大约 1.2 m^2/a 以上的土地占用。

1）能源结构。生产 1 t 再生骨料时，JK 工艺主要的能源消耗是原油，基本占据能源消耗的 94%；DB 工艺主要能源消耗是原煤，这是由于该工艺主要使用二次能源电力进行生产，我国电力需求量中火力发电的比例为 81.7%；DB 工艺的原油消耗为负值，这说明该工艺生产再生骨料节省了一定量的原油，但是节省效应并不明显，该过程主要是运输过程油耗造成。

2）气体污染物排放。CO_2 的排放量和避免量最为明显，这是由于在建筑废弃物的资源化过程中，运输带来的环境成本占非常大的比例，同样的运输条件下，运输过程的 CO_2 排放，占 JK、DB 工艺的总排放量分别为 98% 和 65%；在考虑避免堆存带来的环境效益情况下，JK 的总体 CO_2 排放是负值，避免了一定量的 CO_2 排放，而 DB 加上生产过程耗电带来电力生产间接 CO_2 排放，总体上会少量排放 CO_2。颗粒物的排放 JK 工艺要高于 DB 工艺，JK 采用的除尘措施只是洒水降低粉尘，而 DB 多个处理阶段采用了专业的布袋除尘措施，在降低粉尘溢出方面取得不错的效果。

研究过程中，生产过程挑拣出的废弃钢筋、木材、塑料等，由于能够以其他方式再利用，因此不考虑产生二次废弃物，清单结果中固体废弃物和液体废弃物来自柴油生产过程。

6.3.4 环境影响评价

清单分析结果仅反映建筑废弃物资源化为再生骨料生命周期过程所涉及的各类环境消耗和污染物排放的大小，为了更清晰地表现出与再生骨料的能源、资源消耗以及污染物排放相关的环境问题，应将清单结果分配到不同的环境影响类型中，将所选择的环境问题特征化，并能够使用类型参数来特征化与解释生命周期清单结果。

（1）影响类型、类型参数和特征化模型的选择

考虑影响评价的可比性和通用性，研究采用国际上已达成共识的影响类型、类型参数和环境负荷分类方法。与研究相关的环境影响类型、类型参数和环境负荷分类结果见表 6-11 和表 6-12。

表 6-11　影响类型和类型参数

缩写	中文名	单位
ADP	不可再生资源消耗	kg-锑.eq
GWP	温室效应	kg-CO_2.eq
AP	酸化影响	kg-SO_2.eq
POCP	光化学烟雾	kg-乙烯 2.eq
HT	人体健康损害	kg-1, 4-二氯苯.eq
LU	土地使用	gC

表 6-12 环境影响类型分类及相关环境负荷

类型	环境影响类型	相关环境负荷项目
ADP	不可再生资源消耗	石灰石、原煤、原油、天然气
GWP	温室效应	CO_2、CH_4
AP	酸化影响	SO_2、NO_x
POCP	光化学烟雾	NO_x、CO、NMVOC
HT	人体健康损害	SO_2、NO_x、NMVOC、颗粒物
LU	土地使用	土地

（2）特征化结果

根据确定的环境影响类型分类及选用的计算模型，把生命周期清单的相关数据转化为相应的环境影响指标称为特征化。与该研究相关环境排放的环境影响特征化因子见表 6-13，多种污染物在不同环境影响类型之间的分配因子采用简化处理，即均设为 1，计算得到 JK 和 DB 两种再生骨料生产方式下的再生骨料特征化结果，见表 6-14。

表 6-13 相关环境排放的环境影响特征化因子

环境资源类型	ADP	GWP	AP	POCP	HT	LU
石灰石	$3.16×10^{-6}$					
原煤	$6.95×10^{-9}$					
原油	$1.29×10^{-4}$					
天然气	$4.38×10^{-9}$					
CO				$2.70×10^{-2}$		
CO_2		1.00				
CH_4		21				
NO_x			0.70	$2.8×10^{-2}$	1.2	
SO_2			1.00	$4.8×10^{-2}$	$9.6×10^{-2}$	
颗粒物					$8.2×10^{-1}$	
NMVOC				$1.50×10^{-1}$	$1.22×10^{-2}$	
工业（占用）						$6.08×10^{2}$
农业→工业						$8.92×10^{3}$
林地→工业						$1.67×10^{4}$
草地→工业						$1.24×10^{4}$
未利用地→工业						$6.68×10^{3}$

表6-14 两种再生工艺再生骨料的特征化结果

影响类型	堆存	收集	JK 生产	DB 生产	JK 合计	DB 合计
ADP	1.11×10^{-4}	9.26×10^{-5}	2.47×10^{-5}	1.54×10^{-6}	7.44×10^{-6}	-1.87×10^{-5}
GWP	2.02	1.82	3.27×10^{-2}	1.05	-1.86×10^{-1}	9.60×10^{-1}
AP	1.76×10^{-2}	2.33×10^{-2}	1.41×10^{-3}	9.70×10^{-3}	7.78×10^{-3}	1.75×10^{-2}
POCP	6.04×10^{-3}	2.68×10^{-3}	1.04×10^{-4}	5.29×10^{-4}	-3.58×10^{-3}	-3.22×10^{-3}
HT	2.91×10^{-2}	3.72×10^{-2}	2.73×10^{-3}	9.58×10^{-3}	1.19×10^{-2}	2.01×10^{-2}
LU	1.27×10^{3}			3.99	-1.40×10^{3}	-1.44×10^{3}

　　特征化结果反映了清单结果对各环境影响类型的贡献值大小，从表6-14中可以看出，两种工艺最大环境影响为土地占用，其次是对温室效应的贡献。其中，JK工艺再生骨料利用会避免温室效应的产生。

　　图6-9比较了通过JK和DB两种工艺，将建筑废弃物资源化利用为再生骨料时的不同生命周期过程各影响类型的特征化结果。其中图（a）为不同阶段不可再生资源消耗的特征化结果，图（b）为不同阶段温室效应特征化结果，图（c）为不同阶段酸化效应特征化结果，图（d）为不同阶段光化学烟雾特征化结果，图（e）为不同阶段人体健康损害特征化结果，图（f）为不同阶段土地占用特征化结果。

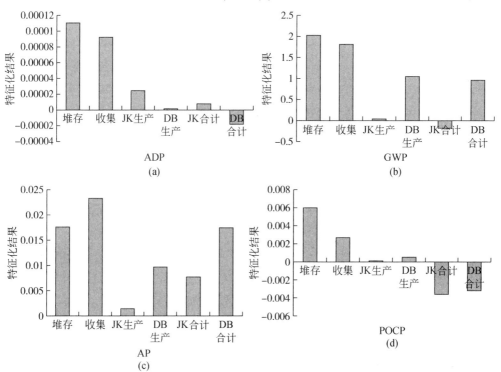

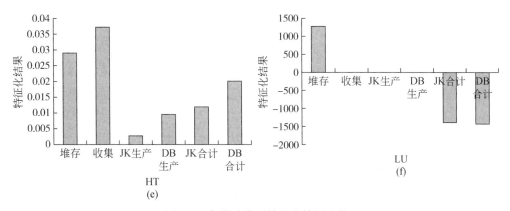

图6-9 各影响类型特征化结果比较

运输过程是废弃物资源化过程中必须着重考虑的重要因素，由图6-9可知，该过程带来的环境影响在所选的6种影响类型中都占据绝大部分。

不可再生资源消耗主要来自能源的使用，研究过程忽略建筑废弃物的不可再生资源消耗。不可再生资源消耗主要还是堆存和收集时的运输过程造成的，其中，收集运输过程造成的不可再生资源消耗占JK和DB两种工艺生产过程总消耗的79%和98%。两种工艺生产阶段相比，DB工艺在不可再生资源消耗方面比JK工艺有较大优势，主要是由于JK工艺采用的柴油作能源，对原油消耗较大。折减了堆存的环境影响后，总体上来看，DB工艺会避免不可再生资源消耗。温室效应JK工艺优于DB工艺，其主要来源也是运输过程。环境酸化主要来源也是运输过程，JK工艺酸化效应只有DB工艺的44%。光化学烟雾最明显的是堆存过程，再生骨料的利用能有效避免光化学烟雾的产生。人体健康损害也主要来自运输过程，JK工艺的影响为DB工艺的59%。土地占用是再生骨料使用最明显的环境效益，由于避免了堆存占地，能大量节约土地。

（3）归一化结果

特征化过程得到了每种环境影响类型的环境负荷值，但它们表示的仅是绝对总量。利用表6-15中确定的归一化基准值，将表6-14中的特征化结果与之进行比较从而得到环境负荷的相对大小，这样就可以在不同环境影响类型之间进行比较。对两种工艺再生骨料进行归一化和等权重加权计算，得到再生骨料利用的归一化结果列于表6-16。

表 6-15　归一化基准值

中文名	缩写	单位	归一化基准
不可再生资源消耗	ADP	kg-锑·eq	2.14×10^{10}
温室效应	GWP	kg-CO_2·eq	4.18×10^{13}
酸化影响	AP	kg-SO_2·eq	2.39×10^{11}
光化学烟雾	POCP	kg-乙烯2·eq	3.68×10^{10}
人体健康损害	HT	kg-1,4-二氯苯·eq	2.58×10^{12}
土地使用	LU	gC	2.48×10^{15}

表 6-16　两种工艺再生骨料利用的生命周期归一化结果

影响类型	堆存	收集	JK 生产	DB 生产	JK 合计	DB 合计
ADP	5.17×10^{-15}	4.33×10^{-15}	1.16×10^{-15}	7.20×10^{-17}	3.48×10^{-16}	-8.74×10^{-16}
GWP	4.84×10^{-14}	4.35×10^{-14}	7.83×10^{-16}	2.50×10^{-14}	-4.44×10^{-15}	2.30×10^{-14}
AP	7.37×10^{-14}	9.74×10^{-14}	5.92×10^{-15}	4.06×10^{-14}	3.25×10^{-14}	7.31×10^{-14}
POCP	1.64×10^{-13}	7.27×10^{-14}	2.82×10^{-15}	1.44×10^{-14}	-9.73×10^{-14}	-8.75×10^{-14}
HT	1.13×10^{-14}	1.44×10^{-14}	1.06×10^{-15}	3.71×10^{-15}	4.62×10^{-15}	7.79×10^{-15}
LU	5.12×10^{-13}	0.00	0.00	1.61×10^{-15}	-5.63×10^{-13}	-5.80×10^{-13}
单一化	8.14×10^{-13}	2.32×10^{-13}	1.17×10^{-14}	8.54×10^{-14}	-6.27×10^{-13}	-5.65×10^{-13}

　　从表 6-12 中可以看出，JK 和 DB 两种再生骨料利用的总生命周期环境影响都为负值，分别为 -6.27×10^{-13} 和 -5.65×10^{-13}，这说明在所划定的评价范围内，由于避免了堆存带来的环境负荷，建筑废弃物制备的再生骨料不造成环境负荷。而再生骨料利用会带来环境负荷的过程是建筑废弃物收集和再生骨料生产过程，其中建筑废弃物的收集过程的环境影响值最大，为 2.32×10^{-13}，主要是因为运输过程的油料消耗和由此带来的污染物排放；JK 和 DB 再生骨料生产过程的环境负荷分别为 1.17×10^{-14} 和 8.54×10^{-14}，JK 先进设备下的生产工艺的环境负荷值仅为 DB 工艺的 13.7%。建筑废弃物堆存过程由于土地占用造成的环境负荷，占总体环境负荷的 62.8%，而堆存过程的环境负荷值比建筑废弃物收集和再生骨料生产所造成环境负荷值之和的 3 倍还多。也正因为如此，堆存作为折减项后，总环境负荷值为负。

6.3.5　生命周期结果解释

　　归一化结果反映了环境负荷的相对大小，便于再生骨料生命周期不同阶段的环境影响及不同的环境影响类型进行比较。

6.3.5.1 两种生产工艺环境负荷比较

对两种再生骨料生命周期评价时，认为进行的建筑废弃物堆存与建筑废弃物收集过程相同，其环境影响值一致。再生骨料的制备过程，包括破碎、筛分、除尘、除铁等，是两种工艺造成不同环境负荷的阶段。两种工艺再生骨料对不同种类环境影响类型造成的影响如图 6-10 所示。

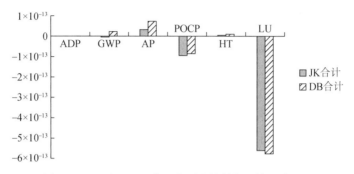

图 6-10 JK 和 DB 两种工艺再生骨料各环境影响对比

通过研究发现，JK 工艺下再生骨料利用造成的环境影响大小依次为：AP>HT>ADP>GWP>POCP>LU，其中 GWP、POCP、LU 为负值，表示可以避免产生这三种环境影响。DB 工艺下再生骨料利用造成的环境影响大小依次为：AP>GWP>HT>ADP>POCP>LU，其中 ADP、POCP、LU 为负值，表示可以避免这三种环境影响。

（1）不可再生资源消耗

JK 工艺下每生产 1 t 再生骨料造成了不可再生资源消耗 3.48×10^{-16}，DB 工艺下则避免了 8.74×10^{-16} 的不可再生资源消耗，是 JK 工艺下消耗量的 250%。这是因为 JK 采用柴油作为能源，会对不可再生资源中的原油造成很大消耗，而 DB 以电力为主，火力发电消耗的煤炭相对原油储量丰富。因此，以柴油为能源的生产方式对不可再生资源消耗影响更大。

（2）温室效应

JK 能避免温室效应 4.44×10^{-15}，而 DB 则会产生温室效应 2.30×10^{-14}，JK 避免的温室效应量是 DB 产生量的 19%。这种差异也是由于两种工艺的能源消耗类型不同，火力发电会产生大量温室气体，因此使 DB 的总体温室效应影响较高。

（3）环境酸化效应

JK 和 DB 两种再生骨料利用方式的酸化效应分别为 3.25×10^{-14} 和 7.31×10^{-14}，JK 的酸化效应只有 DB 的 44.5%。环境酸化主要是 SO_2 和 NO_x 造成，也是不同能源结构的结果。

（4）光化学烟雾效应

两种工艺下的再生骨料都能有效避免光化学烟雾的产生，JK 工艺避免较多，而 DB 工艺避免量为 JK 的 89.9%。影响光化学烟雾效应的主要因子是 SO_2、NO_x、CO、NMVOC，此环境负荷不同也是不同能源结构的结果。

（5）人体健康损害

JK 工艺为 DB 工艺的 59.3%。JK 工艺虽然在生产中会有比较多的颗粒物产生，但是电力生产间接产生的对人体健康有损害的 SO_2、NO_x、NMVOC 和颗粒物，提升了 DB 工艺总体对人体健康的损害和对环境影响。

（6）土地占用

两者都避免了大量土地占用，而且避免使用量基本一致，其中 JK 和 DB 分别为 5.63×10^{-13} 和 5.80×10^{-13}。主要原因是避免了堆存导致的大量土地占用。

JK 和 DB 工艺的单一化指标分别为 -6.27×10^{-13} 和 -5.65×10^{-13}，JK 工艺再生骨料的使用环境效益要优于 DB 工艺。JK 工艺在 GWP、POCP、HT、LU 四种环境影响类型上的影响都优于 DB 工艺，而 DB 工艺的环境优势表现在 ADP 和 AP 两种环境影响类型上。综合之后，DB 工艺避免的环境影响单一化指标为 JK 工艺的 90.1%。

6.3.5.2　与天然骨料环境负荷比较

使用天然骨料时，制备过程要有原材料开采的爆破，消耗了天然资源，爆破产生粉尘和其他气体废弃物排放；骨料生产的破碎、筛分，需要资源、能源输入及直接或间接固体废弃物和气体废弃物排放；天然骨料生产地到骨料使用地的运输距离一般也较远。而且，采石造成的环境景观破坏等会带来一系列的环境问题。

因此，再生骨料的使用与天然骨料相比，有如下的环境优势：①再生骨料利用了建筑废弃物，避免了废弃物堆存处置造成的环境影响；②避免天然资源造成消耗，而天然骨料要开采天然岩石；③建筑废弃物中许多低强度成分，再生骨料生产过程能耗相对较低；④再生骨料比天然骨料的运输距离短。

6.3.5.3 天然骨料生命周期评价目标与范围的确定

本小节的研究是为了将天然骨料生命周期环境影响和再生骨料生命周期环境影响进行比较，找出再生骨料利用比天然骨料利用的环境优势。为使再生骨料和天然骨料的环境负荷具有可比性，对天然骨料生命周期环境影响评价的生命周期范围确定为从岩石开采开始，到可以直接利用为止，包括爆破、破碎、筛分等生产过程，以及天然骨料运输到搅拌站使用前的运输过程，如图 6-11 所示。功能单位确定为 1 t 骨料。

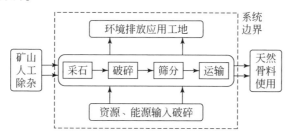

图 6-11　天然骨料生命周期环境影响评价范围

（1）天然骨料生命周期清单分析

目前我国并没有骨料生产的资源和能源消耗的行业平均统计数据，其生产和运输数据来自于李小冬等的调研数据。每吨天然骨料生产消耗矿石 1180 kg，电力 1.64 kW·h，柴油 0.324 kg，运输为 30 km，采用郊区道路、轻型货车（李小冬等，2011）。天然骨料使用的清单结果如表 6-17 所示。

表 6-17　天然骨料生命周期清单结果

	环境负荷项目	单位	生产	运输	汇总
能源消耗	原煤	kg/t	6.70×10^{-1}	9.29×10^{-2}	7.63×10^{-1}
	原油	kg/t	4.40×10^{-1}	2.57	3.01
	天然气	$m^3 g/t$	1.13×10^{-2}	1.56×10^{-4}	1.15×10^{-2}

环境负荷项目		单位	生产	运输	汇总
气体污染物	CO_2	kg/t	1.32	6.03	7.35
	SO_2	kg/t	7.16×10^{-3}	4.99×10^{-3}	1.22×10^{-2}
	NO_x	kg/t	1.19×10^{-2}	7.04×10^{-2}	8.23×10^{-2}
	CO	kg/t	2.36×10^{-3}	2.73×10^{-1}	2.75×10^{-1}
	CH_4	kg/t	3.86×10^{-3}	1.59×10^{-3}	5.45×10^{-3}
	N_2O	kg/t	1.07×10^{-3}		1.07×10^{-3}
	NMVOC	kg/t	3.45×10^{-3}	5.73×10^{-2}	6.08×10^{-2}
	粉尘	kg/t	1.47×10^{-3}	1.34×10^{-2}	1.49×10^{-2}
液体废弃物		kg/t	2.48×10^{-1}	1.50	1.75
固体废弃物		kg/t	2.49×10^{-3}	1.51×10^{-2}	1.76×10^{-2}
占地	工业用地（占用）	$m^2/(t \cdot a)$	4.76×10^{-3}		4.76×10^{-3}
	农业→工业	m^2/t	4.02×10^{-5}		4.02×10^{-5}
	林地→工业	m^2/t	4.31×10^{-5}		4.31×10^{-5}
	草地→工业	m^2/t	1.07×10^{-5}		1.07×10^{-5}
	未利用地→工业	m^2/t	1.45×10^{-4}		1.45×10^{-4}

需要指出的是，该研究中的不可再生资源消耗仅包括了原煤、原油和天然气，没有考虑碎石和砾石。因为碎石和砾石等骨料天然资源相对广泛，与此相关的特征化和归一化数据难以获得。

同再生骨料一样，天然骨料远距离运输的环境负荷是天然骨料使用时的重要环境影响阶段。气体污染物排放主要是生产和运输过程中直接或间接产生的 CO_2。

（2）再生骨料与天然骨料生命周期特征化结果比较

为定量表述再生骨料利用相对于天然骨料的资源、能源消耗和主要污染物排放的环境优势，将两种骨料统一功能单位（1 t 骨料）后的清单结果分配到不同的环境影响类型当中，考虑评价的可比性和通用性，该研究采用国际上达成共识的影响类型、类型参数和环境负荷分类方法，其分类结果和特征化因子见表 6-11 ~ 表 6-13，特征化结果如表 6-18 所示。

由表 6-18 对比可以看出，再生骨料使用的各类环境影响均低于天然骨料使用。天然骨料的不可再生资源消耗最大，为 3.88×10^{-4} kg 锑当量，JK 再生骨料利用为 7.44×10^{-6} kg 锑当量，为天然骨料使用的 0.2%，DB 再生骨料利用会避免

1.87×10^{-5} kg 锑当量的不可再生资源消耗；天然骨料使用的温室效应最大，为 7.46 kg CO_2 当量，JK 再生骨料利用会避免 1.86×10^{-1} kg CO_2 当量温室效应，DB 再生骨料利用会造成 9.6×10^{-1} kg CO_2 当量温室效应，为天然骨料使用的 13%；天然骨料造成环境酸化效应最大，为 6.98×10^{-2} kg SO_2 当量，JK 和 DB 再生骨料利用的环境酸化效应为其 11% 和 25%；天然骨料使用会产生 1.94×10^{-2} kg C_2H_4 当量的光化学烟雾效应，而再生骨料利用都能避免光化学烟雾的产生；天然骨料使用产生 1.13×10^{-1} kg 1，4–二氯苯当量的人体健康损害，JK 和 DB 该效应分别为其 10.5% 和 17.7%；天然骨料使用造成 5.07g 的土地占用，JK 和 DB 能明显避免土地占用。

表 6-18   三种骨料的生命周期评价特征化结果对比

影响类型	天然	JK 再生	DB 再生
ADP	3.88×10^{-4}	7.44×10^{-6}	-1.87×10^{-5}
GWP	7.46	-1.86×10^{-1}	9.60×10^{-1}
AP	6.98×10^{-2}	7.78×10^{-3}	1.75×10^{-2}
POCP	1.94×10^{-2}	-3.58×10^{-3}	-3.22×10^{-3}
HT	1.13×10^{-1}	1.19×10^{-2}	2.01×10^{-2}
LU	5.07	-1.40×10^{3}	-1.44×10^{3}

（3）再生骨料与天然骨料生命周期归一化结果

通过对三种骨料的生命周期评价得到了三种骨料相同功能单位的归一化结果，如表 6-19 所示。

表 6-19   三种骨料使用的归一化结果

影响类型	天然骨料	JK 再生	DB 再生
ADP	1.81×10^{-14}	3.48×10^{-16}	-8.74×10^{-16}
GWP	1.79×10^{-13}	-4.44×10^{-15}	2.30×10^{-14}
AP	2.92×10^{-13}	3.25×10^{-14}	7.31×10^{-14}
POCP	5.28×10^{-13}	-9.73×10^{-14}	-8.75×10^{-14}
HT	4.37×10^{-14}	4.62×10^{-15}	7.79×10^{-15}
LU	2.05×10^{-15}	-5.63×10^{-13}	-5.80×10^{-13}
单一化	1.06×10^{-12}	-6.27×10^{-13}	-5.65×10^{-13}

结果表明，在划定的评价范围内，天然骨料的使用会造成 $1.06×10^{-12}$ 的环境负荷，六种环境影响类型的大小依次为：POCP>AP>GWP>HT>ADP>LU，分别占总环境负荷的 49.70%、27.47%、16.81%、4.12%、1.71% 和 0.19%。JK 和 DB 再生骨料的利用不但不产生环境负荷，而且能避免环境负荷分别为天然骨料使用的 59% 和 53%。可见，再生骨料利用的环境优势明显。

（4）再生骨料与天然骨料对比生命周期结果解释

研究中发现，骨料利用的环境负荷大量集中在运输环节，再生骨料的近距离运输优势，能有效降低其生命周期环境负荷。为了研究单从骨料的制备过程，包括原材料开采、破碎、筛分过程来看，再生骨料有没有环境优势，对比对天然骨料和两种再生骨料的制备过程的归一化结果，如图 6-12 所示。

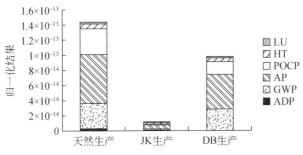

图 6-12 三种再生骨料制备过程归一化结果比较

单从生产过程的生命周期环境负荷来看，再生骨料利用依然占有较大优势，JK 和 DB 再生骨料利用的环境负荷分别为天然骨料使用的 8.18% 和 59.48%。为得到六种环境影响类型分别的大小比较，将天然骨料生产过程的六种环境影响类型值作为 100%，JK 和 DB 再生骨料生成过程六类环境影响值分别与之比较，得到如图 6-13 所示的结果。

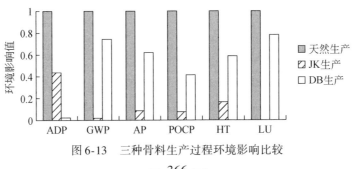

图 6-13 三种骨料生产过程环境影响比较

由图6-13结果可见，再生骨料生产过程六种环境影响值都不同程度低于天然骨料生产过程。JK和DB两种再生骨料生产过程的ADP、GWP、AP、POCP、HT和LU值分别为天然骨料生产的43.59%、2.34%、9.13%、8.25%、16.82%、0%和2.72%、74.61%、62.61%、42.05%、59.08%、78.61%。

该研究中对再生骨料原料（建筑废弃物）产生过程环境影响不予考虑，建筑废弃物有一定低强度组分，破碎、筛分能耗也相对较低；天然骨料生产有采石环节的环境影响，所采石料硬度也相对较高，破碎过程能耗较高。因此，造成了天然骨料生产过程能源使用较多，最终环境影响较大。

必须特别指出的是，虽然天然骨料环境负荷高，但其强度和其他各方面性能也要高于研究过程中再生骨料的强度和其他各项性能。如果考虑性能因素，再生骨料优势会有一定程度降低。

（5）再生骨料强化的环境负荷计算

研究表明，再生骨料通过强化可以接近或达到天然骨料的性能。在研究过程中，再生骨料和天然骨料的环境负荷差距，为再生骨料的强化留下了环境影响空间。通过一定强化工艺对再生骨料进行强化时，如果其工艺过程增加的环境负荷值不高于此差值，则再生骨料生产阶段的环境优势依然存在。根据环境负荷较低的JK工艺制备的再生骨料来计算，每吨再生骨料消耗：原煤 3.63×10^{-3} kg，原油 1.92×10^{-1} kg，天然气 1.15×10^{-5} m³。

统一将能源消耗按照标煤来算，转换按照以下标准进行：1 t 原煤 = 0.714 t 标煤，1 t 原油 = 1.43 t 标煤，1000 m³ 天然气 = 1.33 t 标煤。

JK和DB两种工艺生产1 t再生骨料所用标煤分别为0.28 kg和0.395 kg，生产1 t天然骨料消耗原煤1.12 kg。由此可见，JK和DB两种再生骨料生产的能耗仅为天然骨料生产的24.97%和35.27%。再生骨料强化如果能耗不高于每吨0.725~0.84 kg标煤，则骨料生产阶段可以比天然骨料环境负荷低。

即便再生骨料强化工艺的增加引入的环境优势大于此差值，造成再生骨料生产过程环境负荷高于天然骨料生产，由于运输距离优势的存在，再生骨料利用的整体优势仍然存在。

在综合了环境折减效益后，JK和DB两种工艺的再生骨料利用总能耗分别相当于0.09 kg和0.22 kg标煤，而天然骨料由于加入远距离运输，总能耗增加到4.84 kg标煤。JK和DB两种再生骨料利用的总能耗分别相当于天然骨料使用总能耗的 1.86% 和 4.54%。再生骨料强化如果能耗不高于4.62~4.75 kg 标煤，则骨料使用的总环境负荷比天然骨料低。

6.3.6 本节小结

本节用生命周期评价的方法，客观、综合分析了目前国内两企业实际生产的再生骨料的生命周期环境影响，得到了目前我国典型的两种再生骨料生产工艺下制备再生骨料使用过程的生命周期数据，并将其与天然骨料进行对比。计算得到建筑废弃物堆存、建筑废弃物收集、再生骨料制备、天然骨料制备、天然骨料运输等环节的环境排放清单，对其结果进行环境负荷量化分析，结果表明：

1）利用再生骨料不但不会造成环境负荷，而且会避免产生一定量的环境负荷，利用 JK 再生骨料避免的环境负荷值比利用 DB 再生骨料高 10.9%；再生骨料利用的环境优势主要体现在节约土地，每吨再生骨料能避免 0.06 m² 的土地占用，其次是避免光化学烟雾效应的产生；再生骨料利用的主要环境负荷阶段为建筑废弃物的运输过程，JK 和 DB 工艺的运输过程占总能耗比例分别为95% 和 73%。

2）再生骨料生产过程的环境影响要低于天然骨料生产过程，JK 和 DB 再生骨料利用的环境负荷分别为天然骨料使用的 8.18% 和 59.48%；JK 和 DB 两种再生骨料生产过程的 ADP、GWP、AP、POCP、HT 和 LU 值分别为天然骨料生产的43.59%、2.34%、9.13%、8.25%、16.82%、0% 和 2.72%、74.61%、62.61%、42.05%、59.08%、78.61%；这是因为建筑废弃物中有一定量的低强度组分，易于破碎，而天然骨料普遍强度较高。

3）JK 和 DB 两种再生骨料生产的能耗仅为天然骨料生产的 24.97% 和 35.27%。再生骨料强化如果能耗不高于每吨 0.725~0.84 kg 标煤，则骨料生产阶段可以比天然骨料环境负荷低；JK 和 DB 两种再生骨料利用的总能耗分别相当于天然骨料使用总能耗的 1.86% 和 4.54%，再生骨料强化如果能耗不高于4.62~4.75 kg 标煤，则骨料使用的总环境负荷比天然骨料低。

6.4　再生混凝土的环境负荷研究

基础建设所用大量墙体材料、地面砖、混凝土等建筑材料中的砂石等粗、细骨料占总质量的 70% 以上。目前我国每年混凝土用量达 25 亿 m³，是建筑业用量最大、用途最广、环境影响最显著的材料。生产 1 m³ 混凝土需要 1700 ~ 2000 kg 砂石骨料，仅混凝土用砂石骨料每年需要近 50 亿 t，再加上墙体材料、地砖等，我国每年仅砂石料用量达 100 多亿 t，消耗大量的自然资源。

在 2009 年的哥本哈根会议上，我国政府承诺，到 2020 年 CO_2 排放量在 2015 年基础上减少 40% ~ 50%。水泥行业是 CO_2 排放大户，每生产 1 t 水泥熟料约产生 1 t CO_2。由此看来，水泥混凝土行业肩负着 CO_2 减排的重大责任。

再生混凝土是再生骨料有效利用途径之一，是混凝土绿色化发展的重要组成。前人对再生混凝土的生命周期研究多集中在实验室少量制备的再生骨料上，该研究在第 5 章对实际企业生产的再生骨料使用的环境负荷研究基础上，并将评价范围延长，对再生混凝土的环境负荷进行研究。研究目的是探寻再生混凝土的生命周期环境影响，并对比普通原料生产混凝土的生命周期环境影响，找出再生混凝土的环境扰动点，辨识环境热点，分析再生混凝土的应用价值。

6.4.1　再生混凝土的应用

鉴于目前我国再生骨料品质普遍不高的现状，再生混凝土的生产和应用应有别于普通骨料的混凝土，主要体现在以下几个方面：

1）用废混凝土为主的再生骨料配制的混凝土强度不宜超过 C40，用废砖为主的再生骨料配制的混凝土强度不宜超过 C20。

2）再生混凝土中再生粗骨料的掺量不宜低于 30%，再生细骨料不宜超过 50%，对高品质的再生粗骨料或低等级的混凝土可以提高再生骨料的掺加比例；在满足和易性要求的前提下，再生混凝土宜采用较低的砂率。

3）因再生骨料的吸水及吸附特性，配合比设计时一方面要注意用水量的调整，同时在外加剂的选择上要合理，一般需要适当增加水量以满足再生骨料的吸水需要，选择不易被再生骨料吸附的外加剂（如聚羧酸盐、氨基磺酸盐等效减水剂）以控制再生混凝土坍落度损失。

4）再生混凝土不宜用于预应力混凝土及超长混凝土结构，用于受冻混凝土结构时要严格控制再生骨料的质量。

再生混凝土的研究过程中，不同研究者对再生骨料取代天然骨料得到的混凝土性能不同，这可能是由于采用的再生粗骨料不同，差异主要存在于原始废旧混凝土的强度等级、老砂浆含量和强度、表面粉尘含量和骨料级配等。该研究的再生混凝土方面的数据来源于研究人员对再生混凝土的高性能化和耐久性做的相关研究。

6.4.2 研究目标与范围的确定

研究的主要目标是计算不同强度等级（C30、C35、C40、C45，再生骨料100%取代）和不同再生骨料取代率（C40，取代率分别为40%、60%、80%、100%）再生混凝土的环境负荷，量化其环境影响。具体再生混凝土配合比如表6-20和表6-21所示。所有再生混凝土不使用再生细骨料，粉煤灰同为废弃物，为避免过于复杂，不包括粉煤灰使用的环境负荷。

表6-20 不同强度等级再生混凝土配合比

标号	水泥	粉煤灰	再生骨料	砂	水灰比
C30	210	90	1282	690	0.52
C35	253	108	1234	664	0.47
C40	296	127	1189	640	0.42
C45	339	145	1149	619	0.37

表6-21 C40再生混凝土不同再生骨料取代率配合比

标号	取代率	水泥	粉煤灰	再生骨料	天然骨料	砂	水灰比
C40	40%	267	115	494	742	665	0.39
C40	60%	281	121	729	486	654	0.39
C40	80%	289	124	962	240	647	0.41
C40	100%	296	127	1189	0	640	0.42

研究范围包括建筑废弃物的运输、再生骨料制备、混凝土配制，以及包括水泥、细骨料在内的原材料的运输，并将避免的建筑废弃物堆存、天然骨料的使用及其运输考虑在内，给出客观的环境影响评价。该研究生命周期评价范围主要分为再生骨料使用、水泥使用、细骨料使用、混凝土生产、替代天然骨料使用五个单元。以 1 m³ 混凝土确定为功能单位。

6.4.3 生命周期清单分析

6.4.3.1 再生骨料清单

再生骨料清单数据包括避免填埋、建筑废弃物收集、再生骨料生产三个过程的数据。由于建筑废弃物处置为再生骨料，企业选址一般就近搅拌站为宜，或者直接由搅拌站来处置，因此不再考虑再生骨料制备再生混凝土时运输过程，默认其运输距离极短。选择环境效益更加突出的 JK 工艺制备的再生骨料数据进行计算，结果见表6-7~表6-9。

6.4.3.2 水泥清单

水泥在生产过程中对环境会产生气、水及噪声等污染，其中主要的还是对大气排放的粉尘及有害气体的污染。我国水泥工业经过多年的发展，产量连续多年位居世界第一，在结构性调整和减少烟尘排放方面取得了重要进展，但是从总体上看，环境污染依然比较严重。

水泥采用 42.5 普通硅酸盐水泥，其生产过程采用狄向华博士的数据，运输假定为郊区道路、轻型货车，距离假设为 100 km（狄向华，2005）。清单结果如表 6-22 所示。

表 6-22 水泥生产和运输清单结果

环境负荷项目		单位	生产	运输
资源消耗	石灰石	kg/t	1.18×10^3	
能源消耗	原煤	kg/t	2.02×10^2	3.10×10^{-1}
	原油	kg/t	6.69	8.57
	天然气	m^3/t	1.38	5.19×10^{-4}
气体污染物	CO_2	kg/t	1.53×10^2	2.01×10^{-1}
	SO_2	kg/t	1.85	1.66×10^{-2}
	NO_x	kg/t	1.02	2.35×10^{-1}
	CO	kg/t	2.29×10^{-1}	9.10×10^{-1}
	CH_4	kg/t		5.31×10^{-3}
	N_2O	kg/t		
	NMVOC	kg/t		1.91×10^{-1}
	颗粒物	kg/t	2.19	4.47×10^{-2}
液体废弃物		kg/t		5.00
固体废弃物		kg/t		5.04×10^{-2}
交通用地		m^2/t		5.00×10^{-4}

6.4.3.3 细骨料清单

细骨料采用符合《普通混凝土用砂、石质量及检验方法标准》（JGJ 52—2006）要求的河砂，细度模数为 2.8。砂生产的能耗和排放没有相关行业平均统计数据，本书根据尹健等（2011）的计算数据，每吨河砂生产耗电 13.89 kW·h，运输采用郊区公路、轻型货车，距离假设为 100km，清单结果如表6-23所示。

表6-23 河砂生产和运输清单结果

环境负荷项目		单位	生产	运输
能源消耗	原煤	kg/t	5.51	3.10×10^{-1}
	原油	kg/t	1.28×10^{-1}	8.57
	天然气	m^3/t	9.58×10^{-2}	5.19×10^{-4}
气体污染物	CO_2	kg/t	1.06×10^{-1}	2.01×10^{-1}
	SO_2	kg/t	6.03×10^{-2}	1.66×10^{-2}
	NO_x	kg/t	6.31×10^{-2}	2.35×10^{-1}
	CO	kg/t	1.60×10^{-2}	9.10×10^{-1}
	CH_4	kg/t	3.19×10^{-2}	5.31×10^{-3}
	N_2O	kg/t		
	NMVOC	kg/t	4.04×10^{-3}	1.91×10^{-1}
	颗粒物	kg/t	2.64×10^{-2}	4.47×10^{-2}
液体废弃物		kg/t		5.00
固体废弃物		kg/t		5.04×10^{-2}
占地	交通用地	m^2/t		5.00×10^{-4}
	工业用地（占用）	$m^2/(t\cdot a)$	4.03×10^{-2}	
	农业用地→工业	m^2/t	3.40×10^{-4}	
	林地→工业	m^2/t	3.65×10^{-4}	
	草地→工业	m^2/t	9.06×10^{-5}	
	未利用地→工业	m^2/t	1.23×10^{-3}	

6.4.3.4 混凝土生产过程清单

混凝土生产过程消耗一定的电力，排放噪声、粉尘及废水，影响周边环境及居民的正常生活。由于缺乏可信数据，研究过程中只考虑了生产过程电耗，忽略排放的噪声、粉尘和废水。再生混凝土的配制过程与普通混凝土没有差异，混凝土拌制过程的能耗数据也缺乏行业平均统计数据，本书根据文献资料，并咨询相关行业专家，得出再生混凝土配制清单结果如表6-24所示。使用数据为 2 kW·h/m³ 的电耗。

表6-24　再生混凝土配制清单结果

环境负荷项目		单位	生产
能源消耗	原煤	kg/m³	$7.94×10^{-1}$
	原油	kg/m³	$1.85×10^{-2}$
	天然气	m³/m³	$1.38×10^{-2}$
气体污染物	CO_2	kg/m³	1.52
	SO_2	kg/m³	$8.68×10^{-3}$
	NO_x	kg/m³	$9.08×10^{-3}$
	CO	kg/m³	$2.30×10^{-3}$
	CH_4	kg/m³	$4.60×10^{-3}$
	N_2O	kg/m³	
	NMVOC	kg/m³	$5.82×10^{-4}$
	颗粒物	kg/m³	$3.80×10^{-3}$
液体废弃物		kg/m³	
固体废弃物		kg/m³	
占地	交通用地	m²/m³	
	工业用地（占用）	m²/(m³·a)	$5.80×10^{-3}$
	农业用地→工业	m²/m³	$4.90×10^{-5}$
	林地→工业	m²/m³	$5.26×10^{-5}$
	草地→工业	m²/m³	$1.30×10^{-5}$
	未利用地→工业	m²/m³	$1.77×10^{-4}$

6.4.3.5　替代天然骨料清单

再生骨料替代天然骨料使用，能避免天然骨料的生产和运输过程带来的环境负荷，为了客观评价再生混凝土的环境影响，应当减去替代的天然骨料的环境影响数据。配制相同强度的混凝土时，天然骨料和再生骨料的用量可能有差异，在此作简化处理，认为其用量相同。天然骨料生产和运输的生命周期环境影响清单如表6-17所示。

6.4.3.6　再生混凝土生命周期总清单

根据以上清单结果，并结合表6-20和表6-21中的配合比数据，得到功能单位不同强度等级和不同产量再生骨料再生混凝土的生命周期清单结果，如表 6-25 和表 6-26 所示。

表 6-25　四种不同强度等级再生混凝土清单结果

环境负荷项目		单位	C30	C35	C40	C45
资源消耗	石灰石	kg/m³	2.48×10^2	2.99×10^2	3.49×10^2	4.00×10^2
能源消耗	原煤	kg/m³	4.60×10^1	5.46×10^1	6.32×10^1	7.19×10^1
	原油	kg/m³	-2.25	-1.39	-5.41×10^{-1}	2.90×10^{-1}
	天然气	m³/m³	3.55×10^{-1}	4.12×10^{-1}	4.70×10^{-1}	5.28×10^{-1}
气体污染物	CO_2	kg/m³	3.14×10^1	3.90×10^1	4.67×10^1	5.44×10^1
	SO_2	kg/m³	4.24×10^{-1}	5.04×10^{-1}	5.83×10^{-1}	6.63×10^{-1}
	NO_x	kg/m³	1.75×10^{-1}	2.32×10^{-1}	2.90×10^{-1}	3.47×10^{-1}
	CO	kg/m³	-3.95×10^{-1}	-3.23×10^{-1}	-2.51×10^{-1}	-1.82×10^{-1}
	CH_4	kg/m³	1.94×10^{-2}	1.91×10^{-2}	1.89×10^{-2}	1.87×10^{-2}
	N_2O	kg/m³	-1.18×10^{-3}	-1.13×10^{-3}	-1.09×10^{-3}	-1.05×10^{-3}
	NMVOC	kg/m³	-8.82×10^{-2}	-7.52×10^{-2}	-6.24×10^{-2}	-5.01×10^{-2}
	颗粒物	kg/m³	4.63×10^{-1}	5.60×10^{-1}	6.56×10^{-1}	7.53×10^{-1}
液体废弃物		kg/m³	-1.48	-1.17	-8.66×10^{-1}	-5.70×10^{-1}
固体废弃物		kg/m³	-1.49×10^{-2}	-1.18×10^{-2}	-8.73×10^{-3}	-5.73×10^{-3}
占地	交通用地	m²/m³	-1.43×10^{-4}	-1.12×10^{-4}	-8.16×10^{-5}	-5.21×10^{-5}
	工业用地（占用）	m²/(m³·a)	-1.52	-1.47	-1.41	-1.37
	农业用地→工业	m²/m³	-1.27×10^{-2}	-1.22×10^{-2}	-1.18×10^{-2}	-1.14×10^{-2}
	林地→工业	m²/m³	-1.89×10^{-2}	-1.82×10^{-2}	-1.76×10^{-2}	-1.70×10^{-2}
	草地→工业	m²/m³	-2.12×10^{-2}	-2.04×10^{-2}	-1.97×10^{-2}	-1.90×10^{-2}
	未利用地→工业	m²/m³	-2.12×10^{-2}	-2.04×10^{-2}	-1.96×10^{-2}	-1.89×10^{-2}

表 6-26　四种不同再生骨料取代率再生混凝土清单结果

环境负荷项目		单位	40% C40	60% C40	80% C40	100% C40
资源消耗	石灰石	kg/m³	3.15×10^2	3.32×10^2	3.41×10^2	3.49×10^2
能源消耗	原煤	kg/m³	5.89×10^1	6.12×10^1	6.23×10^1	6.32×10^1
	原油	kg/m³	1.21×10^1	7.85	3.61	-5.41×10^{-1}
	天然气	m³/m³	4.49×10^{-1}	4.62×10^{-1}	4.67×10^{-1}	4.70×10^{-1}
气体污染物	CO_2	kg/m³	7.34×10^1	6.49×10^1	5.58×10^1	4.67×10^1
	SO_2	kg/m³	5.65×10^{-1}	5.78×10^{-1}	5.82×10^{-1}	5.83×10^{-1}
	NO_x	kg/m³	6.08×10^{-1}	5.04×10^{-1}	3.96×10^{-1}	2.90×10^{-1}
	CO	kg/m³	1.11	6.46×10^{-1}	1.92×10^{-1}	-2.51×10^{-1}
	CH_4	kg/m³	3.30×10^{-2}	2.81×10^{-2}	2.34×10^{-2}	1.89×10^{-2}

	环境负荷项目	单位	40% C40	60% C40	80% C40	100% C40
气体污染物	N₂O	kg/m³	3.41×10^{-4}	-1.49×10^{-4}	-6.26×10^{-4}	-1.09×10^{-3}
	NMVOC	kg/m³	2.24×10^{-1}	1.26×10^{-1}	3.09×10^{-2}	-6.24×10^{-2}
	颗粒物	kg/m³	6.59×10^{-1}	6.67×10^{-1}	6.62×10^{-1}	6.56×10^{-1}
液体废弃物		kg/t	kg/m³	3.83	1.45	-8.66×10^{-1}
固体废弃物		kg/t	kg/m³	3.86×10^{-2}	1.46×10^{-2}	-8.73×10^{-3}
占地	交通用地	m²/m³	6.09×10^{-4}	3.74×10^{-4}	1.43×10^{-4}	-8.16×10^{-5}
	工业用地（占用）	m²/(m³·a)	-5.64×10^{-1}	-8.51×10^{-1}	-1.14	-1.41
	农业用地→工业	m²/m³	-4.70×10^{-3}	-7.10×10^{-3}	-9.48×10^{-3}	-1.18×10^{-2}
	林地→工业	m²/m³	-7.08×10^{-3}	-1.06×10^{-2}	-1.41×10^{-2}	-1.76×10^{-2}
	草地→工业	m²/m³	-8.13×10^{-3}	-1.20×10^{-2}	-1.59×10^{-2}	-1.97×10^{-2}
	未利用地→工业	m²/m³	-7.45×10^{-3}	-1.16×10^{-2}	-1.56×10^{-2}	-1.96×10^{-2}

研究过程中，水、外加剂和粉煤灰的环境影响不计。这是因为：水在世界范围内储量比较广泛，后期难以计算其特征化因子；外加剂掺量较少，而其生产过程复杂，宜作简化处理；粉煤灰本身为废弃物，环境影响复杂，作简化处理。

6.4.4 环境影响评价

为了更清楚地描述再生混凝土生产过程中资源、能源消耗和主要污染物相关环境问题，研究采用第6.3.4节确定的环境影响类型参数、环境负荷分类方法和特征化模型，见表6-11和表6-12，使清单结果具有可比性和通用性。

6.4.4.1 特征化结果

根据清单结果以及确定的模型，结合第6.3.4节表6-13的特征化因子，计算得到再生混凝土生产特征化结果见表6-27和表6-28。

表6-27 四种不同强度再生混凝土的特征化结果

影响类型	C30 合计	C35 合计	C40 合计	C45 合计
ADP	4.93×10^{-4}	7.64×10^{-4}	1.03×10^{-3}	1.30×10^{-3}
GWP	3.18×10^{1}	3.94×10^{1}	4.71×10^{1}	5.48×10^{1}
AP	5.47×10^{-1}	6.66×10^{-1}	7.86×10^{-1}	9.05×10^{-1}
POCP	1.35×10^{-3}	1.07×10^{-2}	2.00×10^{-2}	2.91×10^{-2}
HT	6.29×10^{-1}	7.85×10^{-1}	9.41×10^{-1}	1.10
LU	-1.76×10^{3}	-1.69×10^{3}	-1.63×10^{3}	-1.58×10^{3}

表 6-28   四种不同再生骨料取代率再生混凝土的特征化结果

影响类型	40% C40	60% C40	80% C40	100% C40
ADP	2.56×10^{-3}	2.06×10^{-3}	1.54×10^{-3}	1.03×10^{-3}
GWP	7.41×10^{1}	6.55×10^{1}	5.63×10^{1}	4.71×10^{1}
AP	9.90×10^{-1}	9.31×10^{-1}	8.59×10^{-1}	7.86×10^{-1}
POCP	1.08×10^{-1}	7.83×10^{-2}	4.88×10^{-2}	2.00×10^{-2}
HT	1.33	1.21	1.07	9.41×10^{-1}
LU	-6.54×10^{2}	-9.85×10^{2}	-1.31×10^{3}	-1.63×10^{3}

表 6-27 是 100%用再生粗骨料替代天然骨料配制 C30、C35、C40、C45 强度
再生混凝土的特征化结果，从表中可以看出，其规律基本表现为：随着再生混凝
土强度的提高，每立方米再生混凝土的六类环境影响都会增大。

表 6-28 是以 C40 混凝土为例，40%、60%、80%、100%再生骨料取代率制
备再生混凝土的特征化数据，结果显示：随着再生骨料取代率的提高，六类环境
影响都会有所降低。

6.4.4.2   归一化结果

为了使各类环境影响直接具有可比性，对表 6-27 和表 6-28 结果进行归一化，
归一化基准如表 6-15 所示，归一化结果如表 6-29 和表 6-30 所示。

表 6-29   四种不同强度再生混凝土的归一化结果

影响类型	C30 合计	C35 合计	C40 合计	C45 合计
ADP	2.30×10^{-14}	3.57×10^{-14}	4.83×10^{-14}	6.08×10^{-14}
GWP	7.60×10^{-13}	9.44×10^{-13}	1.13×10^{-12}	1.31×10^{-12}
AP	2.29×10^{-12}	2.79×10^{-12}	3.29×10^{-12}	3.79×10^{-12}
POCP	3.66×10^{-14}	2.90×10^{-13}	5.42×10^{-13}	7.91×10^{-13}
HT	2.44×10^{-13}	3.04×10^{-13}	3.65×10^{-13}	4.25×10^{-13}
LU	-7.10×10^{-13}	-6.83×10^{-13}	-6.58×10^{-13}	-6.36×10^{-13}
单一值	2.64×10^{-12}	3.68×10^{-12}	4.71×10^{-12}	5.74×10^{-12}

表 6-30   四种不同再生骨料取代率再生混凝土的归一化结果

影响类型	40% C40	60% C40	80% C40	100% C40
ADP	1.20×10^{-13}	9.63×10^{-14}	7.21×10^{-14}	4.83×10^{-14}
GWP	1.77×10^{-12}	1.57×10^{-12}	1.35×10^{-12}	1.13×10^{-12}
AP	4.14×10^{-12}	3.89×10^{-12}	3.59×10^{-12}	3.29×10^{-12}

影响类型	40% C40	60% C40	80% C40	100% C40
POCP	2.92×10^{-12}	2.13×10^{-12}	1.33×10^{-12}	5.42×10^{-13}
HT	5.14×10^{-13}	4.68×10^{-13}	4.16×10^{-13}	3.65×10^{-13}
LU	-2.64×10^{-13}	-3.97×10^{-13}	-5.29×10^{-13}	-6.58×10^{-13}
单一值	9.21×10^{-12}	7.76×10^{-12}	6.22×10^{-12}	4.71×10^{-12}

从四种强度再生混凝土归一化结果可见，六类环境影响值随着混凝土强度的提高而增大，土地的节约随着强度提高而降低。从单一化环境指标来看，100%再生骨料取代率配制的 C30 再生混凝土为 2.64×10^{-12}，而 C35、C40、C45 再生混凝土的单一化指标分别比 C30 提高了 39.30%、78.47% 和 117.37%。

从四种不同再生骨料取代率再生混凝土归一化结果可见，六类环境影响值随着再生骨料取代率的提高而降低，土地的节约随着取代率的提高而提高。从单一化环境指标来看，100%再生骨料取代率配制的 C40 再生混凝土为 4.71×10^{-12}，随着取代率降低，80%、60%、40% 再生混凝土的单一化环境指标分别比其提高了 32.08%、64.58% 和 95.43%。

6.4.5 生命周期结果解释

本节结合再生混凝土生命周期环境影响清单的特征化和归一化结果，辨识再生混凝土生命周期环境影响热点，分析其产生的原因。

（1）不同强度再生混凝土生命周期结果解释

根据表 6-29 结果得到如图 6-14 所示的四种不同强度再生混凝土的归一化结果对比，从图中可以明显看出，再生混凝土制备环境影响从大到小依次为：AP>GWP>POCP>HT>ADP>LU。其中 LU 为负值，表示再生混凝土制备能够避免土地占用。

从评价结果来看，再生混凝土的最主要环境影响是 GWP、AP、POCP 三种跟气体污染物排放相关的环境影响类型。环境酸化是再生混凝土的最主要环境影响，不同强度的再生混凝土的环境酸化值都能占据总环境影响的 50% 左右，其次是温室效应。

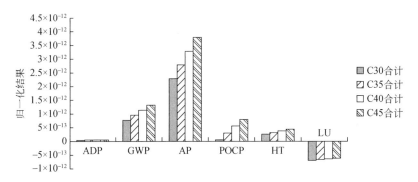

图 6-14　四种不同强度再生混凝土的归一化结果对比

（2）不同再生骨料取代率再生混凝土生命周期结果解释

根据表 6-30 得到如图 6-15 所示的四种不同再生骨料取代率再生混凝土的归一化结果对比图，从图中可以明显看出，不同再生骨料取代率下的三种主要环境影响是 AP、GWP 和 POCP，而随着取代率的提高，POCP 的降低幅度明显相对较大，因此，在 100% C40 前三种环境影响依次为 AP>GWP>POCP，而 80% C40 的 POCP 和 GWP 影响基本持平，到 60% C40 以下的再生混凝土时，前三种主要环境影响依次为 AP>POCP>GWP。

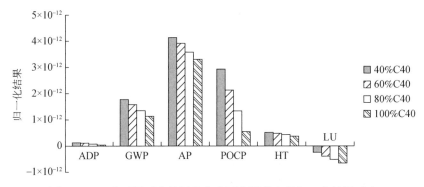

图 6-15　四种不同再生骨料取代率再生混凝土的归一化结果对比

（3）再生混凝土生命周期六类环境影响产生溯源

为分析再生混凝土环境影响类型的重要程度，以 100% C40 再生混凝土为例，计算其产生的六种环境影响占总环境影响绝对值的比例，如图 6-16 所示。

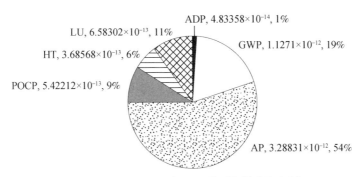

图 6-16　C40 再生混凝土六种环境影响的比例

从图 6-15 中可以看出，100% C40 再生混凝土的环境影响绝对值大小依次为 AP>GWP>LU>POCP>HT>ADP，依次占总环境影响的 54%、19%、11%、9%、6% 和 1%。特别需要指出，其中土地占用为负值，这里仅表示的是绝对值的大小比较。

为分析再生混凝土环境影响产生的原因，将 100% C40 再生混凝土划定的生命周期范围内不同的单元过程进行进一步分析，结果如图 6-17 所示。

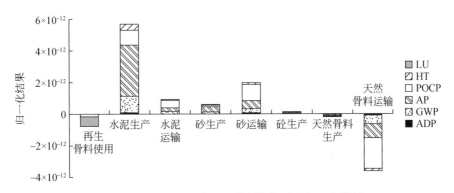

图 6-17　C40 再生混凝土生命周期各过程归一化结果

由图 6-17 可见，100% C40 再生混凝土生命周期各过程对其整个生命周期贡献不同，各过程影响大小依次为：水泥生产>砂运输>水泥运输>砂生产>砼生产>天然骨料生产>再生骨料使用>天然骨料运输。其中，再生骨料使用、天然骨料生产、天然骨料运输为负值，表示 C40 再生混凝土配制能够避免的环境影响。水泥生产过程的环境影响单一指标为 5.68×10^{-12}，为 C40 再生混凝土考虑环境折减后生命周期总环境影响单一化指标 4.71×10^{-12} 的 120%，可见，水泥的使用量是再生混凝土的重要环境影响方面。

图 6-18 是 100% C40 再生混凝土各生命周期过程环境影响绝对值占总环境影响值的比例。水泥生产过程的环境影响单一指标占整个影响的 41%，是再生混凝土环境影响的主要来源；结合图 6-15 中水泥生产的主要环境影响类型为环境酸化，解释了 C40 再生混凝土环境影响中环境酸化占总影响的 61% 的原因：水泥生产在熟料煅烧阶段产生的主要环境排放为 CO_2、SO_2 和 NO_x，其中 SO_2 和 NO_x 对环境酸化有很大影响，而再生混凝土中水泥使用带来的环境影响占总量的 41%，因此造成再生混凝土的主要环境影响也是环境酸化。

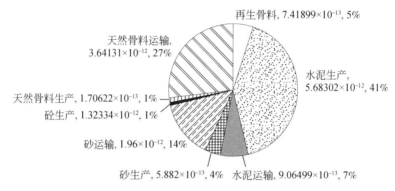

图 6-18　C40 再生混凝土各生命周期过程环境影响比例

再生骨料使用直接影响的过程包括再生骨料使用、避免天然骨料生产、避免天然骨料运输，三个环节的单一化环境影响指标为 $4.56×10^{-12}$，占总量的 33%。再生骨料利用本身对土地的节约效应带入每立方米 C40 再生混凝土配制时，能避免 $6.58×10^{-13}$ 土地的占用。

6.4.6　再生混凝土与传统混凝土环境负荷比较

6.4.6.1　传统混凝土的环境负荷

再生混凝土与传统混凝土的环境负荷相比，才能体现出其环境优势。因此，本书将再生混凝土的环境负荷与传统预拌混凝土的环境负荷进行对比。根据文献对北京周边两家大型搅拌站（北京建工集团商品混凝土中心和北京榆构有限公司）进行调研，得到 C30 和 C40 混凝土的配合比数据，1 m^3 预拌混凝土生产所需要的原料量基础数据如表 6-31 所示。

表 6-31　传统混凝土的原料配比　　　　　　　　（单位：kg）

标号	用水量	水泥	粉煤灰	矿粉	骨料	外加剂
C30	185	230	53.1	79.6	1849.0	3.3
C40	180	260	56.0	84.0	1815.6	4.4

为了和再生混凝土统一比较，功能单位选取 1 m³ 混凝土，研究范围包括原材料的制备、运输以及混凝土配制。所有数据采用同再生混凝土中一致的数据或一致的数据来源。水泥数据采用表 6-22，骨料生产数据采用表 6-23，矿粉只考虑生产电耗 68 kW·h/t（某公司《年产 60 万吨超细矿粉生产线项目可行性研究报告》），不考虑水、粉煤灰和外加剂。得到 C30、C40 混凝土的生命周期清单，如表 6-32 所示。

表 6-32　传统混凝土的生命周期清单

环境负荷项目		单位	C30	C40
资源消耗	石灰石	kg/m³	2.71×10^2	3.07×10^2
能源消耗	原煤	kg/m³	6.03×10^1	6.63×10^1
	原油	kg/m³	2.03×10^1	2.05×10^1
	天然气	m³/m³	5.47×10^{-1}	5.87×10^{-1}
气体污染物	CO_2	kg/m³	1.04×10^2	1.08×10^2
	SO_2	kg/m³	6.05×10^{-1}	6.60×10^{-1}
	NO_x	kg/m³	8.91×10^{-1}	9.21×10^{-1}
	CO	kg/m³	2.05	2.06
	CH_4	kg/m³	8.76×10^{-2}	8.72×10^{-2}
	NMVOC	kg/m³	4.22×10^{-1}	4.22×10^{-1}
	颗粒物	kg/m³	6.63×10^{-1}	7.29×10^{-1}
液体废弃物		kg/m³	1.08×10^1	1.08×10^1
固体废弃物		kg/m³	1.09×10^{-1}	1.09×10^{-1}
占地	交通用地	m²/m³	1.08×10^{-3}	1.08×10^{-3}
	直接占用	m²/(m³·a)	9.60×10^{-2}	9.55×10^{-2}
	农业→工业	m²/m³	8.11×10^{-4}	8.07×10^{-4}
	林地→工业	m²/m³	8.70×10^{-4}	8.66×10^{-4}
	草地→工业	m²/m³	2.16×10^{-4}	2.15×10^{-4}
	未利→工业	m²/m³	2.92×10^{-3}	2.91×10^{-3}

根据表 6-32 清单结果，结合与再生混凝土生命周期评价相同的生命周期环境影响类型、特征化因子和归一化因子，对传统混凝土清单结果进行特征化和归一化，结果如表 6-33 和表 6-34 所示。

表 6-33　两种混凝土的特征化结果

影响类型	ADP	GWP	AP	POCP	HT	LU
C40	3.62×10^{-3}	1.10×10^2	1.30	1.76×10^{-1}	1.77	1.02×10^2
C30	3.48×10^{-3}	1.06×10^2	1.23	1.73×10^{-1}	1.68	1.02×10^2

表 6-34　两种混凝土的归一化结果

影响类型	ADP	GWP	AP	POCP	HT	LU	单一值
C40	1.69×10^{-13}	2.63×10^{-12}	5.46×10^{-12}	4.8×10^{-12}	6.87×10^{-13}	4.11×10^{-14}	1.38×10^{-11}
C30	1.63×10^{-13}	2.53×10^{-12}	5.14×10^{-12}	4.69×10^{-12}	6.5×10^{-13}	4.13×10^{-14}	1.32×10^{-11}

6.4.6.2　环境负荷对比

对比表 6-30 与表 6-34 可以看出，再生混凝土的六种环境影响都低于传统混凝土，最明显的是再生混凝土节约土地。从单一化环境影响指标来看，C30 和 C40 再生混凝土分别为传统混凝土的 19.98% 和 34.17%。

将传统混凝土除土地占用外的五种环境影响类型值作为 100%，再生混凝土与其相比较，结果如图 6-19 所示。其中，（a）为 C40 再生混凝土和 C40 传统混凝土的环境影响对比，从图中可见，C40 再生混凝土的五种环境影响类型均低于传统混凝土，分别为 POCP<ADP<GWP<HT<AP，分别为 0.1131、0.2857、0.4279、0.5369、0.6024。（b）为 C30 再生混凝土和 C30 传统混凝土的环境影响对比，C30 再生混凝土的五种环境影响类型均低于传统混凝土，分别为 POCP<ADP<GWP<HT<AP，分别为 0.0078、0.1416、0.3007、0.3818、0.4448。

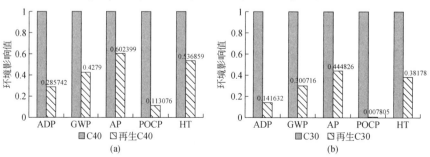

图 6-19　C40 再生混凝与传统混凝土环境影响比

C30 再生混凝土和 C40 再生混凝土相比，能够比传统的混凝土降低更多环境负荷。说明目前工艺条件下，低等级再生混凝土更具有降低环境负荷的优势。随着标号提高，再生混凝土降低环境负荷的优势逐渐减小。

6.4.7 本节小结

本节应用生命周期评价方法，在再生骨料生命周期评价基础上，对再生骨料用于生产再生混凝土时造成的环境负荷进行了研究。研究包括 100% 再生骨料取代率的 C30、C35、C40、C45 再生混凝土和 C40 再生混凝土 40%、60%、80%、100% 再生骨料取代率情况下的环境负荷对比，并将再生混凝土的环境负荷与普通混凝土的环境负荷进行对比分析。得到结论如下：

1）再生混凝土的主要环境影响为环境酸化、温室效应和光化学烟雾效应三种，能避免的环境影响为土地占用；在再生骨料 100% 取代率下，再生混凝土的环境影响为 AP>GWP>POCP；随着再生混凝土标号的提高，各类环境影响值都升高，土地节约减少；再生骨料取代率越高，各类环境影响会随之降低，其中温室效应降低幅度相对更大；再生骨料取代率在 80% 以上时，前三种环境影响为 AP>GWP>POCP，再生骨料取代率低于 80% 时，前三种环境影响为 AP>POCP>GWP。

2）再生混凝土的环境影响主要来自于水泥的生产过程，其次是各种原料运输过程；水泥生产过程的环境影响单一指标为 $5.68×10^{-12}$，为 100% C40 再生混凝土考虑环境折减后生命周期总环境影响单一化指标 $4.71×10^{-12}$ 的 120%，为 100% C40 再生混凝土各生命周期过程环境影响绝对值占总量的 41%。

3）再生骨料使用直接影响的过程包括再生骨料使用、避免天然骨料生产、避免天然骨料运输，三个环节的单一化环境影响指标为 $4.56×10^{-12}$，占总量的 33%。再生骨料利用本身对土地的节约效应带入每立方米 C40 再生混凝土配制时，能避免 $6.58×10^{-13}$ 土地的占用。

4）再生混凝土比传统混凝土环境负荷低，目前工艺条件下，低等级再生混凝土具有更大降低环境负荷的优势。随着标号提高，再生混凝土比传统混凝土降低环境负荷的优势逐渐减小。再生混凝土主要优势体现在节约土地，其次依次为 POCP>ADP>GWP>HT>AP。

6.5 再生制品的环境负荷研究

再生骨料应用于再生混凝土制品是建筑废弃物资源化利用的主要途径，可生产的再生制品有砖、砌块、板材等。其中再生砖、再生砌块应用较多，而再生板材目前鲜有实际应用案例。再生砖、再生砌块在生产利用再生骨料的同时，生产中会消耗电力，养护过程需要燃煤，这会带来不可忽视的环境负荷。

为了客观评价再生砖、再生砌块的环境负荷避免和产生实际效果，本节将应用生命周期评价方法，对目前我国典型的再生砖、再生砌块生产的生命周期过程相关的资源、能源投入和污染物排放进行描述和定量分析。

6.5.1 再生制品的应用

无论是砖、砌块还是板材，其工艺大致相同，区别仅在于产品成型模具的不同。生产工艺流程如图 6-20 所示。

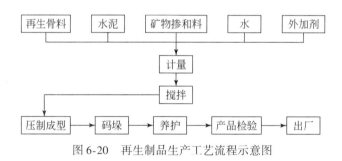

图 6-20 再生制品生产工艺流程示意图

按《再生骨料应用技术规程》（JGJ/T 240—2011）的规定，再生砖有 MU7.5、MU10、MU15、MU20 四个等级，比较于普通混凝土砖增设了 MU7.5、MU10 两个等级，一方面结合再生骨料生产较低等级的砖，同时也满足墙体材料多元化的需求。再生砖可用于低层多层建筑的承重、非承重墙体及其他建筑的非承重墙体，古建砖用作墙体时，既可作为清水墙面，还兼具仿古的装饰效果。

按《再生骨料应用技术规程》（JGJ/T 240—2011）的规定，再生砌块强度等级有 MU3.5、MU5、MU7.5、MU10、MU15 五个，比较于普通的混凝土砌块增设了 MU3.5 等级，一方面结合再生骨料生产较低等级的砌块，同时也满足墙体材料多元化的需求。再生砌块可用于低层建筑的承重、非承重墙体及其他建筑的非承重墙体，保温砌块在用作墙体材料的同时还兼具保温功能。

再生砖及再生砌块技术不仅成熟，而且在全国多地均有推广应用，已有大规模的工业化生产和工程应用实践。目前，国内已可装配再生骨料砖与再生骨料砌块生产全自动生产线。

6.5.2 研究目标与范围的确定

本书通过对建筑废弃物处置典型企业的实地调研，采集了目前我国建筑废弃物处置的实际数据，以此计算再生砌块和再生砖生产的环境负荷。研究的主要目的是：计算再生制品的环境负荷清单，对再生制品生产的环境负荷进行分析，找出再生制品生产的环境热点，为我国建筑废弃物资源化的发展提供基础理论数据支持。

评价主要包括三个过程，如图 6-21 所示：①直接堆存，建筑废弃物产生后直接运往郊区进行堆存；②再生砌块，建筑废弃物首先运至专门的处置企业进行再生加工，使其成为可供使用的再生骨料，然后再加入其他原料制为再生砌块；③再生砖，同再生砌块经历相同的处置过程，制为再生砖。定义以 1 m³ 再生制品为功能单位。

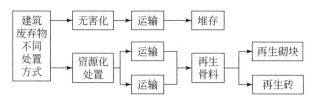

图 6-21　再生砌块和再生砖的环境负荷对比研究框架

建筑废弃物堆存的研究范围包括建筑废弃物的运输过程、堆存占地及其环境影响。再生制品研究范围从建筑废弃物产生后开始，包括运输、再生骨料生产、再生制品制备、养护等过程，以及制品制备中使用的水泥的制备（原料开采、水泥生产等）、运输过程，同时考虑整个过程中的燃油、燃煤和耗电的生产过程，终结于制品养护结束成为成品，如图 6-22 所示。不考虑生产设备、厂房以及水的使用。

再生利用避免了建筑废弃物的堆存，同时存在对天然资源的替代，避免了天然资源的使用带来的环境影响。因此，再生砌块和再生砖的环境负荷应该将避免

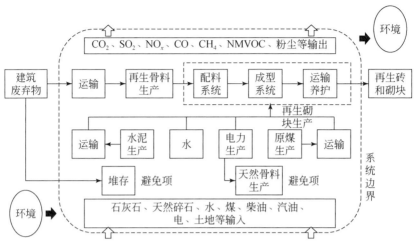

图 6-22　再生砌块和再生砖生命周期评价的系统边界

注：该图由上海园林（集团）有限公司提供。

的堆存和天然资源使用造成的环境影响计算在内。实际计算中要把将这两项环境影响数据按照负值计算，这样才能更加客观地评价再生制品的环境影响。

6.5.3　生命周期清单分析

数据主要采用 JK 工艺实际再生骨料、再生砖和再生砌块生产数据。再生骨料在原料配比没有考虑粗、细再生骨料的比例，因为简单破碎生产的粗、细再生骨料无法判断能耗上的差别。水泥采用的 42.5 普通硅酸盐水泥，水泥生产也存在废弃物替代，比较复杂，在此水泥的资源消耗只考虑石灰石。

6.5.3.1　再生骨料清单

再生骨料为 JK 工艺处理建筑废弃物制备的未经强化处理的再生骨料，其数据见表 6-22。

6.5.3.2　水泥清单

水泥采用 42.5 普通硅酸盐水泥，运输距离假设为 100 km 郊区公路运输，清单数据见表 6-22。

6.5.3.3 再生制品生产过程清单

再生砌块和再生砖的生产采用全自动化生产线，每立方米再生砖和再生砌块的资源、能源消耗和直接环境排放如表6-35所示。

表6-35 每立方米再生砖和再生砌块生产数据

环境负荷项目		单位	砖	砌块
资源消耗	水泥	t/m³	3.40×10^{-1}	7.48×10^{-2}
	再生骨料	t/m³	1.46	5.61×10^{-1}
	水	t/m³	2.00×10^{-1}	1.12×10^{-1}
能源消耗	电	kW·h/m³	7.73	2.51
	煤	kg/m³	7.05	2.29
直接排放	CO_2	kg/m³	1.20×10^{1}	3.89
	SO_2	kg/m³	6.98×10^{-2}	2.26×10^{-2}
	NO_x	kg/m³	5.33×10^{-5}	1.73×10^{-5}
	CO	kg/m³	2.21×10^{-2}	7.18×10^{-3}
	CH_4	kg/m³	1.47×10^{-3}	4.78×10^{-4}
	颗粒物	kg/m³	7.40×10^{-3}	2.40×10^{-3}

注：砖每块2.4 kg，每立方米833.33块，配比为骨料∶水泥∶水=73∶17∶10；砌块每块10.48 kg，每立方米71.4块，配比为骨料∶水泥∶水=75∶10∶15。

生产过程主要消耗电力，再生砖和再生砌块成型后在70~80 ℃蒸汽养护8 h，此过程主要能源为煤炭，场内的短距离运输过程忽略不计。

电力生产采用文献中计算数据，柴油生产采用北京工业大学袁宝荣博士的计算结果，运输采用马丽萍对运输本地化的研究结果（袁宝荣，2006；马丽萍等，2006），排放数据采用高峰博士的计算结果（高峰，2008），土地占用采用刘宇博士的计算结果（刘宇，2012）。计算再生砖和再生砌块生产过程的环境总清单如表6-36所示。

表6-36 再生砖和再生砌块生产过程总清单

环境负荷项目		单位	再生砖	再生砌块
能源消耗	原煤	kg/m³	1.07×10^{1}	3.47
	原油	kg/m³	7.75×10^{-2}	2.51×10^{-2}
	天然气	m³/m³	5.33×10^{-2}	1.73×10^{-2}

环境负荷项目		单位	再生砖	再生砌块
气体污染物	CO_2	kg/m^3	9.82	5.81
	SO_2	kg/m^3	5.62×10^{-2}	3.35×10^{-2}
	NO_x	kg/m^3	3.54×10^{-2}	1.15×10^{-2}
	CO	kg/m^3	1.61×10^{-2}	1.01×10^{-2}
	CH_4	kg/m^3	1.89×10^{-2}	6.45×10^{-3}
	NMVOC	kg/m^3	2.25×10^{-3}	7.30×10^{-4}
	颗粒物	kg/m^3	1.72×10^{-2}	7.19×10^{-3}
占地	工业用地（占用）	$m^2/(m^3\cdot a)$	6.49×10^{-2}	2.11×10^{-2}
	农业用地→工业	m^2/m^3	5.47×10^{-4}	1.77×10^{-4}
	林地→工业	m^2/m^3	5.87×10^{-4}	1.90×10^{-4}
	草地→工业	m^2/m^3	1.46×10^{-4}	4.72×10^{-5}
	未利用地→工业	m^2/m^3	1.97×10^{-3}	6.40×10^{-4}

6.5.3.4 替代天然骨料清单

再生骨料的利用避免了天然骨料的开采和运输，在此假设避免的天然骨料量与再生骨料使用量相等。每吨天然骨料的生产和运输数据见表6-17，假设天然骨料的运输距离为100 km。

6.5.3.5 再生砖和再生砌块清单汇总

根据上述清单结果，结合再生砖和再生砌块各自生产实际数据，相同环境影响相加汇总，得到再生砖和再生砌块的生命周期环境影响总清单结果，如表6-37所示。

表6-37 再生砖和再生砌块生命周期总清单

环境负荷项目		单位	再生砖	再生砌块
资源输入	石灰石	kg/m^3	4.01×10^2	8.83×10^1
能源消耗	原煤	kg/m^3	7.80×10^1	1.81×10^1
	原油	kg/m^3	-7.80	-3.85
	天然气	m^3/m^3	5.05×10^{-1}	1.14×10^{-1}

续表

环境负荷项目		单位	再生砖	再生砌块
气体污染物	CO_2	kg/m^3	3.71×10^1	6.64
	SO_2	kg/m^3	6.57×10^{-1}	1.60×10^{-1}
	NO_x	kg/m^3	1.17×10^{-1}	-2.74×10^{-2}
	CO	kg/m^3	-1.05	-4.63×10^{-1}
	CH_4	kg/m^3	6.98×10^{-3}	1.58×10^{-3}
	N_2O	kg/m^3	-1.34×10^{-3}	-5.15×10^{-4}
	NMVOC	kg/m^3	-2.33×10^{-1}	-1.00×10^{-1}
	颗粒物	kg/m^3	7.25×10^{-1}	1.54×10^{-1}
液体废弃物		kg/m^3	-5.11	-2.24
固体废弃物		kg/m^3	-5.15×10^{-2}	-2.26×10^{-2}
占地	交通用地	m^2/m^3	-5.05×10^{-4}	-2.22×10^{-4}
	工业用地（占用）	$m^2/(m^3 \cdot a)$	-1.71	-6.60×10^{-1}
	农业用地→工业	m^2/m^3	-1.43×10^{-2}	-5.51×10^{-3}
	林地→工业	m^2/m^3	-2.13×10^{-2}	-8.23×10^{-3}
	草地→工业	m^2/m^3	-2.41×10^{-2}	-9.28×10^{-3}
	未利用→工业	m^2/m^3	-2.33×10^{-2}	-9.07×10^{-3}

6.5.4 环境影响评价

根据前面确定的生命周期环境影响类型、参数和特征化模型，对清单数据进行进一步分析，得到再生砖和再生砌块在不可再生资源消耗、温室效应、环境酸化、光化学烟雾效应、人体健康损害和土地占用的特征化和归一化结果。

6.5.4.1 特征化结果

为反映清单结果对各类环境影响类型的贡献值大小，研究采用表6-13的特征化因子将清单结果进行特征化处理，结果如表6-38所示。

表6-38 再生砖和再生砌块的特征化结果

影响类型	再生砖	再生砌块
ADP	2.62×10^{-4}	-2.18×10^{-4}
GWP	3.73×10^1	6.68

续表

影响类型	再生砖	再生砌块
AP	7.39×10^{-1}	1.41×10^{-1}
POCP	-2.84×10^{-2}	-2.06×10^{-2}
HT	7.95×10^{-1}	1.08×10^{-1}
LU	-1.98×10^{3}	-7.64×10^{2}

6.5.4.2 归一化结果

特征化过程得到了每种环境影响类型的环境负荷值，但是它们表示的仅是绝对总量，为了进一步说明不同影响类型数据的可比性，要对特征化的结果进行归一化，即将每个环境影响类型的环境负荷总量作为基准值，用相应的环境负荷当量除以相对应的排放总量，以得到统一单位的数值。根据表6-15的归一化基准值对再生砖和再生砌块进行归一化和等权重加权计算，得到再生砖和再生砌块生命周期过程的环境影响归一化结果，见表6-39。

表6-39 再生砖和再生砌块的归一化结果

项目	再生砖	再生砌块
ADP	1.22×10^{-14}	-1.02×10^{-14}
GWP	8.92×10^{-13}	1.60×10^{-13}
AP	3.09×10^{-12}	5.91×10^{-13}
POCP	-7.73×10^{-13}	-5.60×10^{-13}
HT	3.08×10^{-13}	4.18×10^{-14}
LU	-7.97×10^{-13}	-3.08×10^{-13}
单一值	2.73×10^{-12}	-8.62×10^{-14}

由表6-39可以看出，制备1 m³的再生砖产生的环境影响要大于再生砌块，再生砖的主要环境影响依次为AP>GWP>HT>ADP，其中AP占据环境负荷的绝大部分，达到71.84%；与此同时会避免POCP和LU的产生，能够分别占到避免效益的49.27%和50.77%。

制备1 m³的再生砌块产生的主要环境影响依次为AP>GWP>HT，其中AP占据环境负荷的绝大部分，达到74.55%；避免的环境影响为POCP>LU>ADP，分别占总避免量的63.78%、35.06%和1.16%。

6.5.5 生命周期结果解释

在对再生砖和再生砌块特征化与归一化的基础上，进一步对影响评价的结果进行分析，并对比其环境影响的差异，据此辨识更为环保的再生制品，为相关行业的政策制定提供量化依据。

为了进一步分析再生制品的环境热点以及产生环境热点的原因，分别将再生砖和再生砌块各个单元过程的清单结果进行归一化处理，结果如表 6-40 和表 6-41 所示。

表 6-40 再生砖分阶段归一化结果

影响类型	再生骨料	水泥生产	水泥运输	砖生产	砖养护	天然生产	天然运输
ADP	5.08×10^{-16}	7.30×10^{-14}	1.76×10^{-14}	4.32×10^{-16}	3.90×10^{-17}	-3.87×10^{-15}	-7.54×10^{-14}
GWP	-6.48×10^{-15}	1.24×10^{-12}	1.64×10^{-13}	1.50×10^{-13}	9.46×10^{-14}	-4.89×10^{-14}	-7.06×10^{-13}
AP	4.75×10^{-14}	3.65×10^{-12}	2.57×10^{-13}	2.43×10^{-13}	9.59×10^{-14}	-9.46×10^{-14}	-1.10×10^{-12}
POCP	-1.42×10^{-13}	1.14×10^{-12}	5.60×10^{-13}	8.62×10^{-14}	3.51×10^{-14}	-4.99×10^{-14}	-2.40×10^{-12}
HT	1.16×10^{-14}	4.21×10^{-13}	4.24×10^{-14}	2.23×10^{-14}	1.77×10^{-15}	-9.18×10^{-15}	-1.82×10^{-13}
LU	-8.22×10^{-13}	0.00	0.00	9.64×10^{-15}	1.82×10^{-14}	-2.99×10^{-15}	0.00
单一值	-9.11×10^{-13}	6.53×10^{-12}	1.04×10^{-12}	5.12×10^{-13}	2.46×10^{-13}	-2.10×10^{-13}	-4.47×10^{-12}

表 6-41 再生砌块分阶段归一化结果

影响类型	再生骨料	水泥生产	水泥运输	砌块生产	砌块养护	天然生产	天然运输
ADP	1.95×10^{-16}	1.61×10^{-14}	3.86×10^{-15}	1.40×10^{-16}	1.26×10^{-17}	-1.49×10^{-15}	-2.90×10^{-14}
GWP	-2.49×10^{-15}	2.74×10^{-13}	3.62×10^{-14}	4.86×10^{-14}	9.37×10^{-14}	-1.88×10^{-14}	-2.71×10^{-13}
AP	1.83×10^{-14}	8.02×10^{-13}	5.66×10^{-14}	7.89×10^{-14}	9.51×10^{-14}	-3.64×10^{-14}	-4.24×10^{-13}
POCP	-5.46×10^{-14}	2.51×10^{-13}	1.23×10^{-13}	2.80×10^{-14}	3.49×10^{-14}	-1.92×10^{-14}	-9.24×10^{-13}
HT	4.45×10^{-15}	9.27×10^{-14}	9.34×10^{-14}	7.22×10^{-14}	1.67×10^{-15}	-3.53×10^{-15}	-7.00×10^{-14}
LU	-3.16×10^{-13}	0.00	0.00	3.13×10^{-15}	5.92×10^{-15}	-1.15×10^{-15}	0.00
单一值	-3.50×10^{-13}	1.44×10^{-12}	2.29×10^{-13}	1.66×10^{-13}	2.31×10^{-13}	-8.05×10^{-14}	-1.72×10^{-12}

（1）再生砖生命周期结果解释

将再生砖生命周期划分为再生骨料使用、水泥生产、水泥运输、再生砖生产、再生砖养护、避免天然骨料生产和避免天然骨料运输七个阶段。根据表 6-40 结果绘制累积柱状图 6-23，七个生命周期阶段中，会产生环境影响的由大到小依次为水泥生产、水泥运输、再生砖生产、再生砖养护四个阶段，水泥生产阶段的环境影响占据绝大多数。从单一化环境指标来看，水泥生产占四个阶段环境总影响的 78.4%，其他三项分别占 12.51%、6.14% 和 2.95%。

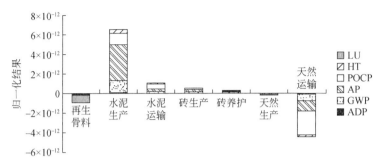

图 6-23　再生砖分阶段归一化结果

注：本图由上海园林（集团）有限公司提供。

七个生命周期阶段中，再生骨料利用、避免天然骨料使用、避免天然骨料运输三个阶段可以避免环境影响。从单一化环境指标来看，避免天然骨料的运输过程占总避免环境影响的 79.96%，其次是再生骨料利用为 16.29%，避免天然骨料生产占 3.75%。

为了分析再生砖六类生命周期环境影响的热点，将其各阶段的不同环境影响类型分别进行累加，得到图 6-24。

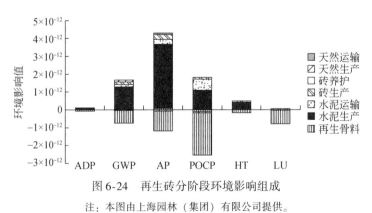

图 6-24　再生砖分阶段环境影响组成

注：本图由上海园林（集团）有限公司提供。

从产生的环境酸化效应来看，水泥生产产生的酸化效应对其影响最大，贡献了总环境酸化值的 117.95%；其次是避免天然骨料的运输，而避免产生的酸化效应占总酸化效应的 -35.71%，说明：由于再生骨料使用而直接避免了天然骨料的使用，这样间接避免了天然骨料运输带来的酸化效应，抵消了一部分水泥生产等阶段产生的酸化效应。

从产生的温室效应来看，对其贡献最大的前两位生命周期阶段依然是水泥生产和避免天然骨料运输，分别占总温室效应的 139.5% 和 -79.12%，这进一步说明，再生骨料使用间接避免天然骨料运输，抵消了部分水泥生产等阶段产生的温室效应。

从产生的人体健康损害来看，对其贡献最大的是水泥生产，其次是避免天然骨料运输，分别占总影响的 136.79% 和 -59.15%，说明：再生骨料使用间接避免了天然骨料运输，抵消了部分水泥生产等阶段产生的人体健康损害。

不可再生资源消耗来看，水泥生产和避免天然骨料运输造成的影响基本相互抵消，水泥运输、再生骨料利用、再生砖生产和养护造成少量的燃油、燃煤方面不可再生资源消耗。

光化学烟雾效应为负值，说明再生砖生命周期中产生的光化学烟雾效应小于不用再生骨料时产生的光化学烟雾效应。对该环境影响有较大贡献的依次为避免天然骨料运输、水泥生产和水泥运输，分别占总光化学烟雾效应的 310.9%、-147.65% 和 -72.4%。如果不采用再生骨料而使用天然骨料，由此引入的天然骨料的远距离运输会产生大量的光化学烟雾效应，而再生骨料的利用，避免了该效应的产生，避免量大于再生砖生命周期其他阶段产生量，因此该项为负值。

土地占用为负值，说明再生砖生命周期环境影响有节约土地效果。从图 6-24 中可明显看出，该项的主要贡献阶段为再生骨料利用，占总避免量 103.12%。结合表 6-19 可知，再生骨料利用的最主要环境效益就是节约土地，由此避免的土地占用量大于再生砖生命周期要造成的土地占用量。

（2）再生砌块生命周期结果解释

根据第（1）部分同样的方法，对再生砌块的生命周期环境影响数据进行分析，得到表 6-41 和图 6-25。

再生砌块生命周期各个阶段的环境影响大小与再生砖略有不同，七个生命周期阶段中，会产生环境影响的由大到小依次水泥生产、砌块养护、水泥运输、砌块制备四个阶段，水泥生产阶段的环境影响占据绝大多数。从单一化环境指标来看，水泥生产占四个阶段环境总影响的 69.63%，其他三项分别占 11.21%、11.11% 和 8.05%。

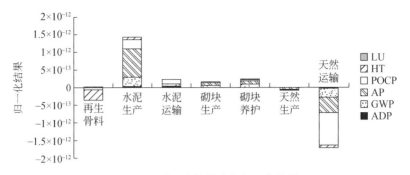

图 6-25　再生砌块分阶段归一化结果

注：本图由上海园林（集团）有限公司提供。

七个生命周期阶段中，同样为再生骨料利用、避免天然骨料使用、避免天然骨料运输三个阶段可以避免环境影响。从单一化环境指标来看，避免天然骨料的运输过程占总避免环境影响的 79.96%，其次是再生骨料利用为 16.29%，避免天然骨料生产占 3.75%。

同样，为了分析再生砌块六类生命周期环境影响的热点，将其各阶段的不同环境影响类型分别进行累加，得到图 6-26。其六类环境影响的产生和避免效应基本与再生砖相同，生产环境影响的主要原因是水泥生产过程，能产生环境影响避免效应的主要是再生骨料利用直接避免的天然骨料使用，促成天然骨料的生产和远距离运输的避免。土地节约主要是再生骨料利用避免的建筑废弃物填埋造成的土地占用。

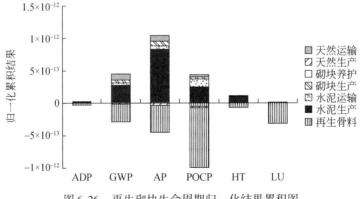

图 6-26　再生砌块生命周期归一化结果累积图

注：本图由上海园林（集团）有限公司提供。

6.5.6　再生制品与传统建筑材料的环境负荷比较

将研究计算的再生制品的环境负荷与传统制品的环境负荷进行对比分析，能够更直观地体现再生制品的环境负荷优势。在此，将研究数据对比传统砌块、实心黏土砖和空心黏土砖的环境负荷。传统砌块选用房明惠的清单数据，将其清单数据结合本书选定的环境影响评价模型和数据，得到传统轻集料混凝土砌块生命周期环境负荷；实心黏土砖和空心黏土砖选用罗楠的清单数据（罗楠，2009），根据本书选定的环境影响评价模型和数据，得到黏土砖制造过程的环境负荷。

6.5.6.1　传统制品的环境负荷

传统砌块是陶粒作为集料的轻集料混凝土砌块，其生产数据如表 6-42 所示。其研究范围为从材料开采至砌块制备完成的整个过程的能源、资源消耗和污染物排放，同研究范围一致。陶粒采用粉煤灰陶粒，生产数据来自天津市硅酸盐制品厂生产数据，运输距离 100 km（天津市硅酸盐制品厂，1974）。其他原料数据同上文采取相同数据来源，以保证结果的可比性。由此得到传统砌块的生命周期清单，如表 6-43 所示。

表 6-42　传统砌块生产过程数据

环境负荷项		传统砌块	单位
资源消耗	水泥	1.68×10^2	kg/m³
	陶粒	3.14×10^2	kg/m³
	普通砂	3.64×10^2	kg/m³
	水	1.64×10^2	kg/m³
能源消耗	电力	1.40×10^1	kW·h/m³
	燃煤	3.00×10^1	kg/m³
污染物	CO_2	5.13×10^1	kg/m³
	SO_2	1.17×10^{-1}	kg/m³
	NO_x	2.29×10^{-1}	kg/m³
	CO	6.65×10^{-2}	kg/m³
	CH_4	5.02×10^{-4}	kg/m³
	颗粒物	6.30×10^{-1}	kg/m³
	NMVOC	1.57×10^{-2}	kg/m³

表 6-43　传统砌块生产总清单

	环境负荷项目	单位	传统砌块
资源消耗	石灰石	kg/m³	1.98×10^2
能源消耗	原煤	kg/m³	1.05×10^2
	原油	kg/m³	1.83×10^1
	天然气	m³/m³	4.54×10^{-1}
气体污染物	CO_2	kg/m³	1.36×10^2
	SO_2	kg/m³	6.23×10^{-1}
	NO_x	kg/m³	6.87×10^{-1}
	CO	kg/m³	9.33×10^{-1}
	CH_4	kg/m³	2.85×10^{-1}
	N_2O	kg/m³	1.34×10^{-1}
	NMVOC	kg/m³	1.91×10^{-1}
	颗粒物	kg/m³	1.29
占地	交通用地	m²/m³	4.23×10^{-4}
	工业占用	m²/(m³·a)	2.36×10^{-1}
	农业用地→工业	m²/m³	1.99×10^{-3}
	林地→工业	m²/m³	2.13×10^{-3}
	草地→工业	m²/m³	5.29×10^{-4}
	未利用地→工业	m²/m³	7.17×10^{-3}

根据表 6-43 清单结果和罗楠论文数据（罗楠，2009），结合本书选定的生命周期环境影响类型、特征化因子和归一化因子，对传统砌块、烧结实心砖和烧结空心砖三种建材清单结果进行特征化和归一化，结果如表 6-44 和表 6-45 所示。

表 6-44　三种建筑材料的特征化结果

影响类型	ADP	GWP	AP	POCP	HT
传统砌块	2.98×10^{-3}	1.42×10^2	1.10	1.03×10^{-1}	1.94
实心砖	1.75×10^{-2}	9.47×10^2	2.60	4.30×10^{-2}	1.60×10^1
空心砖	1.05×10^{-2}	2.41×10^2	1.18	5.58×10^{-3}	1.05×10^1

表 6-45　三种建筑材料的归一化结果

影响类型	ADP	GWP	AP	POCP	HT	单一化
传统砌块	1.39×10^{-13}	3.39×10^{-12}	4.62×10^{-12}	2.80×10^{-12}	7.53×10^{-13}	1.18×10^{-11}
实心砖	2.29×10^{-11}	2.45×10^{-11}	8.70×10^{-12}	9.42×10^{-13}	3.22×10^{-13}	5.74×10^{-11}
空心砖	1.50×10^{-11}	6.25×10^{-12}	4.08×10^{-12}	1.23×10^{-13}	2.11×10^{-13}	2.57×10^{-11}

6.5.6.2 环境负荷对比

对比表 6-44 和表 6-38 可以看到，再生制品的环境影响特征化值要低于轻集料混凝土砌块、烧结实心砖和烧结空心砖。从表 6-45 和表 6-39 的单一化环境指标来看，以烧结实心砖的环境负荷单一化指标为 100%，其他制品与其相比，得到图 6-27。如图所示，再生砖和再生砌块分别为其环境负荷的 4.76% 和 −0.15%，分别比空心砖的 44.68% 低四十多个百分点，具有非常明显的环境负荷降低效果。

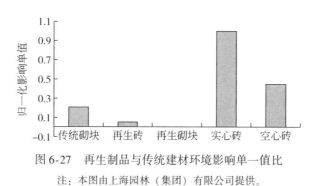

图 6-27　再生制品与传统建材环境影响单一值比
注：本图由上海园林（集团）有限公司提供。

为了分别对比各项环境影响值大小，将烧结实心砖各项环境影响归一化值作为 100%，其余制品与其对比，如图 6-28 所示。

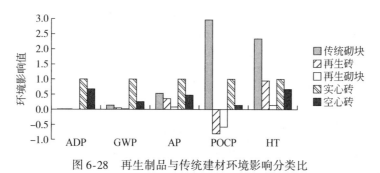

图 6-28　再生制品与传统建材环境影响分类比

由图 6-28 可以看到，再生制品在除土地占用外的生命周期五类环境影响中都占据绝对优势。再生砖的 ADP、GWP、AP、POCP、HT 五类环境影响分别为烧结实心砖的 0.05%、3.64%、35.53%、−82.06% 和 95.65%，再生砌块分别为 −0.04%、0.65%、6.79%、−59.46% 和 12.99%。再生砖和再生砌块的五类生命周期环境影响类型都低于传统轻集料混凝土砌块。

由此可知，再生制品的环境负荷非常明显，除能避免大量土地占用外，在其他生命周期环境影响类型中也比传统建筑材料有明显的优势。

6.5.7　本节小结

本节用生命周期评价的方法，对再生砖和再生砌块的生命周期环境影响分为七个单元过程，分别进行生命周期清单编制，根据选定的特征化和归一化因子将其特征化和归一化处理，得到了再生砖和再生砌块的生命周期六类环境影响定量结果。并将其与传统制品的生命周期环境影响进行对比分析，主要包括如下结论：

从产生的环境酸化、温室效应、人体健康损害效应来看，水泥生产对再生制品的影响最大，其次是避免天然骨料的运输过程。

不可再生资源消耗来看，水泥生产和避免天然骨料运输造成的影响基本相互抵消，水泥运输、再生骨料利用、再生砖生产和养护造成少量的燃油、燃煤方面不可再生资源消耗。

光化学烟雾效应为负值，再生砖和再生砌块生命周期中会避免产生光化学烟雾效应。对该环境影响有较大贡献的依次为避免天然骨料运输、水泥生产和水泥运输。如果不采用再生骨料而使用天然骨料，由此引入的天然骨料的远距离运输会产生大量的光化学烟雾效应。

土地占用为负值，说明再生砖和再生砌块生命周期环境影响有节约土地效果。该项的主要贡献阶段为再生骨料利用，避免了建筑废弃物填埋占用土地，占总避免量的 103.12% 和 102.56%。

与传统轻集料混凝土砌块和烧结砖相比，再生制品有非常明显的优势，不仅避免土地占用，再生砖和再生砌块的 ADP、GWP、AP、POCP、HT 五类环境影响值分别只有烧结实心砖的 0.05%、3.64%、35.53%、−82.06%、95.65% 和 0.04%、0.65%、6.79%、−59.46%、12.99%。建筑废弃物资源化利用与再生制品的环境负荷相比传统制品和砖有明显的优势。

6.6　建筑废弃物不同资源化方式的环境负荷比较

建筑废弃物有多种资源化利用方式的环境影响是辅助建筑废弃物管理决策的

重要依据。研究采用生命周期评价方法，以单位体积为功能单位，对建筑废弃物资源化为再生混凝土、再生砖和再生砌块的环境影响进行了核算。

本节在上述研究基础上，尝试选取不同的功能单位，对建筑废弃物资源化方式的环境行为进行更加客观的对比。而要综合所有性能指标对再生产品进行评价又过于复杂，因此，为了客观、简单评价资源化方式的环境影响，作者引入强度作为性能指标，考虑单位体积、单位强度环境影响。

6.6.1 单位体积单位强度比较

建筑废弃物资源化利用在再生混凝土、再生砖和再生砌块时，其强度、耐久性、保温性等性能有很大不同，说明其在实际建筑中使用价值不同。只用单位体积作为功能单位评价不同的再生产品时，忽略了再生产品性能指标，不能客观评价再生产品的真正环境影响。而要综合所有性能指标对再生产品进行评价又过于复杂。因此，为了客观、简单评价资源化方式的环境影响，引入强度作为性能指标，考虑单位体积、单位强度环境影响。

本节将以 $1 \text{ m}^3 \cdot \text{MPa}$ 为功能单位，尝试以其单位体积和单位强度为统一评价基准，对不同资源化利用方式进行比较客观的评价。分别将再生砖、再生砌块和 C30、C35、C40、C45 强度再生混凝土的归一化结果除以各自强度，再生砖为 C30，再生砌块为 MU10，换算后的功能单位归一化结果如表 6-46 所示。

表 6-46　单位体积单位强度资源化产品归一化结果对比

影响类型	再生砖	再生砌块	C30 合计	C35 合计	C40 合计	C45 合计
ADP	4.08×10^{-16}	-6.79×10^{-16}	7.68×10^{-16}	1.02×10^{-15}	1.21×10^{-15}	1.35×10^{-15}
GWP	2.97×10^{-14}	1.06×10^{-14}	2.53×10^{-14}	2.70×10^{-14}	2.82×10^{-14}	2.91×10^{-14}
AP	1.03×10^{-13}	3.94×10^{-14}	7.62×10^{-14}	7.96×10^{-14}	8.22×10^{-14}	8.42×10^{-14}
POCP	-2.58×10^{-14}	-3.73×10^{-14}	1.22×10^{-15}	8.29×10^{-15}	1.36×10^{-14}	1.76×10^{-14}
HT	1.03×10^{-14}	2.79×10^{-15}	8.27×10^{-15}	8.81×10^{-15}	9.21×10^{-15}	9.53×10^{-15}
LU	-2.66×10^{-14}	-2.05×10^{-14}	-2.37×10^{-14}	-1.95×10^{-14}	-1.65×10^{-14}	-1.41×10^{-14}
单一值	9.11×10^{-14}	-5.74×10^{-15}	8.82×10^{-14}	1.05×10^{-13}	1.18×10^{-13}	1.28×10^{-13}

根据影响评价的结果，对比三种资源化方式下六种再生成品的环境影响单一化指标，如图 6-29 所示。

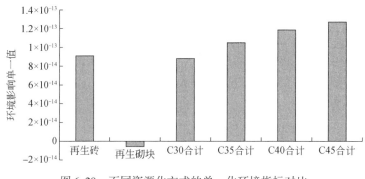

图 6-29　不同资源化方式的单一化环境指标对比

不同的资源化利用方式下，制备 1 m³·MPa 的成品，再生砖、再生混凝土的环境负荷都是正值，其中再生混凝土随着标号的升高，环境负荷提高；再生砖的环境负荷介于 C30 和 C35 再生混凝土之间。再生砌块的环境负荷为负值，说明再生砌块生产产生的环境负荷要小于避免产生的环境负荷，最终会避免环境负荷产生。

以单位体积、单位强度为功能单位，资源化利用方式的环境负荷由小到大依次为再生砌块>C30>再生砖>C35>C40>C45。再生砌块最能体现建筑废弃物资源化的环境效益，而配制高强度的再生混凝土时，其环境负荷优势逐渐降低。

再生骨料配制的再生混凝土不宜高于 C40，在此将 C40 再生混凝土的环境影响归一化结果设定为 100%，其他五种的归一化结果按照与 C40 再生混凝土归一化结果的比值换算，见图 6-30。

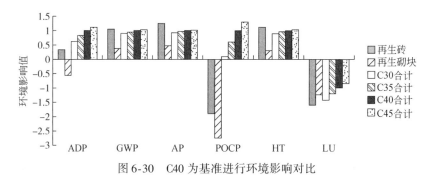

图 6-30　C40 为基准进行环境影响对比

根据对比结果，分别讨论六种环境影响在不同资源化方式下的差异。

（1）不可再生资源消耗

除再生砌块不可再生资源消耗为负值，表示可以避免不可再生资源消耗外，其他五种均产生不可再生资源消耗，依次为再生砖<C30<C35<C40<C45。利用再生骨料制备再生砌块时，避免了天然骨料的使用和运输，由于再生砌块用再生骨料比例占总原料用量的75%，避免了大量建筑废弃物堆存和天然骨料生产与运输，避免了运输燃油对不可再生资源消耗的影响，使总影响为负值。再生砖和再生混凝土的再生骨料占总原料比例低于再生砌块，水泥用量也随着强度的提高而增加。水泥生产会消耗石灰石、原煤、原油，造成不可再生资源消耗，而低的再生骨料取代原料比例，导致避免量不足以抵消产生量。随着再生混凝土标号提高，再生骨料用量减少，水泥用量增加，使得不可再生资源消耗增加。从不可再生资源消耗来看，生产再生砌块最佳，再生砖和低等级再生混凝土次之，高等级再生混凝土不推荐。

（2）温室效应

温室效应的影响依次为再生砌块<C30<C35<C40<C45<再生砖。砌块的温室效应影响仅为C40再生混凝土的37.8%，而再生砖则为105.53%。温室效应的产生主要是由于CO_2、CH_4的排放，水泥生产、原料运输、蒸汽养护过程会产生温室气体。水泥用量增加、再生骨料用量少，都会增加温室气体排放量。从温室效应来看，再生砌块为最佳建筑废弃物资源化利用方式，其次是低等级再生混凝土，再生砖最差。

（3）环境酸化

建筑废弃物资源化方式的环境酸化影响规律与温室效应一致，因为两者都是由于气体污染物排放引起。环境酸化主要是由SO_2、NO_x造成，水泥生产和各种运输过程对其影响甚大。再生砌块的环境酸化效应仅为C40再生混凝土的47.9%，而再生砖则为125.39%，再生混凝土随着标号提高，环境酸化效应有少量提高。从酸化效应来看，资源化利用方式最佳的依然为再生砌块，再生混凝土酸化效应随标号提高变化不明显，最不值得推荐的利用方式为再生砖。

（4）光化学烟雾效应

不同资源化方式对不同环境影响的影响最大的就是光化学烟雾效应。与光化学烟雾效应相关的环境排放因子是SO_2、NO_x、CO和NMVOC，包括了绝大部分燃料燃烧的气体污染物，该效应存在于火力发电、水泥生产和各类运输过程。水泥用量越少、再生骨料用量越多，避免的水泥生产和天然骨料运输产生的气体污染物越多，该效应降低也就越明显。再生砌块和再生砖的光化学烟雾效应分别为C40 再生混凝土的-275.51% 和-190.1%，再生混凝土随着标号的提高，水泥用量增加，再生骨料用量降低，造成光化学烟雾效应明显提高。C30、C35、C45 再生混凝土的光化学烟雾效应依次为 C40 再生混凝土的 9.01%、61.19% 和129.62%。从光化学烟雾效应来看，再生砌块和再生砖的环境效益明显，低等级混凝土也会有很大环境优势，不建议配制高等级再生混凝土。

（5）人体健康损害

该效应影响趋势与温室效应和环境酸化基本一致。环境排放的酸性气体和颗粒物与此息息相关，最主要的影响过程是水泥生产燃料燃烧排放。随着我国对水泥企业的烟气脱硫、脱硝技术应用，该效应逐渐降低。再生骨料生产过程会产生大量的粉尘，采用布袋收尘和洒水能有效降低粉尘量，从而降低人体健康损害效应（马丽丽，2012）。从该效应来看，再生砌块为最佳资源化方式，再生混凝对人体健康损害影响并不明显，而再生砖最不可取。

（6）土地占用

节约土地是建筑废弃物资源化的最明显环境效益。再生砖、再生砌块和再生混凝土都会有明显的土地节约，这主要是由于再生骨料利用避免了建筑废弃物的堆存造成的土地占用。从节约土地来看，任何建筑废弃物资源化利用方式都很明显，效益最大的是再生砖，其次是低于 C30 等级的混凝土，再次是再生砌块，高强度等级再生混凝土会逐渐削弱该效应。

综上所述，以单位体积、单位强度为功能单位评判建筑废弃物资源化利用方式的优劣，最好的方式是制备再生砌块，其次是低于 C30 强度等级的再生混凝土，再生砖和 C40 以内的再生混凝土的环境效益相当，而 C40 强度等级以上的再生混凝土会逐渐增加环境负荷。

6.6.2 单位建筑废弃物比较

本节确定 1 t 建筑废弃物为功能单位，将上述单从建筑废弃物资源化利用的角度，根据影响评价结果，对比不同资源化利用方式的环境影响差异。将各个影响结果除以每立方米建筑废弃物用量，得到单位建筑废弃物环境影响，其单一化环境指标如表6-47所示。

表6-47 单位建筑废弃物不同资源化方式单一化环境指标值比较

影响类型	再生砖	再生砌块	C30合计	C35合计	C40合计	C45合计	堆存
单一值/（t/m³）	1.87×10^{-12}	-1.54×10^{-13}	2.06×10^{-12}	2.98×10^{-12}	3.97×10^{-12}	5.00×10^{-12}	8.14×10^{-13}

从单一化环境指标来看，再生砌块的环境负荷为负值，表示能够避免环境负荷的产生。其次是堆存，堆存只有建筑废弃物的短距离运输和土地占用。再生砖的环境负荷小于C30以上强度等级再生混凝土，随着强度等级提高，再生混凝土的环境负荷单一化指标上升。从再生混凝土随强度提高环境负荷增加趋势来看，低于C30强度的再生混凝土的环境负荷小于再生砖。

为进一步比较建筑废弃物不同资源化方式对不同环境影响的规律关系，将建筑废弃物制备C40再生混凝土处理作为100%，其他处置方式与其进行对比，如图6-31所示。

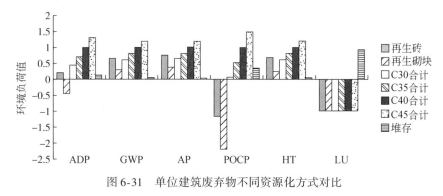

图6-31 单位建筑废弃物不同资源化方式对比

结合图6-30和图6-31可以看出，从单位建筑废弃物资源化造成的环境负荷角度来看，不同建筑废弃物资源化方式与功能单位为单位体积、单位强度再生产品的环境负荷影响趋势基本相同：再生砌块的环境负荷最小，在ADP、POCP及LU中都为负值；再生混凝土随着强度提高，环境影响增大。与单位体积、单位强度功能单位下环境负荷不同的是，再生砖的GWP、AP和HT都介于C30和C35之间，其环境负荷小于C35强度以下的再生混凝土。

需要特别说明的是，建筑废弃物直接堆存的环境负荷也很小，仅次于再生砌块，其最主要的环境影响是土地占用。限于运输成本和环境观念的不足，建筑废弃物一般会堆存在城市周边，对城市环境影响很大。

综上所述，从单位建筑废弃物处置的角度来说，再生砌块是生命周期环境影响最小的资源化利用方式，且是唯一环境负荷低于直接堆存的处置方式，其次是低于 C30 强度等级的再生混凝土，之后依次是再生砖、C35、C40 强度等级的再生混凝土。

6.6.3　环境排放与能耗

由前面对建筑废弃物不同资源化方式的生命周期清单结果分析，分别对污染物排放进行数据汇总，得到生产功能单位再生产品主要气态污染物排放量，如表6-48 所示。

表6-48　不同资源化利用方式气态污染物排放

环境排放	单位	再生砖	再生砌块	C30 合计	C35 合计	C40 合计	C45 合计
CO_2	kg/m³	3.71×10^1	6.64	3.14×10^1	3.90×10^1	4.67×10^1	5.44×10^1
SO_2	kg/m³	6.57×10^{-1}	1.60×10^{-1}	4.24×10^{-1}	5.04×10^{-1}	5.83×10^{-1}	6.63×10^{-1}
NO_x	kg/m³	1.17×10^{-1}	-2.74×10^{-2}	1.75×10^{-1}	2.32×10^{-1}	2.90×10^{-1}	3.47×10^{-1}
CO	kg/m³	-1.05	-4.63×10^{-1}	-3.95×10^{-1}	-3.23×10^{-1}	-2.51×10^{-1}	-1.82×10^{-1}
CH_4	kg/m³	6.98×10^{-3}	1.58×10^{-3}	1.94×10^{-2}	1.91×10^{-2}	1.89×10^{-2}	1.87×10^{-2}
NMVOC	kg/m³	-2.33×10^{-1}	-1.00×10^{-1}	-8.82×10^{-2}	-7.52×10^{-2}	-6.24×10^{-2}	-5.01×10^{-2}
颗粒物	kg/m³	7.25×10^{-1}	1.54×10^{-1}	4.77×10^{-1}	5.73×10^{-1}	6.68×10^{-1}	7.65×10^{-1}
总量	kg/m³	3.74×10^1	6.37	3.20×10^1	4.00×10^1	4.80×10^1	5.59×10^1

图 6-32 是单位体积再生产品的气态污染物排放柱状图，结合表 6-48 可知，建筑废弃物不同资源化方式所产生的主要污染物均为 CO_2、SO_2 及颗粒物。CO_2 排放方面，排放量顺序依次为再生砌块<C30<再生砖<C35<C40<C45，再生砌块排放量仅为排第二位的 C30 再生混凝土的 21.19%，CO_2 主要来源于水泥生产和原料的运输过程。

表 6-49 是不同功能单位再生产品的能耗，从单位体积再生产品的能耗来看，再生砌块能耗最低，每立方米能耗约为 220 MJ，再生砖的能耗是再生砌块的 6 倍，C30、C35、C40、C45 单位体积能耗分别约为再生砌块单位体积能耗的 4、5、6 和 7 倍。

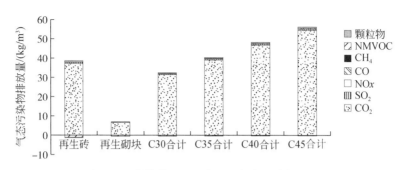

图 6-32 单位体积再生产品的气态污染物排放

表 6-49 功能单位再生产品能源消耗

能耗	再生砖	再生砌块	C30 合计	C35 合计	C40 合计	C45 合计
单位体积/（MJ/m³）	1.32×10^3	2.20×10^2	8.81×10^2	1.10×10^3	1.32×10^3	1.53×10^3
单位建废/（MJ/t）	9.06×10^2	3.93×10^2	6.87×10^2	8.91×10^2	1.11×10^3	1.33×10^3

从单位建筑废弃物处置的角度来说，处置 1 t 建筑废弃物为再生砌块的能耗最低，约为 393MJ，1 t 建筑废弃物处置为再生砖和 C30、C35、C40、C45 强度等级的再生混凝土所需能耗分别为再生砌块的 2.31 和 1.75、2.27、2.82、3.4 倍。

综合以上分析，建筑废弃物资源化再生砌块所需能耗最低，气体污染物排放也最少，再生砌块是最好的建筑废弃物资源化方式。其次，低等级的再生混凝土能耗和排放也相对再生砖和 C35 强度以上等级的再生混凝土要低，低等级再生混凝土是建筑废弃物资源化比较好的方式。

6.6.4 建筑废弃物资源化的环境负荷改进潜力分析

通过对建筑废弃物资源化利用制备再生砖、再生砌块和再生混凝土的环境负荷分析，由于再生利用而附加的收集和再生骨料制备过程资源、能源消耗和环境排放是很低的。建筑废弃物资源化利用的生命周期影响主要阶段过程是避免天然骨料的使用，再生骨料替代天然骨料，避免了天然骨料开采和长距离运输。该过程的折减效益对再生产品的生命周期环境影响很大。

从再生骨料生命周期不同阶段环境影响来说，建筑废弃物的收集过程，即建筑废弃物的运输过程在其环境影响中占很大比重。骨料制备时，建筑废弃物的破碎和筛分是主要能耗阶段，落后的设备由于集成化程度差，造成生产能耗高，污染严重。采用先进的生产设备能够提高能源利用效率,降低再生骨料制备阶段的环境负荷。

6.6.5 本节小结

本节采用生命周期评价方法对建筑废弃物不同资源化方式进行了对比分析,主要针对不同功能单位下再生产品的各项环境影响、能耗和气态污染物排放进行了分析比较,讨论了不同资源化方式的环境热点。结果表明,建筑废弃物资源化制备再生砌块所需能耗最低,气体污染物排放也最少,再生砌块是最好的建筑废弃物资源化方式。除了再生砌块,建筑废弃物资源化环境负荷要高于直接堆存外的环境负荷。低等级的再生混凝土能耗和排放比再生砖和 C35 强度以上等级的再生混凝土要低,是建筑废弃物资源化比较好的方式之一。随着再生混凝土强度提高,产生的环境负荷依次增高。

第7章 建筑废弃物资源化相关政策法规

7.1 发达国家建筑废弃物利用现状

　　随着城市化进程加快，建筑行业得到了突飞猛进的发展，与此同时，在建筑物的建设、维修、拆除过程中产生的建筑废弃物（又称建筑垃圾）也空前增加。在我国，建筑废弃物主要以渣土、碎石块、砖瓦碎块、混凝土块、沥青块、废塑料、废金属料、废竹木等为主的废弃混合料，根据我国建设部颁布的《城市垃圾产生源分类及垃圾排放》（CJ/T 3033—1996），建筑废弃物属于在建筑装修场所产生的城市垃圾范畴，与其他固体废物相似，具有环境持久危害性。如果大量的城市垃圾采用常用的填埋堆放的处理方法，不仅占用大量的土地资源，降低土壤质量，而且还会造成水体和大气污染，影响市容和环境卫生。但是，在建筑废弃物中，许多废弃物经过分拣、剔除或粉碎后，大多可作为再生资源重新利用，这样既可以减少城市垃圾对环境的污染，还可以变废为宝，实现资源的循环利用。

　　建筑废弃物的再生利用是苏联学者 Glushge 于 1964 年首先提出的。早在第二次世界大战以后，许多发达国家就开始对建筑废弃物进行开发研究和回收利用，尤其是近年来，在能源资源短缺、环境污染严重的背景下，建筑行业面临着严峻的挑战，在此情况下，建筑废弃物资源化利用已经成为各国研究的热点。而日本、韩国、欧美一些发达国家和地区在建筑废弃物资源化利用领域起步较早，在法规政策、循环利用技术和设备、产业化发展等方面均比较成熟。目前，世界上规模最大的建筑废弃物处理厂具备 1200 t/h 的建筑废弃物处理能力（周文娟等，2009b）。

　　日本是对环境保护、资源再生利用立法最为完备的国家。由于日本国土面积狭小，资源十分匮乏，因此十分重视资源的再生利用。日本政府从 20 世纪 60 年代末就着手建筑废弃物的管理，制定相应的法律、法规，以促进建筑废弃物的转化和利用。日本对于建筑废弃物循环利用的基本原则：一是尽可能不从施工现场排出建筑废弃物，即原位再生与利用；二是建筑废弃物要尽可能重新利用，日本将建筑废弃物视为"建筑副产品";三是对于重新利用有困难的则应适当予以处理,降低建筑废弃物填埋对于环境产生的负面影响(王磊和赵勇,2011)。1994年,日本国建设省制定了《建设资源再利用推进计划》和《建设工程材料再生资源化法案》,提出了建筑废弃物再生利用率的具体目标,要求将来建设工程实现废弃物零排放(zero emission)(周文娟等,2009b)。1977年,日本制定了《再生骨料和再生混凝土使用规范》,此后相继在全国各地建立了以处理拆除混凝土为主的再生工厂,生产再生水泥与再生骨料,有些工厂的规模达到100 t/h(李南和李湘洲,2009)。据统计,2005年日本全国建筑废物资源总利用率达到85%,其中废混凝土的排放量约为3200万t,废混凝土再生利用3100多万t,再生资源化率高达98%,但其中大部分用于公路路基材料中,作为再生骨料使用的比例不足20%(全洪珠,2009)。目前,日本很多地区建筑废弃物利用率已达100%,而且实现了永久循环、优先使用的目标(周文娟等,2009b)。

韩国是继日本之后,较早开始研究废混凝土处理与再生利用的亚洲国家之一。韩国政府制定的《建筑废弃物再生促进法》,明确规定了国家、政府、订购者、排放者及建筑废弃物处理商的义务,规定了建设废弃物处理企业的设施、设备、技术能力、资本、占地面积及规模等许可标准,制定循环骨料的品质标准及设计、施工指南等。韩国从2007年开始每5年建立再生计划,确定了提高再生骨料建设现场实际再生率、建设废弃物产生减量化、建设废弃物妥善处理三大推进政策。据相关文献报导,韩国建筑废弃物再生利用率由1996年的58.4%上升至2006年的97%,目前已有500家建筑废弃物再生产品制造企业,并基本实现了建筑废弃物再生利用的目标(谢曦和滕军力,2012)。

美国是最早进行建筑废弃物综合处理的发达国家之一,也是较早提出环境标志的国家之一,早在1915年就对筑路中产生的废旧沥青进行了研究利用,在长达一个世纪的实践中,美国在建筑废弃物处理方面,形成了一系列完整、全面、有效的管理措施和政策、法规(朱东风,2010)。美国每年产生城市垃圾8亿t,其中建筑废弃物3.25亿t,约占城市垃圾总量的40%。经过分拣、加工,再生利用率约70%,其余30%的建筑废弃物填埋处理。美国的建筑废弃物综合利用大致可以分为3个等级:①"低级利用",即现场分拣利用,一般性回填等,占建筑废弃物总量的50%~60%。②"中级利用",即用作建筑物或道路的基础材料,经处理厂加工成骨料,再制成各种建筑用砖等,约占建筑废弃物总量的40%。美国的大中城市均有建筑废弃物处理厂,负责本市区建筑废弃物的处理。

③ "高级利用"，所占比重较小，如将建筑废弃物加工成水泥、沥青等再利用。美国伊利诺伊州建筑材料回收委员会的 William Turley 报告指出，美国每年有 1 亿 t 废弃混凝土被加工成骨料用于工程建设，再生骨料占美国建筑骨料使用总量的 5%（美国每年骨料总用量超过 20 亿 t）。再生骨料中约 68% 用于道路基层和基础，6% 用于拌制新混凝土，9% 用于拌制沥青混凝土，3% 用于边坡防护，7% 用于一般回填，其他应用为 7%。有资料显示，美国现在已有超过 20 个州在公路建设中采用再生混凝土，26 个州允许将再生混凝土作为基层材料，4 个州允许将再生混凝土作为地基层材料，有 15 个州制定了再生混凝土的规范，很多州都在不同的高速公路路段应用了再生混凝土（王金成，2009）。

联邦德国是世界首个大规模利用建筑废弃物的国家。在第二次世界大战后的重建期间，对建筑废弃物进行循环利用，不仅降低了垃圾清运费用，而且大大缓解了建材供需矛盾。至 1995 年末，德国共循环利用约 1150 万 m^3 的废砖集料，并用这些再生材料建造了 17.5 万套住房。德国现有 200 家企业的 450 个工厂（场）循环再生建筑废弃物，年营业额超过 10 亿欧元。在德国，每个地区都有大型的建筑废弃物再加工综合工厂，仅在柏林就建有 20 多个，建筑废弃物产业化趋势明显（王磊和赵勇，2011）。德国每年的废料总量估计可达 4 亿 t，其中建筑废弃物约占总质量的 75%，总体积的 60%（张志红，2006）。德国主要将建筑废弃物分成破旧建筑材料、道路开挖和建筑施工工地垃圾，1987～1995 年各类建筑废弃物的再生利用情况如表 7-1 所示（刘永民，2008）。据有关文献报导，在 1994 年，德国全国建筑废弃物资源利用率为 17%，其中废混凝土的排放量约为 4500 万 t，再生利用 870 万 t，再资源化率为 18%，而其中大部分用在公路路基上（全洪珠，2009）。

表 7-1　德国 1987～1995 年各类建筑废弃物的再生利用率　（单位：%）

垃圾类别	1987 年	1989 年	1991 年	1993 年	1995 年
破旧建筑材料	20	17	39	62	60
建筑工地垃圾	0	0	0	27	40
道路开挖垃圾	69	55	83	87	90

欧盟国家每年产生约 1.8 亿 t 的建筑废弃物，部分成员国很早就尝试了整个建筑、构件和材料三个层次的再利用。但欧盟各国再生利用情况差别很大，从不足 5%（希腊、西班牙、葡萄牙）到超过 80%（荷兰、比利时、丹麦），荷兰甚

至达到了 95%，绝大部分再生材料用于路基建设（Dorsthorst and Kowalczyk，2003）。

英国国土面积相对狭小，因此新建建筑废弃物掩埋场地比较困难。为了降低建筑废弃物的排放，减少环境污染，促进建筑废弃物的再生利用，英国政府于1996 年设置了建筑废弃物掩埋税，并对建筑废弃物加工企业进行了政策及资金方面的援助，同时大力支持对再生骨料的研究以及再生骨料标准的制定工作等。据统计，英国全国建筑废物资源利用率为 45%，其中废混凝土的排放量约为2800 万 t，再生利用 1480 万 t，废混凝土再资源化率为 52%。但其中大部分用在路基材上，用于混凝土的再生骨料所占比例为 10% 左右（全洪珠，2009）。英国全国拆除商联合会（NFDC）在 2006 年年底对会员进行了一个回收利用的调查。该协会要求会员企业对 2005～2006 年度产生的 2100 万 t 建筑废弃物负责，事实上，在此期间产生的这些垃圾的 90% 得到了回收或者再利用。联合会的统计资料表明，英国的建筑废弃物中，16% 用于填埋、25% 运出工地用于其他地方、35% 在现场破碎后使用、18% 破碎后销售到其他地方、1% 作为有害垃圾处理（牛佳，2008）。

荷兰由于国土面积狭小，人口密度大，再加上天然资源相对匮乏，该国对建筑废弃物的再生利用十分重视，是最早开展再生骨料混凝土研究和应用的国家之一，其建筑废物资源利用率位居欧洲第 1 位。在荷兰，每年施工与拆除的建筑废弃物数量为 1500 万 t，约占全国固体废弃物总量的 26%，且每年废弃物的增加量为 1100 万 t。荷兰政府单位对于建筑废弃物的回收再利用，超过 90% 的废弃混凝土块都用于道路底层的填充材料与填海造路工程（张志红，2006）。荷兰自 1997年起，规定禁止对建筑废弃物进行掩埋处理，建筑废弃物的再利用率几乎达到了100%（全洪珠，2009）。

丹麦是建筑废弃物有效利用技术比较成熟的国家，最近 10～15 年，其建筑废弃物再利用率达到 75% 以上，超过了丹麦环境能源部门于 1997 年制定的 60%的目标。最近，丹麦政府的政策目标从单纯的废弃物再利用开始向建筑材料的全生命周期管理模式的方向发展。丹麦 1997 年全国建筑废物资源利用率为 75%，其中废混凝土的排放量约为 180 万 t，再生利用 175 万 t，再资源化率高达 97%（全洪珠，2009）。

法国在 1990～1992 年全国建筑废物的资源利用率为 15%，其中废混凝土的年排放约为 1560 万 t，再资源化率不明。但其中大部分用在公路路基材上，并且再生利用限制在道路工程和掩埋工程（全洪珠，2009）。

比利时在1990~1994年全国建筑废物的资源利用率为94%，其中废混凝土的排放量约为640万t，再生利用620万t，再资源化率为97%（全洪珠，2009）。

瑞典1996年全国建筑废物资源利用率为20%，其中废混凝土的排放量约为112万t，再生利用22万t，再资源化率为20%（全洪珠，2009）。

7.2 国外建筑废弃物资源化相关政策法规

我国建筑废弃物对环境的影响问题比较突出，主要表现在大量的建筑废弃物随意露天堆放，没有得到有效的处理，造成一定的环境污染。由于循环利用工作缺乏有效的管理和监督，致使大量的资源被废弃。建筑废弃物的资源化利用需要建设施工单位、建筑建材行业、环保部门、建筑废弃物排放监管部门等多个部门的通力协作。鉴于我国的实际国情，制定相关的法律、法规，完善建筑废弃物循环利用的监督、管理机制迫在眉睫。日本、韩国和西方一些发达国家在建筑废弃物立法方面较为完善，这既保障了建筑废弃物再利用的健康发展，同时也保持了建筑废弃物较高的再生利用率，有很多成功的经验和处理方法值得我们学习借鉴。

法律是国家制定或认可的、并由国家强制力保证实施的行为规范，它对社会、经济及文化的发展具有指引、评价、教育、预测和强制的重要作用。法律的目的并不在于制裁违法行为，而是在于引导人们正确的行为。

（1）日本

日本政府从20世纪60年代末开展建筑废弃物的管理，先后制定了相应的法律法规及政策措施，成为建筑废弃物立法最完备的国家。这也使日本成为资源循环利用率最高的国家。在循环型经济的导向，日本废弃物管制对策体系主要包括：抑制废弃物排出对策；促进废弃物再生利用对策；促进废弃物循环利用对策；完善、安全的废弃物处理体制；预防废弃物不正确处理对策；振兴环保科技开发及环保产业对策；促进居民、社区、社会团体的合作对策；推广环境教育的体系。这样可以确保在企业、区域和社会多个层面上，扎实而有效地开展废弃物减量、资源再利用、废弃物循环利用行动。在废弃物管制对策体系影响下，日本特别针对"建筑副产物"（将建筑废弃物称为建筑副产物，可见日本对建筑废弃物资源化的重视程度）资源化管理已形成了一系列完整而全面的法制体系，很值得我国借鉴学习（秦月波，2009）。

1967年8月，制定第一部环境基本法《公害对策基本法》，该法规定保护公民健康和维护生活环境应当以与经济健全发展相协调为前提。

1970年出台《有关废弃物处理和清扫法律》。

1977年日本政府制定了《再生骨料和再生混凝土使用规范》，并相继在各地建立了再生加工厂，工厂以处理混凝土废弃物、生产再生骨料和再生混凝土为主。

1991年又制定了《资源重新利用促进法》，规定建筑施工过程中产生的建筑废弃物，必须送往"再生资源化设施"进行处理。

1992年《建筑副产物的排放控制以及再生利用技术的开发》，5年发展规划，于1994年制定了《不同用途下混凝土副产物暂定质量规范（案）》。

1993年颁布了《环境基本法》，废除了原有的《公害对策基本法》。《环境基本法》充分贯彻了可持续发展思想，从而确立了比较完善的有利循环型社会发展的环保法律制度，该法始终以减少人类对环境负荷，实现资源环境的永续利用为理念。在1993年同时制定了《推进建设副产物正确处理纲要》，为建设工程的业主和施工者妥善处理建设副产物制定了标准。

1994年，日本国建设省制定了《建设资源再利用推进计划》和《建设工程材料再生资源化法案》，提出了建筑废弃物再生利用率的具体目标，建立有关建设副产物处理的制度和措施，由建设工程业主、施工者和副产物处理单位三者组合成一体共同推进执行建设副产物处理对策。

1996年推出了《资源再生法》。1997年，修改《再循环法》制定了《建设再循环推进计划97》，该计划从建立资源循环型社会的观点出发，要求建设工程从规划、设计到施工的各个阶段贯彻以下三项基本政策：①抑制建设副产物的产生；②促进建设副产物的再生利用；③对建设副产物进行妥善处理。

1998年8月，建设省制定《建设再循环指导方针》，要求工程业主在建设工程规划，设计阶段制定《再循环计划书》；施工单位制定《再生资源利用计划书》和《促进再生资源利用计划书》。1998年12月，进一步修改了《推进建设副产物正确处理纲要》。

2000年5月制定"建筑工程用资材再资源化等有关法律"，2000年6月制定公布"推进形式循环型社会基本法"，并且在2000年颁布《建筑废物再生法》，再度明确了工程部门中的建筑废物再生利用负责单位，如规定建筑物拆毁工程的订货者必须向都道府县申报，规定建筑物拆毁工程的接受订货者必须就特定建筑材料（水泥、木材等）分别拆毁，实现特定建筑材料的再资源化，对于拆毁工程的接受订货者，都道府县长有权建议、劝告、命令建筑物拆毁工程企业向都道府县长登记。同时要求一定规模的建筑物拆除和新建必须按一定的技术标准对混凝土块、沥青混凝土块和废木材等进行分类回收和再生利用，规定到 2010 年时的再生利用率要达到 95%。

日本于 2001 年颁布《废弃物处理法》，2002 年颁布了《建筑再利用法》。

日本还出台了《废弃物处理指定设施配备的有关法律》等与建筑废弃物资源化利用相关的法律、法规和制度，形成了一套完备的法律体系。同时，日本还发布一系列国家标准规范加以引导，以完善市场运行机制，促进再生建材产品市场流通，如在 2005 年发布了《混凝土用再生骨料 H》(高品质）的国家标准（JIS A5021），2006 年发布了《使用再生骨料 L 的混凝土》（低品质）的国家标准（JIS A5023），2007 年发布了《使用再生骨料 M 的混凝土》（中品质）的国家标准（JIS A5022），为再生骨料推广应用提供了必要的技术支持和技术保障。

日本最初的建筑废弃物管理法制建设是从细部具体的使用标准、规范入手的；然后在循环经济理念指导下，逐步确立建筑废弃物管理目标和发展计划；最后在国家法律的层面对建筑废弃物资源化管理予以支持，例如，《资源重新利用促进法》中规定建筑施工过程中产生的渣土、混凝土块、沥青混凝土块、木材、金属等建筑废弃物，必须送往"再资源化设施"进行处理；《建筑再循环法》规定建筑面积以上的建筑物，拆除解体时，要把混凝土、木材、玻璃等建筑材料，在现场分类收集，然后资源化再利用，并将其作为建筑物业主及拆除解体商的附加义务。

从这些政策中可以看出，日本对建筑废弃物的主导方针是：①尽可能不从施工现场排出建筑废弃物；②建筑废弃物要尽可能地重新利用；③对于重新利用有困难的则应予与适当处理；④选购再生产品和其他对环保有利的绿色产品，以便为再生产品扩大市场。这样，日本在资源回收与再生利用方面就形成了一个比较完整的法规体系（陈利等，2004）。

（2）韩国

2003 年，《建筑废弃物再生促进法》韩国标准（KS）针对废混凝土再生骨料、道路铺装用再生骨料以及废沥青混凝土再生骨料技术标准作出规定，并在2005 年、2006 年又先后对其进行了两次修订。《建筑废弃物再生促进法》明确规定了国家、政府、订购者、排放者及建筑废弃物处理商的义务，规定了建设垃圾处理企业的设施、设备、技术能力、资本及占地面积及规模等许可标准。更重要的是，《建筑废弃物再生促进法》规定了建设工程义务使用建筑废弃物再生产品的范围和数量，明确了未按规定使用建筑废弃物再生产品将受到哪些处罚。并从2007 年开始每 5 年建立再生计划，确定了提高再生骨料建设现场实际再生率、建设废弃物产生减量化、建设废弃物妥善处理三大推进政策。

韩国交通部制定了《建筑废弃物再利用要领》，根据不同利用途径对质量和施工标准作了规定。环境部制定了《再生骨料最大值数以及杂质含量限定》，对废混凝土用在回填土等场合时的粒径、杂质含量均作了限定。

（3）美国

美国是最早进行建筑废弃物综合处理的发达国家之一，早在 1915 年就对筑路中产生的废旧沥青进行了研究利用；在长达一个世纪的实践中，美国在建筑废弃物处理方面，形成了一系列完整、全面、有效的管理措施和政策、法规，使得美国建筑废弃物再生利用率接近 100%。

1965 年制定了《固体垃圾处理法》(包含建筑废弃物处理部分)，并经过1976 年、1980 年、1984 年、1988 年、1996 年 5 次修订，完善了包括信息公开、报告、资源再生、再生示范、科技发展、循环标准、经济刺激与使用优先、职业保护、公民诉讼等固体废弃物循环利用的法律制度。

1969 年美国制定《环境政策法》，它宣布了国家环境政策，即联邦政府将与各州、地方政府以及有关公共和私人团体合作采取一切切实可行的手段和措施，包括财政和技术上的援助，发展和增进一般福利，创造和保护人类与自然得以共处和谐中生存的各种条件，满足当代国民及其子孙后代对于社会、经济以及其他方面的要求。与这一国家环境政策相适应，《环境政策法》宣布了六项国家环境目标，其中包括"提高可更新资源的质量，使易枯竭资源达到最高程度的再循环"的目标。

1976 年颁布实施《资源保护和回收法》，提出"没有垃圾，只有放错地方的资源"的观点，其宗旨是促进对公众健康和环境的保护，节约有价值的物资和能源资源。为实现这一立法宗旨，国会提出了一些具体措施，其中包括鼓励工艺革新、物资回收，正确的再循环利用和处理，把废弃物的产生和土地的处理减至最低程度。

1980 年制定《超级基金法》，规定"任何生产有工业垃圾的企业，必须自行妥善处理，不得擅自随意倾卸"，从而在源头上限制了建筑废弃物的产生量，促使各企业自觉地寻求建筑废弃物资源化利用途径。

1982 年，在混凝土骨料标准 ASTM C233282 中已规定废混凝土块经破碎后可作为粗骨料、细骨料来使用，但没有制定再生骨料技术标准。美国陆军工程协会（SAME）在有关规范和指南中鼓励使用再生混凝土骨料。美国明尼苏达州运输局标准（MDOT）和俄亥俄州运输局标准（MDOT）规定了再生混凝土作为道路铺装材料时的使用条件和试验方法。

1984 年颁布实施了《资源保护回收法》。

1989 年加利福尼亚州通过了《综合垃圾管理法令》，该法要求在 2000 年以前，对 50% 的垃圾要通过源头削减和再循环的方式进行处理，未达到要求的城市将被处以每天 1 万美元的行政性罚款。

1990 年制定《污染预防法》，该法提出从源头削减和污染预防是美国垃圾防治的基本国策，不能预防的废弃物应尽量进行循环再生利用，既不能预防又不能再循环则应进行无害化处理，不能对环境造成危害。

美国在建筑废弃物管理方面的政策、法规和制度建设大致呈现出"三阶段"特点：第一阶段是以政府主导命令与控制的行政手段来实现建筑废弃物处理；第二阶段是建筑废弃物处理逐渐体现行政手段与经济手段相结合，并强调垃圾生产企业对建筑废弃物的源头减量作用；第三阶段是在进一步完善法制构建的基础上，实现政府倡导和企业自律，并着重提高广大公众的参与意识和参与能力，其中就包括企业化的建筑废弃物资源化生产利用。经过不懈的努力探索，美国已形成一套系统的再生资源回收利用和管理系统，该系统主要由以下几部分组成：完整的再生资源管理的法制体系、职责明确而有力的管理机构、中介组织（如行业协会和社区协调机构）、先进的信息科技成果、以经济效益为中心、规范化的企业运作模式，从而构成社会化、专业化、高效有序的再生资源配置体系。

（4）德国

德国是世界上最早开展循环经济立法的国家，根据德国环保部网站统计，从 20 世纪 70 年代至今，德国已经制定了与垃圾处理有关的法规 180 多项，其中与建筑废弃物处理和回收有关的重要法规包括以下几个方面：一是循环经济和垃圾处理法；二是关于建筑废弃物处理的资质规定和建筑废弃物处理的许可办法规定；三是建筑废弃物处理的环境标准。

1972 年，德国议会通过了第一项重要的废弃物处理法律——《废弃物管理法》，1986 年将《废弃物处置法》修改为《废物避免与废物管理法案》，正式引入 "避免产生和重新循环利用废弃物、循环利用优先于最终处置" 的循环经济先进理念，强调避免废弃物的产生，试图解决垃圾的减量和再利用问题，这反映了德国环境保护立法观念开始由末端治理向源头预防的转变。

1994 年制定的、1996 年颁布生效的新《循环经济和废物处置法》，第一次把废弃物处理全面提高到发展循环经济的思想高度来认识和实践，并建立了配套的法律体系，德国政府在废弃物法增补草案中，将各种建筑废弃物组分的利用率比例作了规定，并对未处理利用的建筑废弃物征收存放费，如破碎砖瓦和道路挖掘废弃物为 15 马克/t。

1998 年，德国根据《循环经济和废物处置法》修改了《包装法令》，该法共 9 章 64 条。该法的立法目的是："促进循环经济，保护自然资源，确保废弃物按有利于环境的方式进行处置。" 该法规定对待废弃物的原则是：避免废弃物—利用废弃物—处置废弃物。该法规定设备经营者有义务按照《联邦侵扰防护法》的规定来避免产生废弃物、利用废弃物、处置废弃物。该法宣布产品生产者对产品的责任，规定产品责任者应尽最大可能在生产和使用中避免产生废弃物，保证有利于环境的利用，确保在利用中产生的废弃物得到处置。该法确认了循环经济中的公众参与原则，规定只要是授权颁发的关于循环经济的法律条款和一般管理案例，一定要听取参与各方的意见，要倾听每个科学家代表、有关人员代表、经济界代表、社区和社区协会代表的意见。同时还规定州政府应向公众报告避免和利用废弃物的现状，以及废弃物处置的情况。《循环经济与废弃物处置法》把对废弃物的处理提高到了发展循环经济的思想高度，使德国环境保护立法体系进一步完善，对世界上其他国家的循环经济立法起着重要的借鉴作用。

1997 年，德国实施《再生利用法》。

1998 年，德国根据《循环经济和废弃物处置法》修改了《包装法令》，其目的在于促进包装容器能被多次利用以达到废弃物减量的目的。同年，德国钢筋混凝土委员会提出《在混凝土中使用再生骨料的应用指南》，规定采用再生骨料配制的混凝土必须完全符合天然骨料混凝土的国家标准。德国规定，建筑工程承包商必须将建筑废弃物进行分类、清理和运走。有回收价值的垃圾，如金属材料、矿物质被再循环利用。土、瓦砾等经过加工可制成道路填充物或砖瓦等，可燃物质则被送往垃圾发电厂用来发电。

1999 年制定了《垃圾法》和《联邦水土保持与旧废弃物法令》，德国政府在《垃圾法》增补草案中，将各种建筑废弃物组分的利用率比例作了规定，即废砖瓦为 60%，道路开掘废料 90%，并对未处理利用的建筑废弃物征收每吨 500 欧元的处理费用。

2000 年制定的《可再生能源法》旨在促进能源供应的可持续发展，控制全球变暖和保护环境，并使可再生能源在德国能源消耗总量中的比重获得实质性提高。从德国环境保护法的发展历史来看，德国先是在个别领域逐步建立相关立法再进行综合性立法，而后又通过制定其他法律推进这些立法的贯彻实施。完备的立法体系对推动德国向循环型社会迈进做出了巨大贡献。

2001 年制定了《社区垃圾合乎环保放置及垃圾处理场令》，2002 年制定了包括推进循环经济在内的《持续推动生态税改革法》等。此外，欧洲的一些有关废物循环利用的指令也对德国产生直接约束。

（5）新加坡

新加坡于 2002 年 8 月开始推行"绿色宏图 2012 废弃物减量行动计划"，将垃圾减量作为重要发展目标，同时对建筑废弃物收取 77 新加坡元/t 的堆填处置费，增加建筑废弃物排放成本，以减少建筑废弃物排放。新加坡不提倡增建新的专门的建筑废弃物填埋场，而主要致力于提高建筑废弃物的循环利用。

新加坡制定了适用于建筑废弃物处理的相关政策，如《环境污染控制法案》、《公共环境卫生法案》等，遵循"绿色设计"的理念，从源头控制建筑废弃物的产生。新加坡国土面积小，资源有限，因此政府不提倡对建筑废弃物进行填埋，要求建筑废弃物处理企业对其进行分类回收。

新加坡对建筑废弃物处理实行特许经营制度。新加坡有 5 家政府发放牌照的建筑废弃物处理公司，专责承担全国建筑废弃物的收集、清运、处理及综合利用工作。建筑废弃物处置公司必须遵守有关环境法规。未达到服务标准的，国家环境局可处以罚金，严重的吊销牌照。如非法丢弃建筑废弃物的，最高将被罚款50000 新加坡元或监禁不超过 12 个月或两者兼施，建筑废弃物运输车辆也将没收。在综合利用与处理过程中，新加坡建设局等部门也介入管理。如建设管理部门在工程竣工验收时，将建筑废弃物处置情况纳入验收指标体系范围，建筑废弃物处理未达标的，则不予发放建筑使用许可证；在绿色建筑标志认证中，也将建筑废弃物循环利用纳入考核范围。

（6）荷兰

早在 20 世纪 80 年代，荷兰就制定了有关利用再生混凝土骨料制备素混凝土、钢筋混凝土和预应力钢筋混凝土的规范。这些规范规定了利用再生骨料生产上述混凝土的明确的技术要求，并指出如果再生骨料在骨料中的含量（质量分数）不超过 20%，则混凝土的生产就完全按照普通天然骨料混凝土的设计和制备方法进行。参考国际材料与结构研究实验联合会（RILEM）关于再生骨料的相关技术标准，荷兰制定了自身的再生骨料国家标准，其中规定了再生骨料取代天然骨料的最大取代率（质量分数）为 20% 等。

此外，荷兰于 1997 年 4 月颁布《禁止倾倒可回收再利用的废弃物》，严禁对可回收再利用废弃物进行最终处理的行为，仅允许政府认可的破碎场与分类场对无法再利用的废弃物进行最终处理，并透过构件标准化、延长建筑物使用寿命及提高回收再利用率等方式，达到建筑废弃物减量与回收再利用的目标。

（7）英国

英国政府于 1996 年设置了建筑废弃物掩埋税，并对建筑废弃物加工企业进行了政策及资金方面的援助，同时大力支持对再生骨料的研究以及再生骨料标准的制定工作等。

再生骨料标准则参考 RILEM 关于再生骨料的相关技术标准，将再生粗骨料分为 3 个等级，并指出再生粗骨料中掺加天然骨料会改善再生骨料的性能。

（8）丹麦

丹麦能成功地抑制废弃物增长与提高废弃物回收率，主要是由于 1997 年 1 月 1 日开始实施"达一定标准的建筑物拆除量时必须分类"的法令规章，即在拆除阶段（废弃物发生源），若废弃物产生量超过 1 t，则强制实施分类作业。此外，在废弃物回收再利用推行计划中，推展成功的因素有两个，其中最大的原因在于"税"，即回收再利用所产生的利益所得不纳税，另一原因是政府对于拆除废弃物再利用处理有补助津贴。

（9）芬兰

芬兰的废弃物管理法规是《废弃物管理法》。该法并未规定分类的标准。废弃物弃置场的选址和技术条件按照《废弃物管理法》和《公共安全法》而定。新的《环境许可证程序法》将《联合财产法》、《公共安全管理法》、《废弃物控制法》（后来的《废弃物法》），以及《大气污染控制法》所要求的各种许可证体系归结为一个为取得环境许可证应履行的程序。

（10）比利时

比利时对固体废弃物的特性进行严格的分析测试，规定详细且分散在某些法规中，没有专门的法律加以规定。但是这套灵活综合的体系在废旧建筑材料的重新利用以及粉煤灰的利用方面起着重要作用。荷兰的废弃物管理是按照《废弃物法》和《化学废弃物法》的有关规定进行的。这两项立法将合并为一项环境保护的综合性法规。《土壤保护法》中包括了有关土壤和地下水污染的规定。

（11）瑞典

瑞典的《环境保护法》及其修正案中，对于那些可能有害于环境的行为加以制约，颁布许可证的方式均由《环境保护法》、《管理程序法》等规定。《废弃物回收处置法》是有关废弃物处理的基本法律，主要目的是促进废弃物的重复使用和循环利用。瑞典《有毒有害废弃物管理条例》（1985年841号）共八章、21条，从1986年起生效。

（12）奥地利

奥地利1990年的《废弃物管理法》取代了1983年的《特种废弃物法》，该国有关废弃物处理的法规是1991年根据该《废弃物管理法》的规定修订而成的。《废弃物管理法》中，采用了与丹麦、德国以及《巴塞尔公约》相类似的处理废弃物的技术规定。《联邦水法》为防止水源受到废弃物的污染，除规定排放量外，还对废弃物弃置的选址和运作进行了限制（Argonne National Laboratory，2007）。

7.3 国外建筑废弃物资源化立法的启示

（1）明确的立法指导思想

通过对国外建筑废弃物资源化立法现状的分析来看，首先我们可以看出国外的建筑废弃物循环利用的立法有着明确的立法指导思想和目标，即将可持续发展确立为环境保护立法的指导思想，将人与环境和谐相处作为立法的目的。以循环经济思想指导建筑废弃物处理在国外已经有20余年的历史，取得了良好的效果。按照日本"建筑再循环推进计划"，其建筑废弃物再生利用率的最终目标是实现建筑废弃物的零排放。美国政府主要从源头上限制了建筑废弃物的产生量，促使各企业自觉地寻求建筑废弃物资源化利用的途径。美国的沥青路面建设中，50%采用沥青混凝土再生料，平均直接建设成本下降20%以上。法国的CSTB公司是欧洲首屈一指的"废物与建筑业"集团，专门统筹在欧洲的"废物与建筑业"业务。在荷兰，建筑业每年产生的废弃物大约是14万t，目前已有70%的建筑废弃物可以被再循环利用，但是荷兰政府希望把这个数字增加到90%。

（2）全面的立法模式

在关于建筑废弃物循环利用的立法结构上，层次清晰，结构严密。从基本法、综合法、单项法到其他与之配套的法律法规，形成了比较全面的法律体系，这点可以从日本的循环经济立法中看出。日本形成了由以《环境基本法》为基础、以《推进形成循环型社会基本法》为综合法、以《容器和包装物的分类收集与循环法》等为单项法构成的完备的循环经济立法体系。《推进形成循环型社会基本法》提出根据有关方面公开发挥作用的原则，促进物质的循环，减轻环境负荷，从而谋求实现经济的健全发展，构筑可持续发展的社会。日本通过对不同行业的多项法规的制定，使从废弃物被动的"末端处理"转向以在生产和消费的源头控制废弃物产生的"源头预防"为主，配合废弃物回收再利用和减量化的方法，形成了一整套系统的避免废弃物产生的机制。这对于我国贯彻循环经济理念，完善环境保护立法具有积极的参考和借鉴意义。

（3）完整的立法内容

在立法内容上，各国的法律都明确规定了一些具体的贯彻循环经济理念的法律制度。例如，环境影响评价制度将循环经济、清洁生产要求作为环境影响评价事项予以规定；在循环利用废弃物的过程中，确立了公众参与机制。强调公众参与废弃物的削减、再利用、再循环的重要性。规定的具体了信息公开制度和听证程序；规定国家应采取必要措施，就建立循环型社会的相关知识进行宣传教育。通过具体的法律条文规定了废弃物循环名录、循环程序及示范制度；确立了合理的监督管理机制，规定了环保行政主管部门在清洁生产和资源综合利用工作中的核心地位，同时强调建立环保行政主管部门与其他政府机构间的协商机制。例如，日本政府还设置了"环之国"会议机制，其基本理念是谋求建立"以可持续发展为基本理念的简洁、高质量的循环型社会"，以及"以清洁生产、资源综合利用、生态设计和可持续消费等为指导思想的、运用生态学规律来指导人类社会经济活动的循环经济发展模式"。德国将建筑废弃物分成土地开挖、碎旧建筑材料、道路开挖和建筑施工工地垃圾四类，对其进行分类处理。这些国家其实是施行"建筑废弃物源头削减策略"，即在建筑废弃物形成之前，就通过科学管理和有效的控制措施将其减量化；对于产生的建筑废弃物则采用科学手段，使其具有再生资源的功能（Di，2007）。

因此，国外很多国家在处理建筑废弃物的方式上会选择循环利用，如德国制定了《循环经济与废弃物处置法》，把资源闭路循环的循环经济思想从产品包装拓展到社会相关领域，规定对废弃物管理的手段首先是尽量避免产生，同时要求对已经生产的废弃物进行循环使用和最终资源化的处置。美国加利福尼亚州于 1989 年通过了《综合废弃物管理法令》，而在《超级基金法》中对建筑废弃物的处置更是作出了明确的规定。日本作为发达国家中对循环经济立法最全面的国家，有《推进形成循环型社会基本法》，而在《建设再利用法》中明确规定了建筑废弃物的处置方式。这些法律都明确规定了生产厂家对建筑废弃物治理和回收的责任，要求最大限度地回收及循环利用建筑废弃物中的可回收利用成分，其环境和资源效益成效显著。根据各发达国家对建筑废弃物处置的立法可以看出，用立法推进性的模式来加强建筑循环利用在实践上具可操作性的经验，是值得我们借鉴的（陈力，2008）。

7.4　我国建筑废弃物资源化相关政策法规

（1）香港地区

目前，香港特别行政区政府已采取了系列建筑废弃物资源化管理规范，香港特别行政区政府已制定了系列建筑废弃物资源化的相关管理规范和政策，主要有：

1980 年制定《废物处置条例》，明文管制废弃物收集、处理工作及废弃物进出口。

1988 年制定《减少废弃物示范计划》，用于减少和控制需要处理的废弃物数量。

1989 年制定《10 年废弃物处置计划》，用于完善对废弃物的管理。

1996 年制定《香港房屋环境评估条例》，用于论证香港住宅和办公楼的环境表现。

1998 年政府提出了目标明确的《减少废物纲要计划》，提出减少废弃物的计划步骤，增强工人减废意识。

这些建筑废弃物资源化管理规范在香港建筑废弃物资源化管理实践中的作用主要集中表现在以下三个方面：一是"谁产生谁付费"，即向建筑废弃物生产者征收建筑废弃物处理费；二是保障建筑废弃物源头分类收集，例如，在拆毁的公共建筑现场必须具备建筑废弃物分类机械，推行《减少废弃物示范计划》并鼓励私人建筑在拆卸过程中对建筑废弃物进行分类，修订后的《建筑物条例》中规定，所有新落成的楼宇必须提供废弃物分类收集用地；三是保障建筑废弃物资源化处理，例如，建立建筑废弃物集中分类处理工厂，分类处理建筑废弃物中的惰性成分和活性成分、减少进口海沙，尽量采用本地可利用建筑废弃物进行回填，探索新的可再生利用的垃圾处理场地，加强堆填区的修复工程等。

此外，香港特别行政区政府灵活运用各种方式和途径来加强相关责任人的建筑废弃物管理意识，促进建筑废弃物资源化管理。例如，在香港注册结构工程师和注册建筑承包商的从业条例中，增加了对建筑废弃物处理的相关内容，要求建筑业从业人员提高控制建筑废弃物的意识，在工程实践中切实执行相关条例；成立主要负责公众堆填区及堆填料管理、建筑技术和规格标准的制定、教育及培训等工作的香港减废委员会及目标专职小组（郝建丽等，2003）。

（2）大陆地区

相对于发达国家，我国关于建筑废弃物资源化利用的相关政策规则的制定起步较晚，开始于 20 世纪 80 年代末 90 年代初，如今还处于萌芽阶段，但国家有关部门已经加强建筑废弃物资源化的相关立法、行政法规，如表 7-2 所示。

表 7-2　我国国家建筑废弃物管理相关法律法规

序号	类别	名称	文号	实施时间	颁发机构
1	法律	环境保护法	主席令第 22 号	1989.12.26	国务院
2		固体废弃物污染环境防治法	主席令第 31 号	2005.04.01	国务院
3		城市固体垃圾处理法		1995.11	国务院
4		清洁生产促进法	主席令第 72 号	2003.01.01	国务院
5		可再生能源法	主席令第 33 号	2010.04.01	国务院
6		节约能源法	主席令第 17 号	2008.04.01	国务院
7		循环经济促进法	主席令第 4 号	2009.01.01	国务院
8	法规	城市市容和环境卫生管理条例	国务院令第 101 号	1992.08.01	国务院
9	部门规章	城市建筑废弃物管理规定	建设部令第 139 号	2005.06.01	建设部
10		关于建筑废弃物资源化再利用部门职责分工的通知		2010.10.25	国务院
11	规范性文件	全国城市生活垃圾无害化处理设施建设"十一五"规划	发改投资〔2007〕1760 号	2007.09.05	发改委
12		地震灾区建筑废弃物处理技术导则	建科〔2008〕99 号	2008.05.30	建设部

1995 年，全国人民代表大会第十六次会议通过了《中华人民共和国固体废物污染环境防治法》，这是一部关于城市固废处理的根本大法。该法第 3 条规定：国家对固体废物污染环境的防治，实行减少固体废物的产生、充分合理利用固体废物和无害化处置固体废物的原则。该法第 30 条规定：企事业单位应当合理选择和利用资源，减少固体废物产生量。该法第 41 条对建筑废弃物作了专门规定：施工单位应当及时清运、处置建筑施工过程中产生的垃圾，积极采取措施，防止污染环境。《水污染防治法》第 22 条规定，企业应当采取原材料利用率高、污染物排放量少的清洁生产工艺。此外，《关于环境保护若干问题的决定》、《大气污染防治法》及《海洋环境保护法》等也就清洁生产及废弃物的综合利用作了相关规定。

1995 年，国务院等 104 次常务会议通过并颁布了《城市市容和环境卫生管理条例》。这是有关城市市容和环境管理的行政法规，它是城市实施固体废物管理最为广泛的规范依据。第十六条规定：城市的工程施工现场的材料、机具应当堆放整齐，渣土应当及时清运。它是城市实施固体废弃物管理最为广泛的规范依据。该法规第十六条规定：城市的工程施工现场的材料、机具应当堆放整齐，渣土应当及时清运；临街工地应当设置护栏或者围布遮挡；停工场地应当及时整理并作必要的覆盖；竣工后，应当及时清理和平整场地。最后的是部门规章，是由国务院各部委根据法律和国务院的行政法规、决定和命令，在本部门权限内发布的命令、指示和规章。

1995年10月30日，全国人民代表大会第十六次会议通过了《中华人民共和国固体废物污染环境防治办法》。它是固体废弃物管理法律法规体系中的大法。该法律在第四十一条对建筑废弃物作了专门规定："施工单位应当及时清运、处置建筑施工过程中产生的垃圾，并采取措施，防止污染环境"。

1996年2月，建设部颁发了《城市建筑废弃物管理规定》。这是第一部直接关于建筑废弃物管理方面的专门性规章。它包含了建筑废弃物管理中最基本的内容。该规章第二条提出了建筑废弃物及建筑废弃物管理的定义；第三条提出城市建筑管理的归属部门、管理的方式；第四～九条提出排污申报、排污收费、监督检查和违规处罚等。

2003年1月实施了《清洁生产促进法》，为真正实现经济效益和环境保护的统一提供了法律依据，是我国迄今在循环经济推进中最为重要的立法举措。第二十四条提出："建筑工程应当采用节能、节水等有利于环境与资源保护的建筑设计方案、建筑和装修材料、建筑构配件及设备。建筑和装修材料必须符合国家标准。禁止生产、销售和使用有毒、有害物质超过国家标准的建筑和装修材料"，这在一定程度上控制了建筑废弃物从源头的产出。

2003年6月，建设部出台了《城市建筑废弃物和工程渣土管理规定》（修订稿）。

2005年3月，建设部正式出台了《城市建筑废弃物管理规定》。这是在内容上最为丰富和详实的建筑废弃物管理规定，明显加强了对违规行为的处罚力度。新规定不仅规定了城市建筑废弃物管理的归属部门，而且较详细地给出了具体管理部门的职责，增加了建筑废弃物资源化等方面的内容，加强了对违反规定的行为的处罚力度，同时给出了行政管理人员的处罚规定。其中第四条提出"建筑废弃物处置实行减量化、资源化、无害化和谁产生、谁承担处置责任的原则"，并且"国家鼓励建筑废弃物综合利用，鼓励建设单位、施工单位优先采用建筑废弃物综合利用产品。"这是首次提出建筑废弃物综合利用方面的内容，表明了国家对建筑废弃物综合利用的支持政策。

2008年8月，全国人民代表大会通过《中华人民共和国循环经济促进法》。该法规定："建设单位应当对工程施工中产生的建筑废物进行综合利用；不具备综合利用条件的，应当委托具备条件的生产经营者进行综合利用或者无害化处置"。这是首次强调对施工过程中的建筑废弃物进行处理，是一个原则上的描述，但没有提出具体惩罚措施。

除此之外，我国各地方也出台了有关建筑废弃物管理的法规和条例，如表 7-3 所示。

表 7-3　我国地方建筑废弃物管理相关法律法规

序号	名称	文号	实施时间	颁发机构
1	天津市建筑废弃物工程渣土管理规定	津政发〔1993〕27 号文件	1993.06.01	天津市政府
2	广州市淤泥渣土管理条例	广州市人民代表大会常务委员会公告（第 13 号）	1999.10.01	广州市政府
3	西安市建筑废弃物管理办法	西安市人民政府令第 15 号	2003.05.20	西安市政府
4	苏州市城市建筑废弃物管理办法	苏州市人民政府令第 87 号	2006.02.01	苏州市政府
5	三亚市建筑垃圾管理办法	三府〔2006〕54 号	2006.04.27	三亚市政府
6	宣城市建筑废弃物管理办法	宣城市政府令第 18 号	2006.05.01	宣城市政府
7	西安市建筑废弃物管理办法实施细则	市政办发〔2006〕229 号	2006.11.08	西安市政府
8	吉林市城市建筑废弃物管理办法	吉林市人民政府令第 186 号	2007.10.01	吉林市政府
9	福州市建筑废弃物和工程渣土处置管理办法	福州市人民政府令第 37 号	2007.10.01	福州市政府
10	兰州市建筑废弃物管理办法	兰州市人民政府令第 4 号	2008.10.01	兰州市政府
11	济宁市城市建筑废弃物管理办法	济政办发〔2009〕45 号	2009.09.07	济宁市人民政府
12	深圳市建筑废弃物减排与利用条例	深圳市第四届人民代表大会常务委员会公告第 104 号	2009.10.01	深圳市政府
13	合肥市建筑废弃物管理办法	合肥市政府令第 149 号	2009.10.13	合肥市政府
14	呼和浩特市城市建筑废弃物管理办法	呼和浩特市人民政府令第 13 号	2009.10.15	呼和浩特市政府
15	十堰城区城市建筑废弃物管理办法	十政规〔2010〕1 号	2010.03.01	十堰市政府
16	关于进一步做好建筑废弃物综合利用工作的意见的通知	鲁政办发〔2010〕11 号	2010.03.04	山东省人民政府办公厅
17	威海市区建筑废弃物管理办法	威政发〔2010〕27 号	2010.06.01	威海市政府
18	成都市建筑废弃物运输管理办法		2010.06.15	成都市政府
19	昆明市城市建筑废弃物管理实施办法	昆政办〔2010〕139 号	2010.07.05	昆明市政府
20	昆明市建筑废弃物资源化处理工作方案	昆政办〔2010〕139 号	2010.07.05	昆明市政府

序号	名称	文号	实施时间	颁发机构
21	黄石市城市建筑废弃物管理办法	黄石政规〔2010〕22号	2011.01.01	黄石市政府
22	乌鲁木齐市城市建筑废弃物管理办法	乌鲁木齐市人民政府令第107号	2011.02.01	乌鲁木齐市政府
23	枣庄市城市建筑废弃物管理办法	枣庄市人民政府令第126号	2011.03.01	枣庄市政府
24	信阳市城市建筑废弃物管理办法	信政文〔2011〕15号	2011.03.01	信阳市政府
25	关于全面推进建筑废弃物综合管理循环利用工作的意见	京发〔2009〕14号	2011.06.08	北京市政府
26	长春市城市建筑废弃物管理办法	长春市人民政府令第26号	2011.07.19	长春市政府
27	宁波市建筑废弃物管理办法	宁波市人民政府令第186号	2011.09.01	宁波市政府
28	成都市建筑废弃物运输管理办法		2010.06.15	成都市政府
29	昆明市城市建筑废弃物管理实施办法	昆政办〔2010〕139号	2010.07.05	昆明市政府
30	昆明市建筑废弃物资源化处理工作方案	昆政办〔2010〕139号	2010.07.05	昆明市政府
31	黄石市城市建筑废弃物管理办法	黄石政规〔2010〕22号	2011.01.01	黄石市政府
32	乌鲁木齐市城市建筑废弃物管理办法	乌鲁木齐市人民政府令第107号	2011.02.01	乌鲁木齐市政府
33	枣庄市城市建筑废弃物管理办法	枣庄市人民政府令第126号	2011.03.01	枣庄市政府
34	信阳市城市建筑废弃物管理办法	信政文〔2011〕15号	2011.03.01	信阳市政府
35	关于全面推进建筑废弃物综合管理循环利用工作的意见	京发〔2009〕14号	2011.06.08	北京市政府
36	长春市城市建筑废弃物管理办法	长春市人民政府令第26号	2011.07.19	长春市政府
37	宁波市建筑废弃物管理办法	宁波市人民政府令第186号	2011.09.01	宁波市政府
38	余姚市城市建筑废弃物经营服务企业资格条件规定		2011.10	余姚市城管局
39	北京市生活垃圾管理条例	北京市第十三届人民代表大会常务委员会公告第20号	2012.03.01	北京市政府
40	成都市建筑垃圾管理条例	成都市政府令第182号	2014.01.01	成都市政府
41	深圳市建筑废弃物运输和处置管理办法	深圳市人民政府令（第260号）	2014.01.01	深圳市政府
42	广州市建筑废弃物管理条例	广州市第十四届人民代表大会常务委员会公告第7号	2012.06.01	广州市政府

表 7-3 中所列为部分地方政府发布的有关建筑废弃物资源化管理的政策法规。其他如天津、广州、西安、兰州、合肥等多个城市在建设部《城市建筑废弃物管理规定》颁布实施后，相继制定了地方的建筑废弃物管理办法，但这些管理办法多流于形式，而没有具体实施。

北京市 2004 年出台了《关于加强城乡生活垃圾和建筑废弃物管理工作的通告》（李颖等，2008）。2011 年北京市人民政府办公厅印发了《全面推进建筑废弃物综合管理循环利用工作意见》的通知，明确将结合经济和社会发展实际，"十二五"期间，本市将以拆除性建筑废弃物为重点，实行统筹管理，规范运输行为，合理规划布局，加快资源化处置设施建设，促进资源化产品再利用，不断提高建筑废弃物循环利用水平。具体工作目标是：排放减量化，到 2015 年城 6 区拆除性建筑废弃物年排放量控制在 1000 万 t 以内，郊区县按照"因地制宜、能用则用"原则，最大限度实现排放减量化；运输规范化，建立完善建筑废弃物运输企业和车辆许可制度，制定建筑废弃物运输行业管理规范和服务标准，加快绿色车队组建工作，实现全程跟踪，全面推进运输领域规范化建设，到 2012 年基本形成规范的建筑废弃物运输市场；处置资源化，到 2015 年，全市建筑废弃物资源化年处置能力达到 800 万 t，全市建筑废弃物资源化率达到 80%；利用规模化，制定建筑废弃物再生产品使用标准，出台鼓励政策，不断拓展使用领域，推动建筑废弃物资源化、产业化发展。

2012 年 3 月 1 日实施的《北京市生活垃圾管理条例》第二十七条规定了政府、建筑废弃物管理部门、建筑废弃物产生单位在突进建筑废弃物资源化中的责任，即政府制定政策，加快设施建设；管理部门加强全程管理和控制，制定标准，鼓励使用，支持企业；建设和施工单位源头减量，分类收集，具备条件的进行综合利用。

上海市政府于 2009 年 1 月 12 日发布了《上海市人民政府关于加强本市建筑废弃物和工程渣土处置管理的通告》（沪府发〔2009〕2 号）（以下简称 2 号令），对排放申报、报监前置、资金单列、专用账户、指导价格、卸点付费等内容进行了明确。2009 年 5 月 1 日，《上海市市容环境卫生管理条例》颁布实施，其中第五章第四十四条对本市建筑废弃物管理提出了明确的要求。2010 年 4 月 15 日，上海市政府印发《上海市人民政府关于加强本市建筑废弃物和工程渣土运输安全管理的通告》（市府 42 号令），重点针对 2009 年底至 2010 年春节期间建筑渣土运输车辆交通事故多发的问题，对车辆技术改装、运输企业条件、驾驶员要求、市场退出等提出了明确的要求。经修订，2011 年 1 月 1 日，上海市政府新印发《上海市建筑废弃物和工程渣土处置管理规定》（市府 50 号令），该规定对建筑废弃物和工程渣土排放、运输、中转、消纳的各个环节的要求作了详细规定，为加大对建筑渣土的整治和管理力度、遏制建筑渣土运输处置中的种种不规范行为提供了管理手段与依据。新《规定》明确了区（县）绿化市容部门确定的运输单位不得少于两家，并明确了招标条件，固化了通告规定的"卸点付费"流程。

重庆市现行的建筑废弃物管理政策文件《重庆市城区建筑渣土清运管理办法》（重庆市人民政府令第 93 号）和《重庆市城市建筑废弃物处置条件和程序规定》（渝市政委〔2005〕228 号）仅涉及建筑废弃物离开工地后的运输管理和消纳处置，对建筑废弃物的源头控制和资源化利用存在管理空白。

《深圳市建筑废弃物减排与利用条例》2009 年 10 月 1 日起正式施行，条例明确了深圳将遵循"减量化、再利用、资源化"的原则，对建筑废弃物实行分类管理、集中处置，并实行"建筑废弃物排放收费制度"。并在南山区塘朗山建筑废弃物填埋场旁，建起了占地 12 万 m^2 的建筑废料再生利用厂房。

西安市 1993 年就成立了专门机构从事建筑废弃物的管理，2006 年出台了《西安市建筑废弃物管理办法实施细则》，并对建筑废弃物清运全程标准化管理，每一车建筑废弃物都严查去向，利用 GPS 定位系统进行跟踪管理。目前西安市对于建筑废弃物再生材料的使用，主要是公路垫层回填和桩基。

《青岛市建筑废弃物资源化利用管理条例》2012 年 11 月 1 日获得通过，计划于 2013 年 1 月 1 日实施，该条例明确建筑废弃物资源化利用遵循政府引导、市场推动、合理布局、示范引领、稳步推进的原则，实现建筑废弃物处置的资源化、减量化、无害化，并做出政府应当在年度财政预算中安排资金用于建筑废弃物资源化利用工作；发展改革部门应当将建筑废弃物资源化利用项目列为重点投资领域；购买备案的建筑废弃物再生产品享有价格优惠；实行建筑废弃物排放收费制度等多条具体可操作的规定。

《昆明市城市建筑废弃物管理实施办法》于 2010 年 7 月实施，办法明确各管理部门在建筑废弃物资源化中的职责；提出建筑废弃物处置场所的建设和运营应当坚持企业投资、政府出台政策扶持、试点和示范先行的原则，并提出特许经营的管理模式；对建筑废弃物排放与清运的规范化作出具体要求；明确由政府投资的建设项目建筑废弃物资源化产品使用量不得少于 30%，由社会资金投资的建设项目不得少于 10%；提出规范性建筑废弃物资源化处理企业以"立项资助"、"以奖代补"、"政府贴息"等方式进行扶持。

2011 年 3 月 9 日发布的《许昌市城市建筑废弃物管理实施细则》明确规定许昌市规划区内建筑废弃物处置实行特许经营；各管理部门对建筑废弃物资源化应承担的责任；工程开工前建筑废弃物排放量申报；并对未按规定进行建筑废弃物清理、运输、处置的行为进行行政处罚的数额作出了具体规定。

与世界循环经济立法现状和趋势比较，我国循环经济立法还存在着诸多不足。例如，"环境预防"的思想在我国立法中虽然已得到初步确立。但这些立法仍有待进一步完善。其中最突出的是，有关清洁生产的义务性条款大多缺乏与之对应的责任性条款。以《清洁生产促进法》为例，该法关于企业实施清洁生产的义务性条款共计十一条，但对应的法律责任条款仅五条。这势必导致有关清洁生产的立法缺乏强制性，难以实现预期的立法目的。另外，"废物即资源"的循环经济思想也没有得到很好的贯彻，我国目前尚无再生资源利用的专门立法，有关法律规定主要散见于其他环境保护立法之中，且存在明显不足。例如，与建筑废弃物相关的固体废弃物综合利用方面，只有《清洁生产促进法》第 27 条，《固体废物污染防治法》第 3 条、第 4 条，《城市建筑废弃物管理规定》第 4 条作了相关规定，而且只是一种原则性规定，也难以贯彻执行。

7.5　我国建筑废弃物资源化的标准规范

为保证建筑废弃物资源化产品的质量和工程应用质量，在建筑废弃物资源化技术研究与工程应用基础上，从事建筑废弃物资源化技术的研究单位，联合建筑废弃物资源化处置企业及再生产品应用企业等进行了部分有关建筑废弃物资源化标准。

目前已经颁布的标准有 10 余项，其中国家标准有《建筑废弃物处理技术规范》（CJJ 134—2009）、《混凝土和砂浆用再生细骨料》（GB/T 25176—2010）、《混凝土用再生粗骨料》（GB/T 25177—2010）、《再生骨料路面砖和透水砖》（CJ/T 400—2012）、《工程施工废弃物再生利用技术规范》（GB/T 50743—2012），行业标准有《再生骨料应用技术规程》（JGJ/T 240—2011），地方标准有上海市地方标准《再生混凝土应用技术规程》（DG/TJ 08-2018—2007）、四川省地方标准《地震损毁建筑废弃物再生骨料混凝土实心砖》（DB51/T 863—2008）、北京市地方标准《再生混凝土结构设计规程》(DB 11803—2011) 等。另外,《建筑废弃物再生无机混合料》行业标准、《建筑废弃物再生无机混合料应用技术规程》北京市地方标准、《建筑废弃物再生利用生产混凝土多孔砖》和《建筑废弃物再生利用作道路水稳料》昆明市地方标准等标准正在编制过程中。

7.6 我国建筑废弃物资源化面临的政策法规问题

(1) 缺乏科学的建筑废弃物资源化发展规划

虽然在《国家中长期科学和技术发展规划纲要》等国家政策中明确了建筑废弃物要综合利用,《"十二五"资源综合利用指导意见》等政策中明确建筑废物 2015 年综合利用率达 30% 的目标,但我国各地区发展情况不同,对建筑废物的资源化要求差异化。无论是处置政策、处理技术和资源化程度上,各地区建筑废弃物的处理差异很大。目前各级政府都没有建筑废弃物资源化的统一布局及合理规划,各相关部门在自己的工作范围内只言片语的提到,毫不系统,执行较难。因此,缺乏相关的切实可行的建筑废弃物科学治理和资源化的中长期发展规划、技术政策和具体实施措施,来规范、指导、扶持各地区建筑废弃物的资源化,向着有序健康的方向发展。

(2) 法律法规不健全

我国至今尚无一部国家的关于建筑废弃物管理的法律、法规文件,《固体废弃物污染防治法》虽然在第四条规定要实施清洁生产,但只是原则性的表述,没有实质的规定。该领域的法律空白正由部门或地方法规、规章填补,这在很大程度上削弱了法律效力。现有的法规规章中,有关建筑废弃物管理的定量指标无从查询,即缺少建筑废弃物环境污染控制方面的标准,这给具体的管理工作带来了一定的困难。例如,建筑扬尘对城市空气环境产生的影响,究竟应该如何规范、控制;建筑废弃物的产生量是否应有控制指标等。在法律中还应该体现建筑废弃物资源化、回收利用率、禁止填埋可利用的建筑废弃物种类等相关的内容。

欧美、日本等经济发达国家和地区很早就开展了这方面的研究,并以法律的形式加以规定,如美国的《超级基金法》中规定:"任何生产有工业废弃物的企业,必须自行妥善处理,不得擅自随意倾泻"。日本建立的《资源重新利用促进法》中提出"在公共工程中,当工程现场距离再资源化设施一定距离范围内时,不考虑是否经济,原则上一定要把建筑废弃物运至再资源化设施处,进行建筑废弃物的重新利用"。这一规定使建筑废弃物的再利用取得了明显的效果。

我国法律有必要对建筑废弃物的再生利用的内容进行补充,并禁止填埋可利用的建筑废弃物,对建筑废弃物必须进行分类收集和存放,改革传统的建筑废弃物处理和资源化的行政许可制度,给予资源化企业相应的消纳权和收费权,制定建筑废弃物回收率的相关条文,对随意倾倒建筑废弃物的行为也应增加惩罚性条款,或者修改制定更加完备的法律,来加强建筑废弃物管理中法律的效力和惩罚力度。

I. 缺少循环经济基本法

通过对日本循环经济立法模式的分析,我们可以看到,日本的循环经济立法在立法体系上很有规划,采取了基本法统率综合法和专项法的模式。所有法律分为三个层面:基础层面有一部基本法,即《推进建立循环型社会基本法》;第二层面有两部综合性法律,即《固体废弃物管理和公共清洁法》、《促进资源有效利用法》;第三层是根据各种产品的性质制定的具体专项法律法规,如《家用电器再利用法》、《建设再利用法》,三个层面的法律相互呼应。目前,我国已经颁布关于循环经济的法律有《清洁生产促进法》,第一次以法律的形式规范清洁生产,但《清洁生产促进法》只是清洁生产的单项法,其调整对象主要是工业生产领域实施清洁生产的事项。对农业、服务业领域只作原则性规定,对个人生活领域未给予考虑。循环经济理念强调政府、企业、公众的全方位参与,强调一种全过程的循环利用,强调抑制自然资源的消耗。因此,我国需要借鉴日本的循环经济立法模式,在基本法的统率下,建立各个部门的单项立法,让基本法与单项法相互呼应。

II. 建筑废弃物循环利用的专项立法不完备

建筑废弃物作为一种可以再生循环利用的资源,有着一定的经济和社会效益。而资源循环再生利用是抑制资源消耗、减轻环境负荷的关键。从发达国家立法实践来看,为贯彻循环经济理念,不仅颁布了相关的综合性法规,还颁布了诸如容器、包装、电子产品、建筑材料、车辆乃至食品之类废旧物再生利用的专门方法;而我国目前在建筑废弃物循环处理这一方面仍有欠缺。《环境影响评价法》第 17 条所规定的建设项目环境影响评价报告书应包括的内容中,没有关于建设项目在资源能源消耗和清洁生产方面的评估要求。《固体废物污染环境防治法》第 14 条规定："建设项目的环境影响评价文件确定需要配套建设的固体废物污染环境防治设施，必须与主体工程同时设计、同时施工、同时投入使用。对固体废物污染环境防治设施的验收应当与对主体工程的验收同时进行。"迄今为止，现行环境保护立法中只有《清洁生产促进法》第 18 条将污染物减量和综合利用等清洁生产内容作为环境影响评价事项予以规定，但由于该法在法律责任部分未作出相应规定，因此这一规定只起到了宣示性效果，并无实际效力。

随着我国经济的快速发展与城市化规模的迅速扩大，城乡统筹速度加快，建筑废弃物的处置与回收问题已经引起了社会的广泛关注，因此迫切需要法律、法规对建筑废弃物的回收利用作出规定。我国资源综合利用开展了十多年，国家制定了一系列鼓励资源化综合利用的方法、政策，但至今没有出台专项《资源综合利用法》。没有法律对建筑类垃圾循环利用的具体规定，会造成循环系统内的脱节。我国建筑废弃物的立法主要针对建筑废弃物的运输、处理过程的控制，难以发现对建筑废弃物的产生源头，即建筑立项、设计、施工的控制条款。例如，对建筑物使用寿命的规定，主要是从结构安全性考虑的，如果能够通过采用更好的设计方案使建筑物更不易受到损害，通过使用耐久性更好的建材以及通过使建筑物有更好的通用性，从而使建筑物更经久耐用，则将对未来建筑废弃物的产生起到极大的抑制作用。另外，在再生产品的使用上，虽然市场上不乏再生的建筑材料，但由于缺乏政府的扶持、法律的支持，这些企业很难做大做强。从实践上来看，目前国内并没有一家真正的建筑废弃物处理分解回收企业。国家也试图要推进一些合乎国家政策方向的建筑废弃物处理企业，因为没有专项立法的保障，就没有形成标准的处理方式和处理名目，也不能用法律的手段保障专业机构在循环处理建筑废弃物上的管理和协调作用，所以难以真正意义上实现建筑废弃物的减量化和资源化的目标。

(3) 建筑废弃物循环利用监督管理体制不合理

循环经济理念的核心就是提高资源利用率，节约资源。要实现这一目标，除要提高全社会的节约意识外，还要建立综合利用资源的激励和约束机制，发挥经济杠杆的作用，建立和完善资源有偿使用机制和补偿机制，依靠合理的价格引导社会节约资源。

在《城市建筑废弃物管理规定》中对建筑废弃物的生产者、运输者、处理者违反规定，擅自处理、丢弃、遗散的罚金均有明细的规定，而对垃圾的循环处理、再利用产品的开发仅在第四条规定："建筑废弃物处置实行减量化、资源化、无害化和谁产生、谁承担处置责任的原则。国家鼓励建筑废弃物综合利用，鼓励建设单位、施工单位优先采用建筑废弃物综合利用产品。" 由此可以看出，目前我国对建筑废弃物的管理体系，基本沿袭了计划经济时期的模式，即建筑废弃物的管理部门承担资质审批、事物承办等具体工作，同时肩负监督、检查和执法的任务等，对于它的回收、利用阶段缺乏有效的法律监管，也没有明确监管部门及职责。而应有的法律、法规、计划、政策等制定的宏观管理职能明显削弱，这种政企不分、政事不分及管理与执法混淆的非正常状态，限制了管理工作的发展，既不利于及时发现问题、纠正问题，更无法调动各方面的积极性。

从建筑废弃物对环境的危害而言，其产生、运输、处置的全过程，都应该被列入管理的范畴。例如，在废弃物产生的过程就给予源头上的控制，即对废弃物进行分类堆放、资源化回收、再生利用等方面的管理和开发等。发达国家从 20 世纪 60 ~ 70 年代就开始实行 "建筑废弃物源头削减策略"，而目前我国的废弃物管理仅处于从城市市容环境卫生的角度出发，解决乱堆乱弃的现象，这是远远不够的。

在经济方面，很多国家采取了由政府和生产企业支付建筑废弃物处理费用的方式，来保证回收体系的运作。但是鉴于我国工程造价中仅含有垃圾清运的费用列项，缺乏对其回收利用的费用列项，如果强制收费，会给建设单位和施工单位带来一定的经济负担。现有法规在补充完善的过程中，如何实现责任与费用的重新划分，是下一步立法中需要解决的问题。所以，如何衡量经济成本和环境成本，需要具体的权力部门进行合理的保护监督管理。循环经济理念下的清洁生产、废旧物综合利用等环境保护工作涉及社会生产生活各个领域，需要政府各相关部门积极合作，齐抓共管。但我国目前的环境保护监督管理体制尚难以很好地适应这一需要。各部门都存在自身的部门利益，这些局部利益往往不符合国家的整体环境利益，甚至是背道而驰的。因此，既要发挥各部门的积极性和专长，又要使其服从于国家整体利益，齐心协力，共同完成环境保护工作，这就必须建立一套行之有效的部门间冲突协调机制，明确其具体责任。

(4) 缺乏政策导向与公众参与

政府应该推行建筑废弃物集中处理的原则，无论是新建、改建、拆除的剩余建筑废弃物，必须运往再生企业进行回收利用。同时要求建筑施工企业严禁私自倾倒建筑废弃物。

首先，政府要牵头协调各部门权力范围，为建筑废弃物产业提供便利，避免责权冲突和由此导致的企业无所适从。建筑废弃物资源化产业作为一个新兴产业，政府部门对其相应的管理范围和责权界限尚不明晰。所以，在这种情况下，资源化企业在建立和发展中常会面临政府不同管理部门间的多头管理。

其次，政府还应通过经济手段来刺激建筑废弃物资源化产业的发展。我国建筑废弃物处理处于刚起步阶段，还没有达到完全的产业化与市场化的高度，因此国家的扶持政策和财政补贴显得尤为重要，自负盈亏会让企业无法生存，也无法使建筑废弃物达到高效的应用。因此，政府应通过财政补贴和税收优惠政策来刺激建筑废弃物产业的发展。

1）制定经济激励政策。目前我国政府相关指导性经济政策不明确，阻碍了企业对此类项目进行投资。需收集统计相关数据资料，分析建筑废弃物的现状及其未来发展趋势，以及建设用砂石料的矿藏与需求发展情况。在此基础上提出建筑废弃物处理的相关政策建议，如天然资源使用费调整方法，使用建筑废弃物制品的政策性补贴方法等，供政府决策参考。加大对再生资源产品及企业的扶持，或给予再生资源产品优惠政策，强制使用政策和补偿政策。凡利用垃圾生产出的材料和产品，在税收政策上给予优惠。

2）制定"建筑废弃物填埋收费"政策。"建筑废弃物填埋收费"是指对进入建筑废弃物最终处置场的建筑废弃物进行再次收费，其目的在于鼓励建筑废弃物的回收利用，提高建筑废弃物的综合利用率，以减少建筑废弃物的最终处置量，同时也是为了解决填埋土地短缺的问题。目前我国的建筑废弃物处置收费普遍过低，如上海市建筑废弃物处置收费标准为每吨 1~2 元；北京市收费为每吨 1.5 元。如此低廉的排污收费标准，很难达到鼓励建筑废弃物回收利用、提高建筑废弃物综合利用率的目的，因此提高建筑废弃物填埋处置收费标准是当务之急。

3）提高建筑废弃物的排放收费标准和自然资源有偿使用费。对建筑废弃物进行收费管理，我国虽然已经开始实施，但收费过低，完全不适应建筑废弃物资源化产业运行的要求。低廉的排污收费标准，很难激励建筑商对建筑废弃物的回收利用热情。再加上利用建筑废弃物生产的再生建筑材料目前的销售价格较原生材料没有竞争优势，使得建筑废弃物的回收利用很难有销路。因此，提高建筑废弃物的收取费用，一来可激发建筑商减少排污量的积极性，另一方面还可将增加收取的费用补贴到建筑废弃物再生利用上来，使建筑废弃物减量化、资源化走上良性循环的轨道。另外，对于建筑废弃物的收费应采取不同的标准，如对分类建筑废弃物，收取的费用可降低，而对于未进行分类的混合建筑废弃物则采用高收费。以鼓励建筑废弃物的源头分类、收集和利用。

4）实现建筑废弃物资源化处理资金的基金化。建筑废弃物资源化处理资金基金化是指建筑废弃物处理资金以专门基金的形式积累，独立管理，专款专用，专户存蓄。同时，将积累的基金投入运营，用运营的利润来抵消通货膨胀，达到安全、保值、增值的目的。这样做有利于吸收民间投资、国外投资和公益募捐，减轻政府负担，实现投资主体的多元化。同时有利于建筑废弃物资源化产业的社会化、市场化发展进程，促进其公司化、证券化的发展。总之，对建筑废弃物资源化产业进行经济上扶持具有双重意义。第一，可以通过对建筑废弃物产出者的开发商和建筑企业收取高费用的手段，来限制其排放产量和激发其源头减量化的积极性。第二，通过利用对排放所收取的费用和政府对资源化企业的间接和直接补贴，起到降低资源化产品成本的目的，从而促进其销路的打开，使资源化产业顺利运行。调整工程造价项目组成针对上述采取经济手段补贴建筑废弃物资源化产业的建议，目前具有操作性的途径是对传统工程造价结构进行改造，加入建筑废弃物处理费用和限制天然资源建材使用以及鼓励再生建材使用等项目。首先，类似于建筑安装工程费中的规费，把建筑废弃物处理费加入工程造价中，按一定比例取费。例如，在建筑安装工程费中，在工程排污费的基础上加入建筑废弃物处理费一项。取费基数应为该项目建筑废弃物产量的估算值，而费率则应根据当前社会条件下建筑废弃物资源化成本、资源化企业的基本运转费用等方面考虑。其次，加入天然资源建材使用费。这项费用旨在刺激施工单位与建设单位使用再生建材替代天然资源建材，以此来减少天然资源建材的用量，达到节约自然资源的目的。这项费用取费基数应为可被再生建材替代部分的天然建材使用量。费率应根据天然建材与再生建材间的价差来调整，使天然建材的最终使用成本不低于再生建材使用成本，这在建筑废弃物资源化技术水平趋于成熟的阶段对促进建筑废弃物资源化产业发展是很有作用的。这样一来，第一可以激发建筑企业进行建筑废弃物源头减量化的积极性。一方面迫使其精打细算，减少建筑废弃物的产出，另一方面努力提高建筑废弃物资源化技术水平和管理优化水平以缩减成本。另外，还可以促使其压缩天然材料建材购买量，同时激发其购买建筑废弃物资源化产品的积极性。不仅实现了对天然资源的节约，还促进了建筑废弃物资源化产品销路的打开，使建筑废弃物资源化产业链闭合，进而使其顺利运转。第二，利用在建筑安装工程费中收取的建筑废弃物处理费来补贴建筑废弃物资源化行业。这其中最主要的便是直接补贴资源化企业，以此来促使其降低建筑废弃物资源化产品成本，维持其正常生产经营。从另一方面推进建筑废弃物资源化产业的顺利运转。

环境保护是一项全民事业，仅靠政府或企事业单位是不能完成的，必须有公众的参与。由于建筑废弃物的再生产品市场接受度不高，在政策的引导下，也需要从公众参与的角度进行考虑，通过社会宣传活动，提高公众对环保和回收利用的意识，加强舆论宣传和导向，引导和鼓励消费者优先选购再生建筑产品，政府应对主动使用再生材料的企业进行表彰、宣传，对公众做好宣传教育工作，普及建筑废弃物知识，消除公众的疑虑。

7.7 完善我国建筑废弃物资源化法制保障体系的原则与框架

7.7.1 完善建筑废弃物资源化法制保障体系的原则

（1）全过程控制原则

完善的建筑废弃物资源化法制应当在建筑废弃物的产生、回收、资源化利用及最终处置的各个生命周期环节上，体现减量化、资源化和无害化的管理控制标准和要求。

（2）受益者补偿原则

在建筑废弃物资源化法制完善过程中，不仅要有针对性的行政强制干预力度，制定统一的建筑废弃物资源化管理规则和标准。更重要的是，考虑建筑废弃物资源化利用行为会产生良好的环境效益，因此，法律制度的制定者要对建筑废弃物资源化利用行为主体方面的"利益外溢"问题予以重视和解决。否则，就会使各建筑废弃物资源化利用行为主体失去继续发展的基础和动力。

（3）利益平衡原则

预计在短期内，新建筑废弃物资源化法制的实施可能会增加建筑废弃物生产企业的经济负担，损害它们的当前利益，但是考虑可持续发展的目的，应该重视长远利益，兼顾当前利益；重视公共利益，兼顾个体利益。

7.7.2 完善建筑废弃物资源化法制保障体系建设的框架

与各地方城市出台的具体化建筑废弃物管理规定相比，应具有广泛监督、约束及促进作用的国家层面上的建筑废弃物资源化管理法律制度是不完善的，不能强有力地对地方规定起到自上而下的指导性作用。因此，从我国多年的建筑废弃物处理实践中寻根溯源，应在现有相关的建筑废弃物管理法规的基础上，加强对建筑废弃物资源化管理的基础规定，以及各种操作性管理技术的定量化规定和制度建设方面的完善，即包括：建筑废弃物资源化管理政策法规类、建筑废弃物资源化管理技术法规类、其他配套管理法规类、管理方法制度类四大方面，如图 7-1 所示。

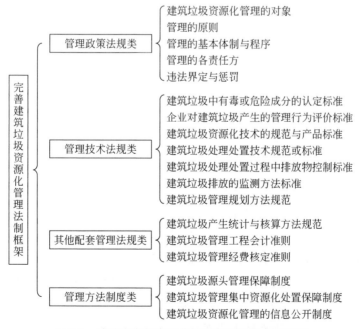

图 7-1　建筑废弃物资源化管理的法制保障框架图

（1）从建筑废弃物资源化管理政策法规类方面考虑

建筑废弃物资源化管理是一项系统性工程，要完善建筑废弃物资源化管理的法制保障，首先就要形成基础类的建筑废弃物资源化管理政策法规。根据对建筑废弃物分类组成的分析以及能够合理、高效地资源化利用建筑废弃物，就要明确各类需要资源化管理的建筑废弃物。在建筑废弃物资源化管理原则的基础上，改革现有的建筑废弃物管理体制与程序，发展"源头监督管理、市场化处置"的建筑废弃物资源化管理体制，完善建筑废弃物源头监管审批与运输监管等管理程序，从而强化主管部门的建筑废弃物监督管理与保障职能，同时也促进建筑废弃物资源化再利用行业的发展。在建筑废弃物资源化管理体制下，要进一步明确建筑废弃物资源化管理中各责任主体的权利、义务及违规规定，其中建筑废弃物资源化管理中的各责任主体主要包括：建筑废弃物生产者、建筑废弃物管理的行政主管部门、负责建筑废弃物资源化回收利用企业以及广大的社会公众等。这些责任主体要切实自身的建筑废弃物管理工作，例如，建筑废弃物生产者做好建筑废弃物减量和再利用工作，回收利用企业做好建筑废弃物资源化利用生产工作，主管部门负责建筑废弃物的监管工作等，对其中违规的责任主体要加以处罚。

（2）从建筑废弃物资源化管理技术法规类方面考虑

推进建筑废弃物资源化管理也必须要制定各类操作性强的使用标准和行为评价规范，其主要的技术法规如图7-1所示，这些管理技术法规为相关责任者进行建筑废弃物资源化管理提供了可执行标准和规范，可以极大地促进建筑废弃物资源化的发展。在此方面，日本就先后制定了《再生骨料和再生混凝土使用规范》、《建筑工程材料再资源化法》、《建筑再生法》等系列法规、标准；德国钢筋委员会也于1998年8月提出了《在混凝土中采用再生骨料的应用指南》。迄今为止，我国已开展了一些有关建筑废弃物资源化利用的标准规范的研究制定工作，如关于建筑废弃物复合载体桩的JGJ135《载体桩设计规程》、JTGF41《公路沥青路面再生技术规范》以及在2010年完成的由中国建筑科学研究院主编的国家标准《混凝土用再生粗骨料》、《混凝土（砂浆）用再生细骨料》、建工行业标准《再生骨料应用技术规程》、正在加紧编制过程中的建工行业标准《建筑废弃物处理技术规范》。随着建筑废弃物资源化进程的不断推进，相信会形成较为完备的建筑废弃物资源化管理技术法规。

（3）从建筑废弃物资源化管理的其他配套管理法规类方面考虑

目前，我国建筑业适行的预算法、统计法、会计法、审计法等法律规定在进行经济核算时，均未很好地将建筑废弃物造成的环境影响、建筑废弃物资源化利用的经济效益、社会效益考虑其中，从而在建筑业生产中的客观数据面前忽略了对建筑废弃物的资源化管理。因此，有必要修订相关的建筑行业预算法、统计法、会计法、审计法等法律规定，如图 7-1 所示，形成利于建筑业循环经济发展的绿色统计核算。

（4）从建筑废弃物资源化管理方法制度类方面考虑

关于建筑废弃物资源化管理方法制度的考虑是本章研究的重点，通过对与全过程的建筑废弃物资源化管理方法相适应的系列制度的研究与分析来保障建筑废弃物资源化管理的顺利进行，其保障制度的类别如图 7-1 所示（韦冉，2005）。

7.8　建筑废弃物源头管理的系列保障制度

7.8.1　体现行政性手段的建筑废弃物源头管理的保障制度

（1）完善包含建筑废弃物资源化管理的建筑招投标制度

为了促进在建筑业生产过程中实践建筑废弃物资源化管理，建议将建筑废弃物减量化和资源化再利用的要求纳入工程招投标体系当中，从而促使建筑设计单位、施工承包单位或旧建筑拆除单位等责任主体积极开展建筑废弃物资源化管理工作。例如，可在新建建筑施工招标的评标过程中，业主除了对方案、投标价格、质量、工期、企业的业绩与信誉、施工组织设计等进行综合考虑外，还需重点考查施工承包单位的建筑废弃物资源化管理办法，并将此作为合同条款之一。香港在此方面已有所实践并且收效显著，香港建筑署工程合同中已列明：在施工期间，承包商要呈交废料管理计划及实施废料运载记录制度，并由建筑署人员负责监察。另外，在确定建筑工程项目造价成本时，也可以考虑在传统工程造价结构中加入建筑废弃物处理费用和限制天然资源建材使用、鼓励再生建材使用和建筑废弃物现场再利用等项目规定。此做法一来可激发建筑企业开展建筑废弃物源头减量化的积极性，有利于节约天然资源，促进了建筑废弃物再利用及资源化产品转化；二来也可利用建筑安装工程费中收取的建筑废弃物处理费来补贴建筑废弃物资源化回收利用行业的发展。

（2）建立建筑废弃物处置核准制度

建筑废弃物处置的源头管理是搞好建筑废弃物资源化的关键，所以应尽快建立一套严格的建筑废弃物处置核准制度来落实"谁产生谁负责"原则。其方法是产生建筑废弃物责任方，首先向行政管理部门提出建筑废弃物排放书面申请，经核准取得建筑废弃物处置证，然后凭此再到建设行政主管部门办理施工许可证或拆迁许可证。没有取得建筑废弃物处置证的，有关部门不予办理工程开工手续。同时，还应将《建筑废弃物密闭运输方案》提交有关行政主管部门予以备案，明确监管部门和责任，加强信息交流与反馈制度建设。主管部门要进一步加强建筑废弃物外运处理的监控工作。对建设、拆迁工地实行 24 小时监控，凡发生私拉乱倒的，查找源头，重点处罚；对审核批准外运的建筑废弃物监管可以实行专业运输与审核管制，即由专业的运输公司承运，管理部门对运输车辆统一车体，统一标志，统一管理，统一收费。建设或者施工单位应当持渣土管理部门核发的处置证向运输单位办理建筑废弃物托运手续，运输单位和个人（含自有车辆的单位）不得承运未经渣土管理部门核准处置的建筑废弃物。运输建筑废弃物时，运输车辆应当随车船携带处置证，接受渣土管理部门的检查。运输车辆的运输路线应当按渣土管理部门会同公安交通管理部门规定的运输路线运输。目前，南京市出台的《南京市城市建筑废弃物运输企业管理规定》中就明确了建筑废弃物承运监管部门的职责，规定了建筑废弃物运输市场准入与退出的相应条件及流程，为建筑废弃物的运输管理提供了一个很好的范例。

因此，只有建立完善的建筑废弃物收集、运输监管制度才能保证建筑废弃物能够进入到资源化回收利用系统中，进行有效处理和再生利用。

7.8.2 体现经济性手段的建筑废弃物源头管理的保障制度

（1）深入开展建筑废弃物处置"保证金"制度

建筑废弃物处置保证金制度简单来说就是建筑工程开工前向有关部门交纳建

筑废弃物处置保证金，发放建筑工程许可证。工程结束后、合格证颁发之前，通过相应的建筑废弃物处理完结审核标准，决定最初交纳建筑废弃物处置保证金的返还问题，从而确保建筑废弃物生产者按规定进行建筑废弃物管理工作。这项制度在国外发达国家应用较多，例如，2001年，美国加利福尼亚州的圣·约瑟实施一项名为"预交建筑废弃物处理费用计划"，该计划就要求所有的建筑工程在取得施工许可证之前都必须按规定交纳建筑废弃物处理预留金。工程结束后，管理部门根据现场建筑废弃物处理的记录计算建筑废弃物的回收率并以此决定全额归还预留金或处以罚款。在此计划实施后第一年内，圣·约瑟的建筑废弃物回收率就已经达到70%。此外，美国圣地亚哥、芝加哥等大城市，类似于预交建筑废弃物处理费用的计划也都开始实施。

建筑废弃物处置保证金制度在我国施用尚不广泛，这对推进建筑废弃物源头管理较为不利，因此要深入开展建筑废弃物处置保证金制度的实践。在此方面，济南市的做法值得借鉴。2008年，济南市建立建筑废弃物规范处置承诺和保证金制度。根据该项制度，建设单位开工前需向济南市建委和济南市市容环卫局提交《建筑废弃物规范处置承诺书》，按建筑废弃物处置量 2 元/m³ 的标准（总额最低不少于1000元，最高不超过100万元）缴纳保证金。

（2）完善建筑废弃物处理收费制度

建筑废弃物处理收费制度施行已有多年，虽在建筑废弃物处置方面取得一定成效，但其中存在的问题也是显而易见的。最重要的就是建筑废弃物处理的取费标准问题。若建筑废弃物处理取费标准过低，建筑废弃物生产者就会倾向于将建筑废弃物外运处置而不利于建筑废弃物的资源化再利用。经网上查阅资料，目前多个城市建筑废弃物处理取费标准不一，有的是按照新建面积和拆除面积标准进行一次性取费，如襄樊市新建建筑收费标准为 5 元/m²，拆除建筑收费标准为 6 元/m²；有的是按照建筑废弃物质量取费，如宁波市北仑区建筑废弃物处置收费标准为 5 元/t（不含运输费）。由于建筑废弃物处理收费制度表现出很强的技术性、政策性和操作性，因此需要具体分析收费依据，从而确定合理的收费标准。作者认为，我国现阶段对建筑废弃物处理收费标准应该还有上调的空间，从促进建筑废弃物资源化角度来看，目前的建筑废弃物处理收费所得基本上不能满足建筑废弃物回收、运输和资源化利用生产的运行费用、建筑废弃物处置的基础设施建设费用、设备费用等。另外，在建筑废弃物处理收费中也应适当考虑因建筑废弃物排放而造成的环境损失收费。因此，各地建筑废弃物主管部门应适时召开关于建筑废弃物处理收费制度的研讨会，共同探讨本地区合理的建筑废弃物处理收费标准、取费流程、取费使用等问题。

除此之外，为了便于建筑废弃物资源化回收利用，建筑废弃物处理收费制度中体现对建筑废弃物源头分类收集的鼓励，如混合建筑废弃物的收集价格要远高于分类的建筑废弃物，从而刺激建筑废弃物源头分类收集。

(3) 建立建筑废弃物资源化源头管理的税收制度

不少发达国家已将征收垃圾税作为一种减少废物产生、提高废物综合利用的经济激励手段之一。我国在建筑废弃物处理收费的基础上，也可以适当地考虑实行建筑废弃物填埋税及建筑废弃物再利用的税收减免或奖励。其中，建筑废弃物填埋税可有利于促进建筑废弃物从填埋场分流，例如，丹麦税法规定对焚烧或填埋的建筑废弃物实行逐年增税计划，迫使人们主动探索建筑废弃物的再生利用。1987 ~ 1993 年，丹麦因征收建筑废弃物税使建筑废弃物产量减少 64%。目前，丹麦的建筑废弃物循环利用率已提高到 90% 左右。此外，可适当提高资源税率，促使建筑业生产偏向采用高强度、高性能的再生材料，从而降低对天然建材的需求量。对开展建筑废弃物再利用或采用再生建材施工的企业，可在税收上予以优惠或鼓励。例如，在 2001 年财政部、国家税务总局发布的《关于部分资源综合利用及其他产品增值税政策问题的通知》中对应用新型墙体材料的，实行按增值税应纳税额减半征税。

7.9　建筑废弃物集中资源化处置的系列保障制度

促进建筑废弃物资源化处置就是要发展市场化形式的建筑废弃物资源化回收利用，因此，除了需要配以宏观方面对回收利用企业发展的监督、检查，还需要给予一定经济上的鼓励与支持，力图多渠道、多元化的发展建筑废弃物回收利用的资源化处置市场。

7.9.1 体现约束与监督手段的建筑废弃物集中资源化处置的保障制度

（1）认真回收利用的行业准入制度

当建筑废弃物资源化回收利用面向市场，一时间出现许多参差不齐的建筑废弃物回收利用企业。在随后企业发展中，一部分企业相继搁浅，究其原因是多方面的，主要表现为社会扶持方面的原因、处理执行建筑废弃物资源化技术方面的原因和企业自身方面的原因。随着建筑废弃物资源化不断深入发展，其社会扶持和处理技术等方面会有所改善，而企业自身方面的原因可以通过行业准入制度的管理促使涌现一批较为优秀的建筑废弃物回收利用企业。各级主管部门应按照统筹规划、合理布局原则，在城市建设与发展中综合考虑建筑废弃物回收利用企业、资源化产品交易市场、建筑废弃物专业填埋场的布局与建设等。建议特别对建筑废弃物回收利用企业进行企业从业资格认证，通过系列标准来评价企业实施建筑废弃物回收、利用的资质条件与技术手段，其中重点包括从业人员所应具备的条件，如应接受职业培训与职业技能鉴定等。在一个统一的市场准入、统一的服务质量标准、统一的价格收费监管的条件下，一批优质、高效的建筑废弃物回收利用企业应运而生，从而实现企业化的建筑废弃物资源化利用职能。

（2）建立建筑废弃物回收利用企业的监管制度

在建筑废弃物资源化处理面向社会、面向市场的过程中会出现成本投资、技术投资、设备投资等多元化的发展形式，为此，主管部门要加强对建筑废弃物回收利用企业运营的有效监管。其监管行为应主要表现为以下几个方面：首先，对企业投资过程的监督，一是要考查回收利用企业的经济实力和社会信誉，以确保企业投资的真实性；二是要加强对企业实际到资的核查，以确保项目投资有足够的资本金投入，从而减少投资利息、降低处理总成本。其次，对技术投资的监督，要确保回收利用技术的先进性、可靠性、适用性和真实性，防止技术欺诈或低劣行为。再次，对设备投资的监督，要确保回收利用设备的先进性、可靠性、适用性和价格的真实性，防止设备欺诈行为。最后，加强对处置效果的监督，以确保资源化处理的目标实现。另外，还要禁止分包与转让建筑废弃物的回收利用业务，禁止强迫交易，禁止滥用市场支配地位，禁止限制竞争协议，禁止行政垄断等；建筑废弃物回收网点应当固定地点、挂牌经营、明码标价、规范服务。特别在社区设立的回收网点必须做到及时清运回收垃圾，保持社区环境清洁卫生，不得在社区内开展产生噪声、粉尘或其他污染物的加工活动。

7.9.2 体现鼓励与扶持手段的建筑废弃物集中资源化处置的保障制度

(1) 施行积极、宽松的经济扶持制度

根据受益者补偿原则，主管部门应积极采取一些直接经济支持形式，如发放补助金、给予低息贷款或补助经常性费用等；以及间接经济支持形式，如以无偿或以较低价格提供土地等形式对建筑废弃物回收利用主体进行适度补偿。其中，建筑废弃物循环利用信贷政策、补偿计划和相应的税收减免是三种较为常见的金融税收优惠制度。循环利用信贷可以为那些回收利用建筑废弃物生产再生建材的企业，提供优惠贷款或垫款，支持建筑废弃物的循环利用；补偿计划就是主管部门要按照生产企业保本微利的原则，将建筑废弃物处理收费用于贴补回收利用企业，确定合适的经济补偿方式和补偿额度；对建筑废弃物回收、利用企业应实行低税制或个别税种的免税制。除此之外，主管部门还应允许多渠道的融资途径进入建筑废弃物回收利用市场，形成多元化的资金来源，发动社会有效力量，积极参与到建筑废弃物回收利用中来。

(2) 建立再生建材的绿色采购制度

建筑废弃物资源化产品的供给与需求是决定建筑废弃物资源化回收利用市场发展的主要因素，在保证充足、高质量的建筑废弃物资源化产品供给条件下，只有创造有效的需求才能从根本上促进产品转化，促进建筑废弃物处理市场的快速发育和完善。从近几年的建筑废弃物资源化实践中可以看到，人们对建筑废弃物再生产品的认知程度不高，这严重影响着建筑废弃物再生产品的转化。因此，可以通过建立建筑材料绿色采购制度来引导建材采购主体以可持续的和承担社会责任的方式，按照设计标准、规范对再生的或绿色环保建材进行有计划的采购。在此方面，政府采购可以充分发挥其模范带头作用，政府用自己的消费行为引导社

会公众的消费行为，把建筑废弃物再生产品纳入政府采购体系中，并配合政府工程使用一定比例的再生建材，从而提高建筑废弃物再生产品的市场认知度。例如，在日本的港埠设施，其他改造工程的基础设施配件等均采用大量的再循环石料，代替相当量的自然采石场的砾石材料。另外，也可以通过规范性条文要求社会消费者积极使用再生建材，提高其市场占有率。例如，香港规定，对于低于Grade20 的混凝土，100% 的天然碎石可由再生碎石取代，至于 Grade25～Grade35的混凝土，20% 的天然碎石可由再生碎石取代。

7.10　建筑废弃物资源化管理的信息公开保障制度研究

实际上，推进建筑废弃物资源化的过程是一个及时获取信息并做出反馈、调整的动态过程，因此，完善建筑废弃物资源化法制体系过程中不可忽略信息手段的运用，即完善建筑废弃物资源化管理信息公开系列保障制度。该制度就是通过建立咨询机构、信息网络和质询制度，实现建筑废弃物资源化管理各责任主体与社会公众之间的信息交流，从而提高主管部门对建筑废弃物监管决策的质量，规范和促进建筑废弃物产生责任主体与回收利用责任主体的决策与行为，同时社会公众也可便捷地参与到对各责任主体行为的监督之中。

7.10.1　完善关于建筑废弃物资源化管理的环境信息公开相关法规建议

（1）关于完善环境信息公开相关法规的建议

现行的环境信息公开条例、办法直接指导着建筑废弃物管理信息公开制度的施行。2007 年，国务院、国家环保总局分别颁布了《政府信息公开条例》和《环境信息公开办法（试行）》，规定中明确阐述了信息公开目的、原则、方针、条件、范围、程序、例外及救济的途径、方式和程序。但规定中尚有需改进之处，例如，公众环境信息权益并未得到充分落实，环境信息公开范围不大等。可以看到，完善环境信息公开条例、办法是有助于健全建筑废弃物管理信息公开制度的。因此，建议对环境信息公开相关法规的完善可从以下几个方面考虑：鉴于公众环境信息权尚未确立为完整的基本权利，建议修订宪法、环境法律法规，从法律层面确认环境信息权的基本环境权性质，使之成为环境行政管理权、环境决策权、环境参与权的权利基础；鉴于环境信息的范围过窄，建议国家的环境法律和国务院的行政法规在制定或者修订时，根据实际情况逐步扩大环境信息公开的范围；鉴于环境信息权保障的程序不完善，建议国家环保总局和其他有关部门应当在《政府信息公开条例》和《环境信息公开办法（试行)》的程序规则的基础上，在条件成熟时，专门颁布双轨式保护环境信息权的《环境信息公开与获取程序规则》；鉴于环境信息权法律救济的手段不足，建议在司法中立的基础上，建立环境公益诉讼或者环境公民诉讼制度；鉴于法律责任不严厉，对政府部门和企业违反环境信息公开的行为的制裁不严厉状况，建议加大惩罚力度，严厉制裁拒绝提供数据和提供虚假数据的行为，使得政府更有力地监督企业环境行为，同时更有利于公众参与监督企业保护环境。

（2）关于完善建筑废弃物管理法规中的信息公开建议

在完善环境信息公开制度的基础上，还应当在现有的建筑废弃物管理规范条文中，对建筑废弃物资源化管理信息公开制度予以明确规定。其主要内容应包括建筑废弃物信息公开主体（政府、相关企业和行业协会等)、信息公开内容及范围、公开时限、公开程序、公开对象、社会参与具体方式、处罚规定等。规定中要充分强调建筑废弃物资源化管理的全过程信息公开，即对建筑废弃物源头减量化和再利用的管理信息、建筑废弃物外运处理的清运信息、建筑废弃物回收利用信息、再生产品的销售信息等方面予以充分考虑；要充分实现信息公开主体的主动公开与社会申请公开相结合的"双向公开体制"，特别保障社会公众主动申请获得建筑废弃物管理信息的权利以及参与监督的权利。

7.10.2 逐步实现建筑废弃物资源化管理的信息化监督机制

为了有效地实施建筑废弃物资源化管理的信息化监督，主管部门工作人员对建筑废弃物管理的实地监督、查验过程中往往会存在一些遗漏、疏忽之处，此时，通过信息化的监督手段加以弥补不失为一种有效方法。针对建筑废弃物非填埋处理的管理监督，许多发达国家和中国香港地区就在加强宏观行政监管的基础上，通过建立建筑废弃物产生和物流去向的信息平台的措施对其进行监管，如美国 EPA 的押金退款计划、丹麦地方政府对所有收到的关于拆毁活动和固体废物流向等信息建立数据库、香港地区政府采用的 TTS（trip-ticket system）系统等。

2004 年 7 月 1 日，上海市启用建筑废弃物网上申报管理系统，该系统涵括了网上申请受理和审批、严格管理程序和受理权限、管理数据及时统计汇总、处置工地监控、运输车辆和船舶的数据库。目前，此系统还在不断完善之中，具体包括以下几个方面：构建市场交易信息系统，通过信息交流平台，提供网上发布建筑废弃物处置行业信息的服务，建设施工单位、建筑废弃物经营者可以实时发布建筑废弃物排放、回填处置的工地（场所）和市场需求信息；实现建筑废弃物经营网上招投标，体现建筑废弃物交易公正、公平、公开，促进建筑废弃物处置交易规范有序，引导建筑废弃物资源向综合利用流动；车船 GPS 定位与 IC 智能卡监控技术结合运用，及时反映车辆行驶路线、途经区域、处置流向，有效实施建筑废弃物运输车辆作业状态监控管理。另外，广西南宁市也在积极建设从"产生—运输—消纳处理"的城市建筑废弃物管理信息系统。可见，全国范围内推广建筑废弃物信息化监管的做法已开始逐步实现。该做法的大力推行，有助于各建筑废弃物管理责任方和社会公众在诸如此类的建筑废弃物管理信息系统中相互交流，实现双向的信息公开，共同促进建筑废弃物资源化的发展。

第8章 我国建筑废弃物资源化发展战略及对策

8.1 尽快建立专项法律法规，提高资源化的强制性

　　长期以来，我国把建筑废弃物当作垃圾进行管理。2005年修订的《城市建筑垃圾管理规定》等法规对建筑垃圾的综合利用作出了原则性规定，但是如何执行却没有涉及。因此，应依据循环经济的基本理论制定相关的法规标准，完善我国城市建筑废弃物资源化的制度保障体系。尽快制定完善建筑垃圾循环利用的法律法规，建立规范科学的建筑垃圾减排指标体系、监测体系，强化建筑垃圾的源头管理，提高条款的可操作性，避免指标空泛，明确地方政府主体责任、主管部门责任、产生者责任、处置企业责任、运输者责任、监管部门责任等。从建筑废弃物产生的源头上落实"谁产生谁负责"的原则，建立建筑废弃物处置责任机制，明确建筑废弃物产生者按各地规定缴纳建筑废弃物处置保证金，保证建筑废弃物处置的资金来源，并落实政府监管、财政补贴和用地规划等措施。形成建筑废弃物再生产品的工程应用制度保障，建立建筑废弃物资源化再利用责任制体系。

　　各级政府职能部门应出台强制性的建筑废弃物处理专项法规，制定限制建筑废弃物未经处理利用就异地排放的政策。例如，制定拆除旧房、旧构筑物时的回收再生利用、就地处理比率政策，并规定建筑施工和拆除过程中产生的渣土、混凝土块、沥青混凝土、木材、金属等建筑废弃物在现场分类收集，并按"在公共工程中，当工程现场距再生加工厂一定距离范围内时，不考虑是否经济，一定要把建筑废弃物运至再生加工厂进行建筑废弃物的重新利用"的规定，送往建筑废弃物再生加工厂进行资源再生利用。若违反规定，应根据"刺激性"的经济政策处以不同程度的罚款，还要限定建筑公司拿出建筑废弃物处理方案，否则不予批准开工等，并在方案实施过程中政府职能部门应加强监督。

此外，还需要建立与之相适应的管理制度，如建筑垃圾环境许可、建筑垃圾处理申报批准、建筑垃圾限量产生等。在执法过程中，做到有法可依、有法必依、违法必究，尤其是要加大监督执法力度，坚决杜绝建筑垃圾大量排放、随意排放和低水平再生利用，使建筑垃圾资源化由行政强制逐渐成为全社会的自觉行动。陕西省西安市政府近来采取措施，重罚乱倒建筑废弃物者。《西安市建筑垃圾管理办法》（新修订）已经西安市政府研究通过，2003 年 5 月 20 日起实施。渣土、弃料、淤泥等建筑废弃物的管理、清运、倾倒将按新办法规范性操作，否则将受到严厉处罚。近年来，西安市市政建设、房产开发、厂矿企业建设等工程项目明显增多，所产生的建筑废弃物在堆放、清理、倾倒等环节中很不规范，存在脏乱差等问题，影响了环境卫生。新办法规定，工程建设中产生的建筑废弃物，必须及时清理，由经营建筑废弃物运输资质的单位清运，到指定的地点装载和消纳，必须覆盖严密，不撒露、飞扬，车辆按规定时间、路线行驶；无资质单位不得私自清运建筑废弃物。新办法还对建筑废弃物场所的设置和管理作出了明确规定，同时鼓励市民积极举报违法运输建筑废弃物的行为，对举报属实者，有关部门将给予奖励。

8.2　做好发展规划，促进资源化有效实施

发展规划对于一个国家或地区建筑废弃物资源化利用具有长远的发展意义，以日本为例，日本政府发展规划较早，并且体系较为完整，在日本的城市固体废弃物再利用工作中，法律法规政策支持体系、技术开发模式、管理经营模式并不是各自独立存在和运行，而是交织在一起，组成一个庞大的网络，构建成整个城市固体废弃物再利用的总体系，成为日本建设"循环型社会体系"的坚实基础，并取得了良好的效果。相比较日本等发达国家，我们还有很多欠缺和不足之处，因此，应做好建筑废弃物利用的发展规划，科学统筹安排，促进资源化有效实施。

绿色经济发展、生态文明建设推动科技、经济发展呈现出新的态势，发展规划制定的前期工作应注重加强国内外技术调研，充分了解国际相关技术发展前沿，细致分析发展需求，归纳总结国内技术发展现状与存在差距，科学预判废物资源化各领域技术发展趋势，同时运用科技发展路线图方法构建了系统的废物资源化科技工程规划体系，明确技术产品产业的发展过程，从国情出发，坚持有所

为，有所不为，着眼于学科领域技术前沿和国家战略需求，瞄准重要战略领域，引导技术发展方向，加快技术的原始创新和集成创新，形成废弃物资源化核心关键技术体系，突破基础和前沿理论及技术研究。要依据我国基本国情，结合各地区具体情况，合理规划和科学布局，尽快制定切实可行的建筑废弃物科学治理和综合利用的中长期发展规则、技术政策和具体实施措施，以规范、指导、扶持各地区建筑废弃物综合利用的有计划、有步骤发展。

各地应对本地区建筑废弃物数量、组成、处理方式、利用情况等进行调查、统计，建立信息监管系统，编制建筑废弃物综合利用规划，确定工作目标，制订实施方案，明确建筑废弃物减量化措施，将建筑废弃物的产生、分类、收运、处理、利用等各个环节纳入监管，建立并完善建筑废弃物综合利用体系，明确建筑废弃物的处置作为土地一级开发的条件之一，确定技术方案、资金来源，进行效益分析，完善保障措施。对于各城市，其建筑废弃物新增储存量要逐年降低，资源化利用率应逐年提高；要逐步做到建筑废弃物资源化再利用与城市建设、环境保护和节约天然资源同时进行。在产业发展初期，由于相关制度不完善，在规范化经营、产品质量和环保等方面都可能存在一些隐患，可采取政府指导下适度的垄断经营，对产业进入实行核准制，规范相关资质，促进规模化经营，在产业发展到一定程度以后再逐步放开。

8.3　加强政策优惠和资金支持，
推动资源化产业发展

建筑废弃物的循环再生是环保产业，其发展需要政府的产业政策扶持，发达国家对建筑废弃物处理等环保产业，都制定有特殊的倾斜政策来支持其发展。例如，美国早在1965年就制定了《固体废弃物处置法》，1970年修订为《资源回收法》，1976年又修订成为《资源保护再生法》，对固体废弃物由最初的支持资源回收转变为必须作为资源利用。同时，发达国家采取限制和鼓励相结合、制定具体目标和时间表等手段促进对"城市矿产"的开发。例如，日本就规定谁生产销售、谁回收利用，甚至规定消费者负担废旧家电、再商品化的费用，并制定了相应的惩罚措施。而美国的《原材料开发特别法》则强调对加强资源回收进行研究开发的企业提供资金支援、税收减免等优惠政策，韩国也通过《废旧金属资源再活用政策》在全国推行，促进"挖掘潜存金属资源项目"实施。

因此，我国要发展建筑废弃物循环再生产业，首先，政府职能部门应从政策和财政上鼓励和资助建筑废弃物建材的研究开发，综合运用政策、土地资源、技术、资金等手段，加强中央和地方财政对建筑废弃物资源化再利用支持力度，研究制定建筑废弃物资源化再利用专项扶持政策，采用以奖代补、贷款贴息、资本金注入和税收优惠等财政补助方式，支持企业建设和再生产品的推广应用。

其次，由于废弃物处理是微利或无利的经济活动，政府要建立政策支持鼓励体系：对从事废弃物处理的投资和产业活动免除一切税项，以增强废弃物处理企业的自我生存能力。对投资经营废弃物处理达到一定规模，运行良好的企业给予一定的经济奖励，把政府的直接投资行为变成鼓励行为。政府对从事废弃物处理投资经营活动的企业给予贷款贴息的优惠，鼓励金融机构向废弃物处理活动注入资金。城市垃圾处理基础设施建设与经营可采取独资、合资、股份制合作、政府合股等形式，鼓励国内外投资经营者参与我国城市垃圾处理和经营。允许符合条件的城市垃圾处理企业优先上市发行股票或企业债券，向社会募集资金，开辟社会融资渠道，解决自我资金不足的问题。

此外，也要将因减量化而带来的处理费用的节省回用于再生利用项目，同时还可适当向建筑单位、建筑商、用户等收取建筑废弃物再生利用费，这样既可募集发展再生利用资金，也可促使减少建筑废弃物的产生。

最后，再生产品列入推荐使用的建筑材料目录、政府绿色采购目录，促进规模化使用。政府投资的建设项目和市政项目优先选用建筑废弃物再生产品。鼓励社会力量和资金参与，发挥市场配置资源的基础性作用，推动市场机制的形成。

8.4 建立国家级研究中心，强化基础性技术研究与创新

国家级研究中心是国家科技发展计划的重要组成部分，是研究开发条件能力建设的重要内容。通过建立国家级研究中心，在"创新、产业化"方针指引下，探索科技与经济结合的新途径，加强废弃物资源化成果向生产力转化的中间环节，促进废弃物资源产业化；面向企业规模生产的需要，推动集成、配套的工程化成果向相关行业辐射、转移与扩散，促进新兴产业的崛起和传统产业的升级改造。国家级研究中心的建立还可以加强建筑废弃物资源化再利用的前瞻性、基础性科学技术研究、技术创新与推广应用。以源头控制为导向，将建筑废弃物资源

化再利用若干基础科学问题纳入国家科学技术理论研究和基础研究项目重点范畴。夯实建筑废弃物资源化再利用中的理论基础与技术基础，加强我国在建筑废弃物资源化再利用方面的自主创新能力和原始创新能力。通过国家高科技发展计划、国家科技支撑计划等渠道，加大对制约我国建筑废弃物资源化再利用技术进步的基础理论问题、原始创新问题和重大共性关键技术研发的支持力度，建立建筑废弃物资源化再利用科技支撑体系。

以原始创新带动集成创新，开发并推进建筑废弃物资源化再利用成套技术与成套装备的示范与推广应用。加强适用先进技术的引进、消化和吸收，形成自主创新与引进、吸收相结合。促进适用成熟技术的推广，特别是扶持高新技术产品的原创性开发、试验和生产。研究中要结合工程实际，采用宏观与微观相结合的试验研究方法，利用学科交叉，实现研究成果的转化，进而推动建筑废弃物的开发利用。

另外，要不断加强产学研合作机制。在当今世界的经济发展中，科技创新日益重要，产学研合作是提升自主创新能力、适应科技经济一体化趋势的必然要求。产学研合作机制是指政府、科研、企业在功能和资源优势上的协同互补，是技术创新上、中、下游各环节的有机对接和融合，通过政策环境优化、科技成果转移、技术入股、创新外包、联合攻关、合作研发等形式，构筑以科技成果产业化为目标，以市场为导向，政府为引导，企业为主体，高校和科研院所为依托互动组合的战略性、长期性和紧密性的创新体系，其目的在于组合各种技术创新要素，聚焦社会财富创造过程，提升产业核心竞争力和企业自主创新能力。另外，要不断提高建筑废弃物处理行业的专业化程度，可以尝试建筑拆除、废弃物运输、加工一体化经营，企业可以直接参与拆除项目的竞标，参与和指导拆除作业，除可以从回收材料中获得一部分收益，也可促进拆除废弃物的源头分类。可实行一体化专业经营，不仅可以提高企业的盈利能力，而且更有利于建筑废弃物再生利用。

8.5 完善标准规范，建立评价体系

发达国家在建筑垃圾资源化方面研究较早，已形成较完整的标准化体系，包括再生骨料、再生混凝土及相应的设计、施工规范。例如，韩国的《不同用途的再生骨料品质标准及设计施工指南》、日本的《再生骨料和再生混凝土使用规范》、德国的《在混凝土中采用再生骨料的应用指南》等。我国在建筑垃圾再生方面的标准规范很不完善，没有一个行业或国家技术标准，对建筑垃圾资源化无法提供系统完善的技术支持。因此要大力推进和完善建筑废弃物资源化再利用标准体系建设工作，包括建筑废弃物资源化管理、建筑废弃物运输、再生产品及其质量监督检测体系和应用标准体系、再生处理工艺与设备及再生产品的应用等各个方面的标准和应用技术规程，以规范和推进建筑废弃物再生产品的生产和推广应用，为建筑废弃物再生产品和应用工程的质量提供保证。这样才能为建筑垃圾资源化过程中每一个技术环节提供技术依据，找到质量控制点，使产品有合格、验收的依据，现场施工有科学的操作规范，结构有验收的标准等，这样建筑垃圾资源化才有章可循。

建立一种全面而系统的建筑废弃物资源化利用评价体系是减少其污染、提高资源化利用率的重要保证。国外废弃物资源化利用工作开展较早，美国、日本和欧盟等一些发达国家相继立法，并应用多种数学方法对废弃物资源化利用进行评价。中国的香港地区建立了较为完善的废弃物资源化利用评价指标体系和评价方法。国内固体废弃物管理还处于初步体系化和科学化阶段，资源化利用尚处于实施推广阶段，评价指标仅采用综合利用率，还缺乏全面、系统的评价指标体系及评价方法，所以应引起人们的高度重视。评价体系的建立要遵循完备性原则、系统性原则、科学性原则、独立性原则、可比性原则和可操作性原则。针对建筑废弃物资源化各项技术，选择有代表性的技术评价指标，制定技术评价标准，建立技术评价体系。在技术评价体系的建立中，要充分考虑技术的环境、经济、社会综合效益，以便于甄选优质建筑废弃物资源化技术，为建筑废弃物资源化技术的推广建立基础。上海市政府在这方面做了许多有益探索，随着上海市建筑废弃物的产量越来越高，要达到固体废弃物的无害化、资源化和减量化的目标，评价体系中双向分离系统的建立和发展是城市固体废弃物资源化利用的方向，也符合环境问题需要经济手段来解决的原理，双向分离系统的完善是城市可持续发展的必由之路，对于我国其他城市的固体废弃物资源化利用具有普遍的借鉴作用。

8.6 建立信息平台，构建监管体系

自 20 世纪 70 年代以来，人类的实践活动框架开始由工业平台进入到信息平台，社会技术形态开始转型，信息平台正在改变我们时代人与世界的中介方式。

信息平台是指所有参与者都能够自由获得信息的场所，是社会资源得以充分展现，在以经济为主体对市场知识（资源信息）的迫切需求。公共信息资源进行深层次的加工与挖掘，不仅能为更多的企业和公众发挥资源利用及商业贸易等资源共享起指导作用，还能为其引进资金、开展国际贸易、更好地参与全球竞争提供机会，建立信息平台对建筑废弃物资源化产业的发展和监督管理意义重大。

国家建立政策、技术、设备等建筑废弃物综合利用信息共享平台，加强基础数据的统计、分析与研究。各地应建立建筑废弃物综合信息管理和监督体系，对本地建筑废弃物的产生、运输、处理、利用全过程进行动态监管，减少对环境的影响，杜绝非法倾倒、丢弃建筑废弃物现象的发生。加强政府服务功能，以服务带动资源化利用，以服务同步加强监管，建立统一市场供需平台，共享建筑废弃物及其再生产品供求信息，尽量就地、就近调配利用，减少运输量和运输距离；跟踪建筑废弃物再生产品的使用，为各项政策措施的有效落实提供保障。供需双方通过合理的价格机制，在政府资源配置的统筹下，实现市场有效运作，提升建筑废弃物资源化利用的社会化、规范化水平。

我国部分地区还存在监督管理体系不健全等问题。例如，黑龙江哈尔滨市虽已于 2006 年颁布并实施了《哈尔滨市再生资源回收利用管理条例》，并建立了哈尔滨市废物资源交换网站，但一直未成立专职的固体废物管理机构，危险废物处理处置设施很少。目前，全市的固体废弃物环境管理工作由市环境保护行政主管部门负责，虽然在固体废弃物管理方面做了大量的工作，取得了一定成效，但由于管理人员严重不足等原因，该市固体废弃物管理工作进展缓慢，国家"危险废物申报登记"、"危险废物转移联单制度"等工作难以有效开展，对固体废弃物的储存、运输、利用、分析界定、交换、焚烧、填埋等工作程序，也没有具体的规章制度和有效的监管机制，因此构建监督管理机制刻不容缓。

在建筑废弃物资源化处理过程中，政府是监督的主体。因为建筑废弃物的资源化关系到社会公共利益，没有谁会像政府那样关心社会公共利益。监督是建筑废弃物资源化产业良性发展的保证，建筑废弃物的资源化处理必须引入市场机制，走产业化发展之路。市场化后，政府的职能发生了转变，逐渐由企业管理变成行业管理，政府不再着手微观方面的管理工作，转而注重从宏观上进行调控，制定政策法规，当专职裁判员而不身兼裁判和运动员双重身份。政府作为主管部门，要按照市场规律的要求，为建筑垃圾的资源化产业发展创造机会。政府的监督要充分发挥政府自身的监督作用以及社会大众的监督作用，政府自身的监督是建筑垃圾资源化企业市场化的重要组成部分。产权多元化后，政府的监督显得格外重要，市场化程度越高，监督责任就越大。市场化需要以科学而严格的监管来化解企业过度的利益追求。对建筑垃圾资源化行业来说，没有严格的政府监督比按照传统方式不推行市场化更加有害。

社会大众的监督面广，尤其是近年来随着新闻媒体的快速发展，新闻媒体的监督作用日显重要。新闻传媒是一种方便快捷的舆论工具，可以发挥政府监督能力所不及的作用，与政府的监督作用形成互补。例如，对于违法的企业，政府建立黑名单制度，通过新闻媒体进行曝光，同时定期公布违法企业的名单，通过政府监督手段和新闻媒体监督手段的结合达到惩罚教育违法企业的目的。各级环境监测机构和企事业单位要通过定期发布公告等形式，向群众公布环境污染监测数据，以保证人民群众对废弃物处理情况的知情权，便于群众监督。

8.7　加强试点示范，提高公众意识

从表面看，与生活垃圾相比，社会大众在建筑废弃物再生利用方面发挥的作用似乎小很多，因为生活垃圾都是社会大众产生的，与他们的生活息息相关，而建筑废弃物的绝大部分是建筑施工单位自己产生的。而事实上，建筑废弃物的循环利用关系每一个人的切身利益，一方面，建筑装饰装修会产生一定数量的垃圾；另一方面，我们生活在同一个环境当中，都会受到环境的影响。因此，社会大众的参与对建筑废弃物再生利用管理体系的影响很大，普通大众的环保意识是衡量一个国家公共环境意识的重要尺度。在建筑废弃物循环利用的管理体系中，社会大众可以发挥监督作用，社会大众数量多，分布在城市的各个角落，监督面广。更为重要的是新闻媒体能够起到很好的舆论监督作用，同时能够对建筑废弃物的再生建筑产品进行宣传，提高其接受度。

再生建材产品最终要用于工程建设，才能实现其循环利用的价值，因此工程应用效果是检验其品质的最终依据。目前北京、上海、深圳、邯郸等地均有建筑废弃物资源化试验工程，但试验工程体量小、所用建材产品形式单一、社会影响微弱、社会认知度仍然较低。将成熟的建筑废弃物资源化技术在多地、多领域包括市政工程、建筑工程等开展大规模应用，建设建筑废弃物再生产品集成应用、标志性、规模化的示范工程。通过标志性建筑废弃物资源化技术集成应用示范工程的建设，进行科学的质量跟踪监测评估，并开展综合效益评估，向社会展示建

筑废弃物资源化的适用性、可靠性和先进性，全面发挥工程的示范引领作用，提高大众对建筑废弃物资源化的认知，展示建筑废弃物资源化的低碳价值，消除民众对再生建材应用的疑虑，克服建筑垃圾再生建材应用推广的观念意识障碍。例如，科技部近年来验收完成的"地震灾区建筑垃圾资源化与抗震节能房屋建设科技示范"项目，针对地震灾区实际情况，开发和示范了四种不同体系的抗震节能示范房屋，形成了建筑废弃物资源化产品生产工艺和成套技术等，形成了都江堰和绵竹年产 100 万 t 建筑垃圾资源化示范生产线等示范工程、中试线，对建筑废弃物再生利用起到引领和示范作用。

城市建筑废弃物减量化、资源化、无害化处理是一项长期的任务，它关系到我国社会和经济的可持续发展，需要全民的积极参与、监督实施。据香港的相关调查显示，虽然通过调查评估得到现场垃圾分类有很大的优势，但是很多建筑参与者并不愿意实施现场垃圾分类，尽管弃置垃圾的费用上升，他们也不愿进行节省时间人力的现场垃圾分类方法。因此要鼓励促进各种民间环保组织的建立和发展，鼓励他们在"建立绿色社区"和"促进社区参与"的宣传和组织中发挥积极作用。社区是城市生活固体废弃物的产生场所之一，实践证明把社区作为社会宣传的主要平台具有很好的宣传效果。大力加强宣传教育，使人们明确建筑废弃物是一种可以再生利用的资源，对它的利用是关系到环境保护、子孙后代及可持续发展的大事，变人们的被动行为为主动行为，逐步实现建筑废弃物资源化的最终目标。

总之，在人口膨胀、资源短缺及建筑废弃物污染日益制约着城市生存与发展的今天，只有搞好建筑废弃物的开发利用，加强建筑废弃物的减量化资源化措施，才能从根本上促进城市生态经济系统物质和能量的良性循环，实现经济效益、社会效益和环境效益的协调统一。

参 考 文 献

曹奇. 2005. 再生混凝土的技术经济分析. 基建优化, 26 (3): 124-126.

曹素改, 王银生, 贾美霞. 2011. 废砖粉改性制备水泥混合材. 中国水泥, 12: 48-50.

曹素改, 张志强, 贾美霞, 等. 2010. 利用建筑垃圾制抗冻型标准砖. 砖瓦, 6: 5-8.

曹曦文. 2009. 博客. 城市生活垃圾现状及对策. http://blog.sina.com.cn/s/blog_ 5f29c80e0/ 00db6j.html

曹小琳, 刘仁海. 2009. 建筑废弃物资源化多级利用模式研究. 建筑经济, (6): 91-93.

陈宏峰. 2008. 建筑垃圾的资源化管理. 节能与环保, (2): 176-178.

陈家珑. 2010. 建筑废弃物 (建筑垃圾) 资源化利用及再生工艺. 科技导航, (15): 44-49.

陈建良, 倪竹萍. 2011. 强化处理改善再生骨料混凝土性能试验. 低温建筑技术, 2: 14-16.

陈晶. 2012. 可控性低强度材料的研究进展. 商品混凝土, (12): 27-30.

陈军. 2007. 拆毁建筑垃圾产生量的估算方法探讨. 环境卫生工程, (12): 1-4.

陈力. 2008. 论建筑垃圾循环利用的法律规制. 重庆: 重庆大学硕士学位论文.

陈利, 陈卫, 孙玉梅. 2004. 香港特区对建筑废弃物的管理. 昆明理工大学学报 (理工版), 29 (2): 107-110.

陈松哲, 于九皋. 1998. 环境科学进展, 6 (6) 增刊: 19.

陈永刚, 曹贝贝. 2004. 再生混凝土国外发展动态. 国外建材科技, (3): 4-6.

陈仲林. 1999. 电光源产品生命周期评价方法. 照明工程学报, 10 (3): 19-23.

程海丽. 2005. 废砖粉在建筑砂浆中的应用研究. 北方工业大学学报, 17 (1): 89-93.

程海丽, 杨飞华, 张杰. 2011. 改性建筑垃圾作为橡胶填料的可行性研究. 环境污染与防治, 33 (1): 27-30.

池漪. 2010. 再生骨料混凝土高强高性能化途径及其性能研究. 湖南: 中南大学硕士学位论文.

崔素萍, 杜鑫, 兰明章, 等. 2011. 不同矿物掺和料对再生细骨料混凝土耐久性影响的研究. 混凝土世界, 2: 82-85.

狄向华. 2005. 资源与材料生命周期分析中若干基础问题的研究. 北京: 北京工业大学博士学位论文.

丁锐. 2010. 建筑垃圾处理方式的生命周期评价方法及应用. 北京: 清华大学硕士学位论文.

杜木伟, 刘晨敏, 刘锡霞. 2013. 我国建筑废弃物处理设备现状及发展趋势. 工程机械文摘, (1): 77-80.

杜婷, 李惠强. 2003. 强化再生骨料混凝土的力学性能研究. 混凝土与水泥制品, (2): 19-20.

段文，夏洪林，冯振伟，等．2006.HEC 固结材料在道路工程的应用．建筑施工，（11）：929-933.

房明惠．2009．环境水文学．安徽：中国科技大学出版社．

封培然，郑仰冠，竺斌．2011．利用地震建筑垃圾生产水泥熟料的对比研究．水泥，4：7-11.

高峰．2008．生命周期评价研究及其在中国镁工业中的应用．北京：北京工业大学博士学位论文．

高建平，王为．1998．淀粉基生物降解塑料材料高分子材料科学与工程，14（4）：16-20.

高隽，刘蓉．2007．用建筑垃圾烧制陶粒的试验研究．粉煤灰，03：6-7.

高延继．2000．绿色建筑与绿色建材的发展．新型建筑材料，（4）：31-33.

龚志起，丁锐，陈柏昆，等．2012．基于生命周期评价的废弃混凝土处理系统评估．建筑科学，28（3）：29-33.

蒿奕颖，康健．2010．从中英比较调查看我国建筑垃圾减量化设计的现状及潜力．建筑科学，26（6）：4-9.

郝建丽，陈顺甜，吴海燕，等．2003．香港建筑废弃物的管理概况．重庆环境科学，25（12）：177-179.

洪梅，宋博宇，丁琼，等．2012．生命周期评价在电子废弃物管理中的应用前景．科技导报，30（33）：62-67.

胡曙光．2007．利用废弃混凝土制备再生胶凝材料．硅酸盐学报，5：593-599.

黄和平，袁梅凤，兰树莹，等．2010．城市更新过程中建筑垃圾减量及处理研究取向分析．安徽大学学报，（1）：98-102.

黄天勇，侯云芬．2009．再生细骨料中粉料对再生砂浆抗压强度的影响．东南大学学报，39（增刊Ⅱ）：279-282.

纪涛．2008．城市生活垃圾堆肥处理现状及应用前景．天津科技，35（5）：46-47.

交通部公路科学研究院．2006．公路冲击碾压应用技术指南．北京：人民交通出版社．

靳灿章，肖田，侯志峰．2010．建筑垃圾拆房土处理垃圾场段路基的应用研究．山西建筑，36（19）：271-272.

蓝建中．2011．日本处理建筑垃圾．环卫科技网．http://www.cn-hw.net/html/guoji/201110/30038_2.html..

冷发光，何更新，张仁瑜，等．2009．国内外建筑垃圾资源化现状及发展趋势．商品混凝土，（3）：20-23.

李南，李湘洲．2009．发达国家建筑垃圾再生利用经验及借鉴．再生资源与循环经济，2（6）：41-44.

李秋义，李云霞，朱崇绩．2005．颗粒整形对再生粗骨料性能的影响．材料科学与工艺，06：579-581+585.

李寿德，高隽，刘蓉，等．2006．建筑垃圾烧结空心砖工业性试验．新型墙材，（1）：44-46.

参 考 文 献

李湘洲．2012．国外建筑垃圾利用现状及我国的差距．砖瓦世界，(6)：9-13．

李小冬，王帅，孔祥勤，等．2011．预拌混凝土生命周期环境影响评价．土木工程学报，44 (1)：132-138．

李颖，许少华．2007．建筑垃圾现状研究．施工技术，36：480-483．

李颖，郑胤，陈家珑．2008．北京市建筑废弃物资源化利用政策研究．建筑科学，24 (10)：4-10．

刘富玲．2002．建筑废渣的再生综合利用．河南科学，5：576-579．

刘军．2009．无机预处理再生粗骨料的性能研究．沈阳建筑大学学报，1：132-138．

刘顺妮，林宗寿，张小伟．1998．硅酸盐水泥的生命周期评价方法初探．中国环境科学，(4)：328-332．

刘小千，王彬彬．2011．建筑垃圾在千业水泥生产应用实践．新材料及应用，03：70-72．

刘永民．2008．对建筑废弃物再生利用的思考．中国建材科技，17 (03)：21-27．

刘宇．2012．材料生产的土地使用环境影响评价模型研究．北京：北京工业大学博士学位论文．

卢星明，唐圣钧，郭平．2006．深圳市建筑垃圾处置对策研究．四川建材，(4)：81-82．

罗楠．2009．中国烧结砖制造过程环境负荷研究．北京：北京工业大学硕士学位论文．

马丽丽．2012．纸面石膏板的生命周期评价．北京：北京工业大学硕士学位论文．

马丽萍．2007．材料生命周期评价基础之道路交通运输本地化研究．北京：北京工业大学硕士学位论文．

马丽萍，王志宏，龚先政，等．2006．城市道路两种货车运输的生命周期清单分析．"2006 北京国际材料周"论文集．

马晓茜，李飞，李敏，等．2003．电视机生产及其塑料废弃物能源化利用的 LCA 分析．中国塑料，17 (17)：72-77．

聂祚仁，王志宏．2004．生态环境材料学．北京：机械工业出版社．

宁培淋，孙世永．2009．建筑垃圾力学性能和工程应用探讨．建筑与工程，(3)：304．

牛佳．2008．建筑废弃物资源化机制研究．西安：西安建筑科技大学硕士学位论文．

庞永师，杨丽．2006．建筑垃圾处理资源化对策研究．建筑科学，22 (1)：77-79．

戚立昌．1999．建设废弃物的利用．中国建设，(6)：49．

秦健，赵建新．2009．建筑垃圾渣土在世博园区道路工程中的应用．中国市政工程，(3)：19-20．

秦月波．2009．推进建筑垃圾资源化管理方法与相关法制保障研究．南京：南京林业大学硕士学位论文．

仇保兴．2010．住房和城乡建设部副部长发言．第六届国际绿色建筑节能大会．

全洪珠．2009．国外再生混凝土的应用概述及技术标准．青岛理工大学学报，30 (4)：87-92．

山本良一 M.1997．环境科学．王天民译．北京：化学工业出版社．

石建光．2009．四川汶川灾后建筑垃圾的估算和再利用途径探讨．中国科技论文在线，1：150-157.

史巍，侯景鹏．2001．再生混凝土技术及其配含比设计方法．建筑技术与开发，28（2）：18-20.

宋丹娜，柴立元，何德文．2006．生命周期评价模型综述．工业安全与环保，32（12）：38-40.

孙可伟．2000．固体废弃物资源化的现状和展望．中国资源综合利用，（1）：10-14.

孙清如，尹健．2006．复合超细粉煤灰对再生混凝土性能影响的研究．中南公路工程，4：150-153.

唐家富，张志强．2006．上海市建筑垃圾处置与管理的现状与发展．东方科技论坛，（12）：25-29.

唐沛．2007．中国建筑垃圾处理产业化分析．江苏建材，（3）：57-60.

天津市硅酸盐制品厂．1974．人造轻集料粉煤灰陶粒的生产．硅酸盐建筑制品，18-24.

天津市市政工程设计研究院．2010．津港高速公路一期工程垃圾场段专项处理工程施工图设计图纸．

王飞儿，陈英旭．2001．生命周期评价研究进展．环境污染与防治，23（5）：249-251.

王和祥，韩庆，宋士宝．2009．建筑垃圾堆山造景技术初探——天津南翠屏公园建设．论文原地，（12）：82-84.

王家远，康香萍，申立银，等．2004．建筑废料减量化管理措施研究．华中科技大学学报（城市科学版），21（3）：26-34.

王健．2003．建筑垃圾的处理及再利用研究．环境工程，21（6）：49-52.

王金成．2009．浅谈再生混凝土的研究现状与展望．山西建筑，35（15）：141-142.

王磊，赵勇．2011．国外建筑废弃物循环利用的经验及对我国的启示．再生资源与循环经济，4（12）：37-41.

王胜武，鲁鲜红，陈衍珍．2002．浅述"复合载体桩"在城市改造中的应用．山东建材，23（3，4）：25.

王寿兵，杨建新，胡聃．1998．生命周期评价方法及其进展．上海环境科学，17（11）：7-11.

王天民．2000．生态环境材料．天津：天津大学出版社．

王武祥．2009．建筑垃圾再生原料组成与用量对再生混凝土性能的影响．建筑技术与应用，3：1-4.

王武祥，廖礼平，王爱军，等．2010．建筑废弃物再生原料生产混凝土砌块的技术研究．建筑砌块与砌块建筑，（4）：4-8.

王翔．2009．天津市建筑垃圾处理规划．环境卫生工程，17（3）：47-49.

王晓波．2011．建筑垃圾在水泥生产中的再利用研究．济南：济南大学硕士学位论文．

韦保仁，王俊，田原圣隆，等．2009．苏州城市生活垃圾处置方法的生命周期评价．中国人口·资源与环境, 19（2）: 93-97.

韦冉. 2005. 我国再生资源循环利用立法研究. 重庆: 重庆大学硕士学位论文.

魏富华, 沈思忠, 鲍德安. 2007. HEC 土体固结剂在海堤道路基层中的应用. 上海建设科技,
  （3）: 30-32.

吴贤国, 郭敬松, 李惠强, 等. 2004. 建筑废料的再生利用研究. 建筑技术与应用,（1）:
  21-23.

肖斌, 刘子振, 李晓龙, 等. 2010. 建筑废砖骨料再生产试验研究. 台州学院学报, 32（6）:
  51-55.

肖田, 孙吉书, 靳灿章. 2010. 石灰粉煤灰稳定建筑垃圾的路用性能研究. 山西建筑,
  36（22）: 275-276.

谢曦, 滕军力. 2012. 日韩建筑废弃物再生利用经验值得借鉴. 建筑砌块与砌块建筑,（2）:
  4-7.

许岳周, 石建光. 2006. 再生骨料及再生骨料混凝土的性能分析与评价. 混凝土,（7）:
  41-46.

许志中, 黄世梅. 2003. 我国建筑垃圾综合利用的几点建议. 建筑技术开发, 30（7）:
  109-110.

薛勇, 杨晓光, 郝永池. 2012. 再生砖的应用研究. 粉煤灰综合利用,（6）: 38-40.

闫文周, 赵彬, 朱亮亮. 2009. 建筑垃圾资源化产业的运作与发展研究. 建筑经济,（4）:
  17-19.

杨敬帅. 2009. 建筑垃圾的再生利用研究. 现代商贸工业, 13: 304-305.

杨娜, 陈琼琳, 蒋瑜, 等. 2010. 城市垃圾在景观雕塑中的运用. 湖南农业大学学报,
  36（2）: 148-151.

易晓娥, 张江山. 2004. LCA 方法在城市垃圾管理中的应用. 安全与环境工程, 11（2）: 42-44.

尹健, 邹伟, 池漪. 2011. 高性能再生混凝土环境协调性评价. 铁道科学与工程报, 8（5）:
  19-25.

于红艳. 2004. 在固体废弃物资源化中引入生命周期评价（LCA）方法. 中国资源综合利用,
  （1）: 35-37.

袁宝荣. 2006. 化学工业可持续发展的度量方法及其应用研究. 北京: 北京工业大学博士学位
  论文.

曾敏. 2006. 基于生命周期评价的废旧家电资源化研究及其案例分析. 广州: 广东工业大学硕
  士学位论文.

翟绪璐, 陈德珍. 2007. 建筑垃圾资源化技术的生命周期评估. 中国资源综合利用, 25（5）:
  22-25.

张长森, 祁非. 2004. 建筑垃圾作水泥混合材的试验研究. 环境污染治理技术与设备, 5（9）:

40-43.

张宏，凌建明，钱劲松.2011.可控性低强度材料（CLSM）研究进展.华东公路，(6)：49-54.

张建龙.2009.建筑垃圾的处理现状及展望.循环经济，(4)：31-32.

张孟雄，张学良，王卫秋，等.2006.建筑垃圾砖的开发及应用.砖瓦世界，08：19-21.

张强，马金山，古松.2011.加快再生混凝土空心砌块的推广应用研究.混凝土世界，(21)：34-37.

张青萍，李婷婷，徐英.2011.上海世博园区建筑废弃物资源化利用技术研究.中国园林，(3)：9-13.

张秋月，车东进.2010.浅谈目前建筑垃圾处理中存在的问题与对策.山西建材，(3)：345-346.

张铁志，张彤.2009.建筑垃圾与尾矿在道路基层中的应用.公路，7：337-340.

张义利，程麟，严生，等.2006.利用建筑垃圾制备免烧免蒸砖.砖瓦，6：48-49.

张玉秀.2010.国内外再生粗骨料研究新进展.山西建筑，36（8）：2182-2183.

张志红.2006.建筑废弃物再生利用的调查与研究.青岛：山东科技大学硕士学位论文.

赵鸣，吴广芬.2008.不同建筑垃圾作水泥混合材的试验研究.烟台大学学报，21（2）：153-156.

支静，吕剑明.2011.贵阳城市建筑垃圾制备水泥的研究.贵州化工，36（5）：18-19.

中华人民共和国国家标准.2008.GB/T 24040—2008 环境管理—生命周期评价—原则与框架.北京：中国标准出版社.

中华人民共和国住房和城乡建设部.2008.地震灾区建筑垃圾处理技术导则（试行）.

周理安.2010.建筑垃圾再生砖制备技术及其性能研究.北京：北京建筑工程学院硕士学位论文.

周龙江.2006.HEC固结剂在天津港散货物流中心的应用.石家庄铁道学院学报，(S1)：77-78.

周文娟，陈家珑，路宏波.2009a.绿色再生砂浆试验研究.武汉理工大学学报，39（7）：15-18.

周文娟，陈家珑，路宏波.2009b.我国建筑垃圾资源化现状及对策.建筑技术，40（8）：741-744.

周贤文.2007.再生骨料混凝土空心砌块的试验研究.混凝土，(5)：89-91.

周秀苞，李昌勇.2009.建筑垃圾作水泥替代原料的易磨性和易烧性研究.环境科学与技术，32（6C）：87-89.

朱东风.2010.城市建筑垃圾处理研究.广州：华南理工大学硕士学位论文.

朱剑锋.2007.新型再生混凝土条板应用实例.http：//www.concrete365.com/news/2007/7-24/H153516705.htm.

庄广志.2009.再生骨料砂浆性能的研究.哈尔滨：哈尔滨工业大学硕士学位论文.

祖加辉. 2010. 水泥稳定建筑垃圾的路用性能研究. 山西建筑, 36 (34): 156-157.

左富云. 2008. 建筑垃圾在透水砖及城市道路上的应用. 云南: 昆明理工大学硕士学位论文.

左铁铺. 2008. 循环型社会材料循环与环境影响评价. 北京: 科学出版社.

Argonned National Laboratory. 2007. The Greenhouse Gases, Rugulated Emission and Energy Use in Transportation (GREET) Model.

Banthia N, Chan C. 2000. Use of recycled aggregate in plain and fiber-reinforced shotcrete. ACI Concr Int, 22 (6): 41-45.

Buatois A, Mimouni P, Chassé J L, et al. 2000. Fuzzy outranking for environment assessment. Case study: iron and steel making industry. Fuzzy Sets and Systems, 115 (1): 45-65.

Debieb F, Kenai S. 2008. The use of coarse and f ine crushed bricks as aggregate in concrete. Construction and Building Materials, 22 (5): 886-893.

Di X. 2007. Life cycle inventory for electricity generation in China. International Journal of Life Cycle Assessment, 12 (4): 217-224.

Dorsthorst B, Kowalczyk T. 2003. State of deconstruction in Netheralands. Report 5.

Geldermann J, Spengler T, Rentz O. 2000. Fuzzy outranking for environmental assessment. Case study: iron and steel making industry. Fuzzy Sets & Systems, 115 (1): 45-65.

Gloria T, Saad T, Breville M, et al. 1995. Life-cycle assessment: a survey of current implementation. Environmental Quality Management, 4 (3): 33-50.

Graedel T A, Allenby B R, Comrie P R. 1995. Matrix approaches to abridged life cycle assessment. Environmental Science&Technology, 29 (3): 134-139.

Hansen H. 1994. A method for total reutillization of masonry by crushing, burning, shaping and Auto-claving. Demolition and Reuse of Conerete, 5: 407-414.

Heyde M. 1998. Ecological considerations on the use and production of biosynthetic and synthetic bio-degradable polymers. Polymer Degradation and Stability, 59: 3-6.

Huang E A, Hunkeler D J. 1996. Using life-cycle assessment in large corporations: a survey of current practices. Environmental Quality Management, 5 (2): 35-37.

Kniel K E, Higgins J A, Trout J M. 2004. Characterization and potential use of a cry ptosporidium parvum virus (CPV) antigen for detecting C. Parvum oocysts. Journal of Microbiological Methods, 58 (2): 189-195.

Koneczny K, Pennington D W. 2007. Life cycle thinking in waste management: summary of European Commission's Malta 2005 workshop and pilot studies. Waste Management, 27 (8): S92-S97.

Lörcks J. 1998. Properties and applications of compostable starch-based plastic material. Polymer Degradation and Stability, 59: 245-249.

Ozeler D, Yetis U, Demirer G N. 2006. Life cycle assessment ofmunicipal solid waste management methods: ankara case study. Environment International, 32 (3): 405-411.

Poon C S. 2001. On- site sorting of construction and demolition Waste in Hong Kong. Resort Conservation and Recycling, 32: 157-172.

Solano E, Ranjithan S, Barlaz M A, et al. 2002. Life cycle—based solidwaste management Ⅰ: model development. Journal of Environmental Engineering, 128 (10), 981-992.